中　外　物　理　学　精　品　书　系

本书出版得到＂国家出版基金＂资助

U0246779

国家出版基金项目
NATIONAL PUBLICATION FOUNDATION

中 外 物 理 学 精 品 书 系

前 沿 系 列 · 72

# 涂层导体用金属合金基带研究进展

索红莉　张子立　著

北京大学出版社
PEKING UNIVERSITY PRESS

**图书在版编目 (CIP) 数据**

涂层导体用金属合金基带研究进展 / 索红莉，张子立著． -- 北京：北京大学出版社，2024.8. -- ( 中外物理学精品书系 ). -- ISBN 978-7-301-35456-8

Ⅰ. TM26

中国国家版本馆 CIP 数据核字第 2024KM0365 号

| | | |
|---|---|---|
| 书　　　名 | 涂层导体用金属合金基带研究进展 |
| | TUCENG DAOTI YONG JINSHU HEJIN JIDAI YANJIU JINZHAN |
| 著作责任者 | 索红莉 张子立 著 |
| 责 任 编 辑 | 王剑飞 |
| 标 准 书 号 | ISBN 978-7-301-35456-8 |
| 出 版 发 行 | 北京大学出版社 |
| 地　　　址 | 北京市海淀区成府路 205 号　100871 |
| 网　　　址 | http://www.pup.cn |
| 电 子 邮 箱 | zpup@pup.cn |
| 新 浪 微 博 | @ 北京大学出版社 |
| 电　　　话 | 邮购部010-62752015　发行部010-62750672　编辑部010-62745933 |
| 印 　刷 　者 | 北京中科印刷有限公司 |
| 经 　销 　者 | 新华书店 |
| | 730 毫米 ×980 毫米　16 开本　31 印张　574 千字 |
| | 2024 年 8 月第 1 版　2024 年 8 月第 1 次印刷 |
| 定　　　价 | 148.00 元 |

# 序　言

　　物理学是研究物质、能量以及它们之间相互作用的科学。她不仅是化学、生命、材料、信息、能源和环境等相关学科的基础,同时还与许多新兴学科和交叉学科的前沿紧密相关。在科技发展日新月异和国际竞争日趋激烈的今天,物理学不再囿于基础科学和技术应用研究的范畴,而是在国家发展与人类进步的历史进程中发挥着越来越关键的作用。

　　我们欣喜地看到,随着中国政治、经济、科技、教育等各项事业的蓬勃发展,我国物理学取得了跨越式的进步,成长出一批具有国际影响力的学者,做出了很多为世界所瞩目的研究成果。今日的中国物理,正在经历一个历史上少有的黄金时代。

　　为积极推动我国物理学研究、加快相关学科的建设与发展,特别是集中展现近年来中国物理学者的研究水平和成果,在知识传承、学术交流、人才培养等方面发挥积极作用,北京大学出版社在国家出版基金的支持下于2009年推出了"中外物理学精品书系"项目。书系编委会集结了数十位来自全国顶尖高校及科研院所的知名学者。他们都是目前各领域十分活跃的知名专家,从而确保了整套丛书的权威性和前瞻性。

　　这套书系内容丰富、涵盖面广、可读性强,其中既有对我国物理学发展的梳理和总结,也有对国际物理学前沿的全面展示。可以说,"中外物理学精品书系"力图完整呈现近现代世界和中国物理科学发展的全貌,是一套目前国内为数不多的兼具学术价值和阅读乐趣的经典物理丛书。

　　"中外物理学精品书系"的另一个突出特点是,在把西方物理的精华要义"请进来"的同时,也将我国近现代物理的优秀成果"送出去"。这套丛书首次成规模地将中国物理学者的优秀论著以英文版的形式直接推向国际相关研究的主流领域，使世界对中国物理学的过去和现状有更多、更深入的了解，不仅充分展示出中国物理学研究和积累的"硬实力"，也向世界主动传播我国科技文化领域不断创新发展的"软实力"，对全面提升中国科学教育领域的国际形象起到一定的促进作用。

习近平总书记 2020 年在科学家座谈会上的讲话强调："希望广大科学家和科技工作者肩负起历史责任，坚持面向世界科技前沿、面向经济主战场、面向国家重大需求、面向人民生命健康，不断向科学技术广度和深度进军。"中国未来的发展在于创新，而基础研究正是一切创新的根本和源泉。我相信"中外物理学精品书系"会持续努力，不仅可以使所有热爱和研究物理学的人们从书中获取思想的启迪、智力的挑战和阅读的乐趣，也将进一步推动其他相关基础科学更好更快地发展，为我国的科技创新和社会进步做出应有的贡献。

"中外物理学精品书系"编委会主任

中国科学院院士，北京大学教授

**王恩哥**

2022 年 7 月于燕园

# 内 容 简 介

第二代涂层超导带材(简称 YBCO 涂层超导材料)由于其高的临界转变温度及高的不可逆场,在医学、军事、发电及输电等领域有着广泛的应用。由于 YBCO 的陶瓷脆性及需要严格的双轴织构才能承载大的传输电流,所以在制备 YBCO 带材的过程中,普遍采用在韧性金属基带上沉积织构的过渡层并外延生长出 YBCO 超导层的方法。现阶段最成熟的第二代涂层超导带材的制备路线分别是 RABiTS 和 IBAD 技术,近年来上述两种路线的研究都得到了长足的发展。另外,获得高性能的金属合金基底层是制备具有高载流能力的涂层超导体带材的基础。本书围绕制备涂层超导体的 RABiTS 技术和 IBAD 技术,以及采用压延辅助双轴织构基板技术制备用于涂层超导的织构基带及其应用等多个方面,全面系统地总结并展示涂层超导体用金属合金织构基带领域的研究现状和未来的发展方向。特别地,本书包含了作者多年来的研究成果。

本书可供本领域研究人员参考,也可作为超导材料及其相关应用领域研究生的参考书。

# 前　言

高温超导材料稀土钡铜氧化合物（$REBa_2Cu_3O_{7-\delta}$，其中 RE 为 Y，Gd，Sm，Eu，Nd 等稀土元素，简称 REBCO）由美国科学家朱经武和我国科学家赵忠贤于 1987 年几乎同时发现。REBCO 高温超导材料有着高临界转变温度、高临界电流以及高临界磁场，使其在几乎所有可能的应用领域都有着杰出的表现。在电力领域，REBCO 高温超导材料已经被应用于长距离输电和限流器当中，并尝试用于电力系统（如调相机和变压器）等更加广阔的领域。在磁体方面，REBCO 高温超导材料更是广泛应用于极高场大科学装置、磁悬浮列车、电动飞机等诸多领域。尤其是 2018 年之后，由美国引起的新一轮可控核聚变热潮中，以美国 Commonwealth Fusion Systems（CFS）公司为首的很多企业和科研院所纷纷选择了以 REBCO 高温超导材料来制备工作在 20 K 下、最大磁场在 20 T 左右的紧凑型托卡马克（Tokamak）装置。截至 2023 年底，世界范围内以 REBCO 高温超导磁体为主要部件的可控核聚变公司已经超过了 20 家，总融资额超过了 30 亿美元。以上这些应用场景大大推动了 REBCO 高温超导材料的研发和产业化进程。总之，REBCO 高温超导材料在电力能源、交通运输、医疗卫生、电子通信和国防事业等领域有广泛应用和巨大的经济市场。

虽然 REBCO 高温超导材料有着诸多优点和应用前景，但是实际上在 2005 年之前几乎没有可以使用的 REBCO 商业线材、带材产品。这主要是因为 REBCO 高温超导材料具有很大的晶格各向异性和较低的相干长度，故 REBCO 材料必须制备成具有织构取向的薄膜才可以承载大电流从而充分发挥其高临界电流的优点，而无法像之前的超导材料一样使用粉末套管法等工艺路线制备商业线材、带材。而由于 REBCO 材料是陶瓷材料，必须从有韧性的金属基带上开始外延生长才可以保证良好的机械性能和超导材料的取向。因此，REBCO 最终的商业产品是以涂层导体的形式呈现的，而其中金属基带则是最关键的基础环节之一，即具有高强度和纳米级平整表面的精密合金基带是第二代 REBCO 高温超导带材的关键基础原材料。根据制备工艺路线的不同，目前 REBCO 高温超导带材所使用的金属合金基带可分为有织构和无织构两大类，本书侧重于介绍有织构的合金基带的研究进展，同时也简单介绍了无织构哈氏合金基带和其他类型基带的研究成果。

以下是对每一章节内容的大概介绍。

第 1 章是绪论,主要介绍织构合金基带的相关基础知识。首先介绍 REBCO 高温超导材料的基础研究现状和相应的制备路线。由于主流的用于 REBCO 涂层导体织构基带的内容都是面心立方(face center cubic,简称 FCC)金属,因此第 1 章对 FCC 金属的轧制织构与再结晶立方织构的相关基础知识进行了介绍。最后,对本书以后各章节中所用到的所有相关检测方法也进行了介绍,以帮助读者更好地理解书中提到的数据是如何测试得到的。

第 2 章主要介绍已经被商业化使用了的 Ni-5at.%W(Ni5W)合金基带的研究进展。首先系统地介绍了冷轧工艺、热轧坯锭、总形变量、综合应力等重要的制备参数对形变织构和再结晶立方织构的影响规律。从多个方面系统地阐释了可能影响再结晶立方织构形成的因素和其金属学织构的演变机制,并以此为基础总结了Ni5W 合金中再结晶立方织构的演变规律,尤其是再结晶晶核特征及分布。随后对具有最佳性能 Ni5W 基带的织构、表面质量以及过渡层沉积结果进行了系统分析。最后以短样为借鉴,展示了百米级 Ni5W 长带的研究进展。

第 3 章主要介绍高 W 含量 Ni-W 合金基带的研究进展。由于 Ni5W 机械性能相对偏低,磁性偏高,开发高 W 含量的 Ni-W 合金基带就成了研究重点。在前三个小节中,分别介绍了 Ni-7at.%W(Ni7W)、Ni-8at.%W(Ni8W)和 Ni-9at.%W(Ni9W)的研究进展。对每种合金基带都研究了轧制和热处理对再结晶立方织构的影响规律,尤其是对 Ni9W 这一液氮下无磁性的样品进行了系统的探索,深入阐释了温轧和轧制间热处理对其织构演变的影响机制。最后,以层错能这一不同 W含量合金基带内禀性能为切入点,深入研究了层错能在 Ni-W 合金基带中形变织构和再结晶立方织构形成过程中的作用机制。

由于高 W 含量 Ni-W 合金基带非常难以形成高立方织构,同时立方织构的形成又仅仅与表层合金有关,因此外层采用容易形成立方织构的低 W 合金,芯层采用机械性能更好、磁性更低的高 W 合金的三明治复合基带结构就应运而生了。我们提出了"复合坯锭法"制备复合基带的全新思路,指出"多层材料之间的成分梯度扩散"是复合坯锭制备的关键,成功制备了"织构"和"机械强度与磁性能"协调统一的复合长基带。本书的第 4 章和第 5 章主要介绍了两种复合型合金基带的研究进展。复合基带的基础知识在第 4 章的开始也进行了简要介绍。

第 4 章主要介绍 Ni-5at.%/ Ni-12at.% /Ni-5at.%W(Ni5W/Ni12W/Ni5W)合金基带的研究进展。首先研究了冷等静压、放电等离子烧结和熔炼等多种不同方法制备的复合坯锭在轧制和退火过程中表面 Ni5W 层轧制织构、再结晶立方织构以及微观结构的变化规律。随后对坯锭在退火过程中 Ni5W 层和 Ni12W 层的织构变化规律进行了深入研究,发现了双金属合金复合材料中内外层合金形变和再结晶织构梯度分布的新行为,揭示了"梯度分布的形变组织"和"多层材料之间的元素扩散"是决定复合基带外层织构演变的主要因素。同时也发现了双金属合金复合基带结构在外层合金立方织构形成过程中具有"界面效应",即在复合基带内外层界面处存在着立方晶粒优先形核并长大的区域;阐明了复合基带内外层织构之间的关联性,内层合金立方织构的形成是由外层立方晶粒的"吞并"所致;这丰富了层状双金属合金中内外层织构发展的理论;最后在获得高立方织构的基础上,采用准原位拉伸结合电子背散射衍射(electron backscattering diffraction, EBSD)技术表征了复合基带表层立方织构在应变条件下的稳定性,表明"复合坯锭法"制备长复合基带的可行性,为复合基带的实用化打下了坚实的基础。最后,第 4 章还简单地介绍了复合基带的长线制备研究成果。

第 5 章主要介绍 Ni-8at.%/Ni-12at.%/Ni-8at.%W(Ni8W/Ni12W/Ni8W)合金基带的研究进展,着重研究这种超高 W 复合基带的强立方织构的形成和机制研究。首先介绍了层间比和热轧坯锭对 Ni8W/Ni12W/Ni8W 合金基带织构、微观结构、机械性能以及磁性能的影响规律。随后,针对轧制间回复热处理这一对 Ni8W/Ni12W/Ni8W 合金基带织构影响最大的因素进行系统深入的研究,深度分析了轧制间回复热处理对形变织构和再结晶立方织构的影响机制,即通过准原位 EBSD 技术实时动态地研究了这类冷轧的 Ni 基复合基带中轧制组织向再结晶组织的演变过程,通过分析低层错能 Ni 基合金复合基带轧制态微观组织的演变,发现当加入轧制间回复热处理时可以有效消除晶界间应力,促进 copper(铜型,C)取向晶粒均匀形变,提高冷轧带中 S 织构含量,从而有利于带材在退火后形成稳定的强立方织构。通过构建大应变量 Ni8W/Ni12W/Ni8W 复合薄基带回复与再结晶机理模型,发现其具有应变诱导晶界迁移与尺寸效应两种再结晶机制。最终,提出了在高形变量合金中通过孪生产生立方织构再结晶形核和界面元素扩散促进立方晶粒吞并其他取向晶粒的两个新机理。

第 6 章主要介绍了一些其他的非主流织构合金基带的研究进展。首先介绍的是纯 Ag 基带的研究。纯 Ag 基带是第一批被用于 REBCO 涂层超导体制备的金属基带。虽然由于成本较高且机械强度较低并没有被广泛地商业化使用,但是其立方织构形成机制始终是值得学习和借鉴的最好的范例。我们对 Ag 的形变及再结晶织构的形成规律进行了全面、深入和系统的研究,丰富了金属 Ag 的织构形成与再结晶理论。随后简要地介绍了 Cu-Ni 和 Ni-V 合金基带的研究进展,旨在向读者介绍更全面的织构合金基带的研究进展。采用轧制辅助双轴织构基带(rolling-assisted biaxially textured substrates, RABiTS)技术制备了低成本、无铁磁性、立方织构含量高于 99.8% 的 Cu45Ni(Cu-45at.%Ni)合金基带,采用准原位 EBSD 技术明确了纳米结构 Cu-Ni 合金(不同应变量 $\varepsilon_{VM}$ = 3.5, 4.8, 5.7)回复、再结晶和晶粒长大的机理。设计了一种溶质原子扩散思路并制备了溶质原子 V 具有"条带状"分布的无磁性 Ni-12at.%V(Ni12V)合金基带,结合该思路,通过对最初坯锭的冷挤压处理和优化的热处理工艺显著提高了 Ni12V 基带中再结晶立方取向(<10°)的百分比(其含量高达 99.5%),可见采用提出的溶质原子扩散模型是制备无磁性高立方织构含量合金基带的一条行之有效的思路。

第 7 章简要介绍主流的无织构哈氏合金基带的最新进展。由于哈氏合金基带不需要织构,相关的研究内容也非常少,大部分都是产业化公司的商业机密。首先以市面上已经产业化的不同公司的 REBCO 涂层超导商业带材的哈氏合金基带为切入点,系统地研究了不同公司所使用的哈氏合金基带的机械性能差异。随后通过系统地研究表面和截面的微观形貌,分析不同商业公司所使用的哈氏合金基带性能差异的来源和其决定性因素。

每一章末尾的参考文献有助于读者理解书中的研究成果和研究进展,也可供读者进行延伸性阅读。

最后,我们特别感谢北京工业大学材料科学与工程学院超导研究组历届毕业的研究生对本书的巨大贡献。这里我们要衷心感谢赵跃博士(参与编写本书的第 1、2 章),马麟博士(参与编写本书的第 2、3 章),高忙忙博士(参与编写本书的第 3、4 章),纪耀堂博士和孟易辰博士(参与编写本书的第 5 章),王旭峰博士和田辉博士(参与编写本书的第 6 章),刘岩硕士(参与编写本书的第 7 章);也特别感谢北京工业大学超导课题组的刘敏副教授以及所有参与基带研究的研究生们对基带研究工作的大力支持。最后特别感谢超导题组的刘慧硕士、刘岩硕士、王澜锦硕士和王旭峰博士,他们花费了大量的时间与精力对全文进行了校稿。没有上述老师和同学们的辛勤付出,本书是不可能完成的。本书的成稿是集体智慧的结晶,在此对所有参与的老师和同学再一次表示真挚的感谢。

我们真诚地感谢国家出版基金的资助,感谢"中外物理学精品书系"编委会的支持,最后特别诚挚地感谢北京大学出版社的王剑飞编辑为本书的出版所做出的努力。由于作者的时间和水平有限,书中的错误和不当之处在所难免,敬请读者和同行不吝指正。

索红莉
2024 年 3 月于北京

# 目 录

# 第1章 绪 论

## 1.1 高温超导材料的发展概况

### 1.1.1 高温超导材料的发现及应用

自从在铜酸盐中发现高于液氮温度[1]的高温超导材料[2]以来,世界各国科学家们付出了巨大的努力来创造成本低廉,能满足工业需求的高温超导材料。在过往的研究中,人们已经发现了许多铜酸盐超导材料,并且在特殊的压力环境[3]下它们的临界温度可以高达 164 K。然而,铜酸盐超导体通常具有对外加的磁场耐受性差、毒性高以及需要复杂加工路线等问题。因此,只有在低温高磁场环境下表现良好的第一代高温超导材料 Bi 基铜酸盐(Bi-2223 和 Bi-2212)和第二代高温超导材料稀土基铜酸盐 REBCO($REBa_2Cu_3O_{7-\delta}$)具有工业应用价值。[4]通过多年的科研攻关,第一代高温超导材料 Bi-2223 的制造工艺经过优化,材料性能[5]得到了大幅度的改善,从而提高了在高磁场磁体中的应用。[6,7]然而,第一代高温超导材料 Bi-2223 的制备需要大量的贵重金属 Ag,致使其难以在低成本下获得良好的性能。而第二代 REBCO 高温超导材料与第一代 Bi 系高温超导材料相比,有望在更高的温度和磁场环境下工作[8-10],开始受到越来越多的关注。高温超导材料经过多年的发展,逐渐出现了许多基于高温超导材料应用的示范性工程,并且各国正在积极开发一些商业项目,如超导电缆、超导限流器、超导变压器、超导风力涡轮机和运输用超导电机等,如图 1-1-1 所示。

经过 30 多年的研究,高温超导材料 REBCO 涂层导体因其能够实现高能效和高功率密度的电力输送,而成为能源生产、转换、运输和存储的关键材料。REBCO 材料是一种四元体系材料,其可变的氧原子含量对性能具有决定性的影响,并且这些特性具有很强的各向异性。[11]REBCO 材料虽然具有高临界温度,但是低超导相干长度也导致了材料具有晶界弱连接性。此外,REBCO 超导平面的二维特性也导致垂直于平面的电子传输性较差,所以 REBCO 材料中需要非常规整的晶粒排列,以保证电流可以沿导体长度方向传输。最后,在提高 REBCO 材料超导性能方面,主要通过在材料中掺杂纳米级钉扎中心,这是因为纳米尺度的掺杂物不会破坏超

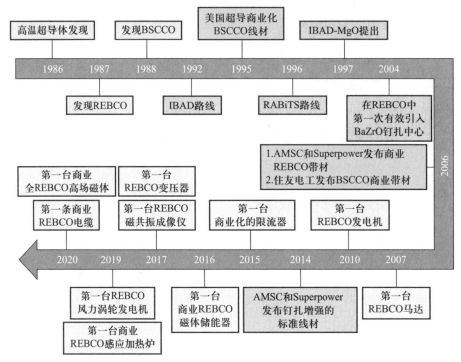

图 1-1-1　高温超导涂层导体及其应用的发展时间表[1,2,13-26]

导平面,形成的新晶界也不会阻碍超导电流的传输。为了实现所需的晶粒排列和纳米级缺陷微观结构,REBCO 超导材料需要通过外延薄膜生长方法制造带材。[12] 此外,超导带材必须足够长且具有柔韧性才能实现应用。因此,具有陶瓷脆性的 REBCO 超导薄膜需要外延生长在具有一定长度且兼具柔韧性的金属基板上,但这是一个复杂且成本高昂的生产过程。

### 1.1.2　第二代高温超导带材的制备技术路线概况

第二代高温超导材料涂层导体的结构非常复杂,如图 1-1-2 所示。[12] 在涂层导体结构中,REBCO 超导层具有高度织构化和双轴排列的特点;金属基带的主要作用是支撑过渡层和超导层;而多层堆叠的过渡层可以起到平整表面和传递织构的作用,并且可以隔离金属基带与超导层,从而避免发生元素扩散产生化学反应;Ag 层可以保护超导层,避免超导层受到环境的影响;Cu 层可以起到稳定超导层的作用;铠装层可以增加带材的机械强度。这种复杂的涂层导体结构已经发展了很多年,成为了行业内公认的标准结构。在高温涂层导体结构中,每一层都有其特定的用途,并且需要一系列的加工方法来制造。目前,涂层导体中超导层主要通过两种方法获得双轴织构,一种是离子束辅助沉积技术(ion beam assisted deposition, IBAD)[14],另一种是RABiTS[27]。在IBAD工艺中,将双轴排列的过渡层通过离子束辅助沉积到无织构存在的基底上,主要是将MgO作为种子层沉积在多晶非磁性Ni基合金上,如哈氏合金或不锈钢金属基板,同时离子束诱导生成双轴织构[28]。后续外延生长的REBCO超导层可以实现2°~3°的平均晶粒取向差,能够与在单晶基底上所生长的超导层相媲美。在RABiTS方法中,Ni基合金通过大形变量的轧制,然后经过再结晶热处理可以生成具有5°~7°平均晶粒取向差的双轴织构,随后可以通过气相沉积[29]或化学溶液沉积[30]出过渡层和超导层,最后经过热处理以使晶粒结晶,形成双轴织构。

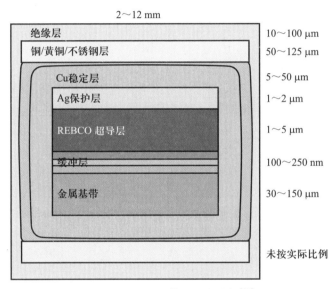

图 1-1-2　涂层导体的基本结构[12]

IBAD和RABiTS两种技术路线生产涂层导体各有优势和劣势。IBAD技术路线的优势在于其过渡层很薄、织构度强,并且有很多可以选用的金属基带,其缺点主要是生产制备过程中需要高真空环境和很难获得大尺寸的织构超导带材。目前,采用IBAD技术路线的主要有美国的Superpower[31],日本的Fujikura[32]和中国的上海超导[33,34]等公司,并且目前各公司均有能力生产千米级长度的涂层导体带材。相较于IBAD技术路线的快速发展,目前RABiTS技术路线处于落后的状态,但其仍然存在巨大的应用前景。采用RABiTS技术路线在制备涂层导体时需要精准的控温热处理工艺,且其采用的合金基带具有磁性,制备出的带材织构度差,长带材制备难度高。虽然这些缺点制约了RABiTS技术路线的发展,但是其优点在于制备涂层导体的过程中不需要真空环境,使得其制备成本相较于IBAD技术路线大幅度降低,并且可以用于制备大尺寸的涂层导体。目前,采用 RABiTS 技术路线的商业公司主要有美国超导(AMSC)[35]和德国的巴斯夫(BASF)[36]。从 RABiTS 技术路线的优缺点中可以发现,合金基带的磁性、织构度及长度制约了 RABiTS 技术路线的发展。因此,开发出具有高强度、无磁性及强织构度的合金基带是打破 RABiTS 技术路线发展制约的关键。下面也将用合金基带的研究进展对 RABiTS 技术路线进行阐述。

### 1.1.3　RABiTS 技术路线用基带的研究进展

　　RABiTS 技术路线是由美国橡树岭国家实验室于 1996 年提出。[37]在这种方法中,将 Ni 或 Cu 等金属通过大形变量轧制成带材,然后经过再结晶热处理以在带材表面获得锐利的立方织构,最后在金属基带上外延生长过渡层和超导层薄膜,如图 1-1-3 所示。在众多的金属中,Ag[38-41]和 Ni[42-47]是制备涂层导体用双轴织构基带的首选金属。然而,Ag 基带在技术上并不具备前景,因为它强度较低和成本较高,并且无法形成锐利的立方织构。而 Ni 因为具有良好的抗氧化性,且与 REBCO 具有良好的晶格匹配,被广泛用作金属基带材料。[48]然而,由于 Ni 和 REBCO 在高温下会发生化学反应,REBCO 不能直接沉积在 Ni 基带上。为了抑制 Ni 扩散到超导层中,要在金属基带上外延生长过渡层,这些过渡层有两个目的,一是传递金属基带的晶体结构,二是充当扩散屏障以防止金属基带中的元素扩散到超导层中。[49-53]因此,RABiTS 技术路线主要目标是开发具有强立方织构的金属基带,并且在过渡层和超导层的沉积温度下能具有稳定性。此外,金属基带还要求具有高机械强度和无铁磁性,机械强度在过渡层和超导层卷到卷沉积制造过程中非常重要,

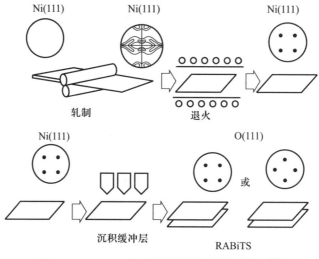

图 1-1-3　RABiTS 路线制备涂层导体的路线图[6]

而铁磁性在涂层导体交流电应用过程中会造成交流损耗[54]。然而,纯 Ni 经过再结晶退火后机械强度不足,并且还具有非常强的铁磁性,因此目前的研究重点也聚焦在开发出具有高强度和无磁性的 Ni 基合金基带。

在开发合适的 Ni 基合金基带时,必须面临合金设计的问题,其中最重要的是 Ni 基合金中立方织构的形成,以及添加合金元素的类型和数量等问题。长期的研究已经确定向 Ni 中添加合金元素会降低合金的堆垛层错能(stacking fault energy, SFE),而层错能的降低会影响轧制织构的演变,进而影响合金带材退火过程中再结晶立方织构的形成。在 FCC 金属轧制过程中,高层错能金属倾向于形成 C 型织构,低层错能金属倾向于形成 brass(黄铜,B)型织构,而中层错能的金属会形成介于两者之间的过渡型织构。Ray[55] 在研究 Ni-Co 合金系统织构转变的过程中,发现高合金化会完全抑制 Ni 基合金带材中再结晶立方织构的形成。因此,在涂层导体用 Ni 基合金基带的设计开发过程中,既要考虑添加元素使得合金出现强化,又要确保添加元素不会干扰合金带材再结晶过程中强立方织构的形成。

许多研究人员已经报道了 Ni 与难熔金属的微合金化会促进合金再结晶立方织构的形成和提高在高温热处理过程中的稳定性。Schastlivstev 等人[56] 研究了一系列 Ni-W、Ni-Mo、Ni-Cr、Ni-V 和 Ni-Re 合金中冷轧织构的发展。研究发现,当合金中添加了超过临界量的合金元素,合金轧制织构会从 C 型织构转变为 B 型织构。他们将观察到的织构转变行为与所研究的不同合金系统的晶格参数 $a$ 变化联系起来,如图 1-1-4 所示。

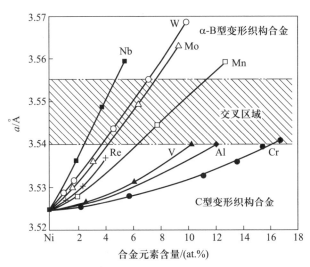

图 1-1-4 Ni 中添加不同合金元素的轧制织构转变[56]

纯 Ni 作为涂层导体用金属基带,其在应用中还存在铁磁性的问题。纯 Ni 的居里温度为 627 K,在 $T=0$ K 时饱和磁化强度为 57.5 emu/g[54]( 1 emu/g = 1 A/m ),从而导致纯 Ni 基带制备的涂层导体会增加高场磁体中设计的复杂性。此外,纯 Ni 基带制备的涂层导体在交流电应用中还会由于铁磁性而使得能量的损耗增加。考虑到这些,显然需要开发出具有低铁磁性的合金基带,同时该合金还可以获得双轴织构。在众多的元素中,能降低纯 Ni 铁磁性的潜在合金元素有 Cr、V、Si、Al 和 Ti,如图 1-1-5 所示。然而,Ti、Al 和 Si 在 Ni 中的溶解度不足以将合金的居里温度抑制在 77K 以下[57],因此,Cr 和 V 是降低合金基带铁磁性的最优选合金元素。另外,研究发现通过轧制和再结晶热处理,只有在 Ni-Cr[58-60] 和 Ni-V[61-64] 合金中会形成强立方织构,但是合金中立方织构强度随着 Cr 和 V 元素含量的增加而急剧下降。尽管,Ni-Cr 和 Ni-V 合金可以具有低磁性和强立方织构,但是在 Ni 中使用 Cr

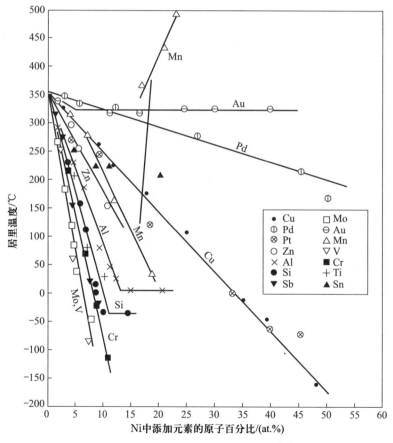

图 1-1-5　不同镍基合金的居里温度[57]

或 V 作为合金元素仍然存在问题,主要在于这两种元素都非常容易形成氧化物,尤其是在过渡层和超导层沉积生长温度 700~900 ℃下,Cr 和 V 非常容易形成氧化物,从而不利于合金基带上过渡层和超导层的外延生长。

经过多年的研究发展,综合各种合金立方织构的形成能力、机械强度及铁磁性,Ni-W 合金最终脱颖而出,并且 Ni5W 合金基带成为目前主流的 RABiTS 技术路线商业带材[65-69]。

## 1.2　FCC 金属轧制织构及再结晶织构的研究进展

### 1.2.1　FCC 金属轧制过程中的织构演变

开发高性能的涂层导体用 Ni 基合金基带离不开基础理论的研究,纯 Ni 作为 FCC 金属,其在轧制过程中会形成典型的 C 型织构,并且经过再结晶退火后会形成强立方织构。然而,在纯 Ni 金属中在添加其他合金元素后,Ni 基合金的层错能将显著降低,轧制织构的演变也将会随之发生改变,最终导致合金在再结晶退火后的立方织构含量出现下降。[69-86]因此,研究 FCC 金属轧制织构的演变机理对开发出更高性能的 Ni 基合金基带十分重要。

在 FCC 金属中存在两种典型的轧制织构,分别为 C 型织构和 B 型织构。关于两种轧制织构的不同,在 1929 年 Göler 和 Sachs[88]已经明确地观察到了这种差异。但是直到 1952 年,Hu 等人[87]首次定义了 C 型和 B 型织构,他们发现纯 Cu 经过轧制后,表面的晶粒织构接近于{123}<121>,而黄铜经过轧制形变后,表面的织构取向则接近于{110}<112>,并采用极图的方法对两种类型织构进行了量化,如图 1-2-1 所示。从图中可以看到,C 型和 B 型轧制织构中晶粒取向分布密度曲线的最强位置分别在 C 取向{123}<121>和 B 取向{110}<112>附近,并且两种类型织构也同时包含了 S 取向{123}<634>和 Goss(戈斯,G)取向{011}<100>织构,两者的主要区别在于四种取向织构的含量不同。在两种类型轧制织构之间,还存在一种过渡型织构。

关于 C 型与 B 型织构的形成机理,从 19 世纪 60 年代开始,科研人员做了大量的研究,并形成了大量的经验理论。在这些经验理论中,普遍认为 C 型轧制织构的形成原因相对简单,科研人员也基本达成了共识,但是关于 B 型织构的形成理论至今仍然没有一个明确的结论。大量的研究学者[89-97]将 C 型轧制织构的形成归因于 FCC 金属的形变全程通过位错滑移完成,而 B 型织构则是由前期的 C 型织构转变而来,并且其形成与形变孪晶存在密切的关系,如图 1-2-2 所示。在 FCC 金属中,

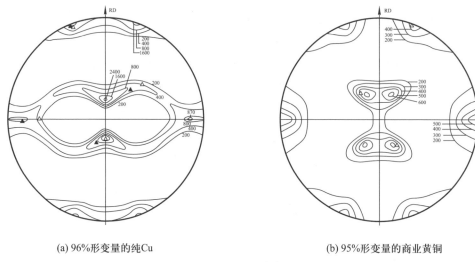

(a) 96%形变量的纯Cu　　　　　　　　　　(b) 95%形变量的商业黄铜

图 1-2-1　（111）面极图[87]，RD 为轧向

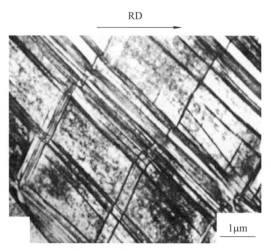

图 1-2-2　在 40% 轧制量下的奥氏体钢中不同的{111}平面上形成的形变孪晶[99]

孪晶的形成通常是由层错导致，因此合金的层错能对形变孪晶的形成起着至关重要的作用，层错能越高的 FCC 金属，层错的生成所需要的能量越高。相同轧制形变条件下，层错能高的 FCC 金属中不容易生成层错，主要以位错的交滑移完成形变，最终金属形成 C 型织构。而在低层错能 FCC 金属中，相同的轧制条件会形成大量的层错，层错又会进一步发展形成形变孪晶，从而导致轧制织构由 C 型织构转

形变成 B 型织构。2009 年 Leffers and Ray[98]总结了以往的关于轧制织构的研究,建立了 FCC 金属轧制织构演变理论机制。他们总结得出,B 型织构的形成是从 C 型织构的早期演变而来,并且与形变孪晶密切相关,但是也表明 B 型织构的演变并不是简单的形变孪晶在数量上的累积,后期合金会由于孪晶形变造成局部硬化,进而发展形成剪切带,而剪切带是 B 型织构合金后期演变的主要因素。

既然形变孪晶决定了 FCC 金属的轧制织构的演变,那么控制形变孪晶的形成则能达到调控形变织构的目的。目前,调控形变织构的方法主要有两种[100],如图 1-2-3 所示,一是改变金属的本征特性,主要是通过添加合金元素的方法改变金属的层错能。比如在纯 Cu 中,通过添加合金元素可以降低合金层错能,在相同的轧制形变条件下,层错能的降低将会导致合金形变过程中产生大量的层错,层错会发

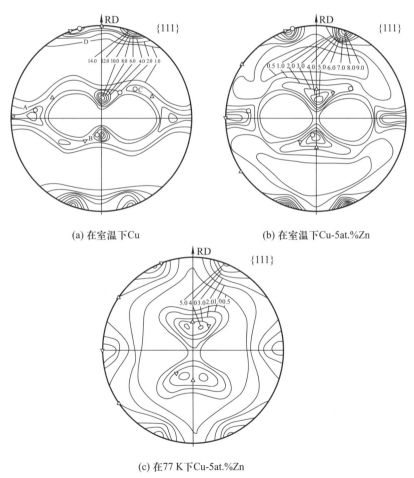

(a) 在室温下Cu

(b) 在室温下Cu-5at.%Zn

(c) 在77 K下Cu-5at.%Zn

图 1-2-3 不同情况下轧制 95% 形变后的轧制织构(111)极图[100]

展形成形变孪晶,从而导致合金由 C 型织构转形变成 B 型织构。二是改变金属的形变条件,主要是通过调整温度,研究表明金属在相同的形变量下,轧制过程中温度的改变将会使得金属的轧制织构演变发生变化。在轧制过程中,提高轧制温度将会降低层错的产生,阻止形变孪晶的生成,进而使得金属最终形成 C 型轧制织构;相反,降低轧制温度则会促进层错的产生,使得金属由 C 型织构演变为 B 型织构。此外,在轧制过程中加入回复热处理,可以使样品发生回复,减少样品中层错的含量,也能有效地阻止低层错能合金向 B 型轧制织构的转变。

### 1.2.2　FCC 金属再结晶织构的演变

　　FCC 金属经过大形变量轧制后会形成轧制织构,然后轧制织构经过再结晶退火热处理后会转形变成再结晶立方织构,FCC 金属中的不同类型的轧制织构再结晶热处理后会形成不同强度的立方织构。其中,具有 C 型轧制织构的金属会在再结晶热处理后形成强立方织构,而 B 型轧制织构则不能形成强立方织构。1979年,Schmidt 和 Lücke 系统地[100]研究分析了 Cu 和 Cu-Zn 合金在不同轧制条件下的轧制织构,如图 1-2-3 所示,并且对经过轧制的合金进行了再结晶热处理,如图 1-2-4所示。纯 Cu 在室温下经过 95% 的轧制形变,形成了典型的 C 型织构,然后经过再结晶退火后形成了强立方织构;Cu-5at.%Zn 同样在室温下经过 95% 的轧制后形成了过渡型织构,其再结晶织构中立方织构含量相较于纯 Cu 出现了下降;Cu-5at.%Zn 在 77K 温度下经过 95% 的轧制形变后,形成了典型的 B 型织构,其经过再结晶退火后,立方织构含量相较于在室温下轧制的 Cu-5at.%Zn 合金又出现了下降。所以,FCC 金属再结晶立方织构的形成与轧制织构类型存在着密切的关系。

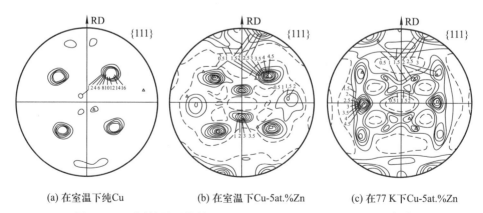

(a) 在室温下纯Cu　　　　　(b) 在室温下Cu-5at.%Zn　　　　　(c) 在77 K下Cu-5at.%Zn

图 1-2-4　不同情况下轧制 95% 形变后的再结晶织构{111}极图[100]

### 1.2.3　FCC 金属再结晶晶粒的形核与长大

研究 FCC 金属再结晶织构的形成,必然要了解再结晶晶粒的形核与长大。关于再结晶晶粒的形核,目前公认的是,在初次再结晶中,新晶粒不会以全新晶粒的形式成核,而是形变状态中亚晶粒通过回复长大发展形成新的晶粒,因此新晶粒具有与形变状态下的晶粒相同的取向。

从形变组织到再结晶形核的本质是形成一个可以移动的晶界,这条晶界可以将再结晶形核区域与周围的形变晶粒隔开。由于大角度(取向度大于 15°)晶界的迁移率比小角度(取向度小于 15°)晶界的迁移率大得多($10^3 \sim 10^6$ 数量级),因此再结晶晶粒形核只考虑取向度大于 15°的大角度晶界,所以合金的回复过程中主要是释放储存能,并且不涉及大角度晶界的移动。另外,回复会导致点缺陷消失,位错以低能组态的形式重新排列,形成低角度亚晶界。研究还表明,大角度晶界的形成并不能代表新的晶粒形成,形成的亚晶要发展成为新的晶粒,其尺寸也要大于其周围的晶粒,否则也会逐渐消失。这种通过与大角度晶界相邻的亚晶生长成核的方式被称为应变诱导晶界迁移(strain induced grain boundary migration,简称 SIBM)或晶界膨胀。在这个过程中,大角度晶界会在其后面留下一个没有位错的区域,并且新晶粒保持了它出现时所在形变晶粒的取向。[101-105]

新晶粒的长大取决于大角度晶界的迁移率。研究晶界的迁移是很困难,因为描述晶界需要 5 个参数:3 个用来确定两相邻晶粒间的取向差,另外 2 个表示晶界面取向,常规测试只能获得其中 4 个参数。一般认为晶界的迁移率 $v$ 可写为

$$v = Mp, \tag{1-2-1}$$

其中 $M$ 表示晶界的迁移性,$p$ 是施加在边界上的压力。大角边界的迁移率取决于温度,并且通常遵循阿伦尼乌斯(Arrhenius)型关系。实际上,晶界的迁移性取决于边界两侧晶格之间的取向差。晶界的迁移率还取决于固溶体中的杂质、析出物及晶界的性质。

因为晶界的迁移是热激活的,所以纯金属中晶界的迁移率在很大程度上取决于温度。在恒定温度下,它取决于边界的类型及相邻边界的晶格之间的取向关系。因此,Liebmann 等人[106]根据对 Al 中倾斜晶界<111>生长速率的测量,表明晶界的迁移率取决于晶界两侧的取向关系。在 40°旋转角下,再结晶晶粒的生长速率达到最大值。

### 1.2.4　FCC 金属再结晶立方织构的形成

前面讲到具有 C 型轧制织构的 FCC 金属在再结晶热处理过程中会形成强立方织构。关于再结晶立方织构的形成,主要有取向形核理论[107-109]和取向长大理

论[110-112]。取向形核理论最早由 Burgers and Louwerse[113] 于 1931 年提出的,认为金属在再结晶热处理的过程中,立方取向形核晶粒数量占据了优势,然后这些立方取向晶粒逐渐长大演变为立方织构。取向长大理论是 1940 年 Barrett[114] 率先提出的,认为立方取向晶粒的长大速率相较于其他取向晶粒更快,从而演变成为立方织构。

取向形核理论假定形核仅发生在微观结构内的优先位置,这些形核决定了再结晶织构。[113] 该理论还认为,在再结晶热处理后,占主导地位的取向晶粒(即再结晶织构的主成分)的形核频率大于其他取向晶粒的形核频率。在立方织构形成过程中,立方晶粒的分数为 $\alpha_c$,非立方晶粒的分数为 $\alpha_r$,取向成核的条件[116]为

$$\alpha = \alpha_c / \alpha_r \gg 1. \tag{1-2-2}$$

换句话说,所谓"新"立方晶粒的形核频率大于其他取向晶粒的形核频率,因此,立方取向晶粒将具有数量优势。也可以假设所有晶粒以相同的频率成核,但立方取向晶粒可以较早地成核,因此它们将形成尺寸优势,而不是数量优势,因为它们有更多的时间来完成生长。因此,有人认为,方程式(1-2-2)是取向成核的充分条件,但并不是必要条件。

取向生长理论忽略了形核阶段,假设在再结晶形核开始时,晶核的取向是随机的。[45] 再结晶织构的发展由不同取向晶核之间的长大速率所决定,因为晶粒的长大速率与晶粒及其周围的晶粒取向关系相关。取向生长因子 $\beta$ 由立方晶粒的平均尺寸 $\overline{d_c}$ 与非立方晶粒的平均尺寸 $\overline{d_r}$ 之比决定[116],取向长大发生的条件为

$$\beta = \overline{d_c} / \overline{d_r} \gg 1. \tag{1-2-3}$$

## 1.3　金属基带性能分析方法

本节主要介绍了 Ni-W 合金基带的性能测试及分析方法,主要包括织构的表达、X 射线分析技术、扫描电子分析技术和磁性能分析技术等,并简要介绍了设备的工作原理。

### 1.3.1　织构的表达

材料可以分为晶态材料和非晶态材料,其中晶态材料又分为多晶材料和单晶材料。单晶材料只含一个晶体,而多晶材料是由多个晶体所组成。在多晶材料中,若多数晶体呈现相同取向,形成择优取向,则称之为织构。织构的存在会影响材料的磁、电和热等性能,因此研究材料的织构对开发高性能材料具有十分重要的意义。特别是在多晶金属材料中,织构广泛地存在于金属成型的各阶段,包括铸造织

构、形变织构和再结晶织构。织构的存在会影响金属的多项性能,本书专注于研究金属的形变织构和再结晶织构。

#### 1.3.1.1　晶体取向的表达

研究织构,首先是晶体取向的表达。设空间中有一立方晶体坐标系,其轴分别为 $X_c$、$Y_c$ 和 $Z_c$,如图 1-3-1(a)中的红色坐标所示,然后有一个样品晶体坐标系,其轴分别为 $X_s$、$Y_s$ 和 $Z_s$,如图(a)中的黑色坐标所示,并且两个坐标系相交于 $O$ 点。欧拉角是指使立方晶体的主轴与样品的主轴重合所需的 3 个旋转角度。在邦厄(Bunge)形式描述的欧拉角中,立方晶体坐标按照 $\varphi_1$、$\Phi$、$\varphi_2$ 的顺序做 3 次转动,首先绕 $Z_s$ 轴先旋转 $\varphi_1$ 角度到图(b)所示位置,然后绕 $X'_s$ 轴转动 $\Phi$ 角度到图(c)所示位置,最后转动 $Z'_s$ 轴 $\varphi_2$ 角度到图(d)所示位置,最终使立方晶粒的直角坐标系 $OX_cY_cZ_c$ 与样品的直角坐标系 $OX_sY_sZ_s$ 完全重合。经过这种转动可以实现任意的晶体取向,因此该样品晶粒的取向可以用欧拉角表示为 $(\varphi_1,\Phi,\varphi_2)$。

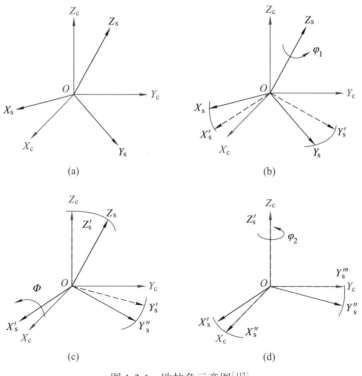

图 1-3-1　欧拉角示意图[117]

每种表达晶体取向的方法都有自己的优缺点,欧拉角的缺点在于它是一个非线性空间,并且当 $\Phi$ 接近于 0 时定义不明确。另一种常见的描述是晶面晶向法,

即用 $\{hkl\}\,<uvw>$ 表示,其中 $\{hkl\}$ 是平行于立方晶体直角坐标系的 $XOY$ 面, $<uvw>$ 是平行于坐标系 $X$ 轴的方向。与欧拉角描述相比,晶面晶向法具有一个优势,它直接与晶体中的晶面和晶向相关。轴角法与 $\{hkl\}\,<uvw>$ 表示类似,这种描述很容易与材料中的晶体方向相关联。轴角法的描述为,对于刚体的任何旋转组合,刚体中的一个轴在旋转期间都保持着相同的方向,如图 1-3-2 所示。因此,晶体取向也可以通过轴和围绕该轴的旋转角度来描述。类似地,罗德里格斯(Rodrigues)矢量同样通过旋转轴定义取向,但是矢量具有大小,因此由旋转角度的正切除以 2 表示。这种表示在数学上是最适合的,近年来受到了很多关注。

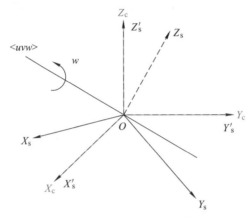

图 1-3-2　轴角示意图[117]

在实际应用中,所有这些晶体取向的表示都可以简化为方向矩阵,并且大多数计算中也是采用矩阵完成。设 $g$ 为晶粒的取向,则不同表示方法的数学公式如下。

（1）Bunge 欧拉角法

$$g = (\varphi_1, \Phi, \varphi_2).\qquad(1\text{-}3\text{-}1)$$

若用矩阵表示经任意 $(\varphi_1, \Phi, \varphi_2)$ 转动所获得的取向为

$$g = \begin{bmatrix} \cos\varphi_1\cos\varphi_2 - \sin\varphi_1\sin\varphi_2\cos\Phi & \sin\varphi_1\cos\varphi_2 + \cos\varphi_1\sin\varphi_2\cos\Phi & \sin\varphi_2\sin\Phi \\ -\cos\varphi_1\sin\varphi_2 - \sin\varphi_1\cos\varphi_2\cos\Phi & -\sin\varphi_1\sin\varphi_2 + \cos\varphi_1\cos\varphi_2\cos\Phi & \cos\varphi_2\sin\Phi \\ \sin\varphi_1\sin\Phi & -\cos\varphi_1\sin\Phi & \cos\Phi \end{bmatrix}.$$

$$(1\text{-}3\text{-}2)$$

（2）轴角法

$$d = (d_1, d_2, d_3).\qquad(1\text{-}3\text{-}3)$$

$$g = \begin{bmatrix} (1-d_1^2)\cos w + d_1^2 & d_1 d_2 (1-\cos w) + d_3 \sin w & d_1 d_3 (1-\cos w) - d_2 \sin w \\ d_1 d_2 (1-\cos w) - d_3 \sin w & (1-d_2^2)\cos w + d_2^2 & d_2 d_3 (1-\cos w) + d_1 \sin w \\ d_1 d_3 (1-\cos w) + d_2 \sin w & d_2 d_3 (1-\cos w) - d_1 \sin w & (1-d_3^2)\cos w + d_3^2 \end{bmatrix},$$

$$(1\text{-}3\text{-}4)$$

$$2\cos w = \mathrm{tr}\, g - 1 = g_{11} + g_{22} + g_{33} - 1, \tag{1-3-5}$$

其中 $w$ 为晶体取向绕轴旋转的角度，$d$ 为需要旋转的原始向量。

（3）Rodrigues 矢量法

$$R = d\tan\frac{w}{2} \quad (\,|d| = \sqrt{d_1^2 + d_2^2 + d_3^2} = 1\,). \tag{1-3-6}$$

（4）$\{hkl\}<uvw>$晶面晶向法

$$h = n\sin\varphi_2\sin\varPhi = m(g_{32} - g_{23}), \tag{1-3-7}$$

$$k = n\cos\varphi_2\sin\varPhi = m(g_{13} - g_{31}), \tag{1-3-8}$$

$$l = n\cos\varPhi = m(g_{21} - g_{12}), \tag{1-3-9}$$

$$u = n'(\cos\varphi_1\cos\varphi_2 - \sin\varphi_1\sin\varphi_2\cos\varPhi), \tag{1-3-10}$$

$$v = n'(-\cos\varphi_1\sin\varphi_2 - \sin\varphi_1\cos\varphi_2\cos\varPhi), \tag{1-3-11}$$

$$w = n'\sin\varphi_1\sin\varPhi, \tag{1-3-12}$$

$$\cos\varPhi = \frac{l}{\sqrt{h^2 + k^2 + l^2}}, \tag{1-3-13}$$

$$\cos\varphi_2 = \frac{k}{\sqrt{h^2 + k^2}}, \tag{1-3-14}$$

$$\sin\varphi_2 = \frac{h}{\sqrt{h^2 + k^2}}, \tag{1-3-15}$$

$$\sin\varphi_1 = \frac{w}{\sqrt{u^2 + v^2 + w^2}}\sqrt{\frac{h^2 + k^2 + l^2}{h^2 + k^2}}, \tag{1-3-16}$$

式中 $n, m, n'$ 分别为晶向在 $x, y$ 坐标轴及 $x$ 坐标轴反向上的投影。

### 1.3.1.2　织构的极图表达

在实际描述织构时,常把材料的晶粒所在的微观参考系与材料宏观参考系相关联。关于宏观参考系的设定和金属的加工历史相关,通常选择轧制板材作为宏观参考系,其坐标分为轧向(rolling direction,RD)、横向(transverse direction,TD)和法向(normal direction,ND)。如图 1-3-3 所示,宏观坐标系为轧制板材,一个立方晶粒置于其中。将材料的晶粒取向与宏观坐标关联后,可以更为直观地了解材料晶粒取向的分布。关于织构的描述有很多方法,本书主要采用了极图法(pole figure,PF)和晶体三维空间取向分布函数法(orientation distribution func-

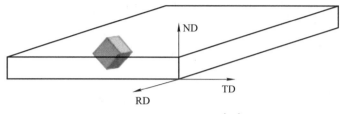

图 1-3-3　轧制板材坐标[117]

　　极图是用来表示材料晶粒取向分布的一种图形，通常采用材料晶体的各｛$hkl$｝面在三维空间中的极射赤道平面投影进行表示。极图投影图的形成原理如图 1-3-4 所示，将一立方晶粒放置于标有 RD、TD 和 ND 的球体中心上，做晶粒上半部分的（100）面法线，交于球体表面的 $P_1$、$P_2$ 和 $P_3$ 3 个点，然后对这些球面交点再做极射赤面投影，使投影线与球体过圆心且垂直于法向的赤面相交于 $P_{11}$、$P_{22}$ 和 $P_{33}$ 3 个点，这样就形成了该立方晶粒的（100）极图。通过这种方法，可以获得晶粒的任意｛$hkl$｝极图。在多晶材料中，将材料中的每个晶粒都做上面描述的投影，则会在球体赤面形成大量的投影点，然后将这些投影点进行权重处理，并将相同权重的点相连，就形成了极密度分布。在多晶体材料中，如果材料无织构存在，其极密度分布是均匀的，反之，极图中则会出现在特定的位置极密度较高的现象。在面心立方金属中常用（111）、（200）和（220）晶面进行织构分析，图 1-3-5 标注了（111）极图中常见织构的位置。

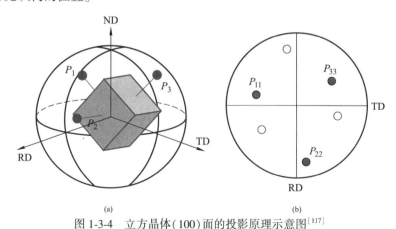

(a)　　　　　　　　　　　　　　(b)

图 1-3-4　立方晶体（100）面的投影原理示意图[117]

　　晶体的取向有 3 个自由度，因此表达多晶取向分布需要三维空间，而极图是将晶体在三维空间中的分布投影到二维的极射赤面上，因此极图上的一个点不足以

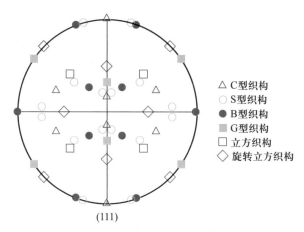

(111)

图 1-3-5 (111)极图中常见织构的位置

△ C型织构
○ S型织构
● B型织构
■ G型织构
□ 立方织构
◇ 旋转立方织构

表示三维空间中的一个取向,需要极图上的若干个点来表示一个取向。在极图中,不同取向会在极图中形成多个点,这些点往往会重叠,因此无法确定某点极密度的变化是哪种取向造成的。极图的这种缺点,使其只能用于对织构进行定性分析,而无法进行定量分析。为了对织构进行定量分析,需要建立对织构的三维空间的描述。

20 世纪 60 年代由 Bunge 和 Roe 各自独立地提出了材料织构的 ODF,二者原理基本相同。取向分布函数涉及非常复杂的数学计算,这里则不涉及数学推导过程,主要讨论取向分布函数在材料织构中的表达与定量分析。取向分布函数也被称为织构的三维取向分析法,在应用 ODF 分析材料织构时,首先需要划分取向空间。因为本章主要针对 FCC 金属,只对立方晶粒的取向空间进行了划分。如前所述,任意一组 ($\varphi_1$, $\Phi$, $\varphi_2$) 值都可以表示一个取向,并且 $0 \leqslant \varphi_1 \leqslant 2\pi$、$0 \leqslant \Phi \leqslant 2\pi$、$0 \leqslant \varphi_2 \leqslant 2\pi$。将 $\varphi_1$、$\Phi$ 和 $\varphi_2$ 作为空间直角坐标系的坐标轴,就可以建一个三维取向空间,也被称为欧拉空间。在立方晶系中,由于其相较于参考坐标系的对称性,以及其本身的对称性,可以大大地缩小取向分布函数的取向空间,通常立方晶系所采用的空间范围仅为完整空间的 1/32,即 $0 \leqslant \varphi_1 \leqslant \pi/2$,$0 \leqslant \Phi \leqslant \pi/2$,$0 \leqslant \varphi_2 \leqslant \pi/2$。

为了便于分析,通常将材料晶体取向在欧拉空间中的三维分布函数值描绘在平面图上。绘制的方法是垂直于欧拉空间的某一轴(如 $\varphi_2$ 轴),然后以等间距对空间进行切割形成若干个二维截面,然后将这些二维截面绘制在平面上,即为通常使用的 ODF 截面图。例如,图 1-3-6 是以 FCC 金属为例,垂直于 $\varphi_2$ 轴,在欧拉空间中获得的一系列 ODF 截面示意图,并在图中标记了 FCC 金属中常见的织构位置。

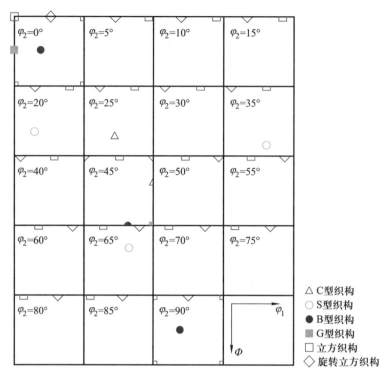

图 1-3-6 ODF 图中常见织构的位置

虽然 ODF 图可以为研究材料织构提供全部的晶体取向数据,但是在多数情况下科研人员分析织构并不需要这么多的数据,而只需要在取向空间内某些特定区域的取向分布函数值。因此,取向分布函数图可以简化为取向线。在 FCC 金属中,样品经过轧制形形变成织构,晶粒取向会在欧拉空间中汇聚成两条目标线,即 $\alpha$ 和 $\beta$ 取向线。如图 1-3-7 所示,$\alpha$ 取向线是当 $\varphi_2 = 90°$,$\Phi = 45°$ 时,沿 $\varphi_1$ 在 $0 \sim 90°$ 范围内的取向密度分布;$\beta$ 取向线是当 $\varphi_2$ 为常数时,ODF 截面上最大值的连线。在 $\alpha$ 取向线上的重要取向有 $\{011\} <100>$ 和 $\{011\} <211>$ 等,$\beta$ 取向线上有 $\{123\} <112>$、$\{112\} <111>$ 和 $\{011\} <211>$ 等。[118-121]

目前关于材料织构的测试方法有 X 射线四环衍射、中子束衍射和电子背散射衍射等多种方法,这些测试方法的基本原理相同,都是采用入射线与材料晶格发生布拉格衍射进而获得晶体取向信息。本章主要采用了 X 射线四环衍射和电子背散射衍射两种测试方法,分别针对材料在不同状态下的宏观织构和微观取向进行了测试分析,下面也将对这两种方法的测试原理和数据分析进行简单的介绍。

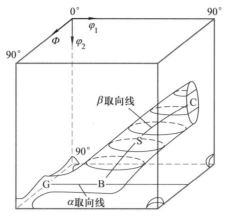

图 1-3-7 FCC 金属形变织构在欧拉空间的示意图[117]

### 1.3.2 X 射线分析技术

#### 1.3.2.1 X 射线物相分析法

X 射线衍射(X-ray diffraction,XRD)分析是材料测试分析中非常基础的测试手段,其内部结构如图 1-3-8 所示。XRD 测试是无损检测,具有样品制备简单,测试方便快速,以及测试不需要真空环境等优点。在测试的过程中 X 射线与材料晶体发生衍射从而得到材料的衍射峰,通过材料的衍射峰可以计算出材料的晶体晶格

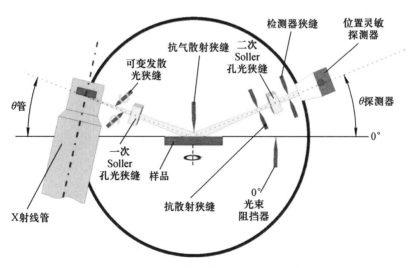

图 1-3-8 XRD 内部结构局部示意图

结构及晶格参数,最为重要的是根据峰位与标准 PDF 卡片还可以获得材料的物相信息。

　　XRD 的测试原理是当一束单色 X 射线照射到晶体上时,入射的 X 射线与晶胞内的原子相互作用产生干涉,由于晶体中的原子呈周期性排列,这些不同的原子产生的干涉相互叠加就会出现衍射,如图 1-3-9 所示。因为不同的晶体材料具有不同的原子周期排列,其衍射花样也就不同,根据衍射结果就可以推断出测试材料的晶体结构。在 X 射线发生衍射的过程中,所有的衍射均遵从布拉格衍射

$$2d\sin\theta = n\lambda, \tag{1-3-17}$$

式中 $d$ 为晶面间距,$\theta$ 为入射线或反射线与反射晶面之间的夹角,$n$ 为反射级数,$\lambda$ 为波长。

　　布拉格方程(1-3-17)可以根据图 1-3-9 进行推导,当 X 射线的光程差等于波长的整数倍时,晶面的衍射线将加强,衍射图谱上产生衍射峰。值得注意的是,X 射线与晶体材料相互作用还会出现结构消光,因此 X 射线产生衍射的条件有两个,一是满足布拉格方程,二是不存在结构消光。

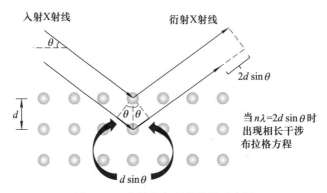

图 1-3-9　布拉格方程的推导示意图

### 1.3.2.2　X 射线四环衍射织构分析法

　　早期测试织构通常采用照相法,现在基本采用衍射仪法,两种测试方法基本原理相同,都是通过 X 射线与晶体在不同角度下的晶面发生衍射获得晶体取向信息。在面心立方金属中,一般测试(111)、(220)和(200)面的极图,这里要注意的是面心立方晶体(110)和(100)存在结构消光,无法获得衍射花样。

　　目前,四环衍射仪是常用的测试材料织构的装置,如图 1-3-10 所示。当测量晶体某个晶面的极图时,首先设定好该晶面的 $\theta$、$2\theta$ 角之后,借助样品台的转动,在不同 $\chi$ 角下,$\varphi$ 从 0°到 360°范围内对样品实施测量,即可获得样品该晶面的极图。

　　本书采用德国 Bruker 公司的 D8 Advance X 射线衍射仪,所用的 Cu 靶激发出

的特征 X 射线波长 $\lambda_{K\alpha}$ 为 1.5418 Å,工作电压为 40 kV,工作电流为 40 mA。并配装高精度欧拉环(Eulerian cradle)对样品表面织构进行测试,并利用 Bruker 公司的 Diffrac Plus.TexEval 分析软件对测试结果进行数据处理。

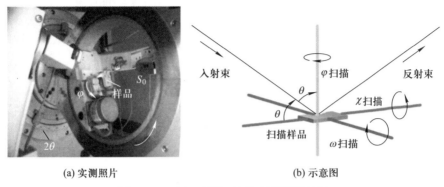

(a) 实测照片　　　　　　　　　　(b) 示意图

图 1-3-10　用 X 射线四环衍射仪测量极图

### 1.3.3　扫描电子分析技术

#### 1.3.3.1　扫描电子显微镜

扫描电子显微镜(scanning electron microscope,SEM)作为一种重要的材料表面分析手段,被广泛地应用于科研及生产实践中。其工作原理是采用电子束作为探针对样品表面进行表征,当电子束作用在测试样品表面时,会激发出不同的信号,利用这些信号可以获得样品表面的形貌、组分及结构信息。如图 1-3-11 所示,具有一定厚度的固体材料在电子束的作用下,样品表面会产生二次电子(secondary electron,SE)、背散射电子(back scattered electron,BSE)、连续 X 射线(continuum X-ray)、特征 X 射线(characteristic X-ray,CX-ray)、俄歇电子(Auger electron,AE)及阴极射线发光(cathodoluminescence,CL)等。

目前,二次电子、背散射电子及特征 X 射线开发的探头都已经集成在扫描电子显微镜中,而受限于扫描电子显微镜的测试环境,另外的几种信号都有自己专属的测试仪器。在扫描电子显微镜中,二次电子是入射电子束作用在材料的核外电子上,将材料的核外电子激发出样品表面而产生的一种信号。因为二次电子的激发区域深度较浅,所以对样品的表面形貌十分敏感,是观察样品表面形貌的首选;背散射电子是入射电子束撞击到材料原子核反弹出来的一种信号,其信号的强弱与原子核的半径存在着密切的相关性,因此可以判断材料中不同相之间的分布,另外,背散射电子在材料晶体传播过程中还会发生布拉格衍射,进而可以获得样品晶体的晶格信息;特征 X 射线是入射电子束将核外电子激发出去后,在内层电子形成

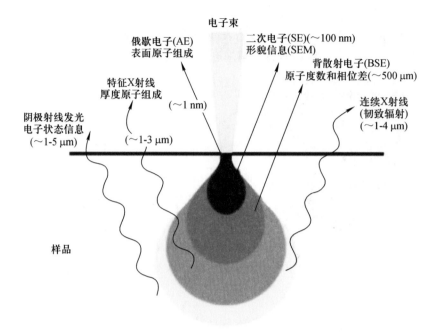

图 1-3-11　电子束激发出的信号

空位,外层电子向内层空位跃迁会辐射出 X 射线,因为不同材料的核外电子层分布不同,使得电子跃迁产生的 X 射线波长和单光子能量也不同,所以根据材料激发出的特征 X 射线的波长或者单光子能量可以对材料元素进行判断。[122,123]

因为扫描电子显微镜测试样品的过程一直处于高真空环境中,并且电子束与样品相互作用还会产生荷电效应,所以样品测试前要经过一定的处理。首先对含有水分的样品要先经过烘干去除水分,避免破坏高真空环境;其次对于带有磁性的样品要经过退磁,因为磁性样品会产生磁场干扰电子束;最后,针对不导电或导电性较差的样品,要经过喷金或者喷碳等方式处理,避免表面产生电荷堆积影响测试。因为扫描电子显微镜能对材料的形貌、成分及晶体结构进行分析,并且具有制样简单、测试快速和放大倍数高等优点,成为了材料分析中不可或缺的测试仪器。随着扫描电子显微镜技术的不断发展,场发射电镜已经成为了主流设备,本书所采用的是美国赛默飞公司的 FEI Quanta 450 FEG 热场发射扫描电子显微镜。

### 1.3.3.2　电子背散射衍射织构分析法

前文讲到 X 射线四环衍射仪可以测试材料织构,在 XRD 测试织构的过程中,因为 X 射线束斑的直径大约在 1 mm 左右,作用在材料样品上后,会与非常多的晶粒产生衍射,所以 X 射线测试晶体取向时具有宏观统计性。但是要了解织构的演变,还必须从更小的尺度观察,也就要求开发出更小束斑的探针。在介绍扫描电子显微镜时提到,背散射电子在晶体内部传播的过程中会与晶体的原子发生布拉格衍射,因此基于电子背散射衍射(electron backscattering diffraction,EBSD)技术对材料织构的测试方法也被开发了出来。[115,124-125]

早在 1928 年,日本的菊池(Kikuchi)就发现了电子显微学中的衍射现象,后来就以其名字命名了电子束与晶体产生的衍射花样为菊池花样(见图 1-3-12(b))。菊池花样产生的原理如图 1-3-12(a)所示,当高能入射电子进入晶体时,由于与原子发生非弹性散射,相当于形成了一个新的光源,当散射的电子与晶面满足布拉格方程时就会产生衍射电子轨迹,形成一对角衍射圆锥,这对圆锥的顶角为(180° - $\theta$),由于衍射圆锥顶角接近于 180°,圆锥可以近似看作平面,当 EBSD 相机的荧光屏处于与两对角圆锥交截的位置时,就会在荧光屏上形成一对近似平行的曲线,如图 1-3-12(a)所示。

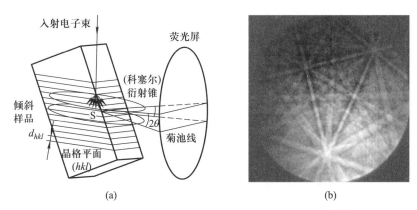

$$\text{(a)} \qquad\qquad\qquad \text{(b)}$$

图 1-3-12　菊池带产生的(a)示意图及(b)菊池花样[124]

从 20 世纪 90 年代以来,基于 EBSD 开发的探头开始集成在扫描电子显微镜内,并在材料的微观组织结构表征方面展现出来巨大的优势,因为电子探针的束斑在纳米级别,所以通过 EBSD 可以进行相分析、晶界分析及局部应变分析。目前,EBSD 技术已经能够实现全自动采集微区取向信息,并且由原来的电荷耦合器件(charge coupled device,CCD)相机发展到了现在最为先进的互补金属氧化物半导体(complementary metal oxide semiconductor,CMOS)相机,相机衍射花样的解析率也得到了空前的提高。如图 1-3-13 所示,EBSD 系统的组成部分主要包含了EBSD 探头、图像处理器和计算机系统。EBSD 探头是系统的核心部件,主要包括磷屏及其后的 CCD 相机,相机的探头从扫描电镜样品仓的侧面与电镜相连。在 CMOS 相机 EBSD 探头中,舍去了磷屏与 CCD 相机,由 CMOS 相机直接对衍射花样进行观测。

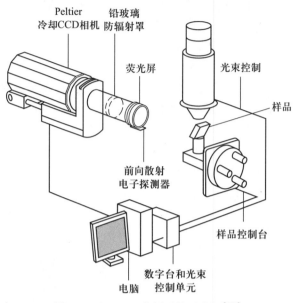

图 1-3-13　EBSD 分析系统示意图[124]

　　从图 1-3-13 中可以看到,样品测试的时候并不是水平放置,而是存在一定的倾转角度,这是因为通过减小背散射电子射出表面的路径,可以减少信号的衰减,从而获得足够强的衍射花样。如图 1-3-14 所示,在不同的倾转角下,样品的衍射花样强度并不相同,当倾转角达到 70°时,衍射花样的强度达到了最大。另外,在测试的过程中,加速电压、灯丝电流、扫描步长等参数都会影响菊池花样的清晰度和测试效率,最有效调节 EBSD 的方法是在保证样品二次像的分辨率下,采用大束斑、大电流和高电压的方法进行测试分析。此外,样品表面的状态也会影响菊池花样的测定,这是因为背散射电子来自表面 50 nm 的深度以内,样品的表面状态决定了菊池花样的成像。如果要获得较高的花样标定率,测试样品首先要保证测试面的平整,所以块状样品要经过磨、切等加工处理获得平整表面,但是菊池花样又对应力

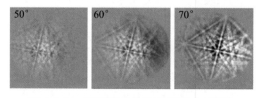

图 1-3-14　不同倾转角度的菊池花样[117]

十分敏感,所以经过冷加工的样品必须要去除表面的应力层。目前,表面处理的方法有镜面级抛光、电解抛光、化学抛光、离子抛光及等离子体刻蚀等。本书采用的是离子抛光技术,抛光设备是来自莱卡的 RES102 多功能离子减薄仪。

### 1.3.4　PPMS 磁性能分析

综合物理测量系统(physical property measurement system,PPMS)是美国量子公司设计开发的一种针对材料物理性能测试的一款仪器设备。它集合了温度与磁场变控,能针对材料的热学、电学及磁学等各种物理性能进行测试分析。本书采用 PPMS 测试系统的型号为 PPMS-14L,最高磁场能达到 14 T,测试温度区间为 1.9~400 K,采用 MultiVu 软件进行实时监测并记录系统所有设备的运行状况和测试环境数据,并配备专用于磁学性能测试的振动样品磁强计(vibrating sample magnetometer,VSM)组件。

VSM 是一种应用最广的高灵敏度的磁性测量仪器,它的基本原理是电磁感应定律。测试的过程是将测试的样品固定在电动马达上面,放置于设定好的磁场中,然后马达以一定的频率和幅度进行振动,从而带动样品切割周围磁场产生感应电压,即

$$e_{\text{g}} = G\omega\delta m\cos\omega t = km, \tag{1-3-18}$$

式中线圈的几何因子

$$G = \frac{3}{4\pi}\mu NA \frac{z_0(r^2 - 5x_0^2)}{r^7}, \tag{1-3-19}$$

$\delta$ 为振幅,$\omega$ 为振动频率,$t$ 为时间,$k$ 为常数,$m$ 为样品磁矩,$\mu$ 为磁矩,$N$ 为原子的数密度,$A$ 为原子剖面面积,$z_0$ 为 $z$ 膨胀系数,$r$ 为距离,$x_0$ 为原子的距离。感应电压又会影响其周围磁场的变化,利用置于外加磁场线圈内的磁场感应器收集磁场的变化信号,再利用计算机数据处理系统解析信号,从而获得测试样品的磁矩。

PPMS 设备中配置的 VSM 组件如图 1-3-15 所示。相较于传统的电磁铁 VSM,PPMS 系统的 VSM 的外加磁场平行于样品的振动方向,并且外加磁场能达到 14 T,磁体的均匀度高达 0.01%,且均匀区长达 5.5 cm,磁场的噪声非常小。振动马达采用长程电磁力驱动马达,能够高频、大振幅、精确振动,避免了机械磨损和振动噪声。这些特点使得 PPMS-VSM 有极高的测量灵敏度,是目前世界上测量精度最高的 VSM,其测量灵敏度小于 $10^{-6}$ emu,振动频率范围 5~80 Hz,振动幅值范围 0.5~10 mm,最大测量磁矩~40 emu/振动峰值。

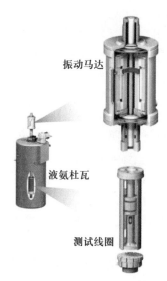

振动马达

液氨杜瓦

测试线圈

图 1-3-15    PPMS-VSM 选件示意图[126]

# 参 考 文 献

[1]    Wu M K,Ashburn J R,Torng C J,et al. Superconductivity at 93 K in a new mixed-phase Y-Ba-Cu-O compound system at ambient pressure[J]. Physical Review Letters,1987,58(9):908-910.

[2]    Bednorz J G,Muller K A. Possible high-Tc superconductivity in the BA-LA-CU-O system[J]. Zeitschrift Fur Physik B-Condensed Matter,1986,64(2):189-193.

[3]    Schilling A,Cantoni M,Guo J D,et al. Superconductivity above 130-K in the HG-BA-CA-CU-O system[J]. Nature,1993,363(6424):56-58.

[4]    Scanlan R M,Malozemoff A P,Larbalestier D C. Superconducting materials for large scale applications[J]. Proceedings of the IEEE,2004,92(10):1639-1654.

[5]    Kharissova O V,Kopnin E M,Maltsev V V,et al. Recent advances on bismuth-based 2223 and 2212 Superconductors:Synthesis,chemical properties,and principal applications[J]. Critical Reviews in Solid State and Materials Sciences,2014,39(4):253-276.

[6]    Hashi K,Ohki S,Matsumoto S,et al. Achievement of 1020 MHz NMR[J]. Journal of Magnetic Resonance,2015,256:30-33.

[7]    Shen T M,Bosque E,Davis D,et al. Stable,predictable and training-free operation of superconducting Bi-2212 Rutherford cable racetrack coils at the wire current density of 1000 A/mm$^2$[J]. Scientific Reports,2019,9.

[ 8 ]  Bai H Y,Bird M D,Cooley L D,et al. The 40 T superconducting magnet project at the National High Magnetic Field Laboratory[ J ]. IEEE Trans. Appl. Supercon.,2020,30( 4 ).

[ 9 ]  Fazilleau P,Chaud X,Debray F,et al. 38 mm diameter cold bore metal-as-insulation HTS insert reached 32.5 T in a background magnetic field generated by resistive magnet[ J ]. Cryogenics, 2020,106.

[ 10 ]  Liu J H,Wang Q L,Qin L,et al. World record 32.35tesla direct-current magnetic field generated with an all-superconducting magnet[ J ]. Supercon. Sci. Tech.,2020,33( 3 ).

[ 11 ]  张其瑞. 高温超导电性[ M ]. 杭州:浙江大学出版社,1992.

[ 12 ]  Macmanus-Driscoll J L,Wimbush S C. Processing and application of high-temperature superconducting coated conductors[ J ]. Nature Reviews Materials,2021,6( 7 ):587-604.

[ 13 ]  Maeda H,Tanaka Y,Fukutomi M,et al. A new high-$T_c$ oxide superconductor without a rare-earth element[ J ]. Japanese Journal of Applied Physics Part 2-Letters,1988,27( 2 ):L209-L210.

[ 14 ]  Lijima Y,Tanabe N,Kohno O,et al. In-plane aligned $YBa_2Cu_3O_{7-x}$ thin films deposited on polycrystalline metallic substrates[ J ]. Appl. Phys. Lett.,1992,60( 6 ):769-771.

[ 15 ]  Goyal A,Norton D P,Budai J D,et al. High critical current density superconducting tapes by epitaxial deposition of $YBa_2Cu_3O_x$ thick films on biaxially textured metals[ J ]. Appl. Phys. Lett.,1996,69( 12 ):1795-1797.

[ 16 ]  Wang C P,Do K B,Beasley M R,et al. Deposition of in-plane textured MgO on amorphous $Si_3N_4$ substrates by ion-beam-assisted deposition and comparisons with ion-beam-assisted deposited yttria-stabilized-zirconia[ J ]. Appl. Phys. Lett.,1997,71( 20 ):2955-2957.

[ 17 ]  Macmanus-Driscoll J L,Foltyn S R,Jia Q X,et al. Strongly enhanced current densities in superconducting coated conductors of $YBa_2Cu_3O_{7-x}+BaZrO_3$[ J ]. Nature Materials,2004,3( 7 ):439-443.

[ 18 ]  Iwakuma M,Tomioka A,Konno M,et al. Development of a 15 kW motor with a fixed YBCO superconducting field winding[ J ]. IEEE Trans. Appl. Supercon.,2007,17( 2 ):1607-1610.

[ 19 ]  Gupta R,Anerella M,Joshi P,et al. Design,construction,and testing of a large-aperture high-field HTS SMES coil[ J ]. IEEE Trans. Appl. Supercon.,2016,26( 4 ).

[ 20 ]  Glasson N,Staines M,Allpress N,et al. Test results and conclusions from a 1 MVA superconducting transformer featuring 2G HTS Roebel cable[ J ]. IEEE Trans. Appl. Supercon.,2017,27 ( 4 ).

[ 21 ]  Kovalev I A,Surin M I,Naumov A V,et al. Test results of 12/18 kA ReBCO coated conductor current leads[ J ]. Cryogenics,2017,85:71-77.

[ 22 ]  Parkinson B J,Slade R A,Bouloukakis K. A compact 3T all HTS cryogen-free MRI system[ J ]. Supercond. Sci. Tech.,2017,30( 12 ).

[ 23 ]  Bergen A,Andersen R,Bauer M,et al. Design and in-field testing of the world's first ReBCO rotor for a 3.6 MW wind generator[ J ]. Supercon. Sci. Tech.,2019,32( 12 ).

[ 24 ]  Choi J,Kim T,Lee C K,et al. Commercial design and operating characteristics of a 300 kW

superconducting induction heater (SIH) based on HTS magnets[J]. IEEE Trans. Appl. Super-con.,2019,29(5).

[25] Kim J,Kim Y,Yoon S,et al. Design,construction,and operation of an 18 T 70 mm no-insulation (RE)Ba$_2$Cu$_3$O$_{7-x}$ magnet for an axion haloscope experiment[J]. Review of Scientific Instru-ments,2020,91(2).

[26] Lee C,Son H,Won Y,et al. Progress of the first commercial project of high-temperature super-conducting cables by KEPCO in Korea[J]. Supercon. Sci. Tech.,2020,33(4).

[27] Goyal A,Paranthaman M P,Schoop U. The RABiTS approach:Using rolling-assisted biaxially textured substrates for high-performance YBCO superconductors[J]. Mrs Bull,2004,29(8):552-561.

[28] Prusseit W,Nemetschek R,Hoffmann C,et al. ISD process development for coated conductors [J]. Physica C,2005,426:866-871.

[29] Schoop U,Rupich M W,Thieme C,et al. Second generation HTS wire based on RABiTS sub-strates and MOD YBCO[J]. IEEE Trans. Appl. Supercon.,2005,15(2):2611-2616.

[30] Diez-Sierra J,Rijckaert H,Rikel M,et al. All-chemical YBa$_2$Cu$_3$O$_{7-\delta}$ coated conductors with preformed BaHfO$_3$ and BaZrO$_3$ nanocrystals on Ni5W technical substrate at the industrial scale [J]. Supercon. Sci. Tech.,2021,34(11).

[31] Amemiya N,Shigemasa M,Takahashi A,et al. Effective reduction of magnetisation losses in copper-plated multifilament coated conductors using spiral geometry[J]. Supercon. Sci. Tech.,2022,35(2):1-14.

[32] Kajikawa K,Fujiwara Y,Miezaki M,et al. AC loss measurements in an HTS coil wound using two-ply bundle conductor[J]. IEEE Trans. Appl. Supercon.,2022,32(4).

[33] 赵跃,张智巍,朱佳敏,等. 面向实用化的第二代高温超导带材研究进展[J]. 电工电能新技术,2017,36(10):69-75.

[34] Zhao Y,Zhu J M,Jiang G Y,et al. Progress in fabrication of second generation high temperature superconducting tape at Shanghai Superconductor Technology[J]. Supercon. Sci. Tech.,2019,32(4).

[35] Malozemoff A P. Progress in American superconductor's HTS wire and optimization for fault current limiting systems[J]. Physica C,2016,530:65-67.

[36] Van Driessche I,Feys J,Hopkins S C,et al. Chemical solution deposition using ink-jet printing for YBCO coated conductors[J]. Supercon. Sci. Tech.,2012,25(6).

[37] Norton D P,Goyal A,Budai J D,et al. Epitaxial YBa$_2$Cu$_3$O$_7$ on biaxially textured nickel (001):An approach to superconducting tapes with high critical current density[J]. Science,1996,274(5288):755-757.

[38] Onabe K,Doi T,Kashima N,et al. Preparation of Y$_1$Ba$_2$Cu3O$_x$ superconducting tape formed on silver substrate by chemical vapor deposition technique[J]. Physica C,2002,378:907-910.

[39] Liu M,Dong J,Liu D M,et al. Fabrication of YBCO films on Ag substrate by TFA-MOD method [J]. Transactions of Nonferrous Metals Society of China,2004,14(5):992-995.

[40] Liu M, Liu D M, Dong J, et al. Influence of Ag substrate surface condition on surface morphology of YBCO film. Proceedings of the 20th International Cryogenic Engineering Conference, Beijing, PEOPLES R CHINA, F 2005 May 11-14, 2004[C]. 2005.

[41] Liu M, Suo H L, Zhao Y, et al. Fabrication of YBCO films on SrTiO₃ and textured Ag substrates by TFA-MOD method[J]. IEEE Trans. Appl. Supercon., 2007, 17(2): 3601-3604.

[42] Lijima Y, Hosaka M, Tanabe N, et al. Biaxial alignment control of YBa₂Cu₃O₇₋ₓ films on random Ni-based alloy with textured yttrium stabilized-zirconia films formed by ion-beam-assisted deposition[J]. Journal of Materials Research, 1997, 12(11): 2913-2923.

[43] Liu C F, Wu X, Wu H, et al. X-ray study of cube textured Ni substrate for YBCO thick films [J]. Rare Metal Mat. Eng., 1998, 27(5): 259-262.

[44] Lee D F, Paranthaman M, Mathis J E, et al. Alternative buffer architectures for high critical current density YBCO superconducting deposits on rolling assisted biaxially-textured substrates [J]. Japanese Journal of Applied Physics Part 2-Letters, 1999, 38(2B): L178-L180.

[45] Annavarapu S, Nguyen N, Cui S, et al. Progress towards a low-cost commercial coated conductor. Proceedings of the Symposium on Materials for High-Temperature Superconductor Technologies held at the 2001 MRS Fall Meeting, Boston, Ma, F 2002 Nov 26-29, 2001[C]. 2002.

[46] Yuan G S, Yang J, Shi K. Epitaxial buffer layers on Ni and Cu-Ni substrates for Y-Ba-Cu-O film [J]. IEEE Trans. Appl. Supercon., 2001, 11(1): 3382-3384.

[47] Li S-W, Li W, LI G-X, et al. Comparative study of YBCO films grown on biaxially textured Ni substrate and LAO substrate by photo-assisted metal organic chemical vapor deposition[J]. Chemical Journal of Chinese Universities-Chinese, 2013, 34(3): 527-531.

[48] Specht E D, Goyal A, Lee D F, et al. Cube-textured nickel substrates for high-temperature superconductors[J]. Supercon. Sci. Tech., 1998, 11(10): 945.

[49] Mutlu I H, Celik E, Ramazanoglu M K, et al. Non-vacuum YBCO films on buffer layered Ni tapes: Processing, growth and properties[J]. IEEE Trans. Appl. Supercon., 2000, 10(1): 1154-1157.

[50] Chiba K, Makino S, Mukaida M, et al. The effect of lattice matching between buffer layer and YBa₂Cu₃O₇₋δ thin film on in-plane alignment of C-axis oriented thin films[J]. IEEE Trans. Appl. Supercon., 2001, 11(1): 2734-2737.

[51] Liu C X, Chen X M, Tang W H, et al. Microstructural characterization of YBCO thin films grown on YSZ[J]. High Energy Physics and Nuclear Physics-Chinese Edition, 2001, 25: 96-99.

[52] Nakamura Y, Kudo S, Mukaida M, et al. Crystallinity of YBCO thin films on an MgO substrate using an amorphous buffer layer deposited at a low temperature[J]. Physica C, 2002, 378: 1241-1245.

[53] Nakamura Y, Tsuchihata T, KUDO S, et al. Crystallinity and surface morphology of YBCO thin films using an amorphous buffer layer deposited at a low temperature[J]. IEEE Trans. Appl. Supercon., 2003, 13(2): 2717-2720.

[54] Ijaduola A O, Thompson J R, Goyal A, et al. Magnetism and ferromagnetic loss in Ni-W textured

substrates for coated conductors[J]. Physica C,2004,403(3):163-171.

[55] Ray R K. Rolling textures of pure nickel,nickel-iron and nickel-cobalt alloys[J]. Acta Metall. Mater.,1995,43(10):3861-3872.

[56] Schastlivtsev V M,Ustinov V V,Rodionov D P,et al. Nickel alloy substrates with a sharp cube texture for high-T-c superconducting tapes[J]. Doklady Physics,2004,49(3):167-170.

[57] Bhattacharjee P P,Ray R K,Upadhyaya A. Nickel base substrate tapes for coated superconductor applications[J]. Journal of Materials Science,2007,42(6):1984-2001.

[58] Mao Y J,Jiang B Y,Ren C X,et al. Control of the YSZ biaxial alignment on polycrystalline Ni-Cr substrates by ion beam selective resputtering[J]. Thin Solid Films,1998,312(1-2):27-31.

[59] Rodionov D P,Gervas'eva I V,Khlebnikova Y V,et al. Formation of a sharp cube annealing texture in Ni-Cr alloys used as substrates in substrate-high-temperature superconductor compositions[J]. Phys. Met. Metallogr+,2002,93(5):458-464.

[60] Thompson J R,Goyal A,Christen D K,et al. Ni-Cr textured substrates with reduced ferromagnetism for coated conductor applications[J]. Physica C,2002,370(3):169-176.

[61] Fabbri F,Annino C,Boffa V,et al. Properties of biaxially oriented $Y_2O_3$ based buffer layers deposited on cube textured non-magnetic Ni-V substrates for YBCO coated conductors[J]. Physica C,2000,341:2503-2504.

[62] Bettinelli D,Petrisor T,Gambardella U,et al. Magnetic properties of biaxially oriented Ni-V substrate[J]. International Journal of Modern Physics B,1999,13(9-10):1169-1175.

[63] Mancini A,Boffa V,Celentano G,et al. Development of buffer layer structures for $YBa_2Cu_3O_{7-\delta}$ coated conductors on textured Ni-V substrate[J]. International Journal of Modern Physics B, 2000,14(25-27):3128-3133.

[64] Boffa V,Celentano G,Ciontea L,et al. Influence of film thickness on the critical current of $YBa_2Cu_3O_{7-x}$ thick films on Ni-V biaxially textured substrates[J]. IEEE Trans. Appl. Supercon.,2001,11(1):3158-3161.

[65] Betanda Y A,Helbert A-L,Brisset F,et al. Effect of annealing atmosphere on the recrystallized texture and abnormal grain growth of Ni-5% W alloy sheets[J]. Adv. Eng. Mater.,2015,17 (11):1568-1572.

[66] Gaitzsch U,Rodig C,Damm C,et al. Elongated grains in Ni5W(Ag) RABiTS tapes[J]. J. Alloy Compd.,2015,623:132-135.

[67] Ma L,Tian H,Zhao Y,et al. Fabrication of Ni-5 at. % W long tapes with $CeO_2$ buffer layer by reel-to-reel method[J]. Journal of Superconductivity and Novel Magnetism,2015,28(10): 2959-2965.

[68] Yu D,Ma L,Suo H,et al. Influences of dynamic and static annealing on texture transformation in Ni-5at% W alloy substrate[J]. Rare Metal Mat. Eng.,2018,47(12):3806-3810.

[69] Zhang C X,Suo H L,Zhang Z L,et al. Evolution of microstructure,texture and topography during cold rolling and recrystallization of Ni-5at.% W alloy substrate for coated conductors[J]. Crystals,2019,9(11):1-11.

［70］ Suo H L,Zhao Y,Liu M,et al. Preparation of cube textured Ni5W/Ni9W composite substrate for YBCO coated conductors［J］. IEEE Trans. Appl. Supercon.,2007,17(2):3420-3423.

［71］ Zhao Y,Suo H L,Liu M,et al. Highly reinforced and cube textured Ni alloy composite substrates by a hybrid route［J］. Acta Mater,2007,55(8):2609-2614.

［72］ Suo H L,Zhao Y,Liu M,et al. Technique for developing highly strengthened and biaxially textured composite substrates for coated superconductor tapes［J］. Acta. Mater.,2008,56(1):23-30.

［73］ Suo H L,Gao M M,Zhao Y,et al. Development of advanced substrates for HTS coated conductors［J］. IEEE Trans. Appl. Supercon. 2010,20(3):1569-1572.

［74］ Gao M M,Grivel J C,Suo H L,et al. Fabrication of a textured non-magnetic Ni-12at.%V alloy substrate for coated conductors［J］. IEEE Trans. Appl. Supercon.,2011,21(3):2973-2976.

［75］ Meng Y C,Suo H L,Tian H,et al. Influence of high energy ball mill technology on cube texture formation of Ni-8at.%W alloy substrates for YBCO-coated conductors［J］. Adv. Mater. Res-Switz,2014,887-888:1323-1327.

［76］ Liang Y,Hui T,Suo H,et al. Recrystallization and cube texture formation in heavily cold-rolled Ni7W alloy substrates for coated conductors［J］. Journal of Materials Research,2015,30(10):1686-1692.

［77］ Ma L,Suo H L,Zhao Y,et al. Study on fabrication of Ni-5 at.%W tapes for coated conductors from cylinder ingots［J］. IEEE Trans. Appl. Supercon.,2015,25(3):1-5.

［78］ Tian H,Suo H L,Liang Y R,et al. Effect of surface shear on cube texture formation in heavy cold-rolled Cu-45 at%Ni alloy substrates［J］. Mater. Lett.,2015,141:83-87.

［79］ Tian H,Wang Y,Ma L,et al. Evolutions of the texture and microstructure of a heavily cold-rolled Ni9W alloy during recrystallization［J］. Journal of Materials Research,2016,31(16):2438-2444.

［80］ Wang P,Tian H,Suo H-L,et al. Cube texture evolution of Ni5W alloy substrates and La-Zr-O buffer layer of YBCO-coated conductors［J］. Rare Metals,2016.

［81］ 马麟,索红莉,喻丹,等. W含量对Ni-W合金基带取向及织构形成的影响［J］. 稀有金属材料与工程,2017,11.

［82］ Ma L,Suo H L,Yu D,et al. Influences of different tungsten contents on orientation and texture formation in Ni-W alloy substrates［J］. Rare Metal Mat. Eng.,2017,46(11):3332-3337.

［83］ Nishijima G,Osamura K,Nagaishi T,et al. International round robin test for critical current measurement of RE-Ba-Cu-O superconducting tapes［J］. IEEE Trans. Appl. Supercon.,2018,28(4).

［84］ Yu D,Suo H L,Liu J,et al. Intermediate annealing and strong cube texture of Ni8W/Ni12W/Ni8W composite substrates［J］. Journal of Materials Science,2018,53(21):15298-15307.

［85］ Ji Y,Suo H,Zhang Z,et al. Strong cube texture formation in heavily cold-rolled Ni8W/Ni12W/Ni8W composite alloy substrates used in YBCO coated conductors［J］. Metals and Materials International,2021,27(5):1337-1345.

[ 86 ] Ji Y T, Suo H L, Zhang Z L, et al. Strong cube texture of super-high tungsten Ni-W alloy sub-strates used in REBCO coated conductors[ J ]. J. Alloy Compd., 2020, 820: 1-11.

[ 87 ] Hu H, Cline R S. On the mechanism of texture transition in face centered cubic metals[ J ]. Texture Stress & Microstructure, 1988, 23: 191-206.

[ 88 ] Gler F V, Sachs G. Walz- und rekristallisationstextur regulär-flächenzentrierter metalle. IV[ J ]. Zeitschrift für Physik, 1929, 56( 7 ): 485-494.

[ 89 ] Smallman R E, Green D. The dependence of rolling texture on stacking fault energy[ J ]. Acta Metall. Mater., 1964, 12( 2 ): 145-154.

[ 90 ] Wierzbanowski K, Jura J, Haije W G, et al. FCC rolling texture transitions in relation to con-straint relaxation[ J ]. Crystal Research and Technology, 1992, 27( 4 ): 513-522.

[ 91 ] Gu C F, Hoffman M, Toth L S, et al. Grain size dependent texture evolution in severely rolled pure copper[ J ]. Mater Charact., 2015, 101: 180-188.

[ 92 ] Dobrzanski F, Bochniak W. Effect of the mode of plastic-deformation on the formation of the al-loy-type texture[ J ]. Scripta Metallurgica et Materialia, 1995, 32( 12 ): 2067-2071.

[ 93 ] Li H, Yin F, Sawaguchi T, et al. Texture characteristics controlled by single slip plane slipping in the warm-rolled Fe-14Mn-5Si-9Cr-5Ni shape memory alloy[ J ]. Journal of Materials Re-search, 2009, 24( 6 ): 2097-2106.

[ 94 ] Leffers T. The brass-type texture - how close are we to understand it? Proceedings of the 16th International Conference on the Textures of Materials ( ICOTOM 16 ), Indian Inst Technol Bom-bay, Mumbai, INDIA, F 2012 Dec 12-17, 2011[ C ]. 2012.

[ 95 ] Wierzbanowski K, Wronski M, Baczmanski A, et al. Some comments on lattice rotation in aspect of brass-copper texture transition. Proceedings of the 16th International Conference on the Tex-tures of Materials ( ICOTOM 16 ), Indian Inst Technol Bombay, Mumbai, INDIA, F 2012 Dec 12-17, 2011[ C ]. 2012.

[ 96 ] Madhavan R, Ray R K, Suwas S. Micro-mechanical aspects of texture evolution in nickel and nickel-cobalt alloys: role of stacking fault energy[ J ]. Philos. Mag., 2016, 96( 30 ): 3177-3199.

[ 97 ] Jamaati R. Four unusual texture transitions in high purity copper during cold deformation fol-lowed by quenching[ J ]. Materials Research Express, 2019, 6( 1 ).

[ 98 ] Leffers T, Ray R K. The brass-type texture and its deviation from the copper-type texture[ J ]. Prog Mater Sci, 2009, 54( 3 ): 351-396.

[ 99 ] Donadille C, Valle R, Dervin P, et al. Development of texture and microstructure during cold-rolling and annealing of F.C.C. alloys: Example of an austenitic stainless steel[ J ]. Acta Metall. Mater., 1989, 37( 6 ): 1547-1571.

[ 100 ] Schmidt U, Lücke K. Recrystallization textures of silver, copper and α-brasses with different zinc-contents as a function of the rolling temperature[ J ]. Texture of Crystalline Solids, 1979, 3 ( 2 ).

[ 101 ] Penelle R. Nucleation and growth during primary recrystallization of certain metals and alloys with a face-centered cubic structure: Formation of the cube texture[ J ]. International Journal of

Materials Research,2009,100(10):1420-1432.

[102] Inoko F, Kobayashi M. Strain-induced boundary migration (SIBM) in aluminum bicrystals each with a <211> titl boundary[J]. Journal De Physique,1988,49(C-5):605-610.

[103] Bae M,Larsen H B. Observation of strain induced boundary migration (SIBM) in a high-N austenitic stainless steel [J]. Praktische Metallographie-Practical Metallography, 2002, 39 (4):187-192.

[104] Kashihara K, Konishi H, Shibayanagi T. Strain-induced grain boundary migration in {112} <111>/{100} <001> and {123} <634>/{100} <001> aluminum bicrystals[J]. Mat. Sci. Eng. a-Struct.,2011,528(29-30):8443-8450.

[105] Ji F. Dynamic strain - induced boundary migration during dynamic recovery at a high temperature deformation with a lower strain rate;Proceedings of the 4th International Conference on Advances in Materials and Manufacturing (ICAMMP 2013),Kunming,PEOPLES R CHINA, F 2014 Dec 18-19,2013[C]. 2014.

[106] Liebmann, Bernhard Lücke Kurt Masing G. Untersuchungen über die orientierungsabhängigkeit der wachstumsgeschwindigkeit bei der primären rekristallisation von aluminium-einkristallen [J]. International Journal of Materials Research,1956,47(2):57-63.

[107] Duggan B J,Lücke K,Köhlhoff G,et al. On the origin of cube texture in copper[J]. Acta Metallurgica et Materialia,1993,41(6):1921-1927.

[108] Doherty R D. Recrystallization and texture[J]. Prog Mater Sci,1997,42(1-4):39-58.

[109] Hjelen J,Orsund R,Nes E. Overview no. 93:On the origin of recrystallization textures in aluminum[J]. Acta Metallurgica et Materialia,1991,39(7):1377-1404.

[110] Rollett A,Humphreys F J,Rohrer G S,et al. Recrystallization and related annealing phenomena,2nd[J]. Elsevier,2004.

[111] Ray R K,Hutchinson W B,Duggan B J. A study of the nucleation of recrystallization using HVEM[J]. Acta Metall. Mater.,1975,23(7):831-840.

[112] Bunge H J,Köhler U. Modelling primary recrystallization in FCC and BCC metals by oriented nucleation and growth with the statistical compromise model[J]. Textures & Microstructures, 1997,28(3-4).

[113] Burgers W G. Über den Zusammenhang zwischen Deformationsvorgang und Rekristallisationstextur bei Aluminium [J]. Zeitschrift für Physik, 1931, 67(9): 605-678.

[114] Lee D N , Jeong H T .Recrystallization texture of aluminum bicrystals with S orientations deformed by channel die compression[J].Materials Science & Engineering A, 1999, 269(1-2):49-58.

[115] Humphreys F J. Characterisation of fine-scale microstructures by electron backscatter diffraction (EBSD)[J]. Scripta. Mater.,2004,51:771-776.

[116] Doherty R D. Nucleation and growth-kinetics of different recrystallization texture components [J]. Scripta. Metall. Mater.,1985,19(8):927-930.

[117] TSL OIM analysis. Developer by EDAX, Inc. [EB/OL]. (2007-03-29) [2014-06-11].

http://www.edax.com.

[118] 毛卫民,张新明. 晶体材料织构定量分析[M]. 第一版. 北京：冶金工业出版社,1993,
22-30.

[119] 毛卫民. 金属材料的晶体学织构与各向异性[M]. 北京:科学出版社,2002,5-30.

[120] 索红莉. 第二代高温超导线带材 Ag 基板织构研究及在单晶 Ag,多晶 Ag 和织构的 Ag 带
上外延生长双轴取向 REBCO-123 薄膜[D]. 北京工业大学,1999,22-37.

[121] 杨平. 电子背散射衍射技术及其应用[M]. 北京:冶金工业出版社,2007,10-53.

[122] 梁伟 左陈. 材料现代分析测试方法[M]. 北京:北京工业大学出版社,2001.

[123] 张锐. 现代材料分析方法[M]. 北京:化学工业出版社,2007.

[124] Randle V. Application of electron backscatter diffraction to grain boundary characterization
[J]. International Materials Reviews,2004,1-10.

[125] Courtas S, Grégoire M,Federspiel X,et al. Electron back scattered diffraction (EBSD) use
and applications in newest technologies development[J]. Microelectronics Reliability,2006,
46:1530-1535.

[126] From Quantum Design China website [EB/OL]. (2004-10-10) [2023-10-11]. https://
www.qd-china.com/en/n/1909260977131.

# 第 2 章　Ni5W 基带的研究进展

## 2.1　冷轧工艺对 Ni5W 基带织构的影响研究

目前,国内外超导材料研究工作的重点正逐步转向材料的开发与应用。美国、日本及欧洲等国家和地区[1-4]相继在超导长带制备方面进行了大量投入并取得了长足的进展。其中以 RABiTS 技术路线[5,6]为代表,涂层超导长带主要以 Ni5W 合金作为基带的首选[7,8]。可见,高织构 Ni5W 合金基带的制备工艺是高温涂层超导长带得以应用的基础。国内制备的短样性能和国际水平持平,但是长带方面研究却很少,这不利于 Ni5W 合金基带的大规模应用。而轧制工艺的研究,即不同轧制条件下的轧制织构对其再结晶立方织构形成的影响研究,对制备长带轧制工艺的确定有着非常重要的意义。本节主要就长带轧制中轧制方式、轧制中的润滑、轧制速度等工艺展开研究,为 Ni5W 合金基带长带的制备奠定一定的基础。

### 2.1.1　轧制方式对 Ni5W 合金基带冷轧织构的影响

在涂层超导用 Ni5W 合金基带的轧制过程中,轧制方式基本可分为单向轧制、往返轧制、往复轧制。研究发现不同的轧制方式对冷形变织构有着不同的影响。而 FCC 金属中,层错能是影响其形变后获得形变织构和退火后再结晶织构的主要因素[9],即在高层错的 FCC 金属或合金材料中,经大形变量轧制后获得的 C 型形变织构 C｛112｝<111>、S 型形变织构 S｛123｝<634>,在再结晶过程中沿上述两种取向易于形成再结晶立方织构,所以强的 C 取向、S 取向为基带表面立方晶粒的形核和再结晶长大条件提供了优势。

图 2-1-1 所示为 3 种轧制方式获得的形变基带所对应的(111)和(200)极图,分析可得,3 种轧制方式轧制后在基带中都形成了典型的 C 和 S 取向。对比图上颜色深度,得出往复轧制后的 S 和 C 取向较单向轧制更显集中,而从往返轧制后基带的(200)极图中可以看出形成了非 S 和非 C 取向的其他取向(见图上小圆点),由 ODF 图分析(图 2-1-2 所示为 3 种轧制方式冷轧后 Ni5W 合金基带表面的 ODF 图(0°、45°、65°))可得,在 45°的往返轧制 ODF 图中出现了｛110｝<110>取向,｛111｝<112>及｛111｝<110>取向,这种冷形变织构对再结晶立方织构的形成有很

大影响,定量测试后得到各冷轧织构的百分含量如表 2-1-1 所示,往复轧制中 S 取向达到 3 种轧制方式中含量的最高,为 36.04%,且 B 取向 B{112}<110>含量减少;而往返轧制中,S 取向含量下降,且形成了较高含量的不利于形成再结晶立方织构的 G 取向 G{110}<100>,其含量高为 5.53%;且出现的 B 取向含量高达 22.75%,这会在再结晶退火中严重影响再结晶立方织构的形成。

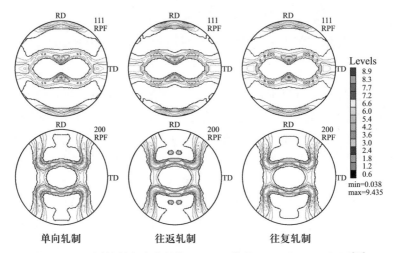

图 2-1-1　不同轧制方式获得的 Ni5W 基带的(111)和(200)极图[10]

**表 2-1-1　不同轧制方式后各基带冷轧织构的百分含量**

| 轧制方式 | C 型织构 | S 型织构 | B 型织构 | G 型织构 |
|---|---|---|---|---|
| 单向轧制 | 16.15% | 34.92% | 22.00% | 5.00% |
| 往复轧制 | 17.18% | 36.04% | 21.12% | 5.28% |
| 往返轧制 | 17.52% | 35.59% | 22.75% | 5.53% |
| 润滑往复轧制 | 13.40% | 44.40% | 31.00% | 2.10% |

　　冷轧形变中的形变织构主要由<110>∥RD 的纤维织构和<111>∥ND 的纤维织构组成,在欧拉空间表现为 $\alpha$ 取向线和 $\beta$ 取向线的强度曲线。见图 2-1-3(a) $\alpha$ 取向线的强度曲线,往返轧制过程中 B 取向含量明显高于单向轧制和往复轧制中对应的含量,而 3 种轧制方式中往复轧制更易获得质量较好的 C 和 S 取向,如图 2-1-3(b) $\beta$ 取向线的强度曲线所示。

　　由以上分析可知,3 种轧制方式中往复轧制更利于在 Ni5W 合金基带中获得较多的 C 和 S 取向,有利于退火过程中获得锐利的再结晶立方织构。

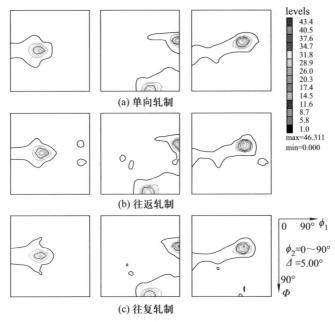

图 2-1-2　3 种轧制方式冷轧后 Ni5W 合金基带表面的 ODF 图对比($\varphi_2 = 0°, 45°, 65°$)[10]

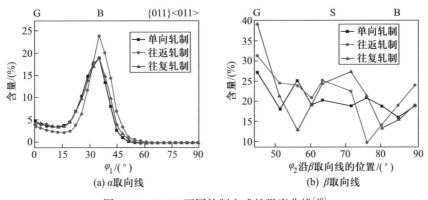

图 2-1-3　Ni5W 不同轧制方式的强度曲线[10]

## 2.1.2　轧制中润滑对 Ni5W 基带冷轧织构的影响

工业生产证明,冷轧润滑可减少摩擦,从而降低轧制力,降低能耗,带走轧辊热量,并有助于加大压下量,提高轧速,增加产量,改善板型和表面质量,减少轧辊磨损,等等。[11]轧制 Ni5W 合金长带的过程中,考虑到轧机的使用寿命、轧制效率和改善

Ni5W 合金基带的表面质量,有必要在轧制过程中采用润滑,但润滑是否会影响基带的再结晶立方织构的质量呢? 于是我们研究了润滑和非润滑轧制对 Ni5W 合金基带表面再结晶立方织构的影响。实验采用往复轧制,润滑剂为普通的机油润滑。

图 2-1-4 为润滑冷轧 Ni5W 合金基带表面的 EBSD 图,X 射线衍射定量分析如表 2-1-1 所示,从中可知润滑轧制的 C 取向含量明显低于非润滑轧制基带,而 S 取向含量达到 44.4%,同时 B 取向含量也远高于非润滑轧制后基带中的 B 取向含量。分析认为轧制过程中,轧辊与坯锭之间会存在较大的摩擦力,使坯锭与轧辊接触端附近的金属塑性流动受到一定的限制,导致该区域的剪切应力增加,附加的剪切应会使金属表面实际的主应力状态偏离中心部位的形变应力状态。当这种形变应力状态的差异足够大时,会导致金属明显的塑性应变状态的差异,并进而产生不同的形变织构[12]。因此,润滑轧制条件下,减轻了板材表层的剪切形变,降低了表层的剪切作用,从而改变了其冷轧制取向的含量分布。

图 2-1-4　润滑冷轧后基带表面的 EBSD 图[10]

图 2-1-5 为润滑轧制和非润滑轧制的不同微取向角晶界长度含量分布图,插图

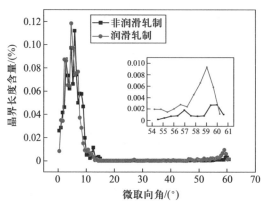

图 2-1-5　Ni5W 合金基带润滑和非润滑轧制晶界微取向角分布[10]

是 53°～62°范围的局部放大,其中方块标记和实心圆点分别代表非润滑轧制和润滑轧制的 Ni5W 合金基带,由图可知,润滑轧制的 Ni5W 合金基带中晶界微取向角分布存在较高峰值。可见,非润滑轧制制备的基带的再结晶织构中,小角度晶界含量和润滑轧制基带中的含量相当,但孪晶界含量较少,晶界质量比较高,更有利于再结晶退火后得到立方织构。分析原因,产生润滑和非润滑轧制的差异可能与润滑剂的选择、润滑工艺相关,下一步可展开 Ni5W 合金基带长带润滑工艺的相关研究。

### 2.1.3　轧制速度对 Ni5W 基带表面织构的影响

轧制速度的提高可以减少带坯进入轧机时的首尾温度差,确保终轧温度一致,从而减少因为首尾温度差所导致的不均匀性。然而,在 Ni5W 合金基带的冷轧过程中,如果轧制速度过快,会使得表面轧制温度升高,从而产生不利于形成再结晶立方织构的冷轧形变织构。

图 2-1-6 为不同冷轧速度轧制后测得的基带 ODF(取向分布函数)计算出的 $\alpha$ 和 $\beta$ 取向强度曲线。在 $\alpha$ 取向强度曲线中,当轧制速度为 5.0 m/min 时,表面 G 型形变织构含量密度明显降低,而 $\beta$ 取向强度曲线中,轧制速度为 5.0 m/min 和 7.5 m/min 时,C 与 S 取向强度基本相当。结合 Ni5W 合金基带轧制形变织构的含量分布(见表 2-1-2),3 种轧制速度中不利于形成再结晶立方织构的 B 取向含量相差很小,G 取向含量和 $\alpha$ 取向线分布一致,轧制速度为 5.0 m/min 时表面 G 取向含量最小。

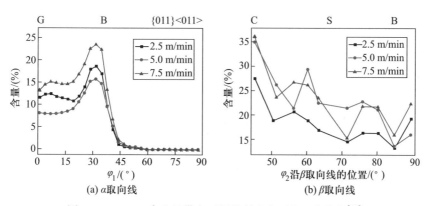

图 2-1-6　Ni5W 合金基带在不同轧制速度下的强度曲线[10]

表 2-1-2　不同轧制速度中各冷轧织构的百分含量

| 轧制速度 | C | S | B | G |
|---|---|---|---|---|
| 2.5 m/min | 13.40% | 37.38% | 22.53% | 7.67% |
| 5.0 m/min | 18.65% | 39.06% | 20.74% | 6.69% |
| 7.5 m/min | 16.32% | 35.55% | 20.79% | 6.76% |

在 Ar-4% H$_2$ 气体保护下,经 750 ℃保持 30 min 及 1150 ℃保持 1 h 的再结晶退火后,进一步验证了此种轧制速度的合理性。结合表 2-1-3 可得,轧制速度为 5.0 m/min 时形成立方织构的含量为最高,5°以内的立方织构含量远高于其他轧制速度所得到的结果,小于 8°时其立方织构的含量达到了 93.9%,小于 10°时其立方织构的含量达到了 99.6%(图 2-1-7),且平均晶粒尺寸 19.54 μm 为 3 种轧制速度下的最小值,达到了制备高立方织构 Ni5W 合金基带的要求。

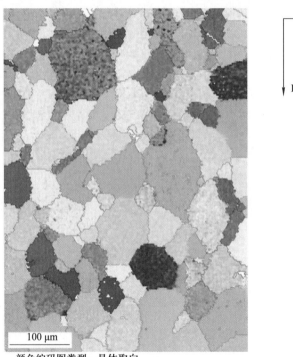

颜色编码图类型:晶体取向

| | 取向欧拉角 | 取向 {hk(i)l}<uv(t)w> | 最小值 | 最大值 | 总分数 | 占比 |
|---|---|---|---|---|---|---|
| | (0.0,0.0,0.0) | (001)[100] | 0° | 10° | 0.996 | 0.996 |

图 2-1-7　轧制速度为 5.0 m/min 时 Ni5W 合金基带表面 EBSD 图[10]

如表 2-1-3 所示,润滑轧制和非润滑轧制的微取向角在 10°以内时再结晶立方织构含量相当,而润滑轧制的基带表面晶粒平均尺寸为 21.97 μm,约等于非润滑轧制的晶粒平均尺寸,但非润滑轧制的小角度晶界含量接近 98% ,远大于润滑轧制的小角度晶界含量,有利于后续涂膜的需要。

**表 2-1-3　不同轧制速度及润滑轧制获得 Ni5W 基带 EBSD 结果**

| 轧制速度 | 立方晶粒含量/(%) | | | 平均晶粒尺寸/μm |
|---|---|---|---|---|
| | <5° | <8° | <10° | |
| 2.5 m/min | 62 | 91.7 | 98.4 | 22.29 |
| 5.0 m/min | 70 | 93.9 | 99.6 | 19.54 |
| 7.5 m/min | 62.8 | 93.1 | 98.7 | 24.08 |
| Ni5W$^{润滑}$ | 59 | 82.3 | 94.6 | 21.97 |

最终通过对轧制方式、轧制润滑、轧制速度等工艺的优化,冷轧和再结晶退火后获得长度达 20 m,厚度为 ~63 μm,立方织构(<10°)达 ~99% ,性能均匀的 Ni5W 合金长带。如图 2-1-8 所示,20 m 范围每隔 5 m 取样进行再结晶立方织构(<10°)测试,发现均达到 99% 以上,厚度每隔 0.5 m 进行测量,发现也较为均匀,63 μm 左右。这为 Ni5W 合金基带长带的产业化生产奠定了基础。

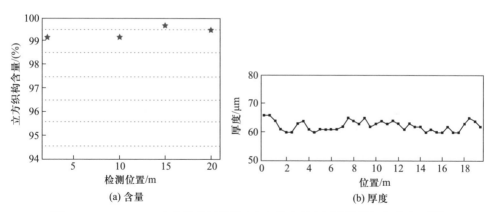

图 2-1-8　20 m Ni5W 合金基带再结晶立方织构含量和厚度沿带长的分布图[10]

## 2.2　总形变量对 Ni5W 基带织构的影响

### 2.2.1　总形变量对冷轧 Ni5W 基带冷轧织构的影响

图 2-2-1 为不同形变后的 Ni5W 合金冷轧基带的(111)的极图。从图中可以看出,随着总形变量的降低,3 种冷轧带在 B 取向和 S 取向的强度依次降低,C 取向的强度却是逐渐升高的,而其余形变织构的强度区别却不是很明显。

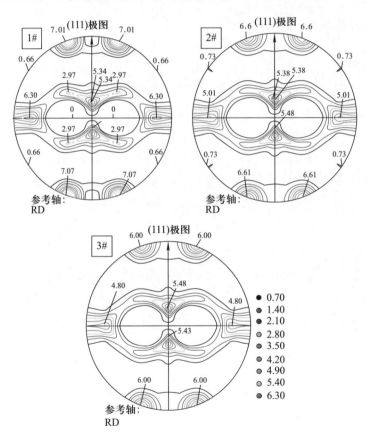

图 2-2-1　不同形变量获得的 Ni5W 冷轧基带(111)极图[13]

为了深入分析大形变量轧制对最终冷轧 Ni5W 基带形变织构的影响,将不同总形变量的冷轧基带沿 $\varphi_2$ 的 $\beta$ 取向线绘于图 2-2-2。从 $\beta$ 取向线的分布情况可以看出:经 95%~99% 大形变量冷轧基带,C 取向和 B 取向的强度均随着形变量的升高而略有降低,S 取向的强度却是随着形变量的升高逐渐增强,且 B 取向强度的变化幅度小于 C 取向强度的变化幅度,C 取向强度的变化幅度小于 S 的。对于 99% 形变量的冷轧基带中主要的轧制取向强度 S 取向略高于 B 取向,B 取向的强度要高于 C 取向 50% 左右;97% 形变量的冷轧基带中主要的轧制取向强度 S 取向与 B 取向持平,B 取向的强度也要高于 C 取向 50% 左右;95% 形变量的冷轧基带中主要的轧制取向强度最高的是 B 取向,S 取向高于 C 取向 40% 左右。大于 97% 形变量的冷轧基带中 S 取向的强度在 3 种取向中最强。

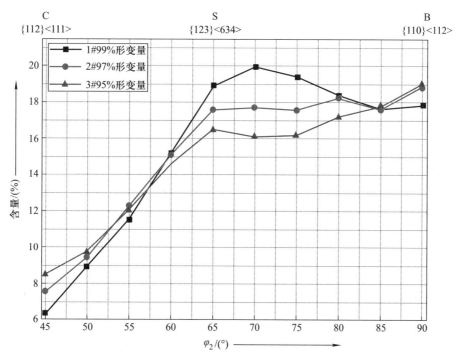

图 2-2-2　不同形变量获得的 Ni5W 冷轧基带 $\beta$ 取向线的强度分布图[13]

　　图 2-2-3 为不同形变量经过相同道次形变量轧制后获得的 Ni5W 合金冷轧基带中各种主要轧制取向的体积分数。从图中可以看出,总形变量大于 95% 时,随着形变量的升高 C 取向的含量逐渐降低,B 和 S 取向含量则逐渐增加,G 取向和立方取向的含量相对比较稳定,C 型织构含量以 1% 的量逐渐增加,轧制织构的总含量以 2%~3% 的升高。3 种不同大形变量冷轧带表面的形变织构无论是强度值还是体积分数均相近,可通过轧制形变织构转变公式

$$R=(C+S)/2B, \qquad (2\text{-}2\text{-}1)$$

科学合理地表征形变织构随初始厚度的变化情况,其中 R 为形变织构转变系数,

$C,S,B$ 分别为 C,S,B 取向强度。若 $R$ 小于 1,则形变织构为 B 型,反之则为 C 型,通过计算得出,3 种冷轧基带的 $R$ 分别为 1.1,1.18,1.2,也就是说大形变量轧制之后形变织构为近 C 型织构,但随着形变量的降低,形变织构中的 C 型织构和轧制织构总含量逐渐降低。

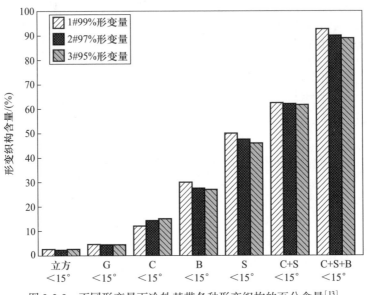

图 2-2-3    不同形变量下冷轧基带各种形变织构的百分含量[13]

### 2.2.2    总形变量对 Ni5W 基带再结晶织构的影响

再结晶的驱动力是形变金属经回复后未释放的储存能,当基带厚度一定时总形变量越大,储存能也越多,再结晶的驱动力也越大。再结晶退火温度对形变组织再结晶有着很大的影响。FCC 的金属中退火温度越高就越有利于重新结晶形成锐利的立方织构。

图 2-2-4 为退火温度达到 1200 ℃,保温 60 min 后的 EBSD 微取向晶粒分布图。图中用蓝色到红色标定与标准立方偏离 0°～10°的晶粒,偏差超过 10°则全部用白色标记。而本书所涉及的晶粒取向、小角度晶界、孪晶含量及晶粒尺寸均采用计算机软件自动计算。由图可以看出,随着初始厚度的降低在相同的退火温度和保温时间下,彩色面积所占区域越来越小,白色部分逐渐增加,这也说明具有立方织构含量的晶粒也随之降低;同时,相同颜色所占的面积也逐渐增加,这在一定程度上说明不同取向的晶粒尺寸也越来越大,孪晶的数量也越来越多。

通过进一步的定量计算得到不同初始厚度的坯锭经轧制和退火之后的立方织

构、小角度晶界和 Σ3 孪晶界的含量变化,如表 2-2-1 所示。随着初始坯锭厚度的减小,与标准立方织构偏离 10°之内的立方织构含量由 99% 降到 57.7%,小角度晶界含量由 89.4% 降到 26.2%,Σ3 孪晶界含量则由 0.5% 升到 25.2%。此外,坯锭初始厚度大于 3 mm 时立方织构增加趋势缓慢,而初始厚度小于 3 mm 的基带中立方织构的含量变化比较大,与此同时小角度晶界和孪晶的变化趋势却相反。

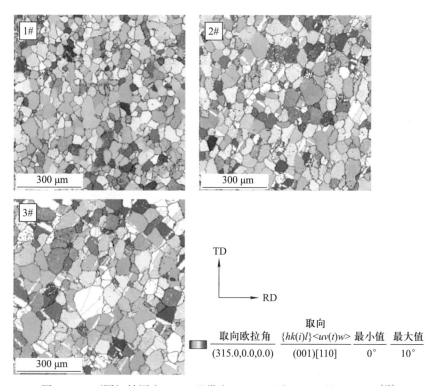

图 2-2-4　不同初始厚度 Ni5W 基带在 1200℃退火 60min 的 EBSD 图[13]

表 2-2-1　不同形变量 Ni5W 基带 1200℃保温 60min 后的立方织构晶粒及晶界变化

| 样品 | 立方织构含量/(%) | 小角度晶界含量/(%) | Σ3 孪晶界含量/(%) |
|------|----------------|------------------|------------------|
| 1# | 99 | 89.4 | 0.5 |
| 2# | 85.5 | 39.9 | 22.4 |
| 3# | 57.7 | 26.2 | 25.2 |

### 2.2.3　不同总形变量 Ni5W 基带再结晶织构的演变

1#、2#、3#这三个实验冷轧带经 XRD 测试获得了相似的形变织构含量。然而,经过相同温度和时间的退火之后却存在着明显的差距,推测三种形变量的基带再结晶的过程也必然存在一定的差别。图 2-2-5 为形变量不同的基带在不同温度下保温 60min 淬火后获得样品硬度(1 HV = 9.8×10$^6$ Pa)的变化曲线。由图可知 Ni5W 合金的热处理过程分为硬度变化不大的回复阶段、硬度迅速变化的再结晶阶段和硬度变化缓慢的晶粒长大阶段。除此之外,随着冷轧基带塑性形变程度的降低,冷轧基带的硬度依次降低,再结晶过程依次向后推迟。

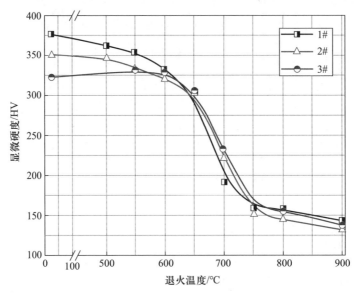

图 2-2-5　不同形变量的 Ni5W 合金基带显微硬度随热处理温度的变化曲线[13]

图 2-2-6 分别为冷轧 Ni5W 合金基带经过 800 ℃、1000 ℃、1200 ℃保温 60 min 后 TD-RD 面织构演变过程的 EBSD 微取向晶粒分布图。通过比较在 800 ℃ 和 1000 ℃中保温 60 min 后的 EBSD 图可以明显看出基带的再结晶晶粒尺寸都很小。如果提高再结晶温度到 1200 ℃,则立方取向的晶粒将获得更高的驱动力,利用立方取向的长大优势,使其具有更快的长大速率进而吞并周围其他非立方取向晶粒,从而提高立方织构的含量。根据 Ph. Gerber 等人[14]对纯铜基带再结晶过程的研究,当再结晶进行到 50% 以上,立方织构在所有再结晶晶粒中占有明显的形核优势。结合不同形变量的热处理过程中的硬度变化曲线,推测可能不同形变量下的冷轧带在再结晶过程中立方取向的形核率不同。随后在低温到高温退火过程中,依据取向长大理论:立方取向具有的长大优势可以使晶粒在长大过程中迅速吞并周围的非立方取向晶粒并长大,这也可能是 1200℃热处理后 3 种形变量的立方取向依次降低,晶粒尺寸却逐渐增大的原因。

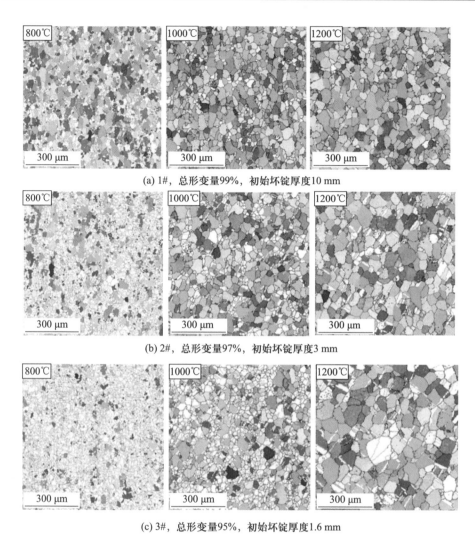

(a) 1#，总形变量99%，初始坯锭厚度10 mm

(b) 2#，总形变量97%，初始坯锭厚度3 mm

(c) 3#，总形变量95%，初始坯锭厚度1.6 mm

图 2-2-6　Ni5W 基带在不同温度下保温 60 min 的 EBSD 微取向晶粒分布图[13]

　　图 2-2-7 为 3 种不同形变量基带随温度的升高再结晶过程中立方取向、晶界及晶粒尺寸的变化情况。图（a）显示随着退火温度的升高偏离｛001｝＜100＞10°范围内的晶粒含量逐渐升高，99%形变量的冷轧带在 1000 ℃退火后立方取向晶粒含量已达 95%，而形变量 97%以下的样品在 1200 ℃高温退火之后同样偏离偏离｛001｝＜100＞10°范围内的晶粒含量刚达 85%。如图（b）所示，随退火温度的升高偏离｛001｝＜100＞5°、5～10°立方取向的晶粒含量的变化表明，3 种大形变量的基带的集中程度逐渐升高，且形变量大于 97%的基带在低温时偏离｛001｝＜100＞5°的晶粒含

量已经超过总含量的 50% 以上。图(c),(d)分别了大角度晶界(high-angle grain boundary,HGB)和平均晶粒尺寸随热处理温度升高的变化情况,结合三种基带的硬度曲线可知,由于形变不同在回复和再结晶初期形核率不同,而且由于储存能的不同,致使晶粒长大的过程向后延迟,使得在低温时立方取向的晶粒含量较少,随后在晶粒长大的过程中大量的大角度晶界的迁移为其长大提供了有利条件,使形变量 97% 以下基带在更高温度退火后一定程度上弥补了低温时的不足。

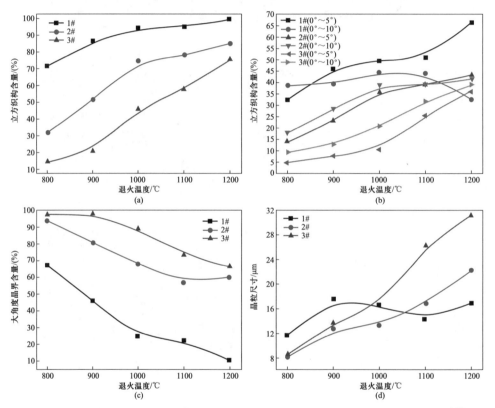

图 2-2-7　不同形变量 Ni5W 基带立方织构及晶界含量和晶粒尺寸随温度的变化曲线[13]

## 2.3　热轧坯锭 Ni5W 基带的研究

### 2.3.1　热轧对 Ni5W 冷轧带形变织构的影响

图 2-3-1 比较了 S₁ 和 S₂ 经冷轧后获得的最终 Ni5W 冷轧带的(200)和(111)

极图。从图中可以看出,经过大形变量轧制之后两者均形成了近似的 C 型轧制织构,极图的形状和密度线强度相近。但是对比(200)和(111)极图可知,未经热轧处理的 Ni5W 冷轧带中几种主要的取向 B、S、C 强度要略低于经热轧的冷轧带。

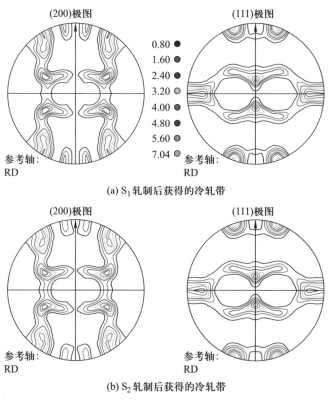

图 2-3-1　Ni5W 冷轧基带的(200)和(111)极图[13]

为了更直观、更清楚地比较热轧对于经过大形变量轧制后轧制取向的影响,绘制出两类冷轧带在 $\varphi_2$ 为 0°,45°,65° 的 ODF 取向分布图(图 2-3-2),该图显示有无热轧形变织构强度线相差不多,且位置均与标准位置有所偏离,但是均符合中低层错能 FCC 立方金属经过大形变量轧制后大部分晶粒取向转向 B、S、C 取向即 β 取向线,而且经过热轧的冷轧带 S 取向要强于未热轧的。

从各种主要的轧制取向的体积分数(图 2-3-3)也可以看出,经过热轧的基带除了立方取向的体积分数略有降低,而 C、B、S、C+S、C+S+B 取向的体积分数则均出现小幅增加,浮动范围在 4% 之内。通过以上分析可以得出,有无热轧对于经过大形变量轧制后的冷轧带的形变组织没有产生明显的影响。

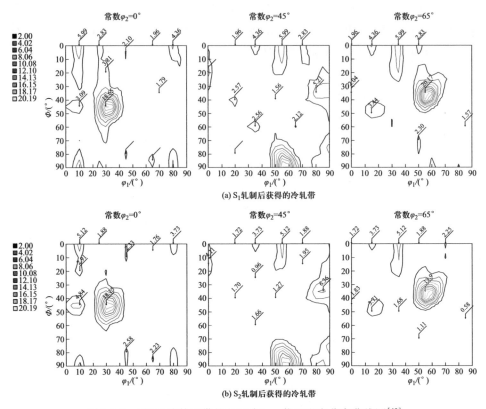

图 2-3-2　Ni5W 冷轧基带的 ODF 恒 $\varphi_2$ 截面强度分布曲线图[13]

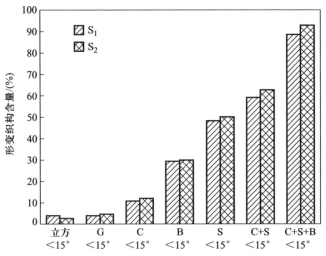

图 2-3-3　$S_1$ 和 $S_2$ 冷轧基带各种形变织构的百分含量[13]

### 2.3.2　热轧对 Ni5W 基带再结晶织构的影响

通过上述分析,有热轧的初始坯锭在轧制后略微提高了 Ni5W 冷轧带的 $\beta$ 取向线上的轧制取向的含量。这些取向在再结晶过程中将为 Ni5W 的回复和再结晶提供有利条件。图 2-3-4 为在 1200℃保温 60min 获得的两种 Ni5W 合金基带表面的 EBSD 图和与之对应的(111)极图。EBSD 图中,用蓝色标定与标准立方晶粒偏离 5°以内的晶粒,红色标记偏离 5°~10°的晶粒,绿色标记偏离 10°~15°的晶粒,超过 15°的晶粒以白色标记。由图可知,经过热轧处理的基带中,与标准立方织构偏差大于 10°的晶粒要低于未热轧处理的基带,与之对应的(111)极图中可以较明显地看出经过热轧的基带出现的{212}<122>孪晶要明显少于未经过热轧的 Ni5W 基带。

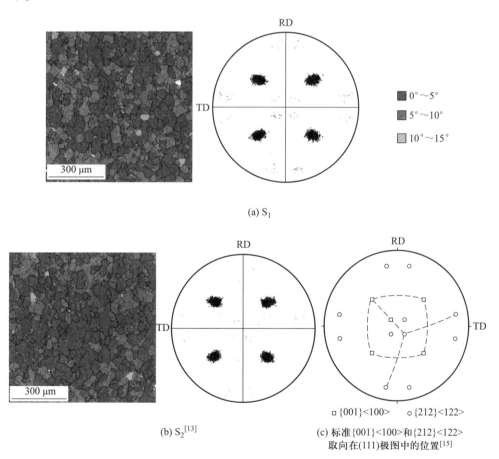

(a) $S_1$

(b) $S_2^{[13]}$

(c) 标准{001}<100>和{212}<122>
取向在(111)极图中的位置[15]

□ {001}<100>　　○ {212}<122>

图 2-3-4　退火态 Ni5W 基带的 EBSD 微取向分布图和对应的(111)极图

　　图 2-3-5 所示为基带的立方晶粒偏离标准立方的含量和分布曲线及晶界微取向分布曲线。由图(a),(b)可知,经过热轧的基带偏离标准 5°以内立方晶粒含量要高未经热轧的近 10%,热轧的加入使得立方织构更加均匀。仅仅从立方织构含量判断织构的好坏是不够的,晶界角度大小、大角度晶界的含量也是衡量基带性能的重要指标之一。而图(c)也显示了经过热轧的 $S_1$ 基带小于 5°的晶界含量较高,退火孪晶界含量较低。表 2-3-1 列出了图 2-3-5 中几个重要的性能指标,如半高宽(full width at half maximum,FWHM)和平均晶粒尺寸。比较可知,经过热轧的基带获得的立方织构含量、其面内取向均匀度和晶界质量明显高于未经热轧处理的基带。

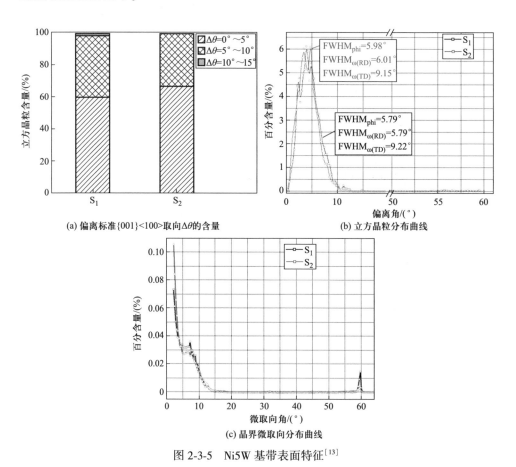

(a) 偏离标准{001}<100>取向Δθ的含量

(b) 立方晶粒分布曲线

(c) 晶界微取向分布曲线

图 2-3-5　Ni5W 基带表面特征[13]

表 2-3-1　1200 ℃保温 60 min 后获得的 Ni5W 基带的织构结果比较

| 样品 | 立方织构/(%) | | | FWHM/(°) | | | 晶界含量/(%) | | 晶粒尺寸/(μm) |
|---|---|---|---|---|---|---|---|---|---|
| | 0°~5° | 5°~10° | 10°~15° | $\Phi$ | $\omega_{RD}$ | $\omega_{TD}$ | <10° | $\Sigma3(<5°)$ | |
| $S_1$ | 59.6 | 38.3 | 1.4 | 5.79 | 5.79 | 9.22 | 86.9 | 2.4 | 20.5 |
| $S_2$ | 66.3 | 32.6 | 0.8 | 5.98 | 6.01 | 9.01 | 89.4 | 0.5 | 16.8 |

### 2.3.3　热轧对 Ni5W 基带立方织构形成的影响

采用 X 射线四环衍射技术对不同温度热处理后的两类基带的宏观再结晶织构面内、面外取向进行表征,如图 2-3-6 所示。在 800 ℃退火后两类基带的再结晶织构都开始集中,随着热处理温度的升高面内、面外取向集中程度逐渐加强。当热处理温度升高到 1100 ℃后,两类基带的面内、面外集中程度差别不大。

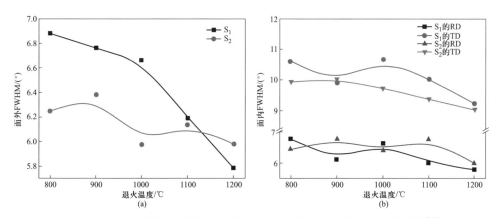

图 2-3-6　Ni5W 基带在不同温度下保温 60min 的面内、面外取向变化曲线[13]

为了更系统地表征两类基带热处理温度与立方织构的变化关系,这里采用 EBSD 技术对其表面立方织构的演变过程进行表征。如图 2-3-7 所示,Ni5W 合金基带随退火温度的升高,立方织构增强。在 800 ℃,1000 ℃,1200 ℃退火后,偏离{001}<100>10°范围内的晶粒表面积占总晶粒表面积的比例逐渐升高,经过热轧的基带 $S_2$ 在低温 800 ℃退火后表面立方晶粒的表面积相对于 $S_1$ 提高 10%。但是两类基带在 1000~1200 ℃范围内退火,都形成了强立方织构,仅有少量的晶粒呈非立方织构取向。取向长大理论[16]认为:初始再结晶过程形成了各种取向的晶核,但只有某些特殊取向的晶核逐渐吞并形变基体而长大,形成再结晶织构。于是,利用在 FCC 形变金属中立方取向的长大优势,立方取向的晶粒在长大过程中迅速吞并周围的非立方取向晶粒并长大。从图 2-3-7 中可以明显看出在 800 ℃低温退火时,可能是由于温度不高或时间不足,再结晶晶粒尺寸都很小,这些立方取向晶核没有充分长大。继续提高再结晶温度,使立方取向的晶粒获得了更高的驱动力,利用立方取向的长大优势,使其具有更快的长大速率进而吞并周围其他非立方取向晶粒,得到强立方织构。

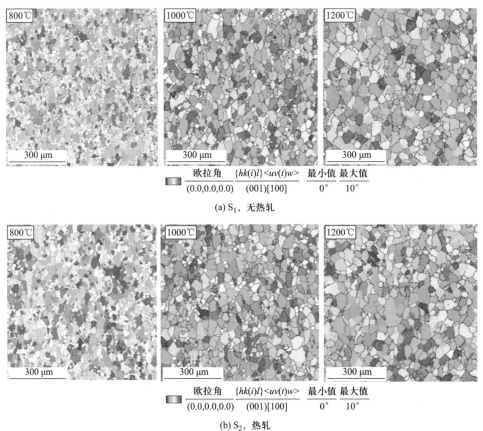

图 2-3-7　Ni5W 基带在不同温度下保温 60 min 的 EBSD 微取向分布图[13]

在立方取向晶粒含量逐渐升高的同时,立方取向的含量、晶界含量和晶粒尺寸也随之发生了变化。图 2-3-8 为两种基带随着温度的升高在再结晶过程中立方取向、晶界及晶粒尺寸的变化情况。图(a)和(b)显示随着退火温度的升高偏离 {001}<100>10°范围内的晶粒含量逐渐增加,在 1100 ℃退火后两者体积分数相差不多,均在 95%以上,退火温度升高到 1200 ℃后经热轧的 S₂ 偏离 {001}<100>5°的立方取向晶粒含量要高于未热轧的 S₁ 样品含量约 10%。图(c)和(d)分别显示了大角度晶界、Σ3 孪晶界含量随热处理温度的升高而变化的情况,结合 800 ℃退火后的 EBSD 图进行分析可知,在立方取向的晶粒长大的过程中大角度晶界的迁移为其提供了有利条件,使未热轧的基带在更高温度退火后弥补了低温时的不足。

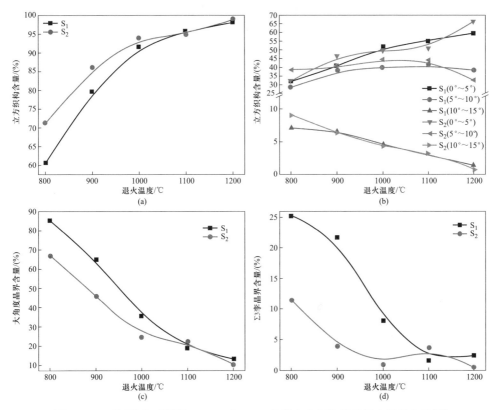

图 2-3-8　不同温度下保温 60 min 后 Ni5W 基带立方织构及晶界含量的变化[13]

## 2.4　Ni5W 再结晶过程中微观组织和织构的演变

　　大形变量金属合金在再结晶温度范围内,随着保温时间的延长,新的等轴晶粒逐渐增多并长大,其微观组织内会发生一系列变化,采用 EBSD 技术观察其在再结晶过程中组织演变规律,统计出在再结晶过程中样品内不同取向晶核的个数和尺寸,从而分析织构形成,对于理解和探究再结晶过程有很大的帮助。

　　在计算过程中,根据汉弗莱(Humphrey)理论,我们定义满足以下条件的晶粒为晶核:(1)晶粒的面积>4 μm²,(2)晶粒内部的平均取向差<1°,(3)再结晶晶核必须被大角度晶界所包围。由于再结晶初期,立方取向晶核与立方取向晶粒不容易区分,故在再结晶初期所有的再结晶晶核和再结晶晶粒统一定义为再结晶晶核。另外,由于在再结晶初期形成的再结晶晶核非常小,所以为了获得更准确的信息,

采用 EBSD 扫描时采用的步长越小采集的信息越精确。但由于采用的步长越小，扫描所需要的时间就越长，为了兼顾精确性与高效性，我们在 EBSD 扫描过程中采用的扫描步长为 0.2 μm。

　　本节主要就 ND-RD 面(即基带截面沿基带的厚度方向上)立方织构的形成过程进行研究，通过 EBSD 方法统计立方取向晶核、旋转立方取向晶核和非立方取向晶核的尺寸与百分含量，讨论立方取向晶核的来源问题。

### 2.4.1　Ni5W 再结晶过程中的微观组织演变规律

　　图 2-4-1(a)和(b)分别为 Ni5W 合金基带 ND-RD 面在 800℃ 和 1100℃ 分别保

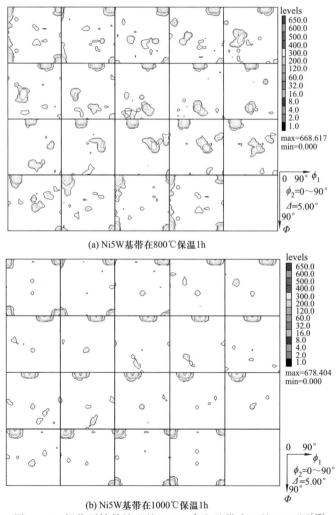

(a) Ni5W基带在800℃保温1h

(b) Ni5W基带在1000℃保温1h

图 2-4-1　部分再结晶处理的 Ni5W 合金基带表面的 ODF 图[17]

温 1h 的 ODF 图。从图中我们可以得到基带经再结晶退火后的各种取向分布。在 800℃保温 1h 下,其再结晶织构主要为立方织构,尽管不是很尖锐,但沿 RD 方向有较大范围伸长,并绕 TD 方向有一定的延展。从图中可得到立方织构的体积分数为 62.83%。在 $(\varphi_1, \Phi, \varphi_2)$ = $(30°, 45°, 25°)$,$(45°, 70°, 45°)$,$(60°, 45°, 65°)$位置附近也出现了强度的最大值,被认为是立方孪晶取向$(<221>\{1-22\})$,其体积分数为 8.88%。在 1100 ℃退火 1 h 后的 ODF 图中发现,立方织构更加尖锐,分布更加集中,其体积分数达到了 95.2%。在 800 ℃的 ODF 图中出现的立方孪晶的强度峰值也出现在 1000 ℃的 ODF 图中的相同位置,但其强度值都明显降低,体积分数仅有 1.09%。在 800 ℃退火态和 1000℃退火态下,旋转立方取向的含量都非常低,与形变组织中的含量相一致,说明旋转立方取向的热稳定性非常高。

从以上分析的结果可以发现,Ni5W 合金基带的 ND-RD 面在高温退火后很容易获得尖锐的立方织构。在再结晶退火过程中,立方取向晶粒快速形核并吞并非立方取向晶粒而形成尖锐的立方织构,旋转立方织构具有很高的热稳定性,在再结晶退火过程中其含量没有明显的变化。为进一步研究立方织构的形成过程,我们对 Ni5W 合金基带的 NR-RD 面样品在 700℃进行不同时间的保温,进一步分析立方晶粒在再结晶初期的演变过程。

图 2-4-2 为 98% 形变量的 Ni5W 合金试样在 700 ℃保温不同时间后 ND-RD 的微观组织取向成像图。图中不同的颜色表示不同的取向,颜色的定义与前文相同,如标尺所示,图中黑色线条表示微取向差>2°晶界。由图中可以看到,再结晶过程中,Ni5W 合金基带的微观组织中既有原始的形变组织也有粗大的再结晶晶核,基带在 700 ℃退火 1 min 时,基带中即可以观察到明显的再结晶晶核,再结晶晶核中既有立方取向晶核也有其他取向的晶核,此时的形变组织仍呈带状分布,但随着储存能的释放,其规则的带状已被晶核所破坏。同时我们发现,再结晶晶核的形成也呈线性沿 RD 方向分布,如图(a)中线条所示。随着退火时间的延长,再结晶晶核的数量和尺寸都明显增加,立方取向晶粒所占的面积比例也随之增加,同时大尺寸晶粒都沿 RD 方向延伸。在退火时间达到 60 min 的时候,立方取向晶粒在数量和尺寸上均占有绝对的优势,在其组织结构图中已经看不到形变组织,说明此时的再结晶过程已经基本完成,延长退火时间是再结晶晶粒的长大过程。

### 2.4.2　Ni5W 再结晶过程中的织构演变规律

上节我们分析了 Ni5W 合金基带再结晶过程中的微观组织演变规律,根据上述 EBSD 分析的结果,我们可以定量地分析 Ni5W 合金基带在再结晶过程中的织构演变规律。首先我们统计了 Ni5W 合金基带在 700℃不同时间退火后的立方织构含量、旋转立方织构含量、轧制织构含量,如图 2-4-3 所示。

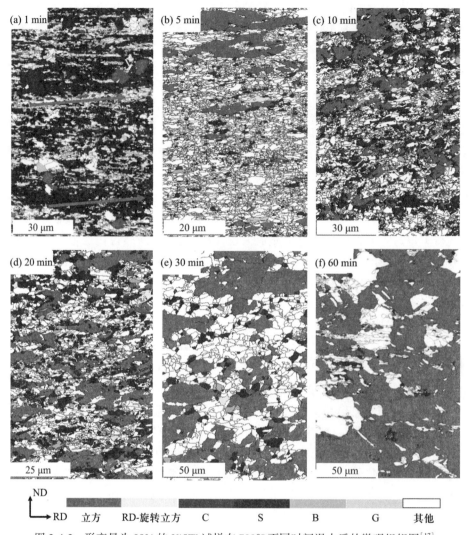

图 2-4-2　形变量为 98% 的 Ni5W 试样在 700℃不同时间退火后的微观组织图[17]

　　由图中曲线的变化趋势我们可以看到,在整个再结晶过程中,立方织构的含量是一个逐渐增加的过程,轧制织构是一个先缓慢增加而后逐渐降低的过程。在整个再结晶过程中,旋转立方织构的含量都非常低(<1.1%),与形变组织中的含量相当,并且在再结晶过程中一直没有明显的变化,说明旋转立方的热稳定性也较高,在再结晶过程中不易发生变化。

　　在热处理时间为 1 min 的时,立方织构的含量非常低,仅有 1.2%(<10°),但是已经有个别晶核的直径达到 5 μm 以上,说明立方晶核的长大速率非常快,占有一

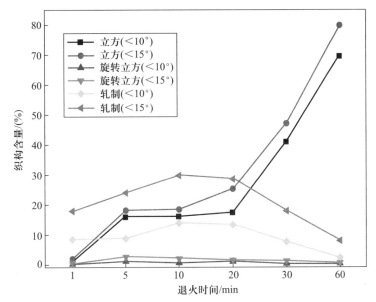

图 2-4-3　形变量为 98% 的 Ni5W 试样在 700 ℃不同时间退火后的织构变化[17]

定的尺寸优势。此时,轧制织构的含量比较高,在再结晶初期其含量达到 8.5%,占有一定的数量优势与体积优势,分析原因为除了部分的形核组织还有部分的形变组织存在。随着退火时间延长到 5 min,立方织构的含量大幅增加到 15.9%,这是新的立方晶核的形成与立方晶核快速长大促使其具有尺寸优势的结果。此时轧制织构的含量没有明显的变化。延长退火时间到 10 min,立方织构的含量没有明显的变化,轧制织构的含量有小幅的增长,达到 13.9%,这也说明了立方晶核的生长与轧制织构的生长存在有一定的相互制约性。随着保温时间的延长,立方织构的含量大幅增长,轧制织构的含量迅速减少。在保温时间达到 60 min 的时候,立方织构的含量已经增加到 69.6%,而轧制织构已经减少到 2.3%,这也说明了在再结晶过程后期立方晶核快速生长,具有一定的生长优势,吞并了非立方取向成分,是 Ni5W 合金基带形成强立方织构的主要原因。

　　为了分析在再结晶过程中,不同轧制织构的变化情况,我们分别统计了各轧制织构在再结晶过程中的含量变化,如图 2-4-4 所示。由图可以看到,C 型织构、S 型织构、B 型织构与 G 型织构随再结晶保温时间的延长而变化的情况。

　　由图可知,在保温时间为 1 min 时,S 型织构的含量最高,为 7.2%,其他 3 种织构的含量均不超过 1%,C 取向的晶粒所占比例仅为 0.6%,说明在再结晶初期 S 取向形核数量较多。随着保温时间的延长,C 型织构与 G 型织构没有明显的变化,B 型织构有一个很小幅度的增长之后又迅速降低,而 S 型织构先是显著增加然后又

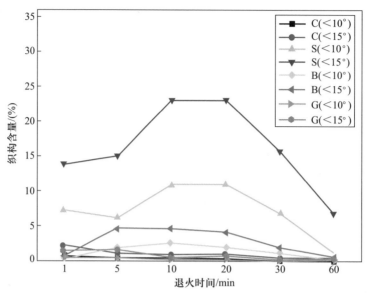

图 2-4-4　形变量为 98% 的 Ni5W 试样在 700℃不同时间退火后的轧制织构变化[17]

迅速下降,在保温 20 min 后就快速下降。由此可以得知,轧制织构的变化趋势主要由 S 型织构的变化来决定。研究发现,由于 C 组织内的储存能最高,立方晶核最容易在 C 组织附近形核,然后迅速吞并 C 组织进而形成大尺寸立方晶粒。由于立向取向与 S 取向具有 30°~40°<111>关系,故立方取向晶粒在长大过程中也可以迅速地吞并 S 取向晶粒而形成强立方织构。由此可知,Ni5W 合金基带在再结晶初期,立方晶粒先是吞并 C 取向的组织与晶粒,形成一定的尺寸优势,此时 S 取向晶粒也会有一个小幅的长大过程,随着保温时间的延长,C 组织被完全消耗,立方晶粒在生长过程中就会吞并 S 取向晶粒,此时 S 型织构的含量就会减少,直至被完全吞并而形成强的立方织构。

　　由此可知,Ni5W 合金基带在再结晶过程中,立方取向晶粒没有明显的数量优势,而是具有很快的生长速度,快速形成尺寸优势,进而在生长过程中吞并非立方取向晶粒而形成强的立方织构。

　　为进一步验证 Ni5W 合金基带再结晶过程中立方取向晶核由于具有较快的生长速度而形成尺寸优势,我们分别统计了在不同保温时间退火后立方取向晶核、非立方取向晶核和所有晶核的平均直径大小,结果如图 2-4-5 所示。此外,我们总结出 Ni5W 合金基带在再结晶过程中立方织构、RD-旋转立方织构与各形变织构的体积分数随保温时间的延长而发生变化的情况,立方晶粒平均尺寸、非立方晶粒平均尺寸和所有晶粒平均尺寸随保温时间的延长而发生变化情况,具体如表 2-4-1 所

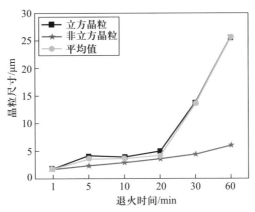

图 2-4-5　形变量为 98% 的 Ni5W 试样在 700℃不同时间退火后的晶粒尺寸变化[17]

示。由图和表可知,随着保温时间的延长,立方晶核和非立方晶核的平均晶粒直径都在增大,而且立方晶核的平均晶粒大小越来越接近于平均晶粒大小,在整个再结晶过程中,立方取向晶核一直保持着尺寸优势并且这种优势越来越明显。在保温 1 min 的时候,所有晶核的平均晶粒直径为 1.7209 μm,而立方晶核的平均直径为 1.7549 μm,略大于平均晶核大小,非立方晶核的平均晶粒直径为 1.6656 μm,略小于平均晶核直径。此时,立方取向晶核的尺寸优势不是很明显。在保温时间延长到 10 min 的时候,立方取向平均晶核的直径达到 4.0623 μm,已经略大于平均晶核直径 3.53266 μm,说明此时立方取向晶核已经具有很明显的尺寸优势。随着保温时间的延长,立方取向晶粒的数量逐渐增多,其体积比也在逐渐增大,所以其晶核

表 2-4-1　形变量为 98% 的 Ni5W 试样在 700 ℃不同时间退火后的织构和晶粒尺寸变化

| 时间 | 织构类型体积比/（%） | | | | | | 晶粒尺寸/（μm） | | |
|---|---|---|---|---|---|---|---|---|---|
| | 立方 | 旋转立方 | C | S | B | G | 立方 | 非立方 | 平均 |
| 1 min | 1.2 | 0.2 | 0.6 | 7.2 | 0.2 | 0.4 | 1.7549 | 1.6656 | 1.7209 |
| 5 min | 15.9 | 1.1 | 0.4 | 6.1 | 1.8 | 0.5 | 4.0623 | 2.3536 | 3.53266 |
| 10 min | 16.1 | 0.6 | 0.4 | 10.9 | 2.5 | 0.1 | 3.86452 | 2.8951 | 3.63351 |
| 20 min | 17.4 | 1 | 0.3 | 11 | 1.9 | 0.1 | 4.9656 | 3.5623 | 4.13255 |
| 30 min | 41 | 0.3 | 0 | 6.7 | 1 | 0 | 13.8261 | 4.32561 | 13.5751 |
| 60 min | 69.6 | 0.3 | 0 | 1.1 | 0.1 | 0.1 | 25.5323 | 5.9622 | 25.3817 |

直径越来越趋向于平均值,远大于非立方取向的晶核直径。由此我们可以推断出,在再结晶初期,立方取向晶核并没有明显的尺寸优势,由于其生长速度较快,在再结晶过程中能迅速长大,形成一定的尺寸优势,故而其体积比也随之增加。Ni5W合金基带的强立方织构主要依靠再结晶过程中立方晶核的生长优势及尺寸优势而形成。

由此,我们总结归纳出在 Ni5W 合金基带再结晶过程中主要依靠立方晶核的快速生长优势及尺寸优势,而形成尖锐的立方织构。

## 2.5　Ni5W 基带立方织构的形核机制研究

再结晶过程主要分为回复、无畸变再结晶晶核的形成、再结晶晶粒的长大 3 个过程。回复主要是指在加热过程中弹性畸变能降低,尚未发生光学显微组织变化前的微观结构与性能变化的过程,继续加热,显微组织彻底改变,形变储存能充分释放,性能显著变化,进而开始进行再结晶过程。这个过程直接关系到金属性能的变化,因此有必要对再结晶的基本规律进行深入探索。

### 2.5.1　典型晶核特征及分布

Ni5W 合金基带的初始再结晶温度为 700℃,根据上述分析结果我们知道 Ni5W 合金基带在 700℃保温很短时间即可形成大量晶核。上节已经详细分析了立方晶粒的含量及尺寸随保温时间的延长而变化的情况,本节我们主要讨论 Ni5W 合金基带在初始再结晶阶段的典型形核特征。

把 Ni5W 合金基带在 700℃保温 5min 后淬火,得到其初始再结晶样品,分析其形核特征与分布,讨论晶核来源问题。采用 EBSD 技术对初始再结晶样品 ND-RD 截面上 60 $\mu$m×60 $\mu$m 区域内的所有晶核附近的微观组织进行标定,得到典型的再结晶晶核及其周围的形变基体的微观组织结构图,如图 2-5-1 所示。由图(a)和(b)可知,在取向图中存在着几个特殊的晶粒。对应图中的标尺可以看到红色的晶核为立方取向晶核,在靠近表层的区域优先形核,且具有一定的尺寸优势。为进一步分析晶核内的组织,选定该区域内的两个晶核 A 和 B,对这两个晶核的内部进行线扫描,图(c)和(d)分别为晶核 A 内沿 ND 方向和 RD 方向的取向差分布,图(e)和(f)分别为晶核 B 内沿 ND 方向和 RD 方向的取向差分布。红色曲线代表的是晶核内终点到初始点的累积取向差变化情况,黑色曲线代表的是晶核内点到点的取向差变化情况。

定向形核理论认为再结晶晶核通常存在于形变基体中,或生成于再结晶前的

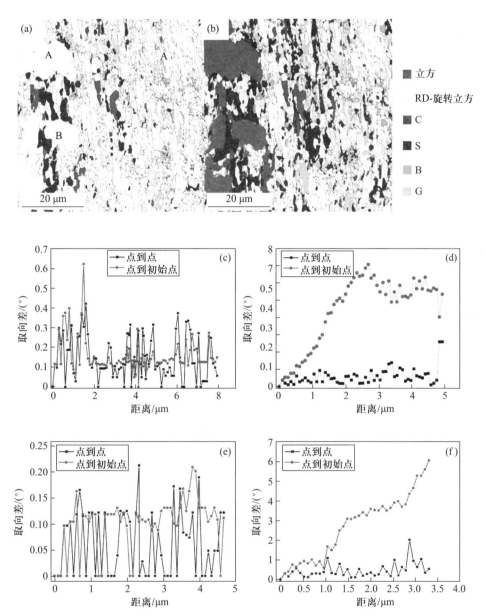

图 2-5-1　Ni5W 合金基带在 700℃保温 5min 后 EBSD 微观图显示的组织结构及图中标记的晶粒内部线扫描取向差。(a) EBSD 微观组织结构标定范围小于 10°;(b) EBSD 微观组织结构标定范围小于 15°;(c)和(d)为晶粒 A 内部沿 ND 方向和 RD 方向的线扫描取向差分布;(e)和(f)为晶粒 B 内部沿 ND 方向和 RD 方向线扫描取向差分布

回复过程。再结晶晶核必须具有足够的尺寸,而且与周围环境有足够大的取向差才会自发生长。足够大的取向差意味着再结晶晶核与环境之间的晶界为可动性较好的大角度晶界。晶核形核时,长大过程应首先起始于现存大角度晶界的移动。在形变金属再结晶的初始阶段,形变金属内会出现某种经回复造成的低缺陷密度的亚结构,并成为潜在的再结晶晶核。如果该亚结构与形变基体之间的晶界不是可移动性较高的大角度晶界,那么它与形变基体的取向差就比较小,取向梯度也比较小,就不易作为再结晶晶核而长大。如果亚结构与附近的取向梯度大,那么它与形变基体的取向差就大,就可以形成可移动性较高的大角度晶界,这样亚结构就可以很快地转变成再结晶晶核,这也直接影响着随后的再结晶过程。

另外,由图可以发现晶核 A 和晶核 B 内沿着 ND 方向上的取向差梯度非常小,均在 1°以内,但这两个晶核在 RD 方向上都存在着一个很明显的取向梯度,晶核 A 在 7 μm 范围内,最大取向差达到 7.3°,而晶核 B 在 3.5 μm 内已经达到 6.5°。该结果说明了这两个晶核均是从沿 RD 方向的立方形变带发展而来,形核后沿着 ND 方向优先生长,这与文献报道的原位 TEM 结果相一致[18]。立方取向晶粒的尺寸优势使得立方织构在体积分数上也占有明显优势,其体积百分比远大于非立方取向晶粒的体积分数。

### 2.5.2　Ni5W 基带截面厚度方向的形核分析

为了研究立方织构取向在整个基带厚度上的形成过程,特设计了以下试验:对 Ni5W 合金基带样品进行 700℃保温 20 min 处理,分析其微观组织分布。图 2-5-2 为 Ni5W 合金基带的 EBSD 样品分析示意图。由 TD-RD 面获得的 EBSD 图像记为表面,数据采集区域为 100 μm×150 μm;由 ND-RD 面获得的 EBSD 图像记为截面,数据采集区域为 72 μm×200 μm。为了研究再结晶织构在厚度方向的发展变化情况,把基带截面沿 ND 方向分为 3 个区域,其中距离基带表面深度为 20 μm 的部分记为截面表层,中间约为 32 μm 厚度的部分记为截面芯层,其具体位置如图 2-5-3 中所示。

图 2-5-4 为部分再结晶 Ni5W 合金基带不同区域的(111)极图,其中(a)-(c) 分别为基带表面、基带截面表层、基带截面芯层的(111)极图。由极图我们可以看到,在再结晶过程中形变织构和再结晶织构混合分布,立方织构为其最主要的再结晶织构,且它的分布从截面芯层到表面由弥散变得集中。同时,由截面的(111)极图还可以看到少量的旋转立方($\{013\}<100>$)织构和立方孪晶($\{221\}<122>$)织构弥散分布,同时残余的形变织构从截面芯层到表层趋于弥散分布。由此,可以定性地认为立方取向晶粒极易在表面形核并优先长大。

为进一步分析立方织构在基带不同位置的形成与长大趋势,我们统计了基带

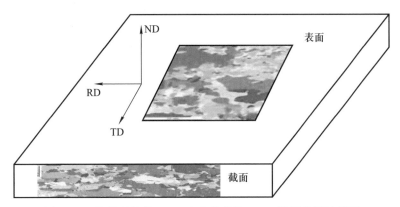

图 2-5-2　部分再结晶 Ni5W 合金基带的 EBSD 样品分析示意图

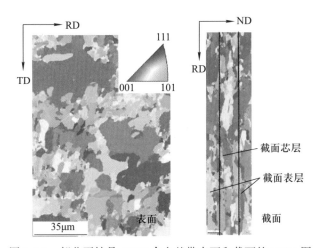

图 2-5-3　部分再结晶 Ni5W 合金基带表面和截面的 EBSD 图

不同区域的织构分布与晶粒尺寸变化情况,分别如图 2-5-5(a)和(b)所示,其具体含量见表 2-5-1。图(a)为初始再结晶 Ni5W 合金基带不同区域中各织构组分的体积分数变化曲线图。从图上可以看到,从截面芯层到基带表面,再结晶成分有所增加,即立方织构含量依次增加,其体积分数从 10% 增加到 22.5%;旋转立方织构依次减少,其体积分数从 6% 减少到 1%;形变织构也依次减少,其体积分数从 27% 降低到 12%;立方孪晶织构含量没有明显的变化。由此可以推断出基带的形变织构和再结晶织构在厚度方向上均表现出梯度分布的特点,与极图分析结果一致。

　　图(b)为初始再结晶 Ni5W 合金基带表面、截面表层和截面芯层的晶粒尺寸分布图。由图可知,当晶粒尺寸在 5 μm 以内时,基带表面的晶粒的数量明显少于基

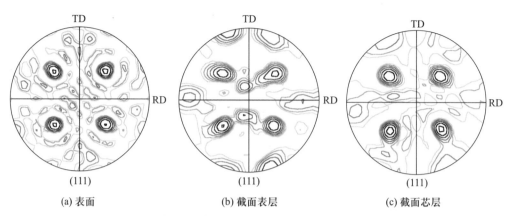

(a) 表面        (b) 截面表层        (c) 截面芯层

图 2-5-4    部分再结晶 Ni5W 合金基带不同区域(111)极图

带截面表层和基带截面芯层的晶粒数量,此时基带截面表层和基带截面芯层的晶粒数量没有明显的差别。当晶粒尺寸在 5~7 μm 之间的时候,晶粒数量在这三个区域的分布比较相当,没有明显差别。当晶粒尺寸大于 7μm 的时候,基带表面的晶粒数量远高于基带截面表层和基带截面芯层的晶粒数量,而截面表层的晶粒数量也略高于截面芯层的晶粒数量。同时,由图还可以看到,基带表面的晶粒数量随着晶粒尺寸的增大有大幅度的增加趋势,而整个基带截面上的大尺寸晶粒数量是逐渐减少的,说明再结晶晶粒在基带表面的生长速度要大于其在基带截面上的生长速度,并且越靠近芯层的位置,晶粒的生长速度越慢。

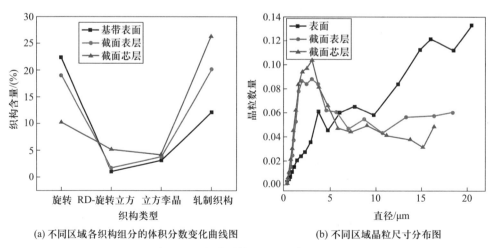

(a) 不同区域各织构组分的体积分数变化曲线图        (b) 不同区域晶粒尺寸分布图

图 2-5-5    部分再结晶 Ni5W 合金基带

**表 2-5-1　部分再结晶 Ni5W 合金基带不同位置的织构组分的体积分数和晶粒尺寸**

| 区域 | 织构类型/（%） | | | | 平均晶粒尺寸/μm |
|------|------|------|------|------|------|
| | 立方 | RD-旋转立方 | 立方孪晶 | 轧制 | |
| 表面 | 22.4 | 1.1 | 3.2 | 12 | 11.0739 |
| 截面表层 | 19.1 | 1.7 | 3.8 | 20.1 | 8.16446 |
| 截面芯层 | 10.3 | 5.2 | 4.2 | 26.3 | 9.96641 |

另外，通过计算机软件计算可知，基带表面的平均晶粒尺寸为 11.0739 μm，而截面芯层和截面表层的平均晶粒尺寸分别为 8.16446 μm 和 9.96641 μm，这一计算结果说明初始再结晶 Ni5W 合金基带表面的平均晶粒尺寸要大于整个截面厚度上的平均晶粒尺寸。同时，也可以定量地说明再结晶晶核在 TD-RD 方向上的生长速度比 ND-RD 方向上的快。另外，再结晶晶核在初始再结晶阶段就能迅速长大到 10 μm 以上，说明再结晶晶粒在长大的过程中具有二维长大的优势。这也可以很好地解释立方织构在 Ni5W 合金基带表面极易形成的原因。

具有高层错能的面心立方金属材料经大形变量冷轧后，可获得 C 型织构（主要包括 C 取向<112>{111} 和 S 取向<123>{634}），这是再结晶后形成锐利立方织构的主要原因。由于 C 取向基体中具有较高的形变储能，因此立方晶核的长大能够消耗 C 组织，使其储能充分释放，促进晶界的迁移。此外，根据取向生长理论，立方取向与 S 取向具有 40°<111>关系，其晶界具有较高的迁移率，因而在再结晶过程中能迅速地长大，这对最终的再结晶立方织构的形成有着决定性作用。这里具有高层错能的 Ni5W 合金基带的形变织构为典型的 C 型形变织构，根据取向形核与取向生长理论，其为立方晶粒的形核和长大提供了有利条件。基带表面的立方取向晶粒优先形核，依靠生长优势快速吞并整个基带厚度方向上的非立方织构，最终得到锐利的立方织构，这与上述实验的分析结果也相一致。

## 2.6　Ni5W 基带的性能研究

织构 Ni5W 合金基带是研究较为深入的一类 Ni 合金基带，合金坯锭的制备、形变、基带的再结晶及退火等关键参数对其立方织构形成的影响已有大量文献。本节着重比较粉末冶金和熔炼两种制坯技术获得 Ni5W 合金基带再结晶织构的差异，并分析了在自制织构 Ni5W 合金基带上沉积 $CeO_2/La_2Zr_2O_7$ 过渡层的性能。

### 2.6.1　Ni-5at.%W 基带的立方织构质量

采用熔炼和普通粉末冶金(冷等静压烧结)两种技术制备 Ni5W 合金坯锭;两种 Ni5W 合金坯锭分别经道次形变量约为 5%、总形变量大于 98% 的冷轧工艺;然后采用两步退火工艺进行热处理(图 2-6-1),得到织构 Ni5W 合金基带。

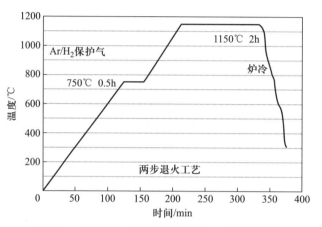

图 2-6-1　Ni5W 合金基带的两步退火升温曲线[19]

为了直观地分析再结晶组织信息,采用 EBSD 技术对两种制坯技术获得 Ni5W 合金基带的再结晶织构进行测试,结果如图 2-6-2 所示。将普通粉末冶金和熔炼技术路线获得的 Ni5W 合金基带分别简记为 Ni5W$^{PM}$、Ni5W$^{MM}$。图中不同的颜色表明该区域与标准立方取向偏离的程度,如蓝色晶粒与标准立方取向偏离较小,红色晶

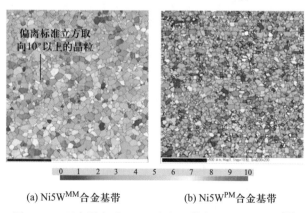

(a) Ni5W$^{MM}$合金基带　　　　(b) Ni5W$^{PM}$合金基带

图 2-6-2　两步退火后 Ni5W 合金基带表面的 EBSD 图[19]

粒与标准立方取向偏离较大(如图标所示);而白色晶粒与标准立方取向的偏差角在 10°以上。图中黑色线条表示微取向差大于 2°以上的晶界。

根据 EBSD 的统计结果,表 2-6-1 列出了两种 Ni5W 合金基带的立方织构含量、晶界质量及晶粒度信息。比较可知,两者的立方织构质量都比较高,接近100%,小角晶界长度比例也均超过 97%。这些数值与国际上报道 Ni5W 合金基带的织构结果类似。[2-4]同时由表 2-6-1 可知,Ni5W[PM]合金基带的再结晶晶粒度明显小于 Ni5W[MM]合金基带,这与文献报道中不同制坯技术路线对纯 Ni 基带再结晶晶粒度的影响类似[5]。推测其再结晶晶粒度存在差异的原因是,两者的冷轧基带中的"形变带"的间距和宽度不同,且粉末冶金制坯技术获得的基带存在微量杂质,对再结晶晶界的移动起到拖曳作用(详见第 4 章相关部分)。值得指出的是,两者在再结晶粒度上的差异对它们的立方织构的含量影响不大。

**表 2-6-1　不同坯锭制备路线获得 Ni5W 合金基带 EBSD 分析**

| 技术路线 | 立方织构含量/(%) | | 角晶界含量/(%) | | 平均晶粒尺寸/μm |
|---|---|---|---|---|---|
| | <10° | <15° | 小角晶界 | 孪晶界 | |
| Ni5W[MM] | 99.6 | 99.8 | 97.0 | 0.98 | ~50 |
| Ni5W[PM] | 98 | 99.4 | 97.7 | 0.3 | ~20 |

采用传统的织构表征手段——X 射线四环衍射技术对两步退火后 Ni5W[PM] 和Ni5W[MM]合金基带的宏观再结晶织构进行表征。图 2-6-3 为 Ni5W[MM]合金基带的(111)和(200)面极图。Ni5W[PM]合金基带的 XRD 结果和图 2-6-3 类似,在此不再详

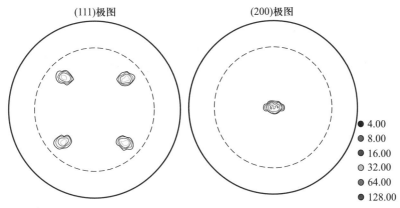

图 2-6-3　Ni5W[MM]合金基带的(111)和(200)面的极图[19]

细展示。由 X 射线四环衍射的结果可知(表 2-6-2),两种 Ni5W 合金基带的再结晶织构均为纯立方取向,且比较集中(面内外取向的 FWHM 值分别小于 7°和 6°),这与采用 EBSD 技术得到的结论一致。这些结果均表明两种技术路线获得 Ni5W 合金基带的立方织构质量比较高,且在同一水平。

表 2-6-2　不同坯锭制备路线获得 Ni5W 合金基带的织构分析

|  | FWHM$_\phi$ | FWHM$_{摇摆(RD)}$ | FWHM$_{摇摆(TD)}$ |
|---|---|---|---|
| Ni5W$^{PM}$ | 6.8° | 5.7° | 7.3° |
| Ni5W$^{MM}$ | 6.7° | 5.5° | 7.6° |

综上所述,两种技术路线获得 Ni5W 合金坯锭,在大形变量冷轧和后续热处理工艺下,均较易制备出具有锐利立方织构的 Ni5W 合金基带。目前,国际上很多研究小组已经能够制备出,甚至能够大规模生产织构 Ni5W 合金基带,上述研究结果表明,国内所制备出的高质量的 Ni5W 合金基带,在织构方面可以与国际同类材料持平。

### 2.6.2　Ni5W 基带的表面质量分析

织构金属基带的表面质量也是影响后续沉积薄膜的重要因素之一。基带表面缺陷对后续过渡层的形核和长大有重要影响,严重的缺陷将降低超导薄膜的超导电性。Ni5W 合金基带表面一般存在着轧痕、晶界、孔洞、突起等缺陷(见图 2-6-4(a)-(d))。这里将以熔炼技术获得 Ni5W 合金基带为例说明这些缺陷的产生原因。轧痕是基带在轧制过程中引入的主要缺陷之一,它取决于基带形变过程中轧辊的质量和保存的过程。轧辊质量越好,保存方式越科学,则基带表面轧痕就越少。晶界是再结晶晶粒长大过程不可避免的形貌特征。衡量晶界质量一般采用晶界深度和晶界斜度两个指标。所谓晶界深度是指晶界最低处与参考面的距离,而晶界斜度是指晶界坡度与参考面的斜率。显然晶界越浅,晶界的斜度越小,晶界的质量就越高,也就越有利于后续外延薄膜的取向生长。孔洞来源于坯锭制备过程中残留的气孔或轧制时工作环境的杂质,后者是在轧制过程中,工作环境中的颗粒在轧辊与基带表面留下的压痕。表面突起则是合金基带容易与退火气氛或保存环境中的活性气氛(如氧气、水等)发生反应,形成分散于基带表面的第二相颗粒,图 2-6-4(d)所示的突起经能谱鉴定就是镍钨的氧化物。

上述 4 种缺陷中,前两种是难以避免的,即无论轧辊的质量有多高,都会在轧制过程引入轧痕,但改善轧辊表面质量、轧制环境及基带保存方式可以有效地提高或保持基带的表面质量;而基带的晶界也无法克服,可以通过增加 W 含量或降低热处理温度提高晶界质量。但是通过合金坯锭质量、工作环境、热处理气氛等条件的改善,孔洞和突起两种缺陷可以得到减少或消除。这些都是制备和使用高质量Ni5W 合金基带中重要的细节。

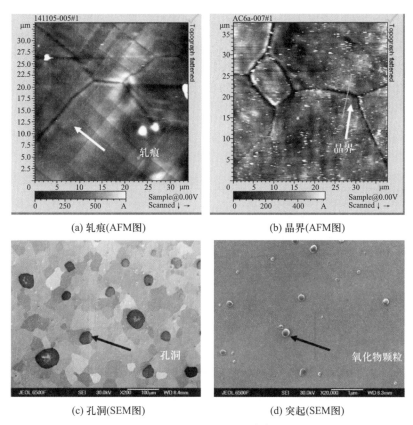

(a) 轧痕(AFM图)　　　　　　　　(b) 晶界(AFM图)

(c) 孔洞(SEM图)　　　　　　　　(d) 突起(SEM图)

图 2-6-4　织构 Ni5W 合金基带表面四种典型缺陷[19],原子力显微镜( atomic force microscope,AFD)

　　根据以上提出影响基带表面质量的关键技术环节,我们获得了具有较高表面质量的织构 Ni5W 合金基带,并采用原子力显微镜和光学轮廓仪对其表面进行分析。图 2-6-5 为熔炼技术路线获得 Ni5W 合金基带的表面质量分析结果。图(a),(b)的测试结果表明,Ni5W 合金基带表面微区(1 μm×1 μm)和较大范围内(约100 μm×100 μm)的均方根( root mean square,roughness,RMS)粗糙度分别为 22.56 nm 和 0.98 nm。由于基带表面测试的范围不同,因此可推知两测试结果的差异主要是基带表面晶界引起的,即微区的原子力显微镜侧重描述基带单个再结晶晶粒的表面质量,而较大范围光学轮廓仪的测试结果则包括了热处理后基带晶界在内的所

有信息。此外,采用原子力显微镜评价该合金基带的晶界质量,结果如图 2-6-5(c)和
(d)。分析可知,该 Ni5W 合金基带的晶界深度约为 30~50 nm,晶界倾角在 45°~60°
之间。该结果与他人报道的织构 Ni-W 合金基带表面质量处在同一水平[20,21]。

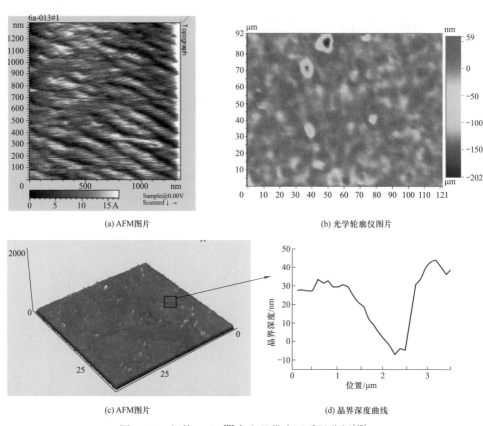

(a) AFM图片

(b) 光学轮廓仪图片

(c) AFM图片

(d) 晶界深度曲线

图 2-6-5　织构 Ni5W^MM 合金基带表面质量分析[19]

### 2.6.3　Ni5W 合金基带沉积过渡层性能的分析

为了进一步检验所获得的 Ni5W 合金基带沉积过渡层的性能,在 Ni5W^MM 合金
基带上直接沉积了结构为 $CeO_2$(30 nm)/$La_2Zr_2O_7$(100 nm)的过渡层。过渡层的
制备工艺为典型的金属有机盐沉积方法。图 2-6-6 为该双层过渡层薄膜的织构和
表面质量测试结果。由图可知,该双层过渡层薄膜的表面质量良好(图(a)),均方
根粗糙度达到 5.9 nm(30 μm×30μm);同时过渡层外延了织构 Ni5W 合金基板的取
向,其面内外取向集中,(111)面 phi 扫描 FWHM 达到了 8.4°,(200)面摇摆曲线
FWHM 为 6.5°。

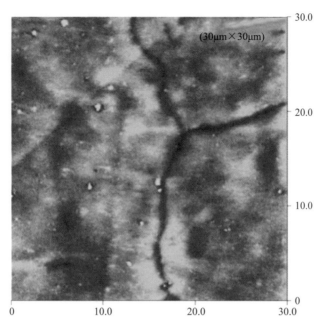

(a) Ni5W合金基带上沉积CeO$_2$/La$_2$Zr$_2$O$_7$过渡层的AFM图像

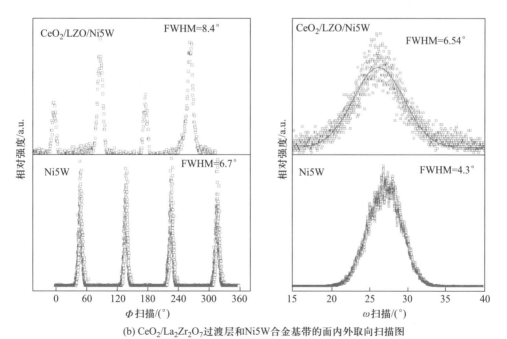

(b) CeO$_2$/La$_2$Zr$_2$O$_7$过渡层和Ni5W合金基带的面内外取向扫描图

图 2-6-6　CeO$_2$/La$_2$Zr$_2$O$_7$ 过渡层的织构和表面质量分析[19]

## 2.7　Ni5W 基带长带工艺研究

本节主要针对立式连续退火炉的炉膛设计即 $L_{加热}$、$L_{保温}$、$L_{降温}$ 3 区的长度,利用管式炉的静态退火来模拟长带的热处理,通过模拟结果的对比,为后续长带的连续热处理工艺提供基础;探索长基带最佳的连续退火工艺。

### 2.7.1　冷轧长带厚度均匀性分析

这里所用的 Ni5W 合金冷轧带制备如下:热轧后 40 cm 长的 Ni5W 初始坯锭用稀盐酸(由盐酸:蒸馏水按体积比 1:3 的比例配成)去掉表面氧化皮,然后进行道次形变量为 5%,总形变量为 99% 以上的大形变量冷轧,从而制备出厚度为 80 μm 左右的 Ni5W 合金冷轧带,实物如图 2-7-1 所示。众所周知,涂层导体机械性能、再结晶晶粒尺寸和立方织构含量的稳定性与基带的厚度有着密切的关系,这也要求所用的冷轧长带在全长范围内保持较高的厚度均匀性。图 2-7-1 所示为 30 m 长度范围的冷轧带沿轧向的厚度分布曲线,图中数据为沿基带长度方向每 10 cm 取一个检测点进行记录。该图显示,绝大部分的检测点的厚度都在 82±2 μm 的范围内,考虑测量的误差,认为制备的整条基带在全长范围内厚度较为均匀。这也是获得均匀的再结晶晶粒和织构的前提条件之一。

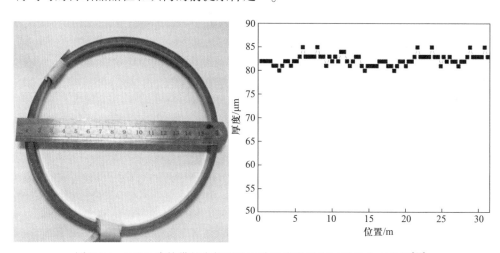

图 2-7-1　Ni5W 冷轧带的实物照片和冷轧带沿轧向厚度的分布曲线[22]

### 2.7.2　等温热处理对再结晶织构的影响

根据连续退火炉温区长度的比值关系（$L_{加热}$：$L_{保温}$：$L_{降温} = 2 : 3 : 2$），可知长基带在连续退火炉中的动态热处理工艺已不再是静态热处理时采用的普通退火，而是快速升温、降温的快速退火。热处理方式的改变会对再结晶结构产生较大的影响，因此热处理方式的改变对再结晶立方取向晶粒的形成也存在重要的作用。于是进行长基带连续退火实验前，必须进行长带连续热处理的模拟即等温热处理。实验的样品为经过热轧、开坯冷轧和牵引轧制的 Ni5W 冷轧长基带的短样，这些短样在设定的温度下直接保温 60 min 后空冷获得。

图 2-7-2 所示为冷轧带（25 ℃）、200 ℃、400 ℃、600 ℃、700 ℃、800 ℃、900 ℃、1000 ℃、1100 ℃、1200 ℃保温 60 min 热处理后的基带的 X 射线衍射图谱，该图显示(111)衍射峰相对最稳定，而(002)和(220)衍射峰变化较为剧烈；400 ℃之前衍射峰无明显变化，从 600℃开始衍射开始出现较明显的变化，此时(220)衍射峰开始大幅降低，在 700 ℃已经形成强烈的(111)衍射峰。通过 Ni5W 基带的热处理温度与强度比的关系曲线（图 2-7-3）可知，Ni5W 基带 900℃后初始再结晶完成，随后为再结晶晶粒长大的过程。

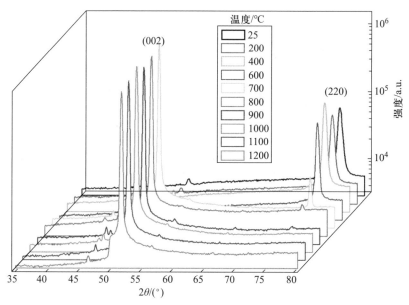

图 2-7-2　不同温度等温热处理后 Ni5W 基带的 XRD 图谱[22]

图 2-7-4 为 1000～1200 ℃温度下等温热处理的 EBSD 图，图中显示，900 ℃后

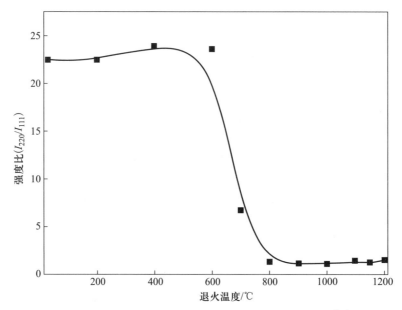

图 2-7-3　Ni5W 基带的热处理温度与强度比的关系曲线[22]

图 2-7-4　不同温度下等温热处理后 Ni5W 基带的 EBSD[22]

Ni5W 合金基带的立方取向已经形成,随着退火温度的升高,立方织构增强。结合表 2-7-1 可知,经过 1000 ℃热处理后的偏离{001}<100>10°范围内立方取向晶粒含量为 89.2%,相比随炉升温在 1000 ℃下保温 60 min 后的立方取向晶粒含量要低 5%左右(见 2.3.1 小节),小角度晶界的含量要高 10%左右;随着温度升高到 1100℃以后,两种热处理工艺后获得的基带偏离{001}<100>10°的晶粒含量和晶界质量差距均减弱。通过对比两种工艺可知,经过等温再结晶热处理后 Ni5W 基带可以得到较高的立方织构含量和小角度晶界含量。

表 2-7-1  不同温度下 Ni5W 合金基带的立方织构晶粒晶界含量的影响

| 退火/℃ | 立方织构 | 小角度晶界 | Σ3 孪晶界 |
|--------|----------|------------|-----------|
| 1000 | 89.2% | 62.4% | 4% |
| 1100 | 95.8% | 76.3% | 3.7% |
| 1200 | 98.5% | 87.1% | 1.1% |

### 2.7.3  长带连续再结晶退火工艺研究

根据前文所述,Ni5W 合金在 1100℃以上进行热处理的基带会获得强立方取向,于是这里以后续在其上外延过渡层及超导层薄膜的要求为基础,主要介绍长基带最佳的连续退火工艺。根据图 2-7-5 所示的热处理炉温度场分布,Ni5W 合金冷轧长带在牵引下进行连续再结晶退火时,整根带子经过了不同的热处理方式。经过计算可知,热处理后基带长度(总长为 $L$)与热处理方式示意图(图 2-7-5)。

随炉降温:1.4 m     快速退火:$L$-2.8 m     随炉升温:1.4 m

图 2-7-5  热处理后基带长度与热处理方式的理论示意图[22]

在前文的论述中及王营霞等人[17]的研究中,不同热处理方式和热处理参数会影响立方取向的形成,慢速加热具有增强立方织构的作用,快速加热则会减弱立方织构;张永军等人[23]在研究 Ni5W 合金低温 980 ℃时立方织构形成与热处理时间的关系时发现,在立方织构形成之后随着时间的增加立方织构的增加将不明显。本实验将制备出的 Ni5W 合金长带截出 3 条长 4 m 的样品,在设定的温度下延长时间至 90 min 进行退火。

根据热处理后基带的长度和热处理方式之间的关系理论,选取 5 点进行取样,从随炉降温段开始这 5 点分别进行的热处理工艺为:以非恒定的升温速率升温至设定温度并保温 60 min,然后随炉降温;以非恒定的升温速率升温至设定温度并保温 90 min,然后随炉降温;以恒定的速率升温至设定温度并保温一定时间,然后以恒定的速率降至室温;随炉升温至设定温度并保温 90 min,然后以恒定的降温速率降至室温;随炉升温至设定温度并保温 60 min,然后以恒定的降温速率降至室温。按照上述的选点原则,据分析应该在沿长度方向距端部 0.9 m、1.1 m、1.5 m、1.9 m、2.4 m 处取样表征(EBSD 扫描范围为 400 μm×400 μm,扫描步长为 2 μm)。每条基带的工艺参数和 EBSD 微取向晶粒分布如表 2-7-2 所示,其中用蓝色到红色标定与标准立方取向偏离 0°~65°的晶粒,黑色线条表示小于 10°的小角度晶界,灰色线条表示 10°~180°的大角度晶界,水平方向为 RD 而竖直方向为 TD。如表 2-7-2 中

表 2-7-2　不同工艺参数退火工艺下的 EBSD 微取向分布图[22]

| 长度 | 1100 ℃ ,90 min | 1150 ℃ ,90 min | 1200 ℃ ,90 min |
|---|---|---|---|
| 0.9 m | 100μm | 100μm | 100μm |
| 1.1 m | 100μm | 100μm | 100μm |
| 1.5 m | 100μm | 100μm | 100μm |
| 1.9 m | 100μm | 100μm | 100μm |
| 2.4 m | 100μm | 100μm | 100μm |

的 EBSD 图所示,经过 1100 ℃,90 min 再结晶退火后织构的集中程度明显低于 1150 ℃ 和 1200 ℃ 退火后,蓝色到绿色的所占的面积即偏离标准立方 10° 以内的晶粒数目、孪晶数目也相对低于高温下再结晶退火。除此之外,随着温度的升高,在沿长度方向上基带表面的立方织构也更加均匀。

表 2-7-3 为不同温度连续退火后基带表面晶粒的具体的重要指标。从表中可以看出基带偏离 {001}<100>10° 范围内的立方取向晶粒的含量随温度的升高而增加,尤其在 1200℃ 退火后基带的织构含量已明显优于德国 evcio 公司商业 Ni5W 基带,此时整条基带小角度晶界含量约在 88% 之上和 Σ3 孪晶界含量小于 2%。除此之外,对比同条基带约 0.9 m 和 2.4 m 位置的指标可知,可能是由于 0.9 m 处升温速率远高于 2.4 m 处的 5 ℃/min,使得尽管在同样温度下保温 60 min 但 0.9 m 位置的立方织构晶粒含量和小角度晶界含量仍低于 2.4 m 位置。对比 1.1 m、1.5 m 和 1.9 m 位置可知,延长保温时间后可以适当地弥补由于升温速率不同造成的不足,但是随着温度的提升由升温速率引起的差异也将减小。

**表 2-7-3　不同工艺参数退火工艺下 Ni5W 基带的立方织构晶粒晶界含量**

| 长度 | 立方织构晶粒含量/(%)<br>(<10°) | | | 小角度晶界含量/(%)<br>(<10°) | | | Σ3 孪晶界含量/(%)<br>(<5°) | | |
|---|---|---|---|---|---|---|---|---|---|
| | 1100 ℃ | 1150 ℃ | 1200 ℃ | 1100 ℃ | 1150 ℃ | 1200 ℃ | 1100 ℃ | 1150 ℃ | 1200 ℃ |
| 0.9 m | 88.5 | 93.3 | 98.9 | 71.1 | 75.8 | 89.9 | 2.5 | 4 | 1.8 |
| 1.1 m | 94.3 | 97.5 | 98.5 | 79.0 | 84.9 | 88.6 | 0.9 | 3.6 | 1.2 |
| 1.5 m | 92.6 | 97.6 | 99.3 | 79.7 | 85.8 | 95.3 | 1.2 | 3.7 | 0.1 |
| 1.9 m | 94.3 | 99.2 | 99.0 | 75.4 | 91.3 | 90.8 | 2.3 | 1.5 | 0.6 |
| 2.4 m | 90.2 | 98.7 | 99.0 | 73.2 | 90.2 | 93.4 | 3.1 | 1 | 0.6 |

表 2-7-4 为不同温度连续退火后基带表面晶粒尺寸。从表中可以看出退火后的基带表面的晶粒尺寸不是很规则,沿着 RD 方向上的晶粒尺寸要大于 TD 方向的尺寸;随着温度的升高晶粒长大的速度越来越快,RD 和 TD 方向晶粒尺寸的差异也开始拉大。根据材料的屈服强度与晶粒大小之间存在的函数关系,即著名的霍尔-佩奇(Hall-Petch)公式,最终基带的力学性能与晶粒尺寸有关,晶粒尺寸不宜过大。S.S.Kim 等人[24] 在研究粉末冶金制备 Ni5W 基带的立方织构的形成时发现 800 ℃ 以上退火时,随着温度的升高表面粗糙度会逐渐降低,而且在 1200 ℃ 退火后会出现大角度的晶界腐蚀沟,这些会对后续外延生长过渡层产生不利影响。

**表 2-7-4 不同工艺参数退火工艺下 Ni5W 基带晶粒尺寸**

| 长度 | RD 方向晶粒尺寸/μm | | | TD 方向晶粒尺寸/μm | | | 平均晶粒尺寸/μm | | |
|---|---|---|---|---|---|---|---|---|---|
| | 1100 ℃ | 1150 ℃ | 1200 ℃ | 1100 ℃ | 1150 ℃ | 1200 ℃ | 1100 ℃ | 1150 ℃ | 1200 ℃ |
| 0.9 m | 20.79 | 63.10 | 90.27 | 16.89 | 48.29 | 88.04 | 18.84 | 55.70 | 89.16 |
| 1.1 m | 28.14 | 65.11 | 53.12 | 19.25 | 59.14 | 66.91 | 23.70 | 62.13 | 60.02 |
| 1.5 m | 26.29 | 102.79 | 112.20 | 17.90 | 89.61 | 93.02 | 22.10 | 97.91 | 102.61 |
| 1.9 m | 21.27 | 77.12 | 84.02 | 15.28 | 67.11 | 69.94 | 18.28 | 73.53 | 51.15 |
| 2.4 m | 21.83 | 77.64 | 92.46 | 16.20 | 62.54 | 75.10 | 19.02 | 70.09 | 83.78 |

　　于是为兼顾"高织构"和"浅晶界"的要求,采取了适当地降低温度、延长时间等措施,重新调整工艺参数为 1150 ℃ 保温 120 min。图 2-7-6 为 1150 ℃ 保温 120 min 连续退火后快速退火部分选取任意 3 点的基带表面立方织构微取向分布图,测试其偏离{001}<100>10°范围内的立方取向晶粒的含量分别为 98.5%、98.6%、99.7%(EBSD 扫描范围为 800 μm×800 μm),平均晶粒尺寸在 77~96.4 μm(见表 2-7-5)。

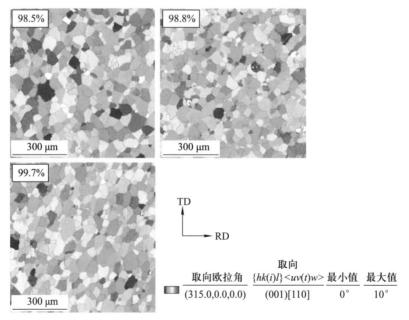

图 2-7-6 1150 ℃ 连续退火工艺下的 EBSD 微取向分布图[22]

**表 2-7-5　1150 ℃保温 120 min 退火工艺下 Ni5W 基带立方织构晶粒晶界含量**

| 长度/m | 立方织构晶粒含量(%)(<10°) | 小角度晶界含量/(%)(<10°) | Σ3 孪晶界含量/(%)(<5°) | RD 方向晶粒尺寸/μm | TD 方向晶粒尺寸/μm | 晶粒尺寸/μm |
|---|---|---|---|---|---|---|
| 1.0 | 98.5 | 87.6 | 4.2 | 82.9 | 77.0 | 80.0 |
| 1.2 | 98.8 | 81.8 | 1.4 | 77.6 | 62.5 | 77.0 |
| 1.4 | 99.7 | 90.8 | 0.7 | 96.0 | 97.7 | 96.4 |

# 参 考 文 献

［1］　Malozemoff A P. Progress in American superconductor's HTS wire and optimization for fault current limiting systems［J］. Physica C,2016,530：65-67.

［2］　Rijckaert H,Pollefeyt G,Sieger M,et al. Optimizing nanocomposites through nanocrystal surface chemistry：Superconducting YBa$_2$Cu$_3$O$_7$ thin films via low-fluorine metal organic deposition and preformed metal oxide nanocrystals［J］. Chem. Mater.,2017,29(14):6104-6113.

［3］　Amemiya N,Shigemasa M,Takahashi A,et al. Effective reduction of magnetisation losses in copper-plated multifilament coated conductors using spiral geometry［J］. Supercon. Sci. Tech.,2022,35(2):1-14.

［4］　Kajikawa K,Fujiwara Y,Miezaki M,et al. AC loss measurements in an HTS coil wound using two-ply bundle conductor［J］. IEEE Trans. Appl. Supercon.,2022,32(4).

［5］　Boer B D,Eickemeyer J,Reger N,et al. Cube textured nickel alloy tapes as substrates for YBa$_2$Cu$_3$O$_{7-\delta}$-coated conductors［J］. Acta Metall. Mater.,2001,49(8):1421-1428.

［6］　Goyal A,Feenstra R,Paranthaman M,et al. Strengthened,biaxially textured Ni substrate with small alloying additions for coated conductor applications［J］. Physica C Superconductivity,2002,382(2-3):251-262.

［7］　Yu D,Ma L,Suo H,et al. Influences of dynamic and static annealing on texture Transformation in Ni-5at%W alloy substrate［J］. Rare Metal Mat. Eng.,2018,47(12):3806-3810.

［8］　Zhang C X,Suo H L,ZHANG Z L,et al. Evolution of Microstructure,Texture and Topography during Cold Rolling and Recrystallization of Ni-5at.% W Alloy Substrate for Coated Conductors［J］. Crystals,2019,9(11):1-11.

［9］　Schastlivtsev V M,Ustinov V V,Rodionov D P,et al. Nickel alloy substrates with a sharp cube texture for high-T$_c$ superconducting tapes［J］. Doklady Physics,2004,49(3):167-170.

［10］　王建宏,索红莉,高忙忙,等. 冷轧工艺对 Ni5W 合金基带织构的影响研究［J］. 稀有金属,2010,(4):6.

［11］ 陈彦博,赵红亮,翁康荣. 有色金属轧制技术［M］. 北京:化学工业出版社,2007.

［12］ 毛卫民,杨平,陈冷. 材料织构分析原理与检测技术［M］. 北京:冶金工业出版社,2008.

［13］ 李孟晓. 涂层导体用 Ni5W 合金长基带制备工艺研究［D］. 北京工业大学,2013.

［14］ Gervasyeva I V, Rodionov D P, Sokolov B K, et al. Effect of deformation texture component composition on cube texture formation during primary recrystallization in Ni-based alloys［C］. Proceedings of the Materials Science Forum,F,2005.

［15］ Duggan B J, Lücke K, Köhlhoff G, et al. On the origin of cube texture in copper［J］. Acta Metall. Mater.,1993,41(6):1921-1927.

［16］ Ray R K, Hutchinson W B, Duggan B J. A study of the nucleation of recrystallization using HVEM［J］. Acta Metall. Mater.,1975,23(7):831-840.

［17］ 王营霞. Ni5W 合金基带形变与再结晶织构的研究［D］. 北京工业大学,2012.

［19］ 赵跃. 涂层导体织构镍合金基板及过渡层的研究［D］. 北京工业大学,2009.

［20］ Norton D P, Goyal A, Budai J D, et al. Epitaxial $YBa_2Cu_3O_7$ on biaxially textured nickel (001):An approach to superconducting tapes with high critical current density［J］. Science, 1996,274(5288):755-757.

［21］ Prusseit W, Nemetschek R, Hoffmann C, et al. ISD process development for coated conductors ［J］. Physica C,2005,426:866-871.

［22］ 马麟. 织构 Ni5W 长带制备及其织构转变机制的研究［D］. 北京工业大学,2016.

［23］ 张永军,张平祥,李成山,等. 涂层导体用 Ni-5at%W 合金基带再结晶织构研究［C］. 第九届全国超导学术研讨会,2007.

［24］ Kim S S, Tak J S, Bae S Y, et al. Development of cube textured Ni-5at.%W alloy substrates for YBCO coated conductor application using a powder metallurgy process［J］. Physica C Superconductivity & Its Applications,2007,463-465(none):604-608.

# 第3章 高钨含量基带的研究进展

## 3.1 Ni7W 基带的研究进展

### 3.1.1 粉末冶金技术路线制备 Ni7W 基带的织构研究

本节以粉末冶金技术路线获得的 Ni7W 合金基带为例,阐明这种合金基带混合型形变织构向退火后纯立方织构的转变过程。

Ni7W 合金基带显微硬度随退火温度的变化曲线如图 3-1-1 所示。显微硬度为维氏硬度 HV,其测定过程为:(1) 将 Ni7W 合金基带升温至不同温度,升温速率为 6 ℃/min,保温 5 min,然后在保护气氛下淬火至室温,淬火的降温速率大于 100 ℃/min;(2) 显微硬度测试面为基带截面(即 RD-ND),取样品 3~5 不同位置进行测试;(3) 显微硬度测试条件为:加载 15 g,保压 15 s。由图可知,随退火温度升高,Ni7W 合金基带显微硬度下降,大致分为四个阶段;第 Ⅰ 阶段在 500 ℃以下,其硬度基本保持不变;第 Ⅱ 阶段在 500~750 ℃,其硬度下降较小;第 Ⅲ 阶段在 750~800 ℃,其硬度下降显著;第 Ⅳ 阶段在 800 ℃以上,合金基带硬度基本保持不变。

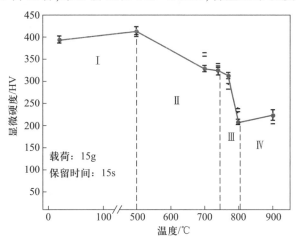

图 3-1-1 Ni7W 合金基带的显微硬度随温度变化曲线[1]

这是因为冷形变后金属在热处理时会发生回复、再结晶、晶粒长大过程,伴随着显微组织的变化。第Ⅲ阶段为冷轧 Ni7W 合金基带的初始再结晶阶段,基带位错密度降低,加工硬化得以消除是其硬度显著降低的主要原因。

根据以上结果,采用 EBSD 技术研究 750 ℃退火 Ni7W 合金基带截面、表面的初始再结晶织构及其显微组织。在 Ni7W 合金基带中,EBSD 数据采集位置和范围如图 3-1-2 所示,数据采集步长为 1 μm。由 RD-TD 获得的 EBSD 图记为表面(surface);由 RD-ND 获得的 EBSD 图记为截面(cross section)。为了便于讨论,人为规定距基带表面深度为 15 μm 的截面部分记为表层(outer-layer),距基带表面深度为 33 μm 的截面部分记为芯层(inner-layer),如图 3-1-3 所示。

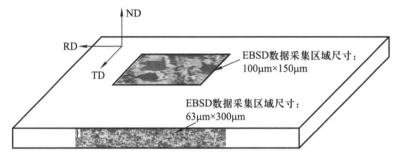

图 3-1-2　初始再结晶 Ni7W 合金基带的 EBSD 样品分析示意图[1]

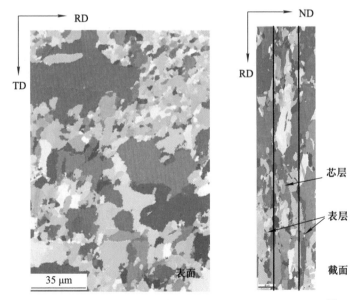

图 3-1-3　初始再结晶 Ni7W 合金基带表面和截面的 EBSD 图[1]

在初始再结晶织构分析过程中,作如下假设:① 认为形变织构中无立方晶粒,即初始再结晶织构中的立方晶粒都源于再结晶的形核和长大;② 再结晶不增加形变织构的含量,G,B,C,S 等型织构为残余形变织构。

图 3-1-4 为初始再结晶 Ni7W 合金基带表面、截面表层、截面芯层晶粒度尺寸分布图;这三个区域的立方织构含量、(111)极图和 ODF 图列于表 3-1-1;图 3-1-5 为 $\alpha$ 和 $\beta$ 取向线上的强度分布。结果表明:

(1) 初始再结晶 Ni7W 合金基带表面的大尺寸晶粒($>10~\mu m$)含量比较高,而其截面芯层和表层的形变组织晶粒($<10~\mu m$)含量较高(图 3-1-4)。这表明 Ni7W 合金基带形核和长大易于发生在基带表面,且晶核长大速度比较快,在初始再结晶阶段就能迅速长大到 10 $\mu m$ 以上;同时结合基带表面和表层 EBSD 晶粒微取向图 3-1-3 可知,立方晶粒具有二维长大的特点,即在轧面上的再结晶晶粒度要大于截面;

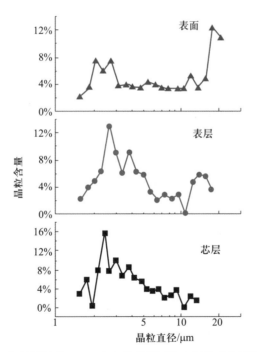

图 3-1-4　初始再结晶 Ni7W 合金基带截面和表面的晶粒度分布图[1]

(2) 由表 3-1-1 可知,初始再结晶 Ni7W 合金基带不同位置的再结晶织构主要包含三种取向,即立方织构(001) <100>、沿轧向的旋转立方织构(013)<100>及退火孪晶,其中立方织构为再结晶织构的主要组成之一;从芯层至表面,立方织构含量增加,且集中程度提高;

**表 3-1-1　Ni7W 合金基带初始再结晶基带表面、表层、芯层立方织构含量，**

**(111)极图和 ODF 图[2]**

| | 立方织构<br>含量(<10°) | (111)极图 | ODF(0°,45°,65°) |
|---|---|---|---|
| 表面 | 25.1% | TD<br>RD | 最大值=121<br>$\varphi_2=0°$　$\varphi_2=45°$　$\varphi_2=65°$ |
| 表层 | 22.1% | TD<br>RD | 最大值=83<br>$\varphi_2=0°$　$\varphi_2=45°$　$\varphi_2=65°$ |
| 芯层 | 11.9% | TD<br>RD | 最大值=30<br>$\varphi_2=0°$　$\varphi_2=45°$　$\varphi_2=65°$ |

（3）在 $\alpha$ 和 $\beta$ 取向线上（图 3-1-5），基带表面残余形变织构表现出强 C 和 S 取向，弱 G 取向；而芯层的 C 和 S 取向较弱，G 取向较强。因此可以推知该单层合金基带的形变织构也表现出类似梯度分布的特点，即在该 Ni7W 合金基带中，表面 C 型织构比较强，而芯层 B 型织构比较强，基带整体表现出混合型形变织构的特点。这与 X 射线四环衍射获得 Ni7W 合金基带整体形变织构的结果相一致。

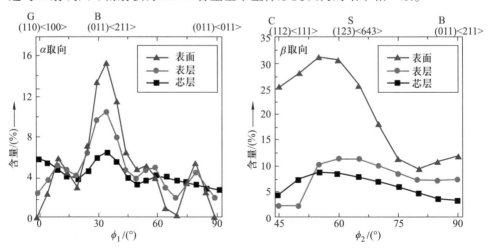

图 3-1-5　初始再结晶 Ni7W 合金基带不同区域的 $\alpha$ 取向和 $\beta$ 取向强度曲线[1]

早期文献报道表明,高层错能 FCC 金属经大形变量,可获得 C 型形变织构(包括 C(112)<111>和 S(123)<634>),这是其再结晶后能够形成锐利立方织构的主要原因。一般认为,立方晶粒容易在 C 取向的基体中形核,并与基体形成大角度晶界。由于 C 取向基体中具有较高的形变储能,因此立方晶核的长大能够消耗 C 组织,使其储能充分释放,促进晶界的迁移。此外根据取向生长原理,再结晶晶核与基体接近某一有利的取向关系时,其晶界迁移率就相对较高,能够迅速地长大,这对最终再结晶织构起决定性作用。而根据统计和理论计算证明在面心立方金属中,这种取向关系是 40°<111>,S 取向与立方织构之间的取向即表现为沿着<111>晶轴转动 40°的关系。因此,C 型形变织构为立方织构的形核和长大提供了条件。[3-5]

根据 Ni7W 合金基带初始再结晶织构的研究可推测:Ni7W 合金基带表面形变织构对再结晶演变具有重要作用,即其较强的 C 型形变织构,有利于初始再结晶时基带表面立方晶粒的形核和长大;高温退火时,表层形成的立方晶粒能够吞并整个基带厚度方向上的形变织构、非立方取向织构以及退火孪晶,最终得到锐利的立方织构。

为了验证以上提出的"Ni7W 合金基带表面的形变织构对再结晶演变具有重要作用"假设,设计实验如下:将冷轧基带进行有梯度的机械抛光处理,如图 3-1-6(a)所示。其中一部分区域进行重度抛光,即将基带表面 10 μm 左右的表层除去,使该区域基带的再结晶织构形成不受外层形变织构的影响,退火后该区域表现为 Ni7W 合金基带芯层的再结晶织构;另外一部分区域进行轻度抛光,即保留了部分基带表层。高温退火后,这种梯度抛光的 Ni7W 合金基带的表面 EBSD 测试结果如图(b)所示。其退火工艺与优化 Ni7W 合金基带的热处理工艺相同。

分析 EBSD 测试结果发现,重度抛光的区域在热处理后形成了一定量的旋转立方取向晶粒和退火孪晶(图(b)中染色的晶粒);而轻度抛光区域的立方织构含量明显高于重度抛光的区域。这验证了 Ni7W 原始表面的形变织构对基带整体立方织构的形成有重要作用。因此,在高温再结晶阶段,Ni7W 合金基带表面形成的大量立方晶粒,具有"取向长大"的优势,能够通过消耗掉部分的基带表层乃至芯层的非立方织构晶粒(包括形变组织、旋转立方和退火孪晶晶粒),最终使基带整体表现出锐利的立方织构。

图(c)和(d)分别为高温退火后梯度抛光基带的表面与初始再结晶 Ni7W 合金基带芯层的非立方晶粒取向的 ODF 图($\varphi_2 = 0°$ 截面)。比较可知,两者的非立方织构组成非常相似,均含有旋转立方织构和退火孪晶织构。这表明,在中低层错能的 Ni7W 合金中,经冷轧和热处理,旋转立方织构、退火孪晶织构和立方织构的稳定性较高,它主要是由较弱 C 型形变织构造成的。

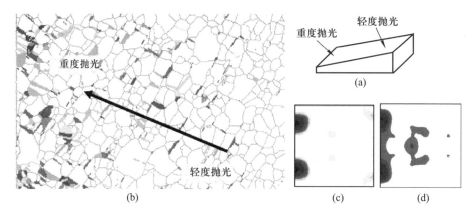

图 3-1-6 （a）梯度抛光 Ni7W 样品的示意图；（b）退火后梯度抛光样品表面晶粒取向分布图，其中不同颜色表示与立方取向偏离较大的晶粒；（c）退火后梯度抛光的 Ni7W 合金基带表面非立方织构的 ODF 截面图；（d）初始再结晶 Ni7W 样品截面芯层非立方织构的 ODF 截面图[1]

　　根据以上研究可知,在粉末冶金技术路线获得的 Ni7W 合金基带中,由混合型形变织构向再结晶立方织构的演变包括以下三个阶段:第一阶段(图 3-1-7(a)),在冷轧 Ni7W 合金基带中,形变织构在厚度方向上表现出了梯度分布的特点,即基带表面形成了较强的 C 型形变织构,而芯层为较强的 B 型形变织构;第二阶段为初始再结晶阶段(图(b)),由于形变织构梯度分布,使基带的表层、表面具有立方晶粒形核和长大的优势;第三阶段是高温退火阶段(图(c)),立方晶粒通过"尺寸优势"和"取向长大优势"逐渐吞并芯层和表层的形变织构晶粒和非立方取向的再结晶织构晶粒,最终使 Ni7W 合金基带基带整体呈现出锐利的立方织构。

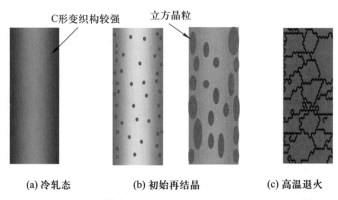

图 3-1-7 Ni7W[PM]合金基带中强立方织构的形成示意图[1]

### 3.1.2　放电等离子烧结路线制备 Ni7W 基带的织构研究

以放电等离子烧结技术(spark plasma sintering, SPS)路线制备的 Ni7W 合金基带为例,研究热处理工艺对其立方织构含量的影响。合金坯锭经道次形变量小于5%,总形变量大于98%的冷轧工艺,获得 Ni7W 合金冷轧基带,记为 Ni7W$^{SPS}$。根据 Ni5W 合金基带的热处理工艺,采用"两步退火"工艺对 Ni7W$^{SPS}$合金基带进行再结晶热处理。由于基带成分发生了变化,将 Ni5W 合金基带的退火工艺做如下调整,即在低温阶段,750 ℃保温 0.5 h,在高温阶段,1410 ℃保温 1 h。图 3-1-8 为退火后 Ni7W$^{SPS}$合金基带表面的晶粒微取向分布图。结果表明,经高温热处理后,Ni7W$^{SPS}$合金基带形成了以立方取向为主的再结晶织构,再结晶组织包括大量等轴晶和少量退火孪晶,等轴晶的晶粒度约为 40 m。图 3-1-9 为再结晶织构与理想立方取向偏离角度的分布图,插图曲线由图中曲线积分所得,它表示与理想立方取向偏离一定角度的再结晶晶粒所占的面积百分比。例如,当认为与理想立方取向偏离 10°以内为立方织构时,则立方晶粒所占的面积为 91.4%。从图 3-1-9 中可以看

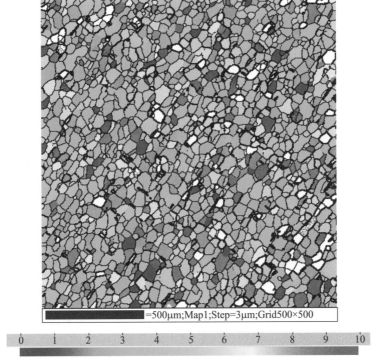

=500μm;Map1;Step=3μm;Grid500×500

| 0 | 1 | 2 | 3 | 4 | 5 | 6 | 7 | 8 | 9 | 10 |

图 3-1-8　1410 ℃两步退火后 Ni7W$^{SPS}$合金基带表面的 EBSD 图[1]

出,再结晶取向分布曲线存在明显峰值,这说明大部分晶粒与理想立方取向偏离角为 3.5°。同时在 EBSD 图中(图 3-1-8),还发现一些与立方取向偏离较大(10°~ 60°)的晶粒(白色区域)。这些晶粒可以大致分为两类(图 3-1-10(a)):一类是等轴晶,其晶粒度与立方晶粒相当;另一类是板条状孪晶,孪晶之间存在明显的大角度孪晶界(图中黑色粗线条)。

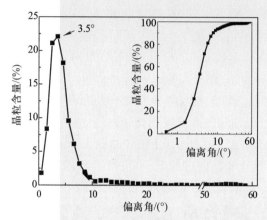

图 3-1-9　退火后 Ni7W$^{SPS}$ 合金基带再结晶织构含量与理想立方织构取向差的分布曲线[1]

　　为了进一步分析这些非立方织构晶粒的取向,选择图 3-1-9 中部分区域的代表性晶粒进行研究(图 3-1-10)。选择一孪晶晶粒定义为 A,把与立方取向偏离较大的等轴晶之一定义为 B。这两类晶粒在(111)面极图中对应的位置如图 3-1-10(b)所示。分别用椭圈和圆圈表示晶粒 A、B 在(111)面极图中的衍射点。由图可知:B 晶粒漫散在理想立方取向的位置;而 A 晶粒则是一些强度较弱的退火孪晶取向。根据晶体对称性,可知极图中偏离立方取向其他位置的衍射点是由与 A、B 在取向上呈对称性的晶粒所致。由此推测,B 类晶粒尚未充分地旋转至立方取向,而 A 类孪晶也没有被择优长大的立方晶粒所吞并。

　　根据上述分析,下面将通过调整两步退火工艺中高温阶段的退火温度和保温时间,即高温阶段的退火工艺为 1440 ℃保温 2 h,以得到更高含量立方织构的 Ni7W 合金基带。图 3-1-11 为调整热处理工艺后 Ni7W$^{SPS}$ 合金基带表面 EBSD 图。通过热处理工艺的优化,Ni7W$^{SPS}$ 合金基带再结晶织构中立方织构含量和集中程度都得到明显提高。与未调整退火工艺制备的 Ni7W$^{SPS}$ 合金基带相比,该 Ni7W$^{SPS}$ 合金基带立方取向晶粒所占的面积达到了 99.4%,提高了 8%。再结晶取向与理想立方取向分布的偏离峰值也减小为 2.5°(图 3-1-12(a)),同时与理想立方织构偏离较大的晶粒面积也明显减少。此外,优化退火工艺获得 Ni7W 合金基带的(111)极图(图 3-1-12(b))中立方取向强度高达 513,非立方织构取向强度则低于 0.5。这些

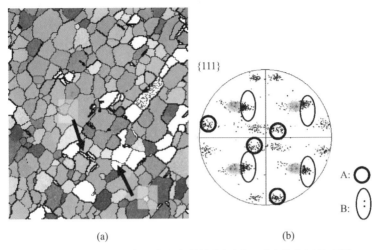

(a)　　　　　　　　　　　　　(b)

图 3-1-10　EBSD 图中的微取向晶粒在极图上对应的位置关系[1]

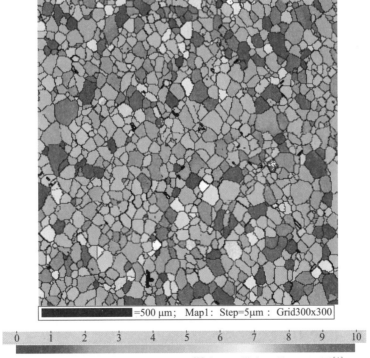

图 3-1-11　优化退火工艺后 Ni7W$^{\text{SPS}}$合金基带表面的 EBSD 图[1]

结果均表明,经优化退火工艺,Ni7W$^{SPS}$合金基带再结晶织构中非立方取向晶粒含量较少,立方织构纯度很高。因此可知,优化两步退火工艺中高温阶段的退火温度和保温时间,能够使非立方取向晶粒充分转向更稳定的立方取向,并通过立方晶粒的长大吞并部分退火孪晶,有利于获得具有锐利立方织构的 Ni7W$^{SPS}$合金基带。

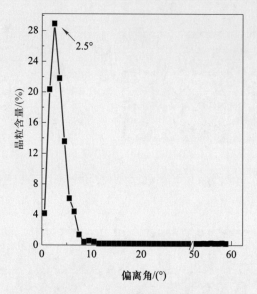

(a) 再结晶织构与理想立方取向偏离角度的分布曲线

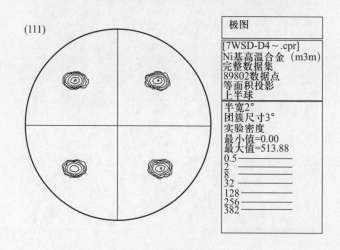

(b) (111) 面极图

图 3-1-12　优化退火工艺获得 Ni7W$^{SPS}$合金基带的立方织构分析[1]

以下详细地比较了热处理工艺对 Ni7W$^{SPS}$合金基带再结晶织构的影响。3 种不同的热处理工艺分别表示为 D2、D3、D4( 退火工艺见图 3-1-13) ,其中 D2、D4 分别是制备上述图 3-1-8 和图 3-1-11 中样品所采用的工艺,即两者在两步退火工艺中的高温温度和保温时间略有区别( 图 3-1-13(a) ) ;D3 为一步退火工艺,即直接升温至 1440 ℃保温 2 h( 图 3-1-13(b) ) 。

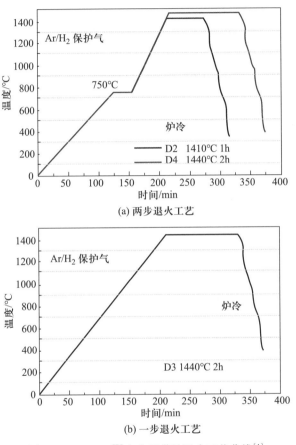

图 3-1-13　Ni7W$^{SPS}$合金基带的退火工艺曲线[1]

图 3-1-14(a) 、(b) 、(c) 分别为上述 3 种不同工艺退火后 Ni7W$^{SPS}$合金基带的立方取向面积分布图、晶界微取向角分布图及晶粒度分布图。由图可知,采用 D4 工艺获得 Ni7W$^{SPS}$合金基带的立方织构含量和小角度晶界含量较高,退火孪晶界含量较低。

表 3-1-2 为图 3-1-14 曲线中几个重要的性能指标,分别为立方织构含量、小角晶界含量及平均晶粒度。比较可知,与 D2 和 D3 热处理工艺制备的 Ni7W$^{SPS}$合金

基带相比,采用 D4 热处理工艺获得基带具有明显较高的立方织构含量和小角晶界含量。这表明采用两步退火工艺,优化其高温阶段的退火温度和保温时间,有利于形成比较集中的立方织构,提高基带表面小角晶界质量。

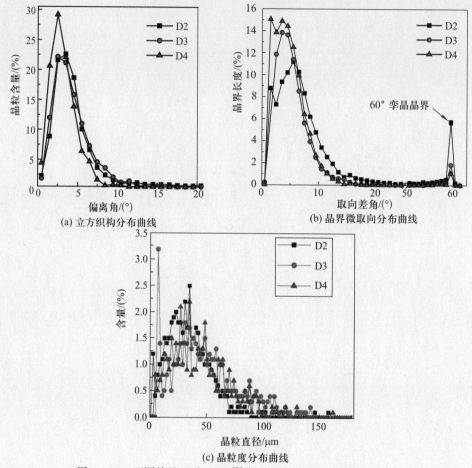

(a) 立方织构分布曲线

(b) 晶界微取向分布曲线

(c) 晶粒度分布曲线

图 3-1-14　不同热处理后 Ni7W$^{SPS}$ 合金基带的再结晶织构分析[1]

表 3-1-2　不同热处理工艺获得 Ni7W$^{SPS}$ 合金基带的 EBSD 分析

| 退火工艺 | 立方织构含量/(%) | | 角晶界含量/(%) | | 平均晶粒尺寸/μm |
|---|---|---|---|---|---|
| | <10° | <15° | Σ1 | Σ3 | |
| D2 | 93.8 | 96.7 | 86.2 | 8.7 | ~40 |
| D3 | 96.8 | 99 | 76.2 | 2.8 | ~60 |
| D4 | 99.4 | 99.8 | 98.2 | 1.5 | ~50 |

两步退火工艺对 NiW 合金基带立方晶粒形核和长大的影响可以由以下得到解释：

（1）从本质上讲，再结晶形核的过程是热激发过程，形核率 $N$ 由 Arrhenius 公式决定[3-5]，即

$$N = N_0 \exp \left[ -Q_N / RT \right], \tag{3-1-1}$$

式中 $Q_N$ 为形核激活能，$T$ 为绝对温度，常数 $R = 8.314$ J/K·mol。形核激活能 $Q_N$ 又可以表示为

$$Q_N = k\gamma^3 / P_D^2, \tag{3-1-2}$$

式中 $k$ 为几何因子，$P_D$ 为再结晶亚晶粒和基体之间的能量差，$\gamma$ 为晶界能。

对于特殊的晶界能——立方晶界能 $\gamma_{cube}$ 要低于随机晶界能 $\gamma_{random}$，即 $\gamma_{cube} = 0.7\gamma_{random}$，因此立方晶粒的形核能低于随机取向的形核能，即 $Q_{cube} < Q_{radnom}$。上述公式（3-1-1）可以表述为

$$N_{cube} / N_{random} = \exp \left[ (Q_{random} - Q_{cube}) / RT \right]. \tag{3-1-3}$$

根据公式（3-1-3）可知，温度越低，$N_{cube} / N_{random}$ 值越高，随着温度的升高，$N_{cube} / N_{random}$ 变小。然而，若温度过低，根据公式（3-1-1），$N_{cube}$ 则变得很小。因此，选择适合的初始再结晶温度，即两步退火工艺的低温保温工艺，有利于提高立方晶核在再结晶形核中的概率。

（2）在再结晶形核长大阶段，随着温度的升高，所有晶核都有长大的趋势，立方晶粒与在形变过程中形成的 S 型织构组分存在 40°<111>关系，而 40°<111>的晶界能较低，具有较快的迁移速度。[6]因而，选择合适的高温再结晶工艺，立方取向晶粒具有"取向生长"的优势，能够消耗形变组织和非立方取向晶粒长大，最终成为主要的再结晶织构组分。

上述两点是两步退火工艺能较大幅度提高 Ni7W 合金基带最终立方织构的主要原因。

### 3.1.3　熔炼坯锭技术路线中轧制间回复退火对 Ni7W 基带的织构研究

与 Ni5W 合金基带相比，随着 W 原子含量的增加，Ni7W 合金基带的力学性能得到了一定提高，居里温度进一步下降。但由于固溶原子含量的增加，导致合金的层错能急剧降低，因而在高 W 含量的 NiW 合金基带中很难获得单一的立方取向。目前已有相关报道，当 NiW 合金中 W 含量大于 5at.%时，采用熔炼制坯技术路线很难通过普通冷轧和退火工艺获得纯立方织构的 Ni-W 合金基带[7]。因此，对传统的制备技术进行改进、优化或者开发新的制备技术是获得强立方织构 Ni7W 合金基带的必然选择。通过对合金坯锭成分均匀化处理和冷轧中的去应力退火处理可提高 Ni7W 合金基带中立方织构的含量[8]；采用热挤压工艺也能够有效地改善

Ni7W 基带中的立方织构[9]，但这仍然不能充分满足涂层导体用织构合金基带的要求。这里主要采用熔炼制坯方法制备 Ni7W 合金基带，通过对冷轧技术进行改进和优化来提高 Ni7W 合金基带的立方织构。

### 3.1.3.1    初始冷轧 Ni7W 合金坯锭的制备

本实验中将熔铸获得的铸锭进行热锻、热轧后得到可用于冷轧的 Ni7W 合金初始坯锭。具体制备工艺流程如图 3-1-15 所示。将熔炼获得的铸锭，经过机械去除氧化皮后进行热锻处理，获得截面为 20 mm×45 mm 的锻件，锻造温度为 1100 ℃，然后将锻件热轧到厚度为 10 mm 后，获得可用于冷轧的 Ni7W 合金冷轧初始坯锭(图 3-1-16)，热轧过程中的起轧温度为 1100 ℃。

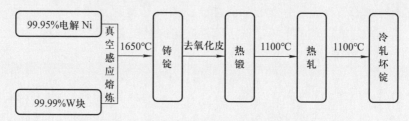

图 3-1-15    Ni7W 冷轧坯锭制备工艺流程图[10]

图 3-1-16    经热轧后制备的 Ni7W 冷轧初始坯锭[10]

### 3.1.3.2    Ni7W 合金基带轧制工艺研究

由于 W 含量的增加降低了 Ni7W 合金的层错能，因此采用传统的 RABiTS 轧制工艺不易在 Ni7W 中获得锐利的立方织构。研究表明，面心立方合金中，与其他取向形变组织相比,具有立方取向的形变组织在热处理过程中拥有更快的回复速度。[11]因此如果在轧制过程中,在经过一定程度的冷轧形变后进行回复热处理,将有利于立方取向组织发生回复,这部分回复后的亚晶或多边形立方取向组织中若有一部分在随后的冷轧过程中能够保留至最终的冷轧基带中,将有可能大大提高最终再结晶热处理后基带中立方取向的含量,回复后的立方取向组织或亚晶有可能直接作为立方晶粒形核的核心,因而将增加立方晶粒的形成率,从而在再结晶热处理后提高基带中立方织构的含量;另外,在轧制过程中进行回复热处理,将降低基带中的位错密度,缓解加工硬化现象,可能在后续的形变过程中抑制形变取向向B 取向转变,从而对形变组织及织构产生一定的影响。本实验正是基于以上设想,在传统的冷轧制工艺中增加回复热处理过程,从而优化 Ni7W 合金的形变织构,进而提高基带中再结晶立方织构的含量,具体的工艺流程如图 3-1-17 所示。首先将Ni-W 合金坯锭轧制到一定的形变量后,将其进行回复热处理后继续冷轧至所需要的总轧制形变量。实验中将厚度为 10 mm 的 Ni7W 合金坯锭,冷轧至 1 mm,然后将其在氩氢保护气氛下进行回复热处理,淬火冷却至室温后继续冷轧至90 μm,基带的轧制总形变量>99%。在整个工艺路线中,回复热处理工艺参数和热处理前后冷轧形变量的选择是整个工艺的关键。

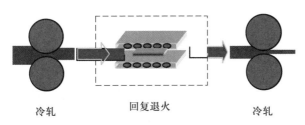

冷轧　　　　　　　回复退火　　　　　　冷轧

图 3-1-17　Ni7W 冷轧间热处理工艺示意图[10]

### 3.1.3.2.1　轧制间回复热处理温度对 Ni7W 合金基带形变织构的影响

金属在外力作用下,晶体内的位错不断滑移或者在晶体内出现机械孪生,造成塑性形变,同时晶体的取向也会随之做相应的转动。随着形变量的不断增加,多晶体内各晶粒的取向会逐渐转向某一或某些取向附近,形成不同类型的形变织构。形变织构的类型主要受形变金属材料的性质和加工方式的影响。根据早期文献的研究,高层错能 FCC 金属经较大的形变量后,可获得 C(112)<111>和 S(123)<634>取向的形变织构,而立方晶粒则容易在 C 取向的基体中形核,并与基体形成大角度晶界。S 取向与再结晶立方织构之间的取向即表现为沿着<111>晶轴转动 40°的关系,其晶界的迁移速率相对较高。因此,C 和 S 形变取向有利于再结晶立方织构的形核和长大[12]。

轧制塑性形变提高了合金的内能,大量的缺陷及相应的储存能使冷形变组织处于不稳定状态。在一定的条件下,它会向缺陷较少的稳定状态转变。由于 Ni7W 合金是中等层错能的金属,在塑性加工的过程中不易发生交滑移,位错滑移距离短,降低了孪晶界的界面能,促使位错开动之前金属所受应力已经达到孪生形变所需应力,导致其发生孪生形变。这里通过轧制间回复热处理,来促使位错滑移,降低位错密度。对最终冷轧基带来说,表现为增加 C 取向的含量。

本实验中,热处理的范围限制在再结晶温度以下,Ni7W 合金的再结晶温度为 600 ℃左右。因此,将分别采取 400 ℃和 500 ℃ 2 个温度进行轧制间回复热处理,回复热处理前冷轧形变量确定为 90%。图 3-1-18 分别为采用 X 射线衍射方法测得的总形变量为 99% 的 Ni7W 合金基带的(111)极图,其中图(a)为未经过中间回复热处理的轧制基带,图(b)和(c)分别为在 400 ℃热处理 2 h 和在 500 ℃热处理 2 h 后轧制基带。从图中可以看出,3 种基带形变织构均为典型的混合型形变织构。但相对于未经过轧制间热处理的基带,经过轧制间热处理基带的(111)极图中 C 型织构的取向强度均较高。同时,比较在不同温度热处理样品的(111)极图可以发现,在 500 ℃中间热处理样品的(111)极图中,C 型织构取向强度最高。

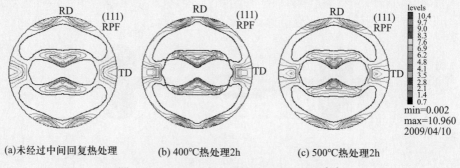

(a)未经过中间回复热处理　　(b) 400℃热处理2h　　(c) 500℃热处理2h

图 3-1-18　Ni7W 合金基带的(111)极图[10]

表 3-1-3 是 3 种合金基带中各主要轧制取向的体积分数。从表中可以看出,在 500 ℃进行回复热处理样品中 C 和 S 取向的含量分别为 13.91% 和 44.25%,均高于在 400 ℃回复热处理样品的含量,这与图 3-1-18 中(111)极图的分析结果相一致。同时,B 取向的含量随着无中间退火到有中间退火及中间热处理温度的升高而下降。以上结果表明,中间热处理后冷轧基带中形成了越来越多的 C 型形变织构。一方面,含量较高的 C 及 S 取向能为后续基带在再结晶过程中立方晶核的形成及长大提供较有利的条件,另一方面也说明轧制间回复退火对 C 型织构的形成起到了一定的作用。同时可以得出,较高的回复热处理温度更加利于 C 型织构的形成。因此,在后续的实验中,将采取在 500 ℃进行轧制间回复处理来提高最终冷轧基带中 C 型形变织构的含量。

表 3-1-3　3 种基带中各主要形变织构体积分数

|  | C（<15°） | S（<15°） | G（<15°） | B（<15°） |
|---|---|---|---|---|
| 冷轧 | 11.68% | 39.23% | 9.78% | 37.71% |
| 400 ℃ | 12.07% | 41.47% | 11.58% | 34.76% |
| 500 ℃ | 13.91% | 44.25% | 11.36% | 29.63% |

3.1.3.2.2　轧制间热处理前预轧制形变量对 Ni7W 合金基带形变织构的影响

在 Ni7W 合金轧制过程中，随着轧制过程的进行，由于受其本身层错能的影响，位错扩展滑移比较困难，形变量越大合金形变储能越高，形变组织中各取向的含量会发生一定的变化。因此，轧制间热处理前不同的冷轧形变量会对最终 Ni7W 合金基带的形变织构产生一定的影响。这里将对 Ni7W 基带进行轧制间回复热处理前的冷轧形变量进行研究，热处理温度采用 500 ℃，时间为 2 h，分别选取在冷轧形变量为 70%、80%、90% 时进行回复处理后再进行后续的冷轧。图 3-1-19 为 XRD 测得的上述 3 种冷轧形变量时进行回复处理后所获得的冷轧基带的 ODF 图，

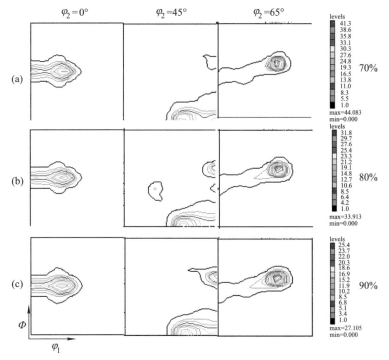

图 3-1-19　轧制间热处理前不同预轧制形变量时所制备的 Ni7W 合金基带的 ODF 图[10]

其中图(a)为轧制到 70% 形变量时进行中间退火,然后继续冷轧至总形变量为 99% 后 Ni7W 基带的 ODF 图;图(b)为轧制到 80% 形变量时进行中间退火,然后再轧制到 99% 形变量的 Ni7W 基带的 ODF 图;图(c)是轧制到 90% 形变量时进行中间退火,然后再轧制到 99% 的形变量的 Ni7W 基带的 ODF 图。3 组 ODF 图中,当 $\varphi_2 = 0°$ 时主要为 B 取向(35°,0°,45°)和 G 取向(0°,0°,45°),$\varphi_2 = 45°$ 时主要为 C 取向(90°,35°,45°),$\varphi_2 = 65°$ 时为 S 取向(59°,33°,65°)。对比这 3 种基带的 ODF 图可知,90% 形变量时进行轧制间回复热处理后获得的冷轧样品的 ODF 图中 C 取向的强度最高(15.2),比 70% 和 80% 形变量时回复热处理后所获得样品中 C 取向强度(1.0 和 8.5)均有较大地提高,这说明在 90% 冷轧形变量后进行轧制间回复处理所获得的冷轧基带中含有较高的 C 取向。

图 3-1-20 为纯冷轧 Ni7W 基带和图 3-1-19 中 3 种不同轧制工艺制备的 Ni7W 基带中各主要轧制取向的体积分数。从图中可以看出,随着轧制间回复热处理前冷轧形变量的增加,最终基带形变组织中 C 取向和 S 取向的含量逐渐增加,当预轧制形变量为 90% 时达到最大值(13.91% 和 44.25%),而 B 取向的含量逐渐降低(29.63%),这一结果与 ODF 中的结果相一致,即随预轧制形变量的增加基带中 C 型织构含量逐渐增加。同时可以看到在 3 种中间退火基带中 G 取向的含量均略高于纯冷轧基带中 G 取向的含量,但随预轧制形变量的增加而降低。因此可以得出,增加轧制间回复热处理前预轧制形变量能够改善最终基带的形变织构,增加形变织构中 C 型织构的含量,有利于基带在再结晶过程中立方晶粒的形成。

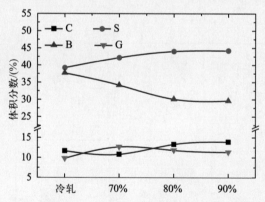

图 3-1-20　轧制间热处理前不同预轧制形变量 Ni7W 基带中形变织构的体积分数[10]

通过以上对轧制间回复热处理温度和热处理前冷轧形变量对形变织构的分析可知,较高的回复热处理温度(500 ℃)和较高的预轧制形变量(90%)均能够增加基带中 C 型织构的含量。因此综合以上两方面的因素,最终可以确定最佳的轧制工艺为:预轧制形变量为 90% 后在 500 ℃ 进行 2 h 的回复热处理,并继续冷轧至

99% 的轧制总形变量,从而获得最终的轧制态合金基带。

### 3.1.3.3 轧制间回复 Ni7W 合金基带再结晶立方织构的研究

面心立方金属合金经过大形变量的轧制后,进行再结晶退火可以在基带中形成再结晶立方织构。不同的热处理工艺会对再结晶织构产生较大影响,因此热处理工艺对立方织构的形成具有重要的作用。

对于 Ni-W 合金基带,为了获得锐利的再结晶立方织构,一般采用两步退火工艺制备织构合金基带。所谓的两步退火工艺是指在升到高温热处理温度之前首先在低温(一般为再结晶温度)保温一段时间,利用立方取向的长大优势在再结晶初期阶段优先形成较高含量的立方晶粒,然后在后续的高温热处理阶段使立方晶粒逐渐长大并吞并非立方晶粒,从而在基带中获得较高含量的再结晶立方织构。热处理工艺流程如图 3-1-21(a)所示。在两步热处理工艺中,第一步再结晶热处理温度是其中一个重要的工艺参数之一。Ph. Gerber 等人[19]对纯 Cu 再结晶过程的研

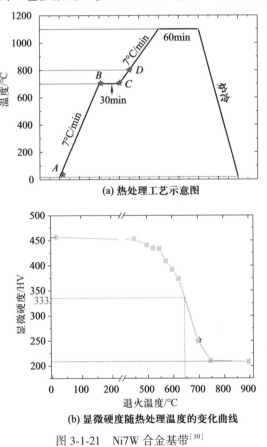

(a) 热处理工艺示意图

(b) 显微硬度随热处理温度的变化曲线

图 3-1-21　Ni7W 合金基带[10]

究表明,在再结晶初期立方晶粒相对于其他取向晶粒来讲,优势并不明显,而当再结晶进行到50%以上,立方晶粒在所有的再结晶晶粒中占明显优势。因此,在确定两步退火工艺中第一步再结晶热处理温度时应选用再结晶进行至50%以上的热处理温度。图3-1-21(b)为基带显微硬度随热处理退火温度的变化曲线,图中部分再结晶样品为在不同热处理温度保温30 min后淬火所制备的样品,为了避免基带表面氧化,整个退火过程均在氩氢保护气氛(Ar-4% H$_2$混合气体)下进行。从显微硬度随热处理温度的变化曲线可以看出,当在650 ℃保温30 min后,基带的一次再结晶进程约为50%,因此,在实验中,为了突出立方晶粒的形核优势选择700 ℃作为两步热处理工艺中第一步再结晶热处理温度。

**3.1.3.3.1　轧制间热处理前预轧制形变量对Ni7W合金基带再结晶立方织构的影响**

轧制中间热处理能够有效地改善冷轧基带的形变织构,将未经中间热处理的冷轧基带和经过中间热处理的冷轧基带在相同的热处理工艺下进行再结晶退火以比较不同轧制工艺对再结晶立方织构的影响。实验中所用的两步再结晶退火工艺为先在700 ℃保温30 min后升温至1100 ℃保温60 min。

如图3-1-22所示,试样0为普通冷轧Ni7W合金基带,试样1、2、3分别为在70%形变量、80%形变量和90%形变量时进行过中间热处理的冷轧基带经过再结晶热处理后所得,图示为各试样的立方织构含量变化取向。从图中立方织构含量的变化趋势可以看出,在相同的热处理工艺下,再结晶立方织构的含量随轧制工艺中回复热处理前冷轧形变量的增加而增加,其中试样3中的立方织构含量最高,在偏离立方取向10°以内的百分含量为94.5%,比普通冷轧Ni7W基带再结晶热处理后表面立方织构含量高18%。之所以出现这一现象,一方面是因为轧制间回复处理能够有效地优化Ni7W合金基带的形变织构,提高了形变织构中有利于形成立方晶核的C取向和S取向的含量;同时,形变织构中初始立方取向的含量也得到了

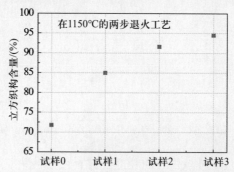

图3-1-22　不同样品再结晶退火后获得的立方织构含量[10]

一定的提升,进一步增加了立方晶粒形核的概率(将在 3.1.3.4 中进行详细讨论)。在这两方面的共同作用下,Ni7W 合金基带中再结晶立方织构含量得到了明显的增加。

3.1.3.3.2　再结晶热处理工艺对 Ni7W 合金基带再结晶立方织构的影响

为了满足涂层导体用织构金属基带的要求,对 Ni7W 合金基带的高温热处理工艺进行了优化,以期待能够进一步提高 Ni7W 基带中立方织构的含量。

表 3-1-4 为采用不同两步热处理工艺的具体工艺参数。热处理工艺中,第一步再结晶热处理工艺均为 700 ℃,30 min。表中用 A、B、C、D 和 E 分别代表第二步高温热处理工艺为 900 ℃,60 min;1000 ℃,60 min;1100 ℃,60 min;1100 ℃,90 min 和 1200 ℃,60 min。

表 3-1-4　不同工艺参数的两步退火工艺

| 工艺 | 第一步 | 第二步 |
| --- | --- | --- |
| A | 700 ℃,30 min | 900 ℃,60 min |
| B | 700 ℃,30 min | 1000 ℃,60 min |
| C | 700 ℃,30 min | 1100 ℃,60 min |
| D | 700 ℃,30 min | 1100 ℃,90 min |
| E | 700 ℃,30 min | 1200 ℃,60 min |

图 3-1-23(a)为不同热处理工艺下获得的 Ni7W 基带中各再结晶织构的含量,图中 A,B,C,D,E 代表的高温热处理工艺同表 3-1-4。从图中可以看出,当热处理温度升至 1100 ℃后,基带中立方织构的含量达到了 97.9%(<10°),同时 RD-旋转立方织构(<10°)和立方孪晶(<10°)的含量显著下降。当热处理温度从 1100 ℃升高至 1200 ℃或者高温热处理时间从 60 min 延长至 90 min 后,可以看到,立方织构的含量(<10°)基本保持不变,均保持在 98% 以上,而立方织构的含量(<15°)均在 99% 以上,其他非立方取向为少量的 RD-旋转立方和微量的退火孪晶,这一结果已经达到或接近商业 Ni5W 合金基带的水平。图 3-1-23(b)为不同热处理工艺制备的 Ni7W 基带小角度晶界含量(<10°)和退火孪晶界的含量。从图中可以看到,小角度晶界的含量随热处理温度的升高和热处理时间的增加而逐渐增加,而孪晶界的含量则逐渐降低。同时,在图 3-1-23(a)中发现,与 C(1100 ℃,60 min)条件下基带中的立方织构含量相比,D(1100 ℃,90 min)和 E(1200 ℃,60 min)条件下基带中的立方织构的含量基本处于同一水平(均在 98% 左右),但从图 3-1-23(b)中不难发现,在 E 条件下基带中小角度晶界的含量(91.8%)比 C 条件下基带中的含量

（83.9%）得到了显著的提高，而孪晶界的含量则为最低值（2%）。由此可见，高温热处理温度的提高有利于晶界质量的优化。对再结晶的平均晶粒尺寸的研究（图3-1-24，图中 A,B,C,D,E 代表的高温热处理工艺同表 3-1-4）表明，随热处理温度的提高和热处理时间的延长，基带平均晶粒尺寸逐渐增大，在 1200 ℃保温 60 min后，Ni7W 基带再结晶晶粒的平均直径为 31.4 μm，这一结果显然也满足涂层导体用织构基带的要求。

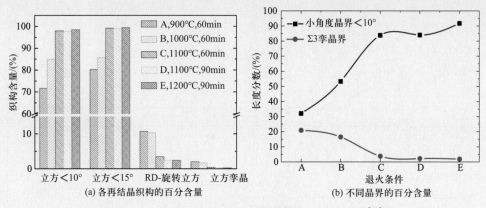

图 3-1-23　不同热处理工艺下获得的 Ni7W 合金基带[10]

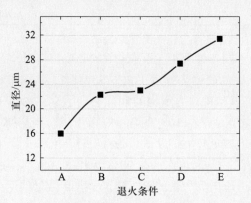

图 3-1-24　不同热处理条件下获得 Ni7W 基带的平均晶粒尺寸[10]

图 3-1-25(a)为 Ni7W 合金基带在 1200 ℃保温 60 min 后表面的晶粒微取向分布图。从图中可以看出，立方织构含量在偏离标准立方取向 10°以内的含量高达 98.5%，在偏离标准立方取向 15°以内的含量高达 99.5%。另一方面，虽然经过了较高温度的热处理，但是基带的再结晶晶粒并没有出现明显的粗化，在所测试区域内，晶粒大小分布均匀，没有发现晶粒的异常长大现象。同时，从图(b)中立方织

构随容差角的变化曲线可以看出,大部分立方晶粒集中在偏离标准立方取向 2.5°附近。因此可以得出,在 Ni7W 基带中所获得的立方晶粒具有优良的取向集中度,这将有利于在基带上外延生长具有良好取向的过渡层。

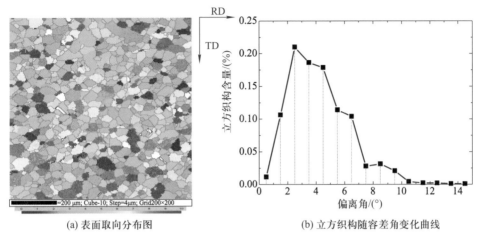

(a) 表面取向分布图　　　　　　　　　(b) 立方织构随容差角变化曲线

图 3-1-25　1200 ℃,60 min 热处理后 Ni7W 基带[10]

　　图 3-1-26(a) 为 Ni7W 合金基带在 1200 ℃保温 60 min 后表面的晶粒微取向分布图。图中灰线表示小角度晶界(<10°),黑线表示大角度晶界(>10°),红线表示孪晶界。从图中可以看出,大部分晶界为小角度晶界,根据取向外延和超导层中晶界夹角与电流的关系可知,这将非常有利于在超导层中获得更高的临界电流密度。图(b) 为晶界随微取向角的变化曲线,结果显示,小角度晶界的含量为91.2%,并且大部分小角度晶界都集中在 4.5°附近,同时孪晶界的含量仅为 2%,这一结果也达到了商业化 Ni5W 基带的水平,可以满足进一步外延过渡层和超导层的要求。

　　为了进一步分析再结晶立方织构的质量,采用 X 射线衍射对 Ni7W 基带的立方织构进行宏观表征。图 3-1-27 分别为 Ni7W 在 1200 ℃保温 60 min 后样品的Φ 扫描(图(a)),摇摆曲线(图(b)),(111)极图(图(c))和(200)极图(图(d))。从图中可知,再结晶热处理后,Ni7W 基带的 phi-扫描和摇摆曲线半高宽分别为7.35°和 6.35°,表明 Ni7W 合金基带中具有较好的立方织构集中度。同时从三维(111)极图和(200)极图中还可以看出,除了典型的衍射峰以外,并没有其他非立方织构的衍射峰出现,这进一步表明了在 Ni7W 基带中形成了锐利的立方织构。

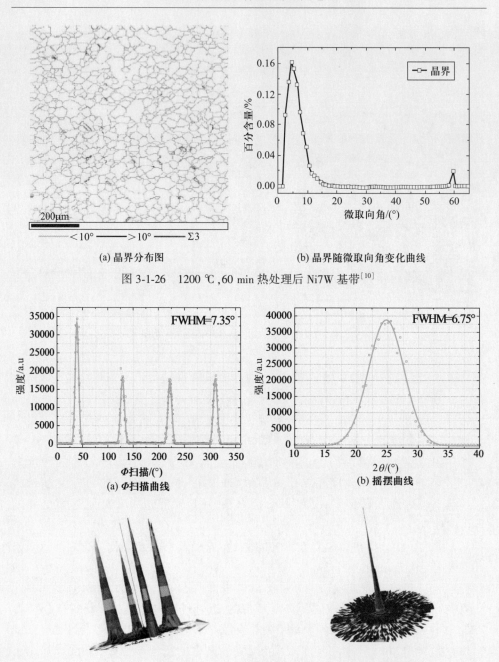

(a) 晶界分布图　　　　　　　　　　(b) 晶界随微取向角变化曲线

图 3-1-26　1200 ℃, 60 min 热处理后 Ni7W 基带[10]

(a) Φ扫描曲线　　　　　　　　　　(b) 摇摆曲线

(c) (111)极图　　　　　　　　　　(d) (200)极图

图 3-1-27　1200 ℃保温 60 min 热处理后 Ni7W 基带[10]

#### 3.1.3.4　单次静态回复对 Ni7W 合金形变织构的影响

　　由于轧制过程中采取一次回复热处理能够显著提高 Ni7W 合金基带中再结晶立方织构的含量,因此这里中主要以 Ni7W 合金为研究对象,研究单次静态回复对形变组织中立方取向含量和基带经过退火后再结晶立方织构含量的影响。根据 3.1.3.2 中的研究结果可知,对于 Ni7W 合金基带,当 90% 冷轧形变后在 500 ℃热处理 120 min 能够有效地增加再结晶后立方织构的含量。

　　3.1.3.4.1　对轧制间回复热处理前后 Ni7W 形变组织和形变织构的研究

　　面心立方金属在平面应变过程中,随着形变的进行,合金中形变储能逐渐增加,不同取向形变组织在形变过程中的储能不同,因而在再结晶和回复过程中存在明显的驱动力差异。因此,在回复过程中,不同取向的形变组织在回复速率上有一定的差异。

　　图 3-1-28 为 90% 形变量 Ni7W 合金基带在轧制间回复热处理前和回复热处理后的形变组织形貌图,图中以沿基带轧制方向截面(即 RD-ND)为观察面。

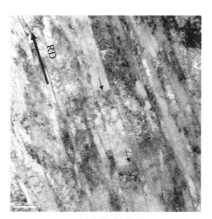 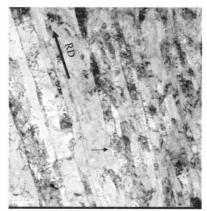

(a) 回复热处理前　　　　　　　　　　　　　(b) 回复热处理后

图 3-1-28　90% 形变量 Ni7W 合金基带的 TEM 图[10]

　　从图(a)中可以看出,Ni7W 合金基带的形变组织为典型的大形变量轧制形变组织,即形变组织为沿平行于轧制方向分布的带状组织,各形变带之间为大角度几何必须晶界(grain necessary boundaries,GNB)。经过大形变量形变后,形变带内部形成了大量的位错,位错在形变过程中不断缠结在一起并形成了位错墙,从而在带间形成了点阵重合晶界(interfacial distocation,boundary,IDB)(图中箭头所示)。一般认为,IDB 晶界为小角度晶界,形变带中 IDB 晶界将形变带分割为"竹节"状的胞状组织。从图(a)中可以看出,IDB 晶界并不清晰,可以得出形变后各形变带中的位错密度较高。经过在 500 ℃进行 120 min 的轧制间回复热处理后,形变带中的空位、点缺陷等逐渐消失,同时位错逐渐攀移并聚集在一起。从图(b)中可以看到,各胞状组织的晶界逐渐清晰,胞内位错密度降低,这将大大降低各形变织构的漫散程度,使形变织构更加集中。同时可以看出,各形变带的回复程度并不相同,根据文献[13]中报道,对具有主要形变取向(如 C,S 和 B)的形变带来讲,C 取向和 S 取向形变带相对于 B 取向形变带具有更高的形变储能,在回复过程中较易发生回复,回复后 C 取向和 S 取向形变带的取向更加集中,有利于提高最终冷轧基带中 C 和 S 取向形变的含量。轧制回复热处理后各主要形变织构更加接近理想的形变取向位置,并且形变织构的强度有所增加,这表明,回复热处理后使各形变织构更加集中。同时从图(b)中还可以看出,部分形变带的 GNB 晶界在回复过程中向相邻形变带"拱起"(如图中箭头所示),这是由于在回复过程中,随着胞内取向差的降低,与胞状组织相邻的大角度晶界逐渐向相邻组织迁移,从而使部分胞状组织在回复过程中具有长大的趋势,可以推断,随着后续再结晶热处理的进行,这些具有长大趋势的胞状组织将有可能形成亚晶并最终发展为再结晶晶核。与其他取向相比,立方取向的胞状组织具有最高的回复速率,因此可以推测,在回复过程中,部分立方取向的胞状组织优先回复并发生了一定程度的长大行为。

　　图 3-1-29 为冷轧 90% 形变量 Ni7W 合金基带在 500 ℃回复热处理 120 min 后截面(RD-ND)的取向分布图。从图中可以看到,各取向形变带均与轧向平行分布。同时,图中还显示了一些与轧制方向约成 35°的剪切带,而剪切带主要分布在 C 取向带与 S 取向带中,剪切带中的取向与 G 取向相近,这与文献[14]中报道的剪切带的取向为 G 取向相一致。此外,从图中还可以看到部分区域的形变带呈现出

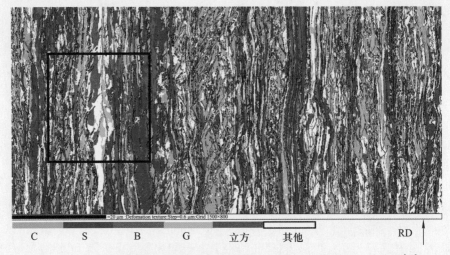

C　　　S　　　B　　　G　　　立方　　　其他　　　　　　RD

图 3-1-29　90% 形变量 Ni7W 合金基带回复热处理后形变织构取向分布图[10]

"波浪"状分布,这主要是由于 Ni7W 合金的层错能相对较低,在形变过程中加工硬化现象比较明显,部分位错以八面体方式滑移所造成的。另一方面,经过回复后,在图中还可以观察到具有立方取向的形变带及大量的立方取向胞状结构(红色区域),其中图中方框所示区域立方形变带尺度较大,推测带中出现了一些可能为回复后的胞状立方结构。

对图 3-1-29 中所选区域(如方框所示)内的立方取向带进行放大,并详细分析取向带中立方胞状结构的晶内取向差及与胞状结构相邻的晶界。如图 3-1-30 所示,立方取向带中出现了具有大尺寸的胞状结构,对胞内取向差进行分析可知(如图中 L1 曲线所示),其晶内取向差较小,在图中 L1 曲线所分析范围(约 10 μm)内,大部分取向差均在 1°以内,晶内取向差的最大值为 1.7°。这表明,该立方取向胞在回复热处理过程中发生了充分回复,胞内位错密度降低。同时取向带中还有如图

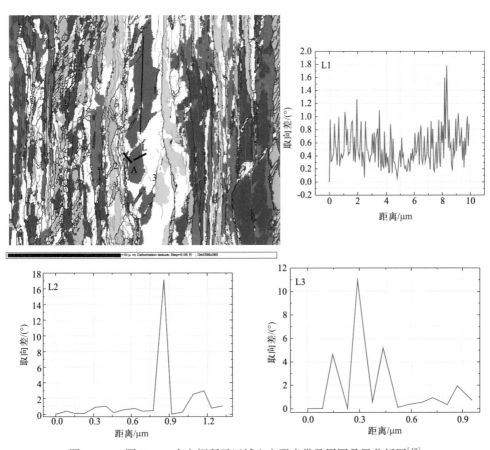

图 3-1-30　图 3-1-29 中方框所示区域立方形变带及周围晶界分析图[10]

中 A 位置所示的胞状结构,该类型的胞状结构也具有较大的尺寸(大于 1 μm),并且被大角度晶界包围,即与其相邻的取向带之间具有较大的取向差,从 L2 和 L3 曲线的分析结果可知,A 类型胞状结构与其两侧形变带的取向差分别为 17°和 11°,这些大角度晶界可以在后续再结晶过程中提供较大的生长速度并有可能形成新的立方晶核。同时,在回复处理后这种两侧被大角度晶界所包围的胞状结构(胞状三角结构)可以称为回复后所形成的亚晶。因此,从对立方形变带中胞状结构的分析结果可知,经过回复热处理后立方形变带中形成了尺寸较大、位错密度较低的胞状结构,使立方取向更加趋于标准立方取向,同时部分胞状结构经过回复及长大形成了亚晶,这样增加了回复热处理后形变组织中立方取向的含量。

　　图 3-1-31(a)为 90%形变量 Ni7W 合金基带在回复热处理前后基带中<100>取向线的强度分布曲线。从图中可以看出,在采用轧制间回复热处理使偏离标准立方取向 10°以内的立方取向的强度有所增加,因此可以得出,回复热处理使合金基带中立方取向更加集中。同时,从图(b)可以得出,回复热处理后立方取向(<10°)的含量略有升高,并且近立方取向(10°~20°)的含量也有所增加,因此可以得出,轧制间回复热处理后基带中立方取向的总含量升高,这可能是由在回复过程中部分立方取向胞的回复所造成的。

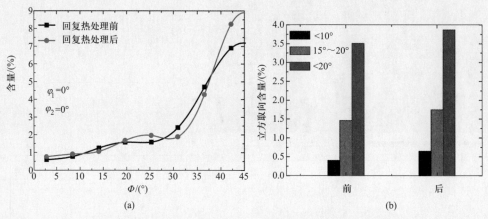

图 3-1-31　90%形变量 Ni7W 合金基带在回复热处理前和回复热处理后形变组织中(a)<100>取向线强度分布曲线和(b)立方取向含量变化曲线[10]

　　通过以上分析可知,经过轧制间回复热处理后,提高了基带中立方取向的强度和含量。而由于立方取向结构在形变过程中比较稳定,部分立方取向胞经过大形变量冷轧后仍有可能保留至最终基带中,因此与未经过中间回复处理的基带相比,在形变织构中立方取向的含量应有所提高。下面将对未经过轧制间回复处理的 Ni7W 基带和经过一次轧制间回复处理的 Ni7W 基带的形变织构进行分析。

### 3.1.3.4.2　静态回复热处理对最终 Ni7W 基带形变组织和形变织构的影响

图 3-1-32 为经过轧制间回复处理和未经过轧制间回复处理的 Ni7W 合金基带中 α 取向线(图(a))和 β 取向线(图(b))的分布图。从图(a)中可以看出,经过轧制间回复处理基带中 G 取向和 B 取向的强度降低;而从图(b)中 β 取向线的分布情况可以看出 C 取向和 S 取向的强度有所升高。换而言之,经过轧制间回复处理的基带中增加了 C 型织构的含量,这可能是由于回复热处理降低了基带中位错密度,一定程度上释放了部分形变过程中产生的加工硬化,从而与传统的冷轧基带相比,位错更倾向以交滑移的方式进行,因此优化了基带的形变织构。D.Juul Jensen 等人[15] 和 O. Engler 等人[16] 在 Al 中的研究结果表明,C 型形变织构经过再结晶热处理后能够生成典型的再结晶立方织构。因此,从基带形变织构的分析结果来看,轧制间静态回复能够增加再结晶立方织构的形成概率。

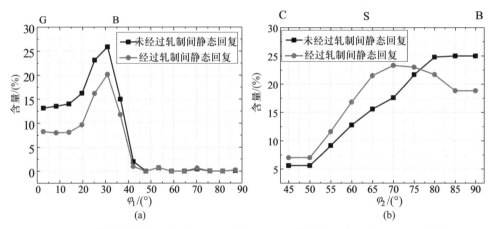

图 3-1-32　经过轧制间静态回复的 Ni7W 基带和未经过轧制间静态回复 Ni7W 基带的(a) α 取向线分布图和(b) β 取向线分布图[10]

由图 3-1-29 和图 3-1-31 中的结果可知,静态回复后,基带形变组织中立方取向的强度和含量增加,并且立方取向胞在轧制过程中相对稳定,部分立方取向胞可以保持到最终的基带中,因此经过轧制间回复处理的基带中立方取向的含量可能会升高。图 3-1-33(a)为经过轧制间回复处理和未经过处理的 Ni7W 合金基带形变组织中立方取向的含量分布图。从图中可以看出,与上述设想一致,经过轧制间回复处理的基带中无论是立方取向还是近立方取向的含量均得到了增加,这表明,回复热处理后部分增加的立方取向成功地保留到了最终的形变基带中,而根据文献中的研究结果表明,立方晶核倾向于在立方形变带中形成[17]。因此,在再结晶热处理过程中,经过回复处理的基带中将有可能提升立方晶粒的形核率。同时从

图 3-1-33(b)中两种基带形变组织中立方取向胞的晶粒大小分布的结果可以看出,在经过回复处理的基带中具有更多的大尺寸立方取向胞,经过计算,在传统冷轧基带中立方取向胞的平均晶粒大小为 201 nm,而在经过回复处理的基带中平均晶粒尺寸增加至 279 nm。可见经过回复处理基带中立方取向结构具有更大的初始尺寸优势,不难推测其在再结晶过程中更容易形核。同时,对形变组织中立方取向胞所占的百分比进行分析可知,在传统冷轧基带中立方取向结构个数所占的百分比为 0.2%,而在经过回复处理的基带中立方取向结构所占百分比提高到 0.37%,可见在回复处理基带中立方取向结构个数的百分比提高了近一倍,这表明在形变组织中含有更多的立方取向结构。

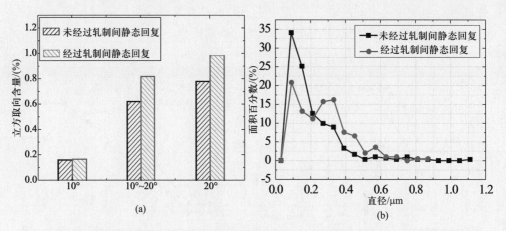

图 3-1-33　经过轧制间静态回复的 Ni7W 基带和未经过轧制间静态回复 Ni7W 基带形变组织中的(a)立方取向百分含量和(b)立方取向胞的晶粒大小分布图[10]

　　增加的立方取向结构在基带中可能以下面三种形式分布:第一种是增加了原有立方形变带中立方取向胞的含量。Duggan 和 Chung 等人[18]基于对大形变量冷轧 Cu 的实验结果建立了一个模型,根据模型可以预测出在再结晶热处理过程中每个立方形变带将会提供两个形核点。与纯 Cu 相比,Ni7W 合金具有更低的层错能,在形变过程中由于位错滑移机制的不同,使最终基带形变带中立方取向胞被分割,如图 3-1-29 中的立方取向胞在形变带中的不连续分布。因此,若增加的立方取向胞位于原有的立方取向形变带中,即增加了原有取向形变带中的立方取向胞的密度,这样在再结晶热处理过程中将会有较多的立方取向胞满足形核条件,从而增加立方晶粒的形核率。

　　第二种为使偏离立方取向较大的近立方取向带重新回复到立方取向,这样基带中立方取向带之间的间距会缩小。Samajdar I 等人[19]通过对大形变量轧制 Al 形变样品中形变立方取向带的分布及形核的结果,提出了一个预测立方织构形核

的几何模型

$$\alpha_C = N_C d_R / \lambda_C, \tag{3-1-4}$$

$$\lambda_C = \lambda_0(1 - R/100) = (d_0/\alpha_0)/\exp(-\varepsilon), \tag{3-1-5}$$

式中 $\alpha_C$ 为立方晶粒的形核率；$N_C$ 为立方形变带形核系数，为立方形变带中有效再结晶晶粒个数，一般在大形变量轧制样品中，$N_C$ 为 1 或 2；$d_R$ 为立方取向带内再结晶后立方晶粒的厚度；$\lambda_C$ 为两条有效立方取向带之间的距离，$\lambda_0$ 为立方取向带之间的距离；$R$ 为沿厚度方向的形变量；$\varepsilon$ 为真应变；$d_0$ 为初始晶粒尺寸；$\alpha_0$ 为初始立方织构含量。从公式(3-1-4)可知，若增加的立方取向为立方取向形变带，那么随着立方取向形变带密度的增加，$\lambda_C$ 逐渐减小，在 $N_C$ 和 $d_R$ 一定的情况下，提高了立方晶粒的形核率。

　　第三种为增加的立方取向随机分布，一方面这些随机分布的单个或几个立方取向胞在随后的冷轧过程中可能会发展成为一个新的立方取向形变带，这样增加了立方取向形变带的密度，从而增加立方晶粒的形核率；另一方面，相对于没有经过轧制间回复处理的基带，经过回复热处理后的基带在冷轧开始阶段，由于经历了一次回复处理增加了初始立方织构含量 $\alpha_0$，同时初始晶粒尺寸 $d_0$ 也有所增加，但由于热处理的温度较低，基带中只有立方取向的结构发生了明显的回复，因此平均晶粒尺寸变化不大，由图 3-1-29 可知，热处理后基带的平均晶粒尺寸为 204 nm，而热处理之前形变晶粒的尺寸为 202 nm。同时由图 3-1-31(b)可知，立方织构的含量由 0.76% 增加到 1.08%。因此 $\Delta d_0/\Delta\alpha_0 > 1$，根据公式(3-1-5)可知，在形变量相同的情况下，将增加最终基带中立方形变带的密度，从而增加基带在再结晶退火过程中立方晶粒的形核率。从以上分析可知，在回复处理制备的基带中，无论增加的立方取向以哪种形式存在于形变组织中，都能够增加再结晶退火过程中立方晶粒的形核率。

　　Luecke[20] 对立方织构形成过程的研究结果表明，立方晶粒与其相邻形变带具有 40°<111> 取向关系时具有最大的长大速率，因此在本实验中对基带中晶粒间的取向关系进行了分析。图 3-1-34 的反极图表征了经过和未经过轧制间回复处理的 Ni7W 合金基带中相邻晶粒的取向关系。图中反极图表示为相邻晶粒取向差为 35°~40° 时的分布。从图(a)中可以看出，在未经过轧制间回复处理的基带中具有 35°~40° 的晶粒组主要以 <101> 晶向为主，其中分布在 <111> 晶向处的等高线强度为 2.01。从图(b)中可以看出，具有 35°~40° 取向关系的晶粒对主要分布在 <111> 晶向处，其等高线强度为 2.67。由此可以看出，在经过轧制间回复处理的 Ni7W 基带中含有更多的具有 40°<111> 取向关系的晶粒对。经过计算，在传统纯冷轧 Ni7W 合金基带中，40°<111> 晶界的长度百分比为 0.15%，而在经过轧制间回复处理的冷轧基带中 40°<111> 晶界的长度百分比增至 0.25%。这表明，经过轧制间回复处理获得的基带中将可能有更多的立方取向结构被具有 40°<111>取向关系的形变带所包围,这都能够有效地增加在再结晶热处理过程中立方晶粒的长大速率。

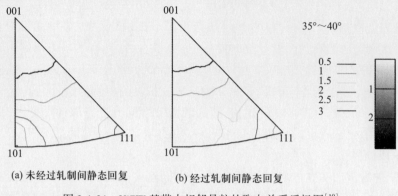

(a) 未经过轧制间静态回复　　(b) 经过轧制间静态回复

图 3-1-34　Ni7W 基带中相邻晶粒的取向关系反极图[10]

### 3.1.3.5　轧制中单次静态回复对 Ni7W 合金再结晶立方织构的影响

为了分析轧制间回复处理对最终基带中立方晶粒形核及长大的影响,从本实验图 3-1-21(b)中标准的两步热处理工艺流程中选取四个不同的热处理状态,如图中 A、B、C 和 D 所示,即 A:冷轧态,B:升温至 700 ℃淬火,C:升温至 700 ℃保温 30 min 后淬火,即分析第一步再结晶热处理完成后晶粒形核及长大状态,D:第一步再结晶热处理完成后(即 C 状态)继续升温至 800 ℃后淬火。对经过和未经过轧制间回复处理的 Ni7W 基带进行上述四个状态的处理并分析,研究再结晶晶粒特别是立方晶粒在形核及长大行为上的差异。本实验中,再结晶晶粒需满足以下两个条件:一、晶粒尺寸大于 4 μm²;二、晶粒内部平均取向差小于 1.5°。

在热处理过程中,随着热处理的进行,Ni7W 合金基带首先由具有高储能的形变冷轧状态开始逐渐回复,基带中位错密度逐渐降低,当部分晶粒满足形核条件时,晶粒开始再结晶并长大,基带中储能进一步降低,初次再结晶完成后,基带中储能完全释放,形变组织被再结晶晶粒取代。图 3-1-35(a)为经过和未经过轧制间回复处理的 Ni7W 合金基带在不同热处理状态下(A,B,C 和 D)再结晶晶粒体积分数和晶粒内平均取向差的变化情况。对于两种 Ni7W 合金冷轧基带,经过中间回复热处理后基带中晶内平均取向差比传统冷轧基带中晶内平均取向差小,这可能是由于轧制间回复热处理使基带中位错密度降低,导致在最终基带中晶粒内的储能较低;从再结晶晶粒体积分数的变化曲线可以看出,当热处理温度升至 700 ℃(状态 B)时,两种基带中均未出现明显的再结晶行为,可以推测出在此过程中,基带中主要以晶粒的回复为主。从图(a)中晶内微取向差曲线也可以得出,经过 B 状态过程的热处理后,两种基带中晶内取向差分别下降到了 1.15 和 1.04,下降的幅度并不是很大;而在 700 ℃经过 30 min 保温热处理后(状态 C),两种基带中都出现了明显的再结晶,在传统冷轧基带中,再结晶晶粒体积分数为 77.5% ,而在经过轧制间回复处理获得的基带中再结晶晶粒体积分数为 58.5%。当热处理温度升至 800 ℃后(状态 D),在回复处理 Ni7W 合金基带中,再结晶过程已基本完成,再结晶晶粒体积分数约为 100%,而在传统冷轧 Ni7W 基带中,再结晶晶粒体积分数则相对较低,为 92.6%。从再结晶晶粒体积分数的分析结果可以看出,在再结晶进程开始以后,经过轧制间回复处理获得的基带中晶粒的再结晶进程被相应"推迟",再结晶晶粒长大速度较慢。同时,比较两种基带中晶内取向差的结果可以看出,再结晶开始发生后,传统冷轧基带中的晶内微取向差变化较快,但当再结晶基本完成后,两种基带中晶内微取向差基本一致。

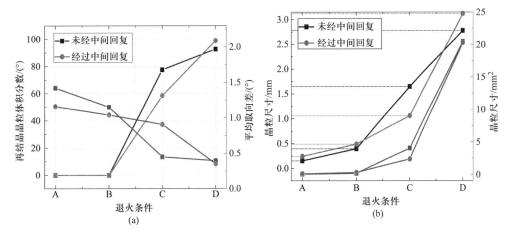

图 3-1-35　经过和未经过中间回复处理的 Ni7W 合金基带在不同热处理状态下基带中(a)再结晶晶粒体积分数和晶粒内平均取向差;(b)平均晶粒大小的分布曲线[10]

图 3-1-35(b)为不同热处理状态下两种基带中晶粒尺寸的变化情况。从图中可以看出,在经过轧制间回复热处理获得的基带中由于回复处理,部分形变胞得到了回复,尺寸增大,因而在最终冷轧基带中形变组织平均晶粒尺寸相对较大。但同时经过轧制间回复处理获得的 Ni7W 合金基带由于在回复过程中释放了部分形变储能,导致最终冷轧基带中的形变储能也相对较低(图 3-1-35(a)中晶内取向差较低),因此基带中晶粒的再结晶进程发生了一定程度的滞后。从图 3-1-35(b)中热处理状态 C 下两种基带的平均晶粒尺寸可以看出,与传统冷轧获得的基带相比,在相同热处理条件下经过轧制间回复热处理的基带中晶粒尺寸较小。而当初始再结晶进程基本完成时(状态 D),两种基带中再结晶晶粒的尺寸差异变小,在经过回复热处理获得的基带中由于立方晶粒含量较多(将在图 3-1-36(d)中讨论)从而使再

结晶晶粒尺寸较大。

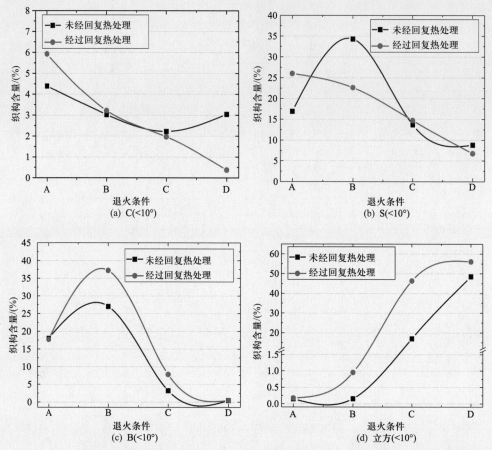

图 3-1-36　不同热处理状态下两种 Ni7W 合金基带中各取向形变晶粒的织构百分含量[10]

　　在金属的形变过程中,不同取向的形变晶粒由于激活的滑移系的种类和数量均不同,因此形变后不同取向形变织构的储能也不尽相同。储能较高的形变组织在再结晶过程中形核驱动力较高,较易形核;而储能较低的形变组织形核驱动力较低,因此需要更高的热处理温度或更长的热处理时间才能满足其形核的条件。由图 3-1-35 已知,在经过轧制间回复热处理制备的基带中,其形变储能较低,因此具有不同取向的形变组织,相比于传统冷轧基带中相同取向形变组织,在再结晶形核及长大行为上势必出现滞后现象。图 3-1-36 为两种合金基带中具有不同形变取向的形变组织在再结晶过程中织构百分含量的变化情况。由图(a)−(c)可以看出,形变织构中典型的形变取向(C、S 和 B)的百分含量均随再结晶进程的进行逐渐降低。这表明,再结晶织构的增加是建立在消耗形变织构的基础之上的。同时还可以发现,当再结晶进程较明显后(热处理状态 C 和 D),在经过回复热处理获得的基带中各形变织构的含量均比在传统冷轧基带中的含量低,这说明在经过回复热处理获得的基带中,形变织构被再结晶晶粒所消耗的程度较高。

图 3-1-37 为两种合金基带中具有不同形变取向的形变组织在再结晶过程中晶粒尺寸的变化情况。从图(a)-(c)中可以看到,对于经过轧制间热处理获得的基带,其平均晶粒尺寸在热处理过程初期(回复及再结晶形核初期)较大,但当再结晶行为较明显后(热处理状态 B 以后),在传统冷轧基带中由于回复及再结晶的进行晶粒尺寸迅速增加。而在经过轧制间热处理获得的基带中,由于其储能较低,再结晶进程被相应"推迟",因此其形变织构的回复及再结晶行为一定程度上被抑制,造成在晶粒生长上变得"落后",这一结果也可以通过形变晶粒的晶内微取向差在热处理过程中的变化情况来验证。

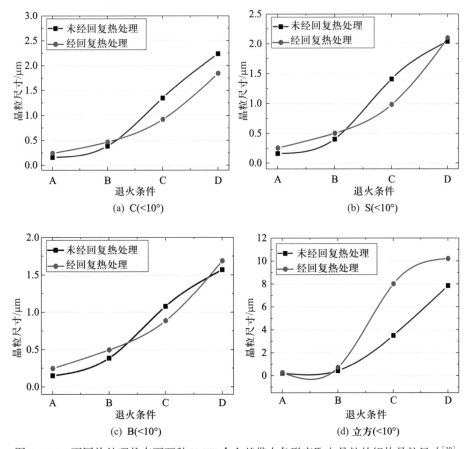

图 3-1-37　不同热处理状态下两种 Ni7W 合金基带中各形变取向晶粒的织构晶粒尺寸[10]

随着热处理的进行,形变晶粒内位错密度逐渐降低,晶内微取向差逐渐变小,因此晶内微取向差的变化可以反映再结晶的进程。从图 3-1-38(a)-(c) 中可以看到,当热处理温度升高至 700 ℃ 以后(状态 B),在传统冷轧基带中,各形变织构的晶内微取向差开始明显变小,这表明形变织构得到了明显的回复,在经过轧制间热处理获得的基带中 B 和 S 取向晶粒的晶内微取向差从热处理状态 C(700 ℃ 保温 30 min)后才开始下降,对于 C 取向晶粒虽然从热处理状态 B(700 ℃)开始就出现明显下降,但其下降的速率比传统冷轧基带中的小。因此,从对形变织构晶粒再结晶过程中晶粒尺寸和晶内取向差的分析结果表明,轧制间回复处理使最终 Ni7W 合金基带中形变织构的再结晶行为为"推迟"。

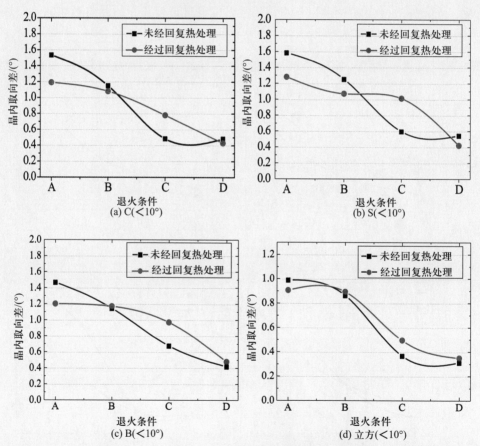

图 3-1-38　不同热处理状态下两种 Ni7W 合金基带中各形变取向晶粒的晶内微取向差[10]

与形变织构的再结晶行为不同,立方取向形变晶粒的再结晶行为似乎受轧制间热处理的影响并不大。从图 3-1-38(d) 中可以看到,在经过轧制间热处理制备的基带中,虽然形变组织中立方取向晶粒内的位错密度较低(与形变取向晶粒相似),但在后续热处理过程中,立方晶粒内微取向差从热处理状态 B(700 ℃)开始显著下降,这一结果与传统冷轧基带中再结晶行为相似。同时,与其他取向晶粒相比,立方取向晶粒的晶内微取向差的下降速率最快。这表明,立方取向晶粒在热处理过程中具有最高的回复速率。

同时,从图 3-1-36(d)和图 3-1-37(d)中还可以看出,在轧制间回复热处理基带中立方取向晶粒的百分含量和晶粒尺寸均比在传统冷轧基带中的高。综合以上分析可以得出,轧制间热处理使 Ni7W 合金基带中形变织构的再结晶行为产生了一定的"延迟"现象,但对立方取向晶粒的再结晶行为影响较小,在热处理过程中立方取向晶粒仍然能够迅速回复并形核,从而提高基带中再结晶立方晶粒的含量。

图 3-1-39(a)和(b)分别为两种 Ni7W 合金基带在 700 ℃保温 30 min 后表面取向分布图。从图中可以看出,经过部分再结晶热处理后,传统冷轧基带中再结晶晶粒较多,而在经过轧制间回复处理基带中仍然存在大量的残留形变组织(蓝色晶粒)。另外,如表 3-1-5 所列,通过比较两种基带中再结晶立方晶粒可以发现,在经过轧制间热处理制备的基带中立方晶粒含量(46.3%)远远高于传统冷轧基带中立方织构的含量(17%),并且立方晶粒的尺寸较大。

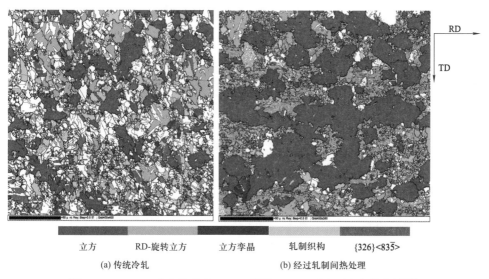

立方　　　RD-旋转立方　　　立方孪晶　　　轧制织构　　　{326}<83$\bar{5}$>

(a) 传统冷轧　　　　　　　　　　(b) 经过轧制间热处理

图 3-1-39　Ni7W 合金基带在 700 ℃保温 30 min 后表面取向分布图[17]

从表 3-1-5 中还可以得出,两种 Ni7W 合金基带经过部分再结晶热处理后,在传统冷轧基带中立方晶粒的平均大小为 3.51 μm,而在轧制间热处理制备的基带中,立方晶粒的平均尺寸为 8.04 μm。可见,在相同的热处理条件下,轧制间热处理基带中的立方晶粒具有更大的长大速度,而其他取向晶粒(轧制取向晶粒、立方孪晶和 {326}<8$\overline{3}$5> 取向晶粒等)的长大速率则较小。同时,从表 3-1-5 中还可以看到,传统冷轧基带中立方取向晶粒占所有再结晶晶粒个数的百分比($N_x/N_{rey}$,$N_x$ 为传统冷轧基带中立方取向晶粒个数,$N_{rey}$ 为再结晶晶粒个数)为 6.49%,而在轧制间热处理基带中立方取向再结晶晶粒的百分数增加至 16.94%,这表明采用轧制间热处理制备的基带在再结晶过程中立方晶粒更容易形核并长大。分析以上立方晶粒的晶粒尺寸及形核率的结果可以得出,在轧制间热处理基带中立方取向晶粒相对于其他取向晶粒更容易形核,并且立方晶核的生长速度较快,这是基带在再结晶后立方织构含量提高的主要原因。

表 3-1-5　两种基带在 700 ℃ 保温 30 min 后不同取向晶粒的晶粒尺寸、织构含量和形核率

| | | | 立方织构 | RD-旋转立方织构 | 轧制织构 | 立方孪晶 | {326}<8$\overline{3}$5> | |
|---|---|---|---|---|---|---|---|---|
| 晶粒尺寸/μm | 未经回复热处理 | | 3.51 | 2.75 | 1.3 | 1.53 | 2.95 | $N_{rey}$ |
| | 经回复热处理 | | 8.04 | 3.12 | 0.967 | 1.03 | 1.48 | |
| 织构含量/(%) | 未经回复热处理 | | 17 | 9.58 | 19.81 | 5.74 | 6.39 | |
| | 经回复热处理 | | 46.3 | 4.67 | 35.7 | 7.23 | 1.58 | |
| 形核率 | 未经回复热处理 | $N_x$ | 117 | 97 | 382 | 151 | 133 | 1814 |
| | | $(N_x/N_{rey})$/(%) | 6.49 | 5.35 | 21.06 | 8.32 | 7.33 | |
| | 经回复热处理 | $N_x$ | 93 | 30 | 214 | 47 | 9 | 549 |
| | | $(N_x/N_{rey})$/(%) | 16.94 | 5.46 | 38.98 | 8.56 | 1.64 | |

这一结果可以从以下三个方面来解释:首先,轧制间回复处理后的形变组织晶内取向差的减小并没有对立方晶粒的回复及再结晶行为产生明显的影响(图 3-1-38(d)),在热处理过程中,立方取向晶粒仍然具有最快的回复速率,因此在与其他取向再结晶晶核的竞争中立方取向的形核率得到了提高;其次,在轧制间热处理基带中轧制取向晶粒的回复及再结晶行为在一定程度上被"推迟",因此与立方取向晶核相邻晶粒内部的位错密度较高,导致大角度晶界更易迁移,从而增加了立方取向晶粒的生长速度;第三,在轧制间热处理基带中,40°<111>晶界的含量

（0.25%）比传统冷轧基带中的含量（0.15%）高，因此，增加了立方晶粒与其相邻的概率，从而可能增加立方晶粒的生长速度。

综合以上分析可知，轧制间回复处理能够增加基带中再结晶立方织构的含量，其主要的影响机制可以从定向形核和定向长大理论来理解。首先，轧制间回复热处理使立方取向形变带充分回复，增加了冷轧基带中立方取向胞的含量。根据定向形核理论，这些冷轧基带中"预存在"的立方取向形变胞可以直接作为立方晶粒的形核点，从而增加立方晶粒的形核率；其次，轧制间回复处理降低了形变组织的位错密度，在再结晶热处理过程中，推迟了具有形变取向晶粒的再结晶行为，使立方取向晶粒与其相邻基体之间的取向差增加，从而增加了立方晶粒的生长速度。同时，轧制间回复处理使冷轧基带中 40°<111>晶界的含量增加，这也可能会增加立方晶粒的生长速度。

## 3.2　Ni8W 基带的研究进展

### 3.2.1　初始坯锭均匀化热处理工艺对 Ni8W 基带织构的影响研究

#### 3.2.1.1　均匀化工艺对 Ni8W 初始坯锭组织及轧制组织的影响

1100 ℃保温 24 h 均匀化热处理后，坯锭基本已充分固溶，没有 W 单质的衍射峰出现，只有 Ni-W 相的三强峰，所以均匀化工艺对坯锭组织的影响主要体现在初始晶粒的尺寸方面。

图 3-2-1 是经过 1100 ℃保温 24 h 均匀化热处理工艺（记为 1100#）的 Ni8W 合金坯锭在初始状态和形变量为 50%（$\varepsilon_{VM}=0.8$）、75%（$\varepsilon_{VM}=1.6$）、87.5%（$\varepsilon_{VM}=2.4$）时 RD-ND 截面的金相显微照片。由图可知，随着轧制形变量的增加，坯锭中微气孔等缺陷在晶界处富集而被腐蚀形成条带状分布。

1100 ℃保温 24 h 的初始坯锭的显微组织如图 3-2-1（a）所示，其晶粒细小均匀，并伴有较多的层片状孪晶，平均晶粒尺寸约为 20 μm。当应变量达到 $\varepsilon_{VM}=0.8$ 时（图 3-2-1（b）），原先细小的晶粒沿着 RD 明显拉长。当应变量达到 $\varepsilon_{VM}=1.6$ 时（图 3-2-1（c）），隐约能分辨出沿着 RD 平行分布的层片状形变组织。应变量达到 $\varepsilon_{VM}=2.4$ 时（图 3-2-1（d）），被腐蚀的界面依然平行沿着 RD 方向分布，且相互之间变得更为紧密，此时已很难辨认出轧制组织，被腐蚀的孔洞平行 RD 方向排布得更明显。

图 3-2-2 为经过 1200 ℃保温 24 h 均匀化热处理工艺（记为 1200#）的 Ni8W 合金坯锭在初始状态和形变量为 50%（$\varepsilon_{VM}=0.8$）、75%（$\varepsilon_{VM}=1.6$）、87.5%（$\varepsilon_{VM}=$

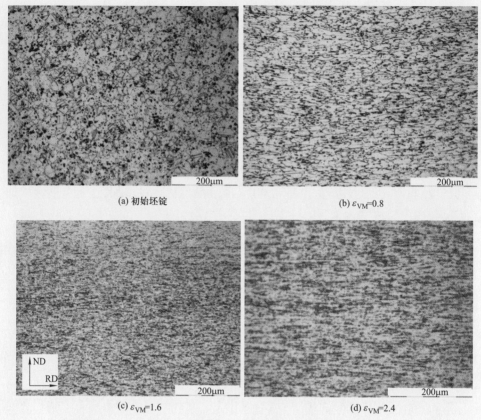

(a) 初始坯锭        (b) $\varepsilon_{VM}$=0.8

(c) $\varepsilon_{VM}$=1.6        (d) $\varepsilon_{VM}$=2.4

图 3-2-1 1100#坯锭在不同应变下的 ND-RD 截面的金相显微照片[21]

2.4)时 RD-ND 截面的金相显微照片。在较高温度的均匀化热处理后,初始坯锭中有的晶粒发生了异常长大,同时也伴有正常的晶粒存在,晶粒尺寸从 $20 \sim 200$ μm 不等且分布不均,如图 3-2-2(a)中虚线所示。在后续轧制的过程中,粗晶并没有立即破碎,而是围绕在细晶组织周围与其一同沿 RD 方向拉长,如图 3-2-2(b)中箭头所示。当应变 $\varepsilon_{VM}$>0.8 时(图 3-2-2(c)和(d)),可看到明显的剪切组织(如图中箭头所示)。离剪切带较远的层片状形变组织与相同应变量下的细晶坯锭冷轧后的组织类似。这种剪切带的形成可能是由粗晶周围细晶组织的不均匀形变造成的。由于异常长大晶粒在形变过程中具有不规则的形态,如图 3-2-2(b)所示,其周围细小的晶粒在轧制过程中所受的剪切力不平行于 RD,所以随着应变的增加,这些不均匀形变的组织就逐渐形成了剪切带。

图 3-2-3 为经过双级均匀化热处理工艺(1100 ℃-24h 加 1200 ℃-5 h,记为 1112#)的 Ni8W 合金坯锭在初始状态和形变量为 50%($\varepsilon_{VM}$ = 0.8)、75%($\varepsilon_{VM}$ =

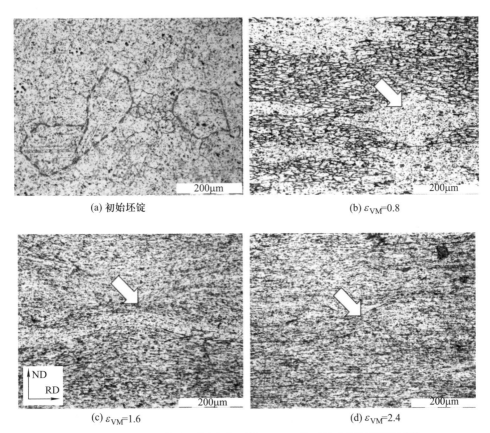

(a) 初始坯锭　　　　　　　　　　　　(b) $\varepsilon_{VM}$=0.8

(c) $\varepsilon_{VM}$=1.6　　　　　　　　　　　　(d) $\varepsilon_{VM}$=2.4

图 3-2-2　1200#坯锭在不同应变下的 ND-RD 截面的金相显微照片[21]

1.6)、87.5%（$\varepsilon_{VM}$ = 2.4)时 RD-ND 截面的金相显微照片。初始坯锭如图 3-2-3(a)所示,其晶粒均明显发生粗大,退火孪晶组织也随之变得更宽大。其平均晶粒尺寸约为 150 μm,是 1100# 初始坯锭平均晶粒尺寸的 7 倍多,且几乎没有细晶存在。在相同的应变量下,其层片状界面之间的间距明显宽于 1100# 坯锭的轧制组织,如图 3-2-3(b)和(c)所示。即使应变量达到 $\varepsilon_{VM}$ = 2.4 时(图 3-2-3(d)),沿着 RD 平行分布的层片状形变组织依然能清晰辨认,且没有不均匀形变的剪切组织出现。

　　和存在个别异常长大晶粒的 1200#坯锭相比,1112# 坯锭虽然存在更多粗大的晶粒,但是在轧制过程中没有观察到不均匀形变的剪切带,这可能要归因于其均匀的晶粒尺寸。所以,当初始坯锭中存在晶粒尺寸差异较大的情况时,更容易发生不均匀形变而产生剪切带。

### 3.2.1.2　均匀化工艺对 Ni8W 基带冷轧织构及立方织构的影响

　　我们对通过以上 3 种均匀化热处理工艺的 Ni8W 合金坯锭进行相同工艺、大

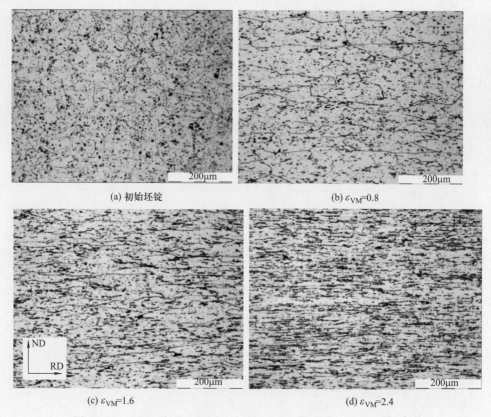

(a) 初始坯锭　　　　　　　　　　　　　　(b) $\varepsilon_{VM}$=0.8

(c) $\varepsilon_{VM}$=1.6　　　　　　　　　　　　　　(d) $\varepsilon_{VM}$=2.4

图 3-2-3　1112#坯锭在不同应变下的 ND-RD 截面的金相显微照片[21]

　　形变量的轧制,总形变量均为 99%。对这 3 种 80 μm 冷轧带进行 XRD 宏观织构的测定,利用 EBSD 对不同再结晶退火温度下制备得到的基带进行微观织构的测定,以研究不同均匀化工艺造成的初始晶粒尺寸的差异对基带织构的影响。

　　形变织构与材料的形变机制有着非常密切的关系。图 3-2-4(a)是 3 种冷轧带中存在的几种主要织构的含量(≤15°)。3 种冷轧带中的织构类型分布是一致的,S 型织构和 B 型织构占了绝大多数,分别约为 40%。剩下的 C 型织构、立方织构和 G 型织构均分别占比不到 5%。但是比较 3 种冷轧带我们还是能发现明显的差别:1100#冷轧带中 S 型织构和立方织构较其他冷轧基带强,分别占比为 41.9% 和 2.6%,而 G 型织构含量最少,只占 3.0%;1112#冷轧带中的织构分布正好和 1100# 相反,其中 B 型织构和 G 型织构较其他冷轧基带强,而立方织构最弱,只有 2.3%;1200#冷轧带的织构含量处于两者之间,C 型织构的百分含量在 3 种基带中差异并不十分明显。所以,冷轧带中的织构变化随着初始晶粒的增大有一个递变的过程,S 型织构和立方织构逐渐减弱,G 型织构逐渐增强。

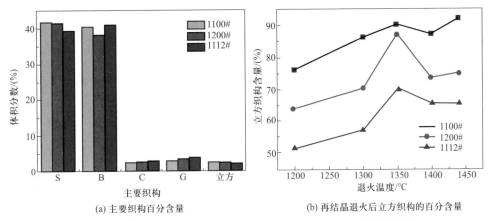

(a) 主要织构百分含量　　　　　　　　(b) 再结晶退火后立方织构的百分含量

图 3-2-4　3 种不同均匀化热处理工艺制备得到的 Ni8W 冷轧基带[21]

对以上得到的 3 种冷轧基带用相同的两步退火工艺进行热处理,这里第二步退火温度为 1200~1440 ℃,升温速率为 5 ℃/ min。我们可以看到 3 种基带形成立方织构的趋势是基本一致的,如图 3-2-4(b)所示。随着退火温度的升高,立方织构的含量也逐渐增加,在 1350 ℃时都得到了最强的立方织构(除了 1100#基带),立方织构(≤10°)的含量分别为:90.2%(1100#),87.1%(1200#),69.8%(1112#)。温度的继续升高伴随着立方织构含量的快速回落。但在 1100#和 1200#基带中,当退火温度达到 1440 ℃时,立方织构的含量又有不同程度的上升,尤其是 1100#基带的立方织构(≤10°)%含量达到了 92.1。这是因为在 1440 ℃时基带的晶粒发生粗化,很多晶粒尺寸超过了 100 μm(包括立方取向和随机取向的晶粒),这对于 EBSD的微观区域分析而言就丧失了可靠的统计性。由此,我们可以看到:初始晶粒细小的坯锭制备得到的 1100#基带中立方织构含量最强;其次是初始坯锭中存在个别异常长大晶粒的 1200#基带,其中剪切带的存在在一定程度上削弱了立方织构的形成;具有均匀而粗大的初始晶粒的 1112#基带,其立方织构含量要远低于前两者,受初始晶粒的影响最大。所以,初始坯锭中晶粒越粗大、粗晶的数量越多,对基带立方织构的形成越不利。

以上的研究证实了在低层错能的 Ni8W 合金中,初始晶粒对织构的影响符合国际上文献所报道的一般规律。剪切带的存在对立方织构产生了不利影响,但差异并不明显。而就 1112#基带而言,虽然轧制过程中没有观察到剪切带,但立方织构的含量却远低于其他两者。这可能是大量的粗晶组织在轧制过程中影响了轧制织构,较低的 S 型织构和较高的 B 型织构含量影响了最终的立方织构。

### 3.2.2　Ni8W 基带形变织构的研究

这里对 1100#坯锭的 Ni8W 合金进行冷轧形变,坯锭初始厚度为 8 mm,轧制道次形变量为 5% ,总形变量为 99%( $\varepsilon_{VM}$ = 5.3),并利用 XRD 对这种低层错能的 NiW 合金的织构演变进行研究。

#### 3.2.2.1　Ni8W 基带在冷轧形变中的加工硬化研究

金属或合金在发生冷轧或不充分热轧塑性形变的过程中,其材料内部的组织会发生改变,晶粒沿着形变方向拉长,同时导致晶粒沿着 TD 方向转动,从而产生轧制织构。随着形变量的增加,材料内部的结构缺陷也相应发生着变化,位错密度随之升高。同时,材料内部的小角度晶界、层错及亚晶大量形成并伴随胞状结构的出现。位错在塑性形变不断滑移的过程中会发生相互的缠结,使塑性形变受阻,材料硬度增加、强度升高,形成加工硬化。金属材料抵抗形变能力的指标可以用其硬度来表示,所以下面我们就用应变和维氏硬度的关系曲线来表示 Ni8W 合金冷轧过程中加工硬化的情况。

图 3-2-5 为不同冷轧形变量的 Ni8W 合金的应变–硬度曲线。由图可知,在低应变量下, $\varepsilon_{VM}$ ≤0.8 时,显微硬度快速上升。这是因为在低应变量轧制阶段,材料内部的位错、间隙原子、空位等缺陷会随着形变量增加而快速增多。当 $\varepsilon_{VM}$ = 1.6 时,Ni8W 合金的显微硬度为 368.7HV,硬度增加趋势开始放缓。当轧制继续进行, $\varepsilon_{VM}$ =2.4 和 $\varepsilon_{VM}$ =4 时测得的显微硬度分别为 408.6HV 和 460.4HV。这个阶段,显

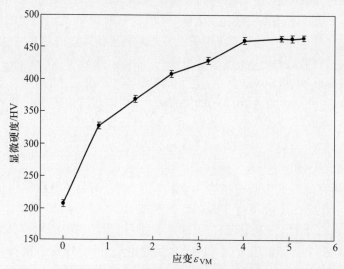

图 3-2-5　轧制过程中材料显微硬度的变化曲线图[21]

微硬度的升高和应变量的增加呈线性增长趋势,这说明 Ni8W 合金在中等应变到大应变的这个过程中,缺陷的增殖和应变呈现同步递增态势,它们之间几乎成正比。当 $\varepsilon_{VM} \geqslant 4$ 时,显微硬度的增加开始明显放缓,这是因为应变累积到一定程度,材料内部的结构缺陷在形变过程中或形变间隙消失,从而使加工硬化特征如强度、硬度等增加变得缓慢。当 $\varepsilon_{VM} = 5.3$ 时,即冷轧带厚度达到 80 μm,显微硬度为 464.4HV,这比初始坯锭的显微硬度提高了两倍多。

### 3.2.2.2　Ni8W 基带在冷轧形变中织构的演变研究

　　均匀化热处理后的 Ni8W 合金坯锭在总形变量达到 99%,即应变量达到 $\varepsilon_{VM} = 5.3$ 的轧制过程中 XRD 谱线的变化如图 3-2-6 所示。其中,XRD 的扫描范围 $2\theta$ 为 $20° \sim 80°$。由图可知,Ni-W 相的 $\{111\}$、$\{200\}$ 和 $\{220\}$ 3 个晶面族衍射峰的位置分别约为 $2\theta = 44°$、$51°$ 和 $76°$。随着应变量的增加,$\{111\}$ 和 $\{200\}$ 峰逐渐减弱,至大应变量后消失。$\{220\}$ 峰逐渐增强,$\varepsilon_{VM} = 3.2$ 时最强,之后保持稳定。由此可知,Ni8W 合金中形成了强烈的 $\{220\}$ 织构。

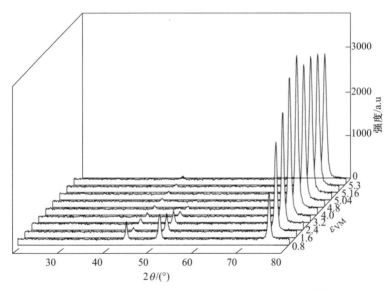

图 3-2-6　轧制过程中 Ni8W 合金轧面的 XRD 谱线[21]

　　图 3-2-7 是利用 X 射线四环衍射测得的 Ni8W 合金轧制过程中 6 个不同应变量时轧面的 (111) 极图,它们可以定性地、直观地反映材料的织构分布情况。由图可知:应变量从 $\varepsilon_{VM} = 0.8$ 到 $\varepsilon_{VM} = 2.4$ 的过程中,极图的强度线趋于向 C 和 S 取向区域集中,形成了 C 型织构,该织构区域强度最高点的数值从 2.62 升高至 4.18;随着应变量的增加,当 $\varepsilon_{VM} = 3.2$ 时,集中于 C 型织构的强度线开始向 B 取向的区域发

散,强度最高点开始分裂并向两边移动,数值有微弱减小;当 $\varepsilon_{VM} = 4$ 时,原先集中在 C 取向上的强度最高点已集中在 B 取向区域,$\varepsilon_{VM} = 5.3$ 时,强度线更明显地向 B 取向集中,最终形成了混合型偏 B 型的织构。由文献可知[22],高层错能的 FCC 结构的材料金属铜和低层错能的合金黄铜在冷轧的早期(形变量小于 50%),其轧制织构的类型变化趋势就已经非常明显。C 型织构在金属铜中随应变量增大是呈线性增长,一直保持 C 型织构;而黄铜中的 C 型织构则是在形变量为 15% 时先微增,在 30% 时开始下降,并一直保持 B 型织构。而我们研究的 Ni8W 合金所表现的趋势则介于以上两者之间,低应变时表现为 C 型织构,而高应变时发生转变并形成 B 型织构。所以最终形成了介于 C 型和 B 型之间的混合型偏 B 型织构,表现了低层错能 FCC 结构材料的性质。

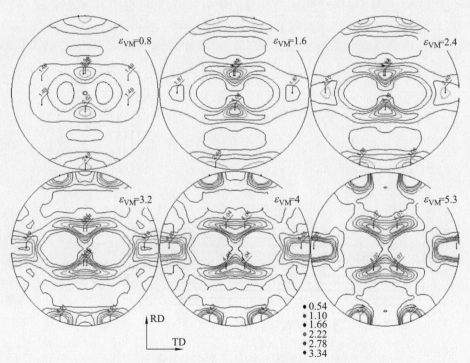

图 3-2-7　Ni8W 合金在不同轧制应变量下的(111)极图[21]

我们通过对(111)、(200)和(220)3 个极图进行演算得到的 ODF 图如图 3-2-8 所示,由此可细致地观察冷轧 Ni8W 合金轧面的织构类型的变化:在中等应变量时($\varepsilon_{VM} = 1.6$),Ni8W 合金轧面形成了 B、C 和 S 型 3 种微弱的轧制织构;随着应变量的增大,当 $\varepsilon_{VM} = 3.2$ 时,B 和 S 型织构明显增强,C 型织构略有减弱,同时可以观察到存在微弱的{110}<118>织构;当应变量达到最大值 $\varepsilon_{VM} = 5.3$ 时,可以看到 B 和

S 型织构的强度达到最大。同时,C 型织构几乎消失殆尽,此时{110}<118>织构依然保留,且其强度线也更为集中于理想的{110}<118>取向。根据 Hirsch[23]的轧制织构演变理论,中低层错能的 FCC 材料,C 取向的组织会在轧制过程中通过孪生转变为 Copper-Twin 取向,继而转变为 G 取向,最终成为 B 取向。而 B 取向在轧制过程中很稳定,所以保留到了最后。{110}<118>取向正是 G 取向转变为 B 取向过程中形成的一种中间取向。此外,我们还观察到,在整个轧制过程中,ODF 图中 $\varphi_1 = 10°$,$\varphi_2 = 0°$ 的取向线上逐渐形成了微弱的织构。这种丝织构是随着{110}<118>织构的形成而逐渐形成的。

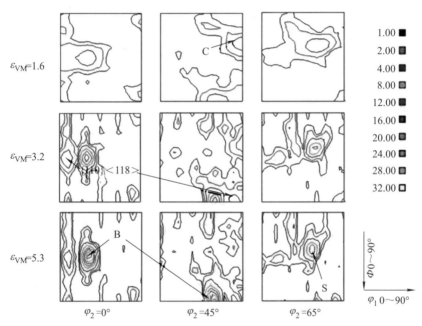

图 3-2-8　3 种不同应变量下 XRD 测得的宏观织构在 $\varphi_2 = 0°$、$45°$、$65°$时的 ODF 图[21]

图 3-2-9 是通过对(111)、(200)和(220)3 个极图定量计算得到的,所示为不同应变量下 Ni8W 合金轧面各种主要织构所占的百分含量,其中轧制织构指 S+B+C+G。随着应变量增加,S 型织构和 B 型织构百分含量逐渐增加,在最大应变量时($\varepsilon_{VM} = 5.3$)均达到最大值,分别为 40.8%($\leq 15°$)和 37.6%($\leq 15°$)。轧制织构含量受 S 型织构和 B 型织构含量的影响也在逐渐增加,而随着轧制应变量的增加,随机取向织构的含量则逐步减少。C 型织构的变化正如 ODF 图 3-2-9 中所观察到的一样,其百分含量在低应变时先增加,在 $\varepsilon_{VM} = 1.6$ 时和 B 型织构含量相当,后逐渐减少。立方织构和 G 型织构则在整个轧制过程中变化不大。由于先前观察到的微弱的{110}<118>织构与 G 型织构两者的取向差非常接近,所以在 G 型织构的计算

中会包含大量的{110}<118>织构含量。立方织构、C 型织构和 G 型织构是最终冷轧带中所占百分含量最少的 3 种织构类型,分别为 1.9%(≤15°)、4.3%(≤15°)和 5.3%(≤15°)。

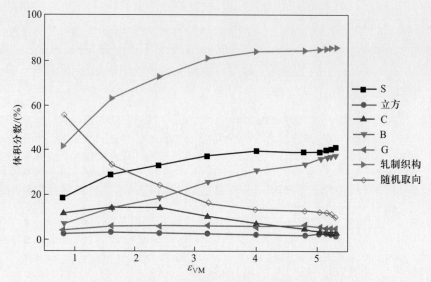

图 3-2-9　Ni8W 合金轧制过程中各织构含量的变化[21]

Lee[24]通过对 Brass(Zn 30%)的轧制织构模拟发现,无论材料的初始晶粒大小(30 μm 和 250 μm),最后的轧制织构中都会形成数量十分可观的 S 型织构。由图我们也可以看到,虽然如图 3-2-9 所示冷轧带最终形成了混合型偏 B 型的织构,但所有轧制织构中,S 型织构的含量占比依然是最多的。这和 Eickemeyer[25]所报道的高 W 含量基带中轧制织构的分布有较大的差异,其 W 含量高于 7at.%时,冷轧带的 B 型织构的含量要远高于 S 型织构。这种差异有可能是因其前期轧制工艺不同(轧制中间退火)造成的。

### 3.2.3　Ni8W 基带再结晶织构的研究

这里我们将参照历史悠久的两大织构演变理论——取向形核理论和取向长大理论,来研究经过 99%形变的 Ni8W 合金在回复过程中织构的演变,以及在再结晶过程中织构和微观组织的变化。我们所采用的退火方式为:以 5 ℃/ min 的升温速率,在通有 Ar-4%$H_2$ 保护气氛的管式炉中随炉升温,到指定温度后不保温,快速取出空冷。

#### 3.2.3.1　Ni8W 合金在退火过程中微观组织及织构的变化

首先,我们利用差示扫描量热法(differential scanning calorimetry,DSC)来确定

退火过程中 Ni8W 合金冷轧带的再结晶温度,如图 3-2-10 所示。DSC 的升温速率和在管式炉中的升温速率相同,均为 5 ℃/ min。图中曲线为再结晶开始温度附近基带的热晗变化情况。图中再结晶开始温度的确定是通过曲线线性关系转变前后曲线切线的交点来确定的。由图可知,该冷轧基带的再结晶开始温度约为 710 ℃。这说明利用粉末冶金法制备的基带的再结晶温度要远高于熔炼法制备的基带。

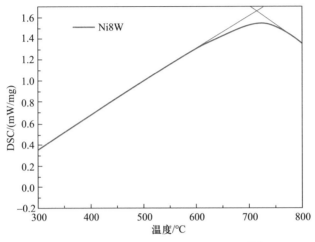

图 3-2-10　Ni8W 合金基带的 DSC 曲线[21]

图 3-2-11 是冷轧 Ni8W 合金基带在室温至 1200 ℃范围内不同温度退火后,基

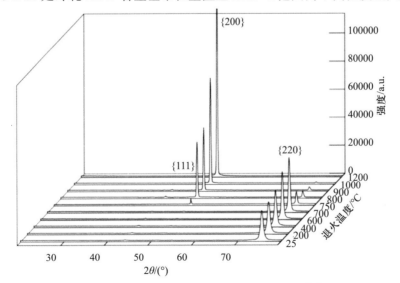

图 3-2-11　退火过程中 Ni8W 合金的 XRD 谱线[21]

带轧面所测得的 XRD 谱线。在室温下,冷轧基带中几乎只能观察到{220}峰,随着退火温度升高,{220}峰的强度逐渐升高,到达 700 ℃时其强度最大。当退火温度超过材料的再结晶温度时,我们可以看到,750 ℃时 XRD 谱线发生了明显的变化,{220}峰的强度骤减,且此时出现了微弱的{200}峰。800 ℃时,{220}峰继续减弱,而{200}峰快速增强。当温度达到 1200 ℃时,XRD 谱线中只有{200}峰,原先的{220}峰已经消失。整个退火过程中,{111}峰始终保持非常低的强度,并在最后消失。

从图 3-2-12 我们可以看到,在 Ni8W 合金的再结晶温度以前,(111)极图中 B 取向的强度随着温度升高在逐渐增加。其强度最大值从 500 ℃的 4.33 增加到 700 ℃的 5.37,并且轧制织构类型也从混合型偏 C 型织构渐变为再结晶行为发生前的典型的 B 型织构。当退火温度达到 750 ℃时,此时超过冷轧 Ni8W 合金的再结晶温度,B 取向区域的强度明显减弱。当温度上升到 800 ℃时,极图中织构的分布发生了巨大的变化,形成了微弱的立方织构,其强度最高点为 3.6。同时,我们还可以观察到 S 取向的区域有微弱的取向集中度。除此之外,极图中没有观察到其他杂乱的弱织构,这说明大多数的再结晶组织取向较分散,形成的是随机取向的再

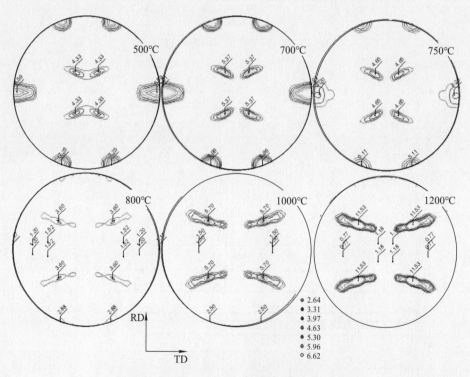

图 3-2-12　Ni8W 合金退火至不同温度时的(111)极图[21]

结晶组织。当温度升高到 1200 ℃时,立方取向的强度急剧升高到 11.53,周围虽然显示还有些弱织构的强度点,但其强度要远低于立方取向的强度。虽然强度最高点集中于理想的立方取向,但同时我们也可以观察到立方取向的区域较发散,这种趋势是取向以<100>轴旋转发散的。

　　和分析轧制织构时一样,我们用 3 张不完全极图计算得到的 ODF 图来分析退火过程中,各种织构的分布及变化,如图 3-2-13 所示。200 ℃时,Ni8W 合金的织构形态和冷轧时的基本保持一致,依然保留着较微弱的{110}<118>织构。但温度升高到再结晶发生前的 700 ℃时,可以看到,B 型织构和 S 型织构的强度明显增加,同时,伴随着{110}<118>织构的减弱,$\varphi_1 = 10°$,$\varphi_2 = 0°$ 的丝织构也相应减弱。在再结晶完成,晶粒长大过程中,1200 ℃的基带中除了具有很强的立方织构形成以外,还可以看到强度略次于立方织构的 RD 旋转立方织构,所以我们在极图中能观察到立方取向周围有绕<100>轴旋转的发散的织构存在。同时,再结晶织构中我们还观察到了微弱的立方孪晶织构,立方孪晶取向与 S 取向非常接近,它们的轴角对关系为 12.3°<738>。由于立方孪晶织构是一种低层错能 FCC 结构的材料中较常见的再结晶织构[26],所以在 EBSD 图中,用 Σ3 孪晶界分隔且与立方取向的晶粒成 60°<111>轴角对关系的晶粒被认为是立方孪晶取向的晶粒,而非 S 取向。但在 XRD 的宏观织构统计中,这种误差重叠将不可避免。

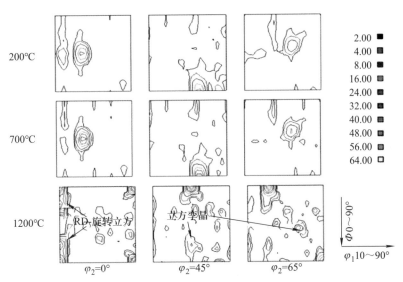

图 3-2-13　三个不同退火温度时 XRD 测得的宏观织构在 $\varphi_2 = 0°$、45°、65°时的 ODF 图[21]

　　在对宏观织构的组分的统计过程中,我们发现了和极图、ODF 图一致的变化。冷轧 Ni8W 合金在回复阶段轧制织构百分含量的升高是由于 B 型织构和 S 型织构的明显升高造成,这两种在轧制织构中占比具有绝对优势的织构均在 700 ℃,即再结晶发生前达到最大值,且 B 型织构略高于 S 型织构,分别为 44.4%(≤15°)和 43.2%(≤15°)。而此时,G 型织构的百分含量却下降至最低点,仅为 0.1%(≤15°)。同时,随机取向的百分含量也降到最低。当温度从 700 ℃升高至 800 ℃时,Ni8W 合金发生了明显的再结晶,各织构都发生了显著的变化。其中,随机取向的含量急速升高,B 型织构和 S 型织构的含量快速减少,立方取向、C 取向和 G 取向的含量也开始升高。但从图 3-2-14 可见,再结晶阶段,立方织构的含量增速远没有随机取向含量增速快,800 ℃时立方织构的含量还仅为 11%(≤15°),而随机取向的含量已经达到了 51.4%(≤15°)。随着退火温度的继续升高,立方织构的含量继续快速增加,而其他织构和随机取向的含量逐渐回落。1200 ℃时,Ni8W 合金中还存在较强的 S 型织构。由此可知,这里所测得的 S 型织构中应该重叠计算了大量的立方孪晶织构。

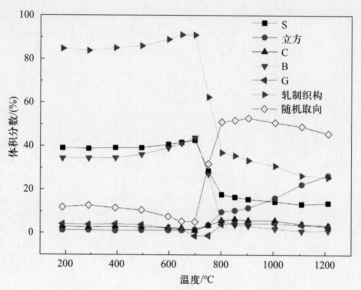

图 3-2-14　Ni8W 合金退火过程中各织构百分含量的变化[21]

为了能更好地分析再结晶过程和晶粒长大过程中织构和微观组织的变化,我们利用 EBSD 技术对 Ni8W 合金进行观察,如图 3-2-15 所示。这些样品与 XRD 分析时的样品的热处理方式相同的,即随炉升温,不保温,空冷。为了能更有效地对微观组织进行分析,对不同回复、再结晶状态下的样品我们选取了不同的 EBSD 测试参数:再结晶完成前的样品(700 ℃和 750 ℃),选用的步长为 0.2 μm;刚完成再结晶的样品(800 ℃),步长为 0.5 μm;晶粒开始长大的样品(800~1200 ℃),步长为 1 μm。

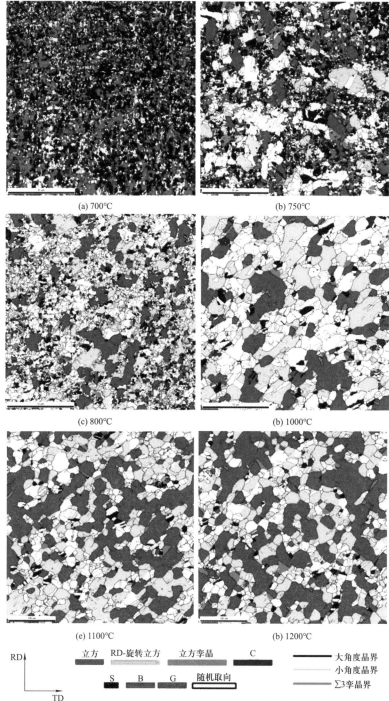

图 3-2-15　不同退火温度时 EBSD 测得的 Ni8W 合金表面的微观织构图[21]

图 3-2-15(a) 所示是样品随炉升温到 700 ℃时的 EBSD 照片,此时的 Ni8W 合金尚处于再结晶开始前的回复末期,形变组织中绝大部分是 B 取向和 S 取向的组织。由图 3-2-16(a) 对织构含量的统计曲线可知,B 型织构的百分含量最高,为 38%(≤10°),同时还有一定数量的随机取向的轧制组织,而三种主要的再结晶织构(立方、RD-旋转立方和立方孪晶)的百分含量都在 1%(≤10°)左右。Ni 合金的形核机制一般以孪生形核为主[27],这点在很多文献中也同样被证实[28,29]。所以,再结晶晶核会伴随着 Σ3 孪晶界而出现,这也方便了我们对再结晶晶核的定位。在众多的轧制组织中包含了大量的小角度晶界(≤10°),这是由轧制组织内部大量的位错界面造成,由图 3-2-16(b) 对晶界含量的统计曲线可知,此时大角度晶界(>10°)和小角度晶界的含量各占一半。同时,我们还发现了非常微量的 Σ3 晶界(±5°)。在 EBSD 图中,通过这些存在 Σ3 晶界的区域我们可以观察到数量稀少的再结晶晶核。这些晶核的取向较分散,有立方取向、RD-旋转立方取向、立方孪晶取向、S 取向和随机取向,并且其中没有晶核具有明显的形核优势。这一现象和 Duggan[30] 在金属 Cu 中所发现的(立方取向的晶核在 C 取向形变组织中有形核优势)有很大差异,这可能正是低层错能材料和高层错能材料的差异所在。

我们将温度升高至材料的再结晶温度(~710 ℃)以上,750 ℃时,Ni8W 合金中形成了大量的再结晶晶粒,同时还伴随着大量的 B 取向和 S 取向的轧制组织,此时再结晶完成约 50%,如图 3-2-15(b) 所示。由于轧制组织的减少,轧制组织内部的位错也消失了,小角度晶界的百分含量快速下降,如图 3-2-16(b) 所示。由于孪晶形核机制的作用,大量孪晶的形成导致了 Σ3 晶界含量的快速增加。此时,形成了大量随机取向的晶粒,同时也快速地形成了立方取向、RD-旋转立方取向和立方孪晶取向的晶粒。其中,立方取向和 RD-旋转立方取向的晶粒尺寸较立方孪晶取向的晶粒尺寸要大得多。由于立方取向和 RD-旋转立方取向之间具有 18.4°<100> 轴角对的对称关系,如果计算微观织构百分含量时我们取 10° 容差角范围,它们会有轻微的重叠。因此,我们将 RD-旋转立方取向的容差角范围定为 8.4°。

800 ℃时,我们发现 Ni8W 合金完成再结晶,如图 3-2-15(c) 所示。依靠晶核大角度晶界的快速迁移,轧制组织完全被再结晶组织取代,位错界面的消失使小角度晶界的含量降到最低,如图 3-2-16(b) 所示。此时,除了数量众多的、细小的随机取向晶粒和有很大尺寸优势的立方取向、RD-旋转立方取向的晶粒外,我们还能看到在一定数量的 S 取向的晶粒,以及少量的 G 取向和 C 取向的晶粒,而 B 取向的含量则几乎降为零。从图 3-2-16(a) 可知,700~800 ℃的再结晶过程中,随机取向的含量增长速率是最大的,其次是立方织构,再次是 RD-旋转立方织构,这和 XRD 测得的宏观织构变化情况基本一致。立方孪晶织构的百分含量则是先增加后减少,这是因为其在再结晶初期通过孪生形核快速形成,而在再结晶后期因为其紧挨着晶粒尺寸较大的立方取向的晶粒,由尺寸效应[31]作用,被立方取向的晶粒在长大过程中快速吞并。

800~1200 ℃是晶粒长大的过程,整个过程中立方取向和 RD-旋转立方取向的晶粒继续依靠其尺寸优势快速吞并周围晶粒长大。随机取向的百分含量则快速下降,如图 3-2-16(a)所示。随着越来越多立方取向和 RD-旋转立方取向的晶粒长大,取向相近的晶粒相互接触,它们之间的取向差减小,形成越来越多的小角度晶界,如图 3-2-16(b)所示。同时,孪晶的减少也导致了 Σ3 晶界逐渐减少。当退火温度达到 1200 ℃时,RD-旋转立方织构的百分含量开始回落,而立方织构的含量继续上升。这是立方取向的晶粒开始吞并 RD-旋转立方晶粒的前奏。虽然,此时 Ni8W 合金还未形成强立方织构,但立方织构的含量已经占据优势,我们需要继续提高退火温度使立方取向的晶粒跃过能垒继续长大并吞并周围其他取向的晶粒。这里,我们可以看到,通过 XRD 计算的宏观织构百分含量的变化趋势和 EBSD 测得的微观织构百分含量的变化趋势基本是一致了,除了 Ni8W 合金发生部分再结晶时(750 ℃),可能由于存在的织构类型较多和选择的容差角较大,计算结果会和 EBSD 测得的有较大的偏差。

从图 3-2-16(c)对各取向再结晶晶粒平均晶粒尺寸(孪晶不作为单独晶粒计算)统计可以看到,在 Ni8W 合金基带再结晶过程及后续晶粒长大的过程中,立方取向和 RD-旋转立方取向的晶粒的平均晶粒尺寸均明显大于其他随机取向的晶粒和轧制取向的晶粒,而其中立方取向晶粒的尺寸优势最为明显。随着退火温度的升高,不仅立方取向的晶粒通过大角度晶界的迁移吞并轧制组织并不断长大,大量随机取向的和一些轧制取向的晶粒也在迅速长大。整个退火过程中,立方取向的晶粒几乎呈线性增长,而随机取向和轧制取向的晶粒在 800~1000 ℃时,晶粒尺寸增加较缓慢。同时,我们发现,800 ℃时,轧制取向的晶粒多以 C、S 和 G 取向的晶粒为主,几乎没有 B 取向的晶粒存在,如图 3-2-15(c);1000 ℃时,轧制取向的晶粒以 C 和 S 取向的晶粒为主,如图 3-2-15(d);1100 ℃以后,轧制取向的晶粒中几乎只有 S 取向的晶粒,如图 3-2-15(e)和(f)。并且,这些轧制取向的晶粒多以孪晶的形式存在。传统意义上立方取向的晶粒与 S 取向的晶粒具有 40°<111>取向关系,所以立方织构具有取向长大优势并将快速吞并 S 织构,而这里就与该理论存在着矛盾,因为最终有一定数量的 S 取向的晶粒保留了下来,而其他轧制取向的晶粒却远没那么多。在 1200 ℃时,由于受立方取向晶粒尺寸优势的限制,其他取向晶粒的平均晶粒尺寸均开始减小,如图 3-2-16(c)所示。

图 3-2-17 所示是图 3-2-15 中 750 ℃时部分再结晶 Ni8W 合金 EBSD 数据中统计得到的 0~65°<111>轴角对的分布图。由图可知,取向差为 5°时的晶界分布较密集,且没有表现为集中向某个对称轴分布。这是因为,部分再结晶的 Ni8W 合金

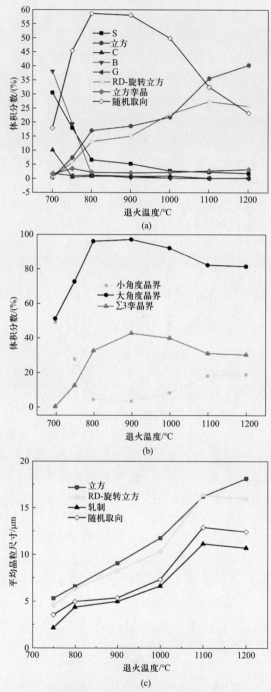

图 3-2-16 Ni8W 合金中(a)各织构,(b)晶界含量及(c)各取向再结晶晶粒的平均晶粒尺寸随退火温度的变化关系[21]

中依然存在大量的小角度晶界,这些位错界面并没有择优分布的特点。从取向差为 45°开始,至 60°,晶界逐渐趋向于绕<111>和<101>轴分布,且在 60°<111>最为集中。这是因为在孪生形核过程中形成了大量的 Σ3 孪晶界。我们发现,晶界的分布并没有向 40°<111>处集中,经过计算可知取向差为 40°±5°<111>的晶界的百分含量仅为 0.6%。这就证明了,取向长大理论对于 Ni8W 合金是不适用的。而钉扎理论[32]则对轧制取向的晶粒没有形核优势的解释为,立方取向晶粒或其他再结晶晶粒与轧制组织基体形成大角度晶界的概率更大,晶界迁移速率更高,所以长大也更快。而再结晶结束后,立方织构含量的快速升高要归因于其早期的尺寸优势。这种理论也同样适用于 RD-旋转立方织构的形成。

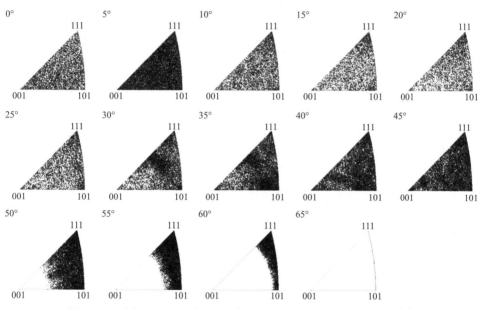

图 3-2-17　图 3-2-15(b)中 Ni8W 合金部分再结晶的轴角对分布图[21]

### 3.2.3.2　Ni8W 合金强立方织构的形成

上面,我们对 Ni8W 合金的形变和再结晶行为进行了研究。由于 1200 ℃时还无法得到理想的立方织构,所以这里我们沿用 IFW 的两步退火技术,以之前相同的升温速率升温,并在高温下保温 2h。

如图 3-2-19(a)所示,随着退火温度的升高,随机取向的含量一直在下降,立方织构的含量和 RD-旋转立方织构的含量变化呈现相反的态势,所以在晶粒长大过程中,随机取向的晶粒会继续被先前具有尺寸优势的立方取向和 RD-旋转立方取向的晶粒吞并。而高温下,立方取向的晶粒吞并 RD-旋转立方取向的晶粒则更有优势。基带中,除了极少量 S 取向的晶粒残留,没有其他轧制取向的晶粒存在,如

图 3-2-18(b)和(c)所示。

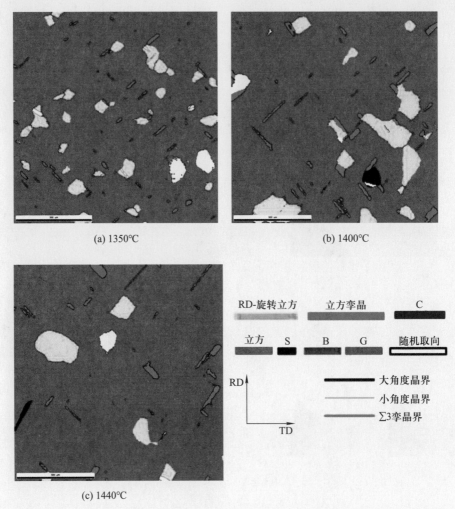

图 3-2-18    两步退火工艺中不同第二步温度退火后 Ni8W 合金基带表面的 EBSD 图[21]

可以看到,这种低层错能的合金退火后很容易残留数量较多的孪晶,这些孪晶具有 3 种典型的形态:晶界节点处的退火孪晶、穿晶的完整退火孪晶、穿晶而一端终止于晶内的不完整孪晶。这种孪晶在形成强立方织构的 Ni8W 合金中表现为立方孪晶取向。人们对孪晶形成机制的研究由来已久,但都没有一个明确的论调。一般认为,退火孪晶是在晶粒形核和长大过程中,当晶粒通过晶界迁移生长时,原子层的晶界处(111)面上的堆垛顺序偶然错排,就会出现共格的孪晶界,并随之在晶界节点处形成退火孪晶[31]。所以,孪晶的形成和层错能有着密不可分的联系。

当退火温度为 1350 ℃时,基带的织构和晶粒尺寸均较佳,立方织构的百分含量为 90.2%(≤10°),小角度晶界百分含量为 72.2%(≤10°),平均晶粒尺寸约为 36.8 μm,如图 3-2-19 所示。当退火温度为 1400 ℃时,立方取向和 RD-旋转立方取向晶粒的平均晶粒尺寸迅速增大了将近一倍,分别为 62.9 μm 和 57.4 μm,如图 3-2-19(c)所示。由于此时随机取向和轧制取向的晶粒数量较少,不具备统计性,所以我们没有列出它们的平均晶粒尺寸。而 1440 ℃时,虽然立方织构的百分含量达到了 92.4%(≤10°),但部分晶粒明显粗化,超过了 100 μm,这已不能满足 Ni8W 合金作为涂层导体基带的要求。并且,此时 RD-旋转立方取向晶粒的平均晶粒尺寸超过了立方取向的晶粒,个别 RD-旋转立方取向的晶粒有异常长大的趋势。

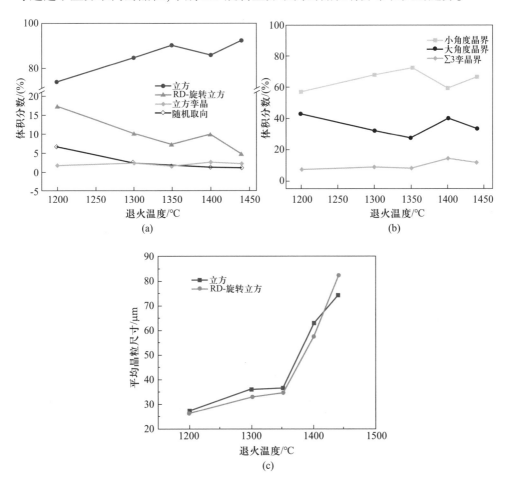

图 3-2-19　Ni8W 合金基带中各(a)织构,(b)晶界含量及(c)各取向晶粒的平均晶粒尺寸随退火温度的变化关系

## 3.3　Ni9.3W 基带的研究进展

### 3.3.1　Ni9.3W 基带冷挤压工艺的研究

#### 3.3.1.1　冷挤压工艺对合金坯锭形变织构的影响

研究表明,<111>和<001>丝织构有利于再结晶<001>织构的形核,因此在 Ni9.3W 冷轧形变织构中获得较多的<111>和<001>丝织构将有利于再结晶后获得强的立方织构。

图 3-3-1(a)为 Ni9.3W 坯锭经过 30% 冷挤压形变后 RD-TD 面的取向分布图。图中绿色晶粒代表<001>取向晶粒(<15°),蓝色晶粒为<111>取向晶粒(<15°),灰色晶界为取向差大于 5°的小角度晶界,黑色晶界为取向差大于 15°的大角度晶界。从图中可以看出,经过 30% 冷挤压形变后,在合金坯锭中形成了一定量的<111>取向和<001>取向,经过计算可知,<111>织构的百分含量为 15.5%,<111>织构的百分含量为 10.4%,这一结果与文献中所报道的挤压形变能够形成<111>和<001>丝织构相一致。图(b)为图(a)中所测试区域的反极图,从反极图的结果也可以看出形变后形成了<111>和<001>取向,并且<001>取向的等高线强度高于<111>取向等高线的强度。同时,从图(a)中还可以看到,许多<001>取向晶粒与<111>取向晶粒相邻,并且相邻晶粒之间的取向差较大(相邻晶粒之间为大角度晶界),因此在再结晶热处理过程中部分<001>取向晶粒可能回复并长大。

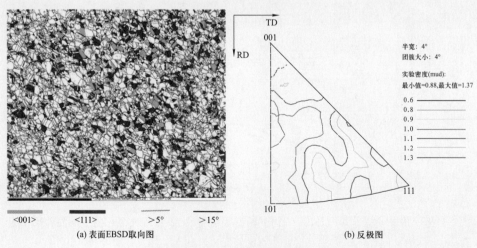

(a) 表面EBSD取向图　　　　　　　　　　(b) 反极图

图 3-3-1　冷挤后 Ni9.3W 坯锭[10]

冷挤压形变中,合金坯锭的受力状态与轧制过程中的受力状态有很大的不同,由轴向应变转变为近似平面应变,若将冷挤压形变后的 Ni9.3W 合金坯锭直接进行冷轧,则容易出现开裂等轧制缺陷,因此在进行冷轧形变前需要对冷挤压形变后的合金坯锭进行去应力热处理,以消除挤压形变过程中产生的形变应力。同时,由于<001>取向织构在热处理过程中回复速率较快,能够在热处理过程中优先形核并长大。因此,轧制前的去应力热处理一方面可消除形变应力以提高合金坯锭的塑性加工性能,另一方面可通过<001>取向织构的回复形核优势,增加冷轧前 Ni9.3W 合金坯锭中<001>织构甚至{001}<100>立方织构的含量。综合以上两方面因素,在进行冷轧热处理之前,本实验选择在高于 Ni9.3W 合金再结晶温度(~600 ℃)的700 ℃进行 60 min 的去应力热处理。

图 3-3-2 为去应力热处理前后冷挤压形变获得的 Ni9.3W 合金坯锭的<001>取向线的强度分布曲线。从图中可以看出,在 700 ℃进行去应力热处理后,<001>取向线的强度整体比热处理前取向线的强度高,这说明经过热处理后,提升了坯锭中<001>织构的强度,并且经过热处理后明显提高了{001}<100>立方取向的强度。同时也可以看到,在热处理后坯锭中形成了大量的{110}<100>G 取向。表 3-3-1中列出了去应力热处理前后立方织构、<001>织构和<111>织构的百分含量。分析可得,经过去应力热处理后,立方织构的含量从 1.54%增加到 2.51%,这一结果与图 3-3-2 中的结果相一致。根据定向形核理论可以得知,再结晶晶粒的取向来源于形变组织的取向,因此增加初始坯锭或轧制过程中立方取向的含量,可能会提高基带中再结晶立方织构的形核率,因此本实验中冷轧前坯锭中立方取向的提高也将有利于在 Ni9.3W 合金基带中形成再结晶立方织构。同时,热处理后<111>织构的

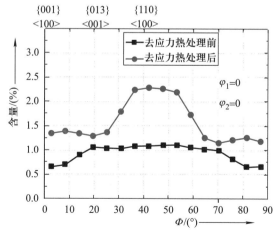

图 3-3-2　去应力热处理前后坯锭中<001>取向线强度分布曲线[10]

含量略有下降,这可能是由于在热处理过程中,<001>取向消耗邻近的<111>织构而长大,因此在<001>织构增加的同时,<111>织构会相应地减少。

表 3-3-1　　去应力热处理前后坯锭中各取向百分含量

|  | 立方(<10°)<br>/(%) | 立方(<15°)<br>/(%) | <001>(<15°)<br>/(%) | <111>(<15°)<br>/(%) |
|---|---|---|---|---|
| 去应力热处理前 | 0.429 | 1.54 | 10.4 | 15.5 |
| 去应力热处理后 | 0.785 | 2.51 | 11.8 | 13.6 |

　　由以上分析可知,通过冷挤压形变能够增加坯锭中<111>和<001>丝织构的含量,在后续的去应力热处理过程中,<001>取向明显回复,增加了坯锭中立方织构的含量。结果表明,作为下一步冷轧的初始坯锭,通过冷挤压及热处理工艺能够优化冷轧坯锭的初始织构,增加坯锭中立方织构的含量。

　　将冷挤压并经过去应力处理获得的坯锭经过 99% 大形变量冷轧后,可获得厚度约 80 μm 的 Ni9.3W 冷轧基带。图 3-3-3 比较了经过冷挤处理(图(b))和未经过冷挤压处理(图(a))所制备的最终 Ni9.3W 冷轧基带的(111)极图。从极图中可以看出,两种基带的形变织构都含有非常强的 B 取向,即都属于典型的 B 型形变织构,而且极图的形状和等高线的强度也没有明显的区别。另一方面,从各主要轧制取向体积分数(表 3-3-2)的结果也可以看出,虽然经过冷挤压轧制制备的基带中 C 取向和 S 取向的体积分数略有增加,B 取向的含量略有下降,但变化的幅度都比较小,另外在计算过程中各主要轧制取向之间存在较大的取向重叠,因此可以认为,

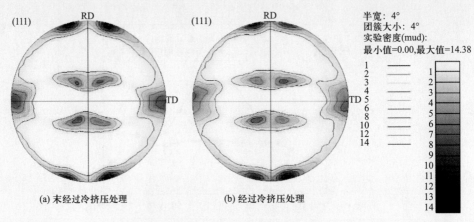

图 3-3-3　Ni9.3W 合金基带的(111)极图[10]

冷轧前的冷挤处理并没有对最终冷轧基带的主要轧制形变织构产生较大的影响。但是却明显地提高了基带中<111>取向的百分含量,经过冷挤压处理样品中<111>织构含量增加了 10.5%。同时,基带中<001>织构的含量也有一定程度的增加,这也直接导致了{001}<100>立方取向含量的增加。因此,通过以上分析可以得出,冷轧前坯锭的冷挤压处理对 Ni9.3W 合金基带最终的轧制取向并没有产生明显的影响,但增加了轧制织构中<111>丝织构的含量,同时也增加了<001>丝织构和立方织构的含量,这将有利于立方织构在后续再结晶热处理过程中的形成。

表 3-3-2　经过冷挤压形变和未经过冷挤压形变的 Ni9.3W 合金基带中各轧制织构的百分含量

| | B(<15°)<br>/(%) | S(<15°)<br>/(%) | C(<15°)<br>/(%) | 立方(<15°)<br>/(%) | <001>(<15°)<br>/(%) | <111>(<15°)<br>/(%) |
|---|---|---|---|---|---|---|
| 未经过冷挤压形变 | 54.2 | 28.8 | 18.7 | 0.328 | 10.6 | 32.5 |
| 经过冷挤压形变 | 52.6 | 32.1 | 19.7 | 0.649 | 12.4 | 43 |

### 3.3.1.2　冷挤压工艺对合金基带再结晶立方织构的影响

通过上述分析,轧制前的冷挤压形变能够提高最终冷轧基带中<111>丝织构和<001>丝织构及立方织构的含量。在再结晶过程中,<001>取向结构能够迅速回复并通过消耗<111>取向晶粒而形成新的形核点,因此,冷挤压基带中大量的<111>织构和<001>织构将有利于再结晶热处理后立方织构的形成及发展。

图 3-3-4(a)为两种 Ni9.3W 基带采用两步退火热处理工艺在相同再结晶热处理条件下退火后基带中再结晶织构的种类及相应的百分含量。从织构的百分含量可以看出,再结晶立方织构和 RD-旋转立方仍然是两种主要的再结晶织构取向,另外还有少量的轧制织构取向、退火孪晶和{326}<835>织构。在经过冷挤压处理的基带中,立方织构的含量(<10°)为 66.9%,这一结果比未经过冷挤压处理获得的基带中立方织构含量高 17%左右,同时 RD-旋转立方和其他非立方取向织构的含量都有不同程度的下降。可见,冷轧前的冷挤压形变处理能够增加 Ni9.3W 基带中再结晶立方织构的含量,这可能是由于冷挤压形变使基带中<001>取向和立方取向的强度增加从而提高了立方织构的形核率造成的。对两种基带的晶界微取向分布进行分析可知(图 3-3-4(b)),在冷挤压处理基带中,再结晶热处理后小角度晶界(<10°)的含量比普通冷轧获得的基带中高 17.3%,同时孪晶界(Σ3)的含量下降了 16.9%。因此,轧制前冷挤压处理不仅可以强化 Ni9.3W 基带的再结晶立方织构,同时还可以优化基带的晶界质量,增加小角度晶界的含量。

图 3-3-5 所示为两种基带在 1300 ℃经过 180 min 再结晶热处理后晶粒尺寸分布曲线。从图中可以看出,未经过冷挤压处理基带中再结晶晶粒明显比经过冷挤

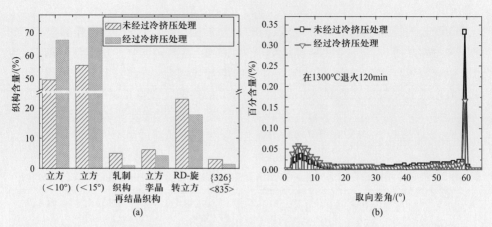

图 3-3-4　经过冷挤处理和未经过冷挤处理的两种基带再结晶热处理后的（a）再结晶织构种
类及百分含量；（b）晶界微取向分布曲线[10]

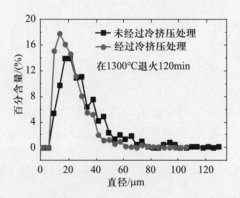

图 3-3-5　经冷挤压处理和未经过冷挤压处理的两种基带再结晶热处理后的
晶粒尺寸分布曲线[10]

压处理基带中再结晶晶粒小，后者的再结晶晶粒的尺寸大部分集中在 19 μm 左右，并且基带中大尺寸晶粒较少。经过计算，普通冷轧基带再结晶晶粒的平均尺寸为 22.8 μm，而在相同热处理工艺下在经过冷挤压处理基带中的晶粒的平均晶粒尺寸只有 31.2 μm。造成这一结果的原因可能与冷挤压形变后的去应力热处理有关。在本实验中，去应力热处理温度为 700 ℃，在这一温度下，Ni9.3W 基带已经发生了再结晶，而再结晶的进行将使形变晶粒形核并长大，因此相应地将使最终冷轧基带的晶粒尺寸有所增加。通过对两种 Ni9.3W 基带的冷轧基带进行分析可知，在普通冷轧基带中，形变组织的平均晶粒尺寸为 386 nm，而经过冷挤压处理基带中形变晶粒平均晶粒尺寸为 416 nm，这可能是在相同热处理工艺下冷挤压基带中再结晶晶粒尺寸较大的原因。但另一方面,B. K. Sokolov 等人[33]在纯 Ni 中的研究表明,形变晶粒越大越不易发生二次再结晶,因此,经过冷挤压处理的 Ni9.3W 基带的再结晶晶粒具有更好的稳定性。

### 3.3.2　坯锭烧结工艺对 Ni9.3W 合金基带立方织构的影响研究

根据部分溶质固溶思路,可在坯锭中控制 W 元素的固溶状态,即形成 W 元素的不均匀分布,这样在再结晶形核过程中立方晶核更易在低 W 区域中形成,而在随后的高温热处理过程中,优先形成的立方晶核会逐渐吞并周围的非立方晶粒而长大。同时 W 元素随热处理温度的升高及热处理过程的进行在整个基带中会逐渐扩散均匀。基于这一思路,在坯锭的制备过程中,通过控制坯锭的烧结工艺从而改变 W 元素在坯锭中的固溶状态,形成 W 元素的不均匀分布,再经过大形变量的冷轧后,在基带中形成"条带状"的富 W 及贫 W 区域。在本实验中,将主要分析坯锭的烧结工艺对立方织构的形核及最终基带中立方织构含量的影响。

#### 3.3.2.1　坯锭烧结工艺对基带再结晶晶粒形核的影响

基带中 W 元素的不均匀分布,即合金成分的梯度分布,在再结晶过程中必然会造成不同区域内再结晶行为的差异。这里对 W 固溶比较充分的基带(9WPA)和固溶相对较不充分的基带(9WPC)的再结晶行为进行分析,研究坯锭的烧结工艺对再结晶行为的影响,其中 9WPA 为较高烧结温度的坯锭制备的基带,9WPC 为较低烧结温度的坯锭制备的基带。将两种基带分别在 700 ℃进行 30 min 的部分再结晶热处理后淬火,采用 EBSD 技术对基带进行织构分析,扫描步长为 0.15 μm。

图 3-3-6 为两种 Ni9.3W 基带(9WPA 和 9WPC)在 700 ℃经过 30 min 部分再结晶热处理后表面 EBSD 重构的显微组织形貌。在晶粒的重构过程中,定义的再结

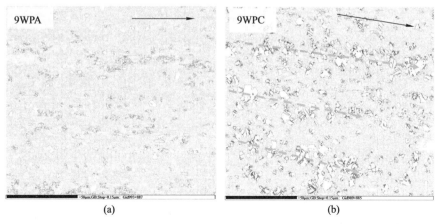

图 3-3-6　两种 Ni9.3W 基带在 700 ℃,30 min 部分再结晶后显微组织形貌[10]

晶晶粒需满足以下两个条件:一是晶粒面积大于 4 $\mu m^2$,二是晶粒内部取向差小于 1.5°。从图中可以看出,在 9WPA 中再结晶热处理后,再结晶晶粒数量较少并且再结晶晶粒较小,而在 9WPC 中,在部分再结晶热处理后,基带中再结晶晶粒的数量明显增多,而且晶粒尺寸较大。同时,从再结晶晶粒的分布来看,在两种基带中再结晶晶粒并不是随机分布的,而是沿近似平行于轧制方向(RD)呈"带状"分布,并且在 9WPC 中,在"形核带"中的再结晶晶粒数量较多,尺寸较大。这一结果充分证明了基带中再结晶晶粒形核的不均匀性。而前述设计的溶质部分固溶思路可以很好地解释这一结果:在低温烧结坯锭制备的基带中,由于 W 固溶的不充分,因而造成 W 元素浓度梯度更加明显。在再结晶过程中,低 W 区域更易形核,因而在基带中形成了再结晶晶核的"条带"状分布。

同时,为了更好地表征两种基带在再结晶形核行为上的差异,对基带中再结晶后的织构及再结晶晶粒的取向进行分析。表 3-3-3 中列出了两种基带部分再结晶后各主要取向的百分含量及各取向的再结晶形核率。表中立方取向分为偏离标准立方取向 10°和 15°以内的两种立方取向,其他取向均为偏离各标准取向 10°以内的取向。从表中可以看出,经过部分再结晶后,在 9WPC 中,立方织构的含量(<10°)为 3.55%,比 9WPA 中的含量提高了一倍多,RD-旋转立方的含量也有所提

**表 3-3-3 两种基带部分再结晶后的取向及各取向的形核率**

| | | 立方(<10°) | 立方(<15°) | RD-旋转立方 | 轧制织构 | 立方孪晶 | {326}<835> | $N_{rey}$(再结晶晶粒个数) | $N_T$(总晶粒个数) |
|---|---|---|---|---|---|---|---|---|---|
| 织构含量/(%) | 9WPA | 1.68 | 3.48 | 8.66 | 55.1 | 2.06 | 0.55 | | |
| | 9WPC | 3.55 | 6.62 | 14.4 | 32 | 2.06 | 1.13 | | |
| 形核率 | 9WPA $N_x$(立方取向晶粒个数) | 14 | 18 | 35 | 121 | 8 | 1 | 261 | 83399 |
| | $(N_x/N_{rey})$/(%) | 5.4 | 6.9 | 13.4 | 46.4 | 3.1 | 0.38 | $(N_{rey}/N_T)$/(%)= 0.31 | |
| | $(N_x/N_T)$/(‰) | 0.17 | 0.22 | 0.42 | 1.5 | 0.096 | 0.012 | | |
| | 9WPC $N_x$ | 46 | 75 | 161 | 84 | 4 | 9 | 434 | 63081 |
| | $(N_x/N_{rey})$/(%) | 10.6 | 17.3 | 37.1 | 19.4 | 0.92 | 2.1 | $(N_{rey}/N_T)$/(%)= 0.69 | |
| | $(N_x/N_T)$/(‰) | 0.73 | 1.2 | 2.6 | 1.3 | 0.06 | 0.14 | | |

高,同时轧制取向织构的含量则有明显下降,可见<001>取向在低 W 合金中更容易形核并长大。进一步对再结晶晶粒进行分析可知,在 9WPC 基带中,晶粒的再结晶形核率(0.69%)是 9WPA 基带中形核率(0.31%)的两倍。同时对再结晶晶粒的取向进行分析,在 9WPC 中,无论是立方晶粒的形核率还是立方晶粒数量占总再结晶数量的百分比都有明显的提高,其中立方晶粒的形核率更是提高了将近五倍,而 RD-旋转立方晶粒的形核率也有所增加,相反轧制取向晶粒的形核率则大幅下降,对于立方孪晶和|326| <835>取向晶粒的形核率虽然也有明显增加,但其再结晶晶粒数量很少,因此不会成为最终再结晶织构的主要类型。可见,通过控制坯锭中 W 元素的固溶状态,使 W 元素在冷轧基带中呈现"条带"状分布,能够有效地提高 Ni9.3W 基带中立方晶粒的形核率和立方织构的含量。这充分证明了部分溶质固溶思路在提高再结晶立方织构含量上的可行性。

### 3.3.2.2　坯锭烧结工艺对基带再结晶立方织构的影响

两种不同坯锭烧结工艺制备的 Ni9.3W 合金基带采用三步热处理工艺,在 1300 ℃保温 120 min 后基带中再结晶立方织构含量随偏离角的变化曲线和晶界分布曲线图 3-3-7 所示。从图(a)中可以看出,随坯锭烧结温度的降低,再结晶后立方织构的含量逐渐升高,当坯锭烧结工艺为 1000 ℃保温 10 h 制备的 Ni9.3W 合金基带在热处理后立方织构含量为 70%(<10°),这再次验证了部分溶质固溶思路制备高立方织构含量 Ni9.3W 合金基带的可行性。同时,从晶界微取向分布曲线(图(b))还可以看出,随着坯锭烧结温度的降低再结晶后所制备的 Ni9.3W 合金基带中小角度晶界的含量逐渐增加,在坯锭烧结工艺为 1200 ℃保温 10 h 时制备的 Ni9.3W 合金基带中小角度晶界(<10°)含量为 38.6%,而孪晶界的含量则明显下降。

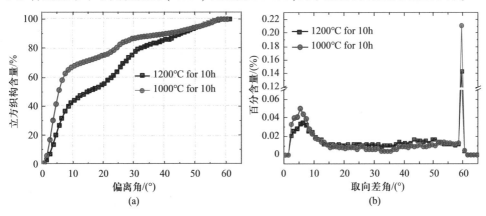

图 3-3-7　两种坯锭烧结工艺制备的 Ni9.3W 合金基带再结晶热处理后(a)立方织构含量随偏离角角的变化曲线;(b)晶界分布曲线[10]

通过以上分析可以得出,采用部分溶质固溶的思路控制初始 Ni9.3W 坯锭中 W 元素的固溶程度,进而获得具有 W 元素"条带"状不均匀分布的冷轧基带,能够使再结晶立方晶核优先在低 W 区域形核并长大,从而提高了立方晶粒的形核率,最终提高了 Ni9.3W 合金基带中再结晶立方织构的含量。因此,部分溶质固溶思路是制备高立方织构含量 Ni9.3W 合金基带的一条行之有效的思路。

### 3.3.3 温轧工艺制备 Ni9.3W 合金基带的研究

通过轧制间回复处理的方法能够在一定程度上释放轧制过程中产生的储能,减缓孪生形变的产生,从而优化最终基带的形变织构,降低形变织构向 B 型织构的转变。而对于 Ni9.3W 这一具有较低层错能的面心立方金属合金,以往的研究结果表明,增加轧制温度能够增加合金在形变过程中位错的滑移,最终获得易于形成再结晶立方织构的 C 型形变织构[33,34]。因此这里以温轧的方式替代传统的室温轧制,以期能够进一步改善 Ni9.3W 合金的形变织构,从而获得高立方织构含量且具有高强度无磁性的 Ni9.3W 合金基带。本实验将研究温轧工艺中轧制温度、轧制形变量对形变组织及形变织构的影响,以及对后续再结晶立方织构的影响。

#### 3.3.3.1 轧制温度对 Ni9.3W 合金基带形变组织与织构的影响

与普通冷轧相比,温轧能够改变轧制形变过程中的形变机制,同时温轧过程中,合金还会发生动态回复,从而影响形变织构的发展。但动态回复与动态再结晶是一个连续的过程,如果轧制温度过高,则可能会引起在轧制过程中发生动态再结晶。研究表明,轧制过程中的动态再结晶不利于后续再结晶热处理后形成立方织构[35]。因此,在实验中将轧制温度选择在动态再结晶温度以下,由图 3-3-38 可知,Ni9.3W 合金在 550 ℃热处理后显微硬度开始出现明显下降,即合金中发生了初始再结晶;另外由于轧制过程中的应力会促使再结晶行为提前发生,因此将 500 ℃作为整个温轧的最高轧制温度。在实验中,分别在室温、200 ℃、300 ℃、400 ℃、450 ℃和 500 ℃下对样品进行轧制。轧制工艺采用与冷轧相同的工艺参数,即每道次形变量小于 5%。

##### 3.3.3.1.1 轧制温度对 Ni9.3W 合金基带显微组织的影响

提高轧制温度能够使基带在轧制过程中发生动态回复从而降低轧制中的加工硬化,这势必对基带的显微组织产生一定的影响。图 3-3-8(a)-(c)分别为基带在室温、400 ℃和 500 ℃轧制 50% 形变量后基带的显微组织形貌图(沿 RD-ND 截面观察)。如图所示,400 ℃和 500 ℃温轧样品的显微组织表现为在轧制形变过程中晶粒沿轧向被拉长,而室温轧制样品中由于形变所引起的加工硬化作用,晶粒沿轧制方向的伸长率明显比温轧样品中的低,并且在图中可以看到出现了贯穿整个晶粒内部的形变孪晶。同时比较 400 ℃和 500 ℃温轧样品的显微组织可以看到,较高轧制温度下由于加工硬化的释放程度较高使得晶粒沿轧制方向的伸长率更大。这是由于动态回复与温度有着明显的关系:轧制温度越高,动态回复越明显。可见,较高的轧制温度有利于释放基带轧制过程中加工硬化所产生的应力,从而降低位错孪生的产生,从图(c)中也可以看出,在 500 ℃轧制样品中形变孪晶的数量明显减少。

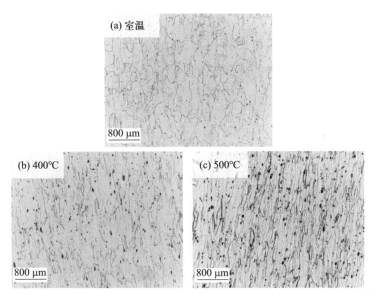

图 3-3-8　不同温度下轧制获得的 50% 形变量 Ni9.3W 基带截面显微组织[10]

### 3.3.3.1.2　轧制温度对 Ni9.3W 合金基带形变织构的影响

图 3-3-9(a)为在不同轧制温度下轧制形变量为 95% 的 Ni9.3W 合金基带中主要形变织构(B、C 和 S 型)的体积分数。如图所示,不同轧制温度下基带中各种形变织构的相对含量随着轧制温度的变化呈现一定的规律,随着轧制温度的升高形变织构中 B 取向有减小的趋势,C 取向则明显增加,当轧制温度为 500 ℃时达到最大值,而 S 取向的含量出现一定的波动。为了更加科学、合理地表征形变织构随轧制温度的变化情况,在此引用文献[36]中的轧制形变织构转变公式:

$$R = f_C + f_S / 2 f_B,\qquad(3\text{-}3\text{-}1)$$

其中 $R$ 为形变织构转变系数,公式中将 C 取向和 S 取向的织构含量总和 $f_C + f_B$ 与 B 取向的织构含量 $f_B$ 的 2 倍做对比。若 $R$ 值小于 1,则形变织构属于 B 型形变织构;反之,则属于 C 型形变织构。图 3-3-9(b)为 95% 形变量样品的织构转变系数 $R$ 随轧制温度的变化曲线。从图中可以看出,随轧制温度的升高,织构转变系数 $R$ 的值逐渐增大,即随轧制温度的升高,形变织构中 C 型织构的含量逐渐增加。当轧制温度为 500 ℃时,$R$ 值为 1.09,可知在此温度下轧制获得的基带中 C 型织构的含量已经高于 B 型织构含量,较多的 B 型形变织构将有利于再结晶过程中立方织构的形核及长大。因此,根据以上分析可知,与冷轧基带相比,温轧能够优化形变织构,实验发现在 500 ℃温轧过程中 Ni9.3W 基带能够获得最利于形成再结晶立方织构的形变织构。

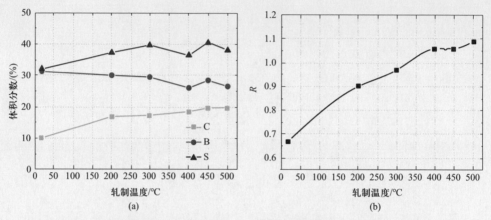

图 3-3-9　(a) 轧制取向体积分数;(b) 织构转变系数 $R$ 随轧制温度的变化曲线[10]

同时,从图 3-3-10 中可以定性地比较温轧与冷轧样品中形变织构的变化。从图 3-3-10(a)中冷轧基带的(111)极图中可以看出基带的形变织构为典型的 B 型织构。这表明经过大形变量冷轧后金属基带内形成了强烈的 B 取向,而几乎没有 C 和 S 取向。这是由于 W 元素的加入降低了 Ni 的层错能,从而导致这种材料在传统冷轧制形变过程中形变织构转向了 B 型形变织构。而从 500 ℃温轧基带的(111)极图(图 3-3-10(b))中可以观察到明显的 C 取向与 S 取向的投影,说明该条

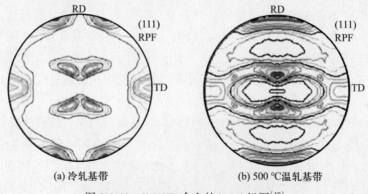

图 3-3-10　Ni9.3W 合金的(111)极图[10]

件下获得的基带中形变织构已经转向了混合型形变织构。

通过温轧或热轧可以增加位错的交滑移,提高其形变织构中的 C 和 S 取向的含量。Ni9.3W 合金在冷形变过程中,晶体内多个滑移系同时启动,并且晶体内部由于位错的运动、增殖和交互作用等原因,使得金属塑性形变过程中位错密度增加并产生钉扎作用,从而导致加工硬化,使晶粒形变较为困难。另外,由于溶质原子 W 的存在造成固溶强化,当固溶体产生塑性形变时,位错运动改变了溶质原子在固溶体结构中以短程有序或偏聚形式存在的分布状态,从而引起系统能量升高,由此增加了滑移形变的阻力。而在温轧工艺中,金属的形变温度低于再结晶温度,却高于室温。因此在温轧形变过程中会伴随着一定的动态回复行为,即随着应变增加先发生加工硬化,同时由于动态回复的作用,促进了晶体内的位错扩展,从而减少了位错钉扎,降低了加工硬化现象,有利于位错的滑移形变;此外,轧制温度越高,越能增加合金中层错的热激活能,促进交滑移的进行,从而降低 B 型织构的形成。因此,从以上分析可以得出,温轧能够有效地改善 Ni9.3W 合金的形变织构,实验表明在 500 ℃下轧制能够获得最优的、利于形成再结晶立方织构的形变织构。

### 3.3.3.2　温轧中轧制形变量对 Ni9.3W 合金基带形变组织与织构的影响

#### 3.3.3.2.1　轧制形变量对 Ni9.3W 合金基带显微组织的影响

经塑性形变后,金属材料的显微组织发生了明显的改变。不仅在每个晶粒内部出现大量的滑移带或孪晶带外,随着形变量的增加,原来的等轴晶粒逐渐沿其形变方向伸长。形变量很大时,晶粒难以分辨而呈现如纤维状的条纹,即纤维组织,其分布方向即是材料流变伸展的方向。由于在 500 ℃温轧能够获得最佳的形变织构,因此实验选择在 500 ℃下轧制,研究轧制形变量对基带显微组织的影响。

图 3-3-11(a)-(f)对比了形变量分别为 70%、80%、90% 的冷轧与相同形变量下 500 ℃温轧的显微组织,图中所示为 RD-ND 方向。首先,当形变量从 50%(图 3-3-8(c))增加到 90%(图 3-3-11(f))后,温轧样品的晶粒逐渐被拉长为"平盘状",在 RD×ND 面上呈现出平行于轧制方向的纤维状组织。而冷轧 Ni9.3W 样品由于其滑移阻力较大,位错钉扎严重,晶粒形变较困难,其显微组织并不像温轧样品呈现出纤维状组织,在形变过程中主要以孪生形变为主。当形变量同为 80%(图 3-3-11(c))的时候,其金相照片中晶界清晰,在大部分晶粒内部仍然还能观察到孪生机制导致的形变孪晶存在。当形变量达到 90%(图 3-3-11(e))后,其显微组织中可以观察到与轧制方向成 ±35° 的剪切带。这些剪切带相互交叉,沿 RD 方向呈现"菱形"形状。这也是典型的低层错能金属塑性形变显微组织的特点。对比温轧与冷轧样品不同形变量的显微组织形貌可以看出,在形变过程中,采用温轧使样品中的形变机制发生了改变,从以孪生为主的形变机制转变为以滑移和孪生形变共存的形变机制,这将一定程度上抑制形变孪晶的生成,从而在形变织构中形成

较多的 C 型织构。

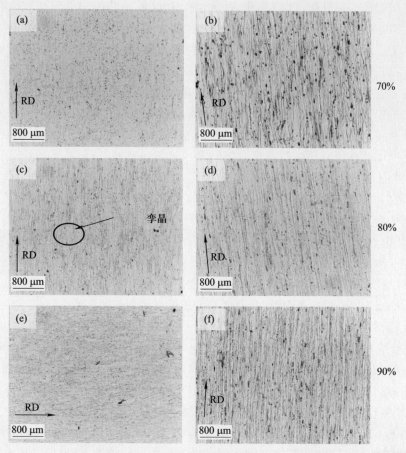

图 3-3-11　(a),(c),(e)冷轧;(b),(d),(f) 500 ℃温轧 Ni9.3W 基带经 70%,80% 和 90%
形变后的显微形貌图[10]

### 3.3.3.2.2　轧制形变量对 Ni9.3W 合金基带形变织构的影响

在冷轧过程中,面心立方金属的形变织构随材料本身层错能的高低逐渐由 C 型织构向 B 型织构转变。而在温轧过程中,由于轧制温度能够促进位错的交滑移,使得冷轧过程中具有低层错能的金属合金在形变过程中形变织构类型发生了一定的变化。本实验中,将 Ni9.3W 合金在 500 ℃进行温轧,分析轧制过程中形变织构的演变及发展过程。

当多晶体金属在外力作用下产生塑性形变时,晶粒取向也会随之做相应的转动,并最终聚集到某些取向附近。在温轧过程中,Ni9.3W 合金基带的形变织构随形变量的变化情况如图 3-3-12 所示,随着轧制形变量的增加,形变织构在极图中的强度逐渐增加,说明随轧制形变量的增加形变织构逐渐形成并发展。当形变量大于 85% 时,从极图中可以看出,在 Ni9.3W 合金的形变织构中已经形成了很强的混合型形变织构,并且随轧制形变量的增加,极图中在 C 和 S 取向极射投影处的强度逐渐增强,并在 95% 形变量时达到最大值(图 3-3-13(b))。从以上极图的分析结果可以得出,在形变中使用温轧技术,并随轧制形变量的增强,可使 Ni9.3W 合金的形变织构逐渐发展为中层错能金属合金所具有的混合型形变织构,这与冷轧形变 Ni9.3W 合金的形变织构具有明显的不同(图 3-3-10)。

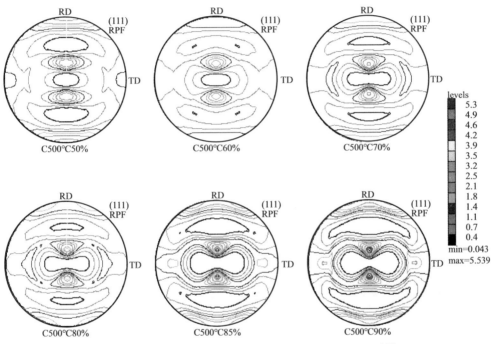

图 3-3-12　不同温轧形变量下 Ni9.3W 基带的(111)极图[10]

在面心立方金属的形变过程中,随形变量的增加,形变织构趋于集中在几个稳定或亚稳定的取向附近。一般来讲,形变取向可用两条形变通道或取向线来描述:一是 $\alpha$ 取向线,即从 G 取向位置 {011}<100> 指向 B 取向位置 {011}<211>,即当 $\varphi_2$ = 0°,$\Phi$ = 45° 时,$\varphi_1$ 从 0° 到 45°;另外一条是 $\beta$ 取向线,即从 C 取向 {112}<111>,经 S 取向 {123}<634> 指向 B 取向 {011}<211> 方向。图 3-3-13(a) 和 (b) 分别为 Ni9.3W 合金在不同温轧形变后 $\alpha$ 和 $\beta$ 取向线。从图中可以看出,随轧制形变量的增加,两条取向线的强度均逐渐增加,说明形变织构的强度随轧制形变量的增加逐渐增大。同时可以看出,随轧制形变量的增加,各主要形变取向的强度逐渐增强并向理想的取向位置靠近。对所有形变量下的 $\beta$ 取向线(图 3-3-13(b))进行分析可知,当轧制形变量从 50% 增加到 95% 的过程中,C 取向和 S 取向的强度逐渐增大,并且在整个形变织构中占主导优势,这一结果同样验证了温轧抑制了 Ni9.3W 合金中 B 取向的形成。同时,从 α 取向线中还可以看出,随形变程度的增加,B 取向逐渐向标准取向位置 $\varphi_1 = 35°$ 处靠近。当轧制形变量为 95% 时,在 α 取向线 $\varphi_1 = 20°$ 附近可以观察到 B/G 过渡取向的存在。而在 95% 轧制形变量之前,G 取向的强度变化不大。值得注意的是当轧制形变量增加至 99% 时,从图中可以看出,整个形变织构发生了较大的变化,即 B 取向和 G 取向的强度显著增加,同时 C 取向急剧减少,S 取向的强度则小幅降低,此时的形变织构已由 95% 形变量时的混合型形变织构转变回 B 型形变织构。在本实验中,造成这一现象的原因可能是由于轧制前与轧制过程中损失的大量热能引起了轧制温度的降低,即当形变量较大时,基带具有较大的表面积并且厚度较薄,而在实验过程中轧制前在空气中的热损失,以及轧制中轧辊与基带表面较高的温度差所造成的热损失使样品的实际轧制温度远低于目标轧制温度,因此动态回复难以发生,造成形变重新以孪生形式为主,从而使形变织构重新转为 B 型形变织构。

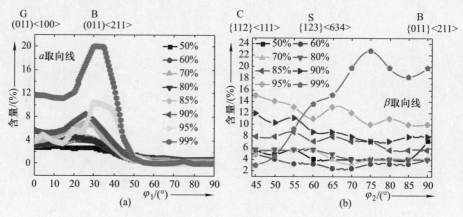

图 3-3-13　不同形变量温轧 Ni9.3W 合金基带的 α 和 β 取向线[10]

　　为了进一步分析各形变取向随轧制形变量变化的演变过程,图 3-3-14 定量地表示了各形变取向的体积分数随轧制形变量的变化情况。在 500 ℃ 下轧制时,Ni9.3W 合金基带中 G、B、C 和 S 等形变取向的体积分数随轧制形变量的变化呈现出一定的规律,如图 3-3-14 所示,随轧制形变量的增加,C 取向的含量逐渐增加,在 90% 形变量时出现最大值,而后逐渐减少;B 取向和 S 取向基本上随轧制形变量的增加而增大,G 取向的含量除了在 99% 形变量有明显增加外,几乎处于同一水平。从图中可以得出,当形变量大于 95% 以后,形变织构的转变受实验条件的影响显著。因此,为了获得适用于涂层导体用的合金基带(厚度约 100 μm),在后续的实验中需要对本实验中所采用的实验条件进行优化,使整个轧制过程均满足温轧的要求。

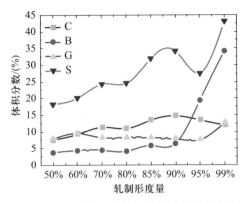

图 3-3-14　轧制取向体积分数随轧制形变量变化曲线[10]

从以上的分析可以得出,温轧能够使轧制过程中发生动态回复,促进位错交滑移的进行,从而抑制 B 取向的形成,最终提高形变织构中 C 型织构的含量。因此,采用温轧的轧制工艺能够使 Ni9.3W 合金的形变织构从 B 型形变织构转变为混合型形变织构甚至 C 型织构,这将从根本上改变 Ni9.3W 合金立方织构形核与长大的方式,有利于再结晶立方织构的形成。

### 3.3.3.3　温轧工艺对 Ni9.3W 合金基带再结晶立方织构的影响

从上面的论述中发现,温轧能够有效地优化 Ni9.3W 合金的形变织构。在 500 ℃进行轧制时,可以在避免动态再结晶发生的情况下获得最优的形变织构,并且研究发现,随轧制形变量的增加,基带中逐渐形成 C 型形变织构并不断增强。但由于轧制过程中热量的损失,当轧制形变量大于 95% 以后,形变织构由混合型形变织构又转回 B 型形变织构。因此,这里对再结晶织构的研究,是以 90% 和 95% 轧制形变量(厚度分别为 900 μm 和 450 μm)制备的基带作为研究对象。

基带的热处理工艺采用两步热处理工艺,即在 700 ℃保温 30 min 后升温至 1100 ℃保温 60 min,整个加热过程中升温速率为 7 ℃/ min,热处理气氛为 $N_2$-5% $H_2$。由于在温轧制时,基带表面发生了氧化,因此在热处理前将基带进行表面抛光处理(机械抛光后电解抛光),抛光工艺如 3.1 中所述。对热处理后的样品用 EBSD 技术进行织构分析,测试区域为 1.2 mm×1.2 mm,扫描步长为 6 μm;对表征微观组织和晶界的样品,测试区域为 800 μm×800 μm,扫描步长为 2 μm。

3.3.3.3.1　轧制形变量对再结晶织构的影响

从以上结果可以得出,500 ℃为温轧工艺的最佳轧制温度。本部分实验将研究在 500 ℃下轧制的基带中,不同轧制形变量(90% 和 95%)对再结晶织构的影响。将上述两种基带采用两步热处理工艺在 1100 ℃下保温 60 min 热处理后,对其表面织构进行分析。

　　图 3-3-15 为两种不同轧制形变量基带在相同热处理工艺下再结晶后基带的 ODF 图。从图中可以看出,在 90% 轧制形变量的温轧基带再结晶织构中,形成了一定强度的立方取向(百分含量为 23.3%),但同时还可以观察到大量的立方孪晶、RD-旋转立方、轧制织构和 {326}<835> 再结晶织构取向。将轧制形变量增加至 95% 后,可以看到立方取向的强度进一步增强,同时 RD-旋转立方的强度有所降低。而对于在 90% 轧制形变量基带中大量存在的立方孪晶和 {326}<835> 织构则看到了明显的降低。可见,增加温轧制形变量能够提高再结晶立方织构的强度,同时降低立方孪晶等其他非立方取向的强度。此外,从图 3-3-16 中对两种基带的晶界分布结果的分析还可以得出,在 95% 温轧样品中,小角度晶界(<10°)的含量为 24.7%,比 90% 温轧样品中高 20%,而孪晶晶界 60°<111> 含量则相对较少(44.7%)。

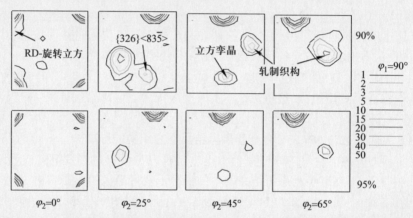

图 3-3-15　500 ℃温轧获得的 90% 和 95% 形变量 Ni9.3W 基带再结晶热处理后的 ODF 图[10]

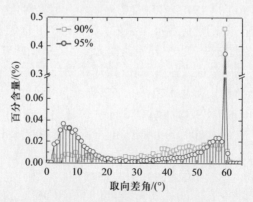

图 3-3-16　500 ℃温轧获得的 90% 和 95% 形变量 Ni9.3W 基带再结晶热处后晶界分布曲线[10]

#### 3.3.3.3.2　轧制温度对再结晶织构的影响

为了研究轧制温度对再结晶织构的影响,将不同轧制温度下(室温、200 ℃、300 ℃、400 ℃和 500 ℃)获得的 95% 形变量 Ni9.3W 基带采用两步热处理工艺在 1100 ℃保温 60 min 后,采用 EBSD 分析不同样品中再结晶织构的含量。

图 3-3-17 为不同轧制温度下获得的 95% 轧制形变量 Ni9.3W 合金基带热处理后各取向百分含量与轧制温度的关系曲线,图中再结晶织构定义为偏离标准取向 10°以内的取向。从图中可以看出,立方取向含量从 400 ℃轧制样品中开始显著升高,在 500 ℃轧制样品中达到最大值,为 66.3%。可见,提高轧制温度有利于立方织构的形成,这一结果与文献[52]中所报道的提高形变温度能够强化最终的再结晶立方织构相一致。而同时也发现,立方织构强度在形变温度为 400 ℃以前时变化并不明显,这可能是由于轧制温度较低,在形变过程中动态回复对位错的回复没有明显的作用,因而再结晶立方织构强度的增加也不明显。对于在冷轧基带中主要的再结晶取向(轧制取向),从图中可以看出,其含量随轧制温度的增加而逐渐降低,在 500 ℃轧制样品高温再结晶热处理后,其再结晶织构中几乎不存在轧制取向再结晶织构,这可能与 500 ℃温轧基带的形变织构与冷轧基带相比发生了较大的变化有关,大量的 C 型织构及形变过程中的动态回复均利于再结晶立方织构的形核及长大,因此抑制了其他取向晶粒的长大。而由于 RD-旋转立方与立方取向具有 18°<100>的取向关系,在定义再结晶取向时均采用了 10°为容差角,因此在立方取向逐渐增加的过程中,漫散的立方取向则会一定程度上增加 RD-旋转立方取向的含量。而立方孪晶的含量随轧制温度的升高也略有增加,但均在 10% 以下,较高的立方孪晶可能是由于总轧制形变量(95%)不高造成的,若增加轧制总形变量,能够降低再结晶织构中立方孪晶的含量。

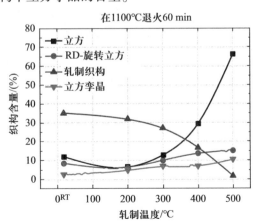

图 3-3-17　不同轧制温度获得的 95% 形变量的 Ni9.3W 基带再结晶织构百分含量[10]

　　表 3-3-4 为不同轧制温度下获得的 Ni9.3W 合金基带再结晶热处理后各类型晶界的百分含量。从表中可以看出,随轧制温度的升高,再结晶热处理后,小角度晶界(<10°)的含量逐渐增加,并在 500 ℃轧制基带中获得最大值。但同时发现,∑3孪晶界随轧制温度的变化似乎并不明显,这可能是由于退火孪晶仅与轧制形变量有密切的关系,而与轧制温度的关系不大,因为在相同轧制形变量下 Ni5W 合金基带在相同条件下再结晶热处理后孪晶界的含量也处于同一水平(43.7%)。

**表 3-3-4　不同轧制温度获得的 Ni9.3W 基带再结晶后的晶界含量**

|  | 室温轧制 | 200 ℃ | 300 ℃ | 400 ℃ | 500 ℃ |
|---|---|---|---|---|---|
| <10° | 3.9% | 3.3% | 9.1% | 10.2% | 24.7% |
| ∑3 | 55.7% | 49.8% | 47% | 51.1% | 44.7% |
| ∑9 | 1.89% | 0.73% | 0.59% | 0.75% | 0.5% |

　　图 3-3-18(a)和(b)分别为形变量 95% 的冷轧和 500 ℃温轧 Ni9.3W 基带经过1100 ℃,60 min 再结晶热处理后表面取向分布图,图中不同颜色代表不同的再结晶取向。从图中可以看出,经过相同工艺的热处理后,在温轧样品中,与冷轧Ni9.3W 基带相比,再结晶后织构发生了明显的变化:即由轧制取向再结晶织构为主转向以再结晶立方织构为主,500 ℃温轧基带经两步再结晶热处理后,立方织构含量为 66.3%,比冷轧制备的基带中再结晶立方织构含量增加了 55%。由此可以

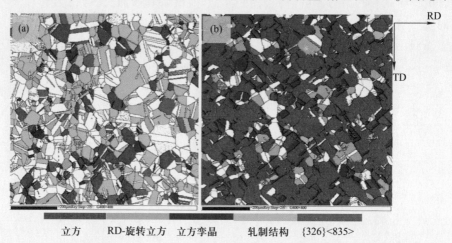

立方　　　RD-旋转立方　立方孪晶　　轧制结构　　{326}<835>

图 3-3-18　95%形变量(a) 冷轧 Ni9.3W 基带;(b) 500 ℃温轧 Ni9.3W 基带再结晶后表面
取向分布图[10]

得出,温轧可以显著地提高 Ni9.3W 合金基带中再结晶立方织构的含量,关于温轧对再结晶立方织构形成的影响机理将在 3.3.5 小节中进行详细讨论。同时,通过对晶粒进行统计分析,在所测试区域内,冷轧制备的 Ni9.3W 基带再结晶后晶粒的平均大小为 35.9 μm,而在温轧基带中再结晶晶粒平均尺寸为 33.3 μm。可见,在相同的热处理工艺下,再结晶后温轧基带中的晶粒尺寸较小,这可能是由于轧制温度的提高改变了合金的形变储能,从而影响了合金的再结晶动力学。

通过以上分析可以得出,提高轧制温度可以改变 Ni9.3W 合金的形变织构并提高合金中再结晶立方织构的含量。合金中 C 型形变织构的含量随轧制温度的提高而增加,采用 500 ℃作为轧制温度,在 Ni9.3W 合金中可以获得最优的形变织构。而对再结晶立方织构的研究表明,500 ℃温轧获得的 95% 形变量 Ni9.3W 合金基带再结晶后立方织构含量可达 66.3%,与冷轧基带相比,获得了大幅度的提高。可以推断,如果采取标准的温轧技术制备温轧形变量为 99% 的 Ni9.3W 合金基带,再结晶退火后其立方织构含量会有大幅度的提高,有望达到商业化 Ni5W 合金基带的水平,这也是我们下一步实验的重点。因此可以得出,温轧技术是可以在低层错能面心立方合金中获得强立方织构的行之有效的技术之一。

### 3.3.4　轧制间回复处理技术制备织构 Ni9.3W 合金基带的研究

与 Ni7W 基带相比,由于固溶原子的进一步增加,Ni9.3W 基带具有更高的屈服强度,在实际的应用中,可以进一步减小基带的厚度从而增加涂层导体的工程电流密度,降低其制备成本。同时,随着固溶原子的增加,Ni-W 合金的居里转变温度逐渐降低,当 W 含量为 9.3at.% 时,居里温度为 30K[37],这就意味着当 Ni9.3W 基带应用在超导材料的工作温度 77K 时避免了交流损耗的发生,这将大大提高涂层导体的性能。另一方面,固溶原子含量的增加,使 Ni-W 合金的层错能急剧下降,导致形变过程中 Ni-W 合金的形变织构由 C 型形变织构(或金属型)转变为 B 型形变织构(或合金型),这将不利于在 Ni9.3W 合金中形成立方织构。因此,如何在具有较低层错能的 Ni9.3W 合金中形成锐利的立方织构是"涂层导体用 Ni-W 合金研究"的一个热点和难点。

#### 3.3.4.1　单次轧制间回复处理对 Ni9.3W 合金基带立方织构形成的影响

3.3.4.1.1　轧制间回复热处理前后 Ni9.3W 基带形变织构分析

对于织构 Ni9.3W 合金基带的制备,首先采用与 Ni7W 合金基带相同的制备工艺,即在冷轧形变量为 90% 之后采用一次 500 ℃保温 2 h 的轧制间热处理后再冷轧至总轧制形变量 99%,研究轧制间回复热处理对形变织构及再结晶织构所产生的影响。

为了系统地研究回复处理对形变织构的影响,首先对热处理前后基带的形变织构进行分析。图 3-3-19 为 90% 形变量的 Ni9.3W 基带在进行 500 ℃,2h 热处理前(图(a))和热处理后(图(b))的(111)极图。对比热处理前后基带的(111)极图可以看出,经过回复热处理后,形变织构的类型并没有发生变化,均为混合型形变织构(织构中既有 C 型形变织构,又有 B 型形变织构),可见回复处理并没有改变 Ni9.3W 基带的形变织构。但同时可以观察到两种状态下(111)极图中强度的最大值略有不同,热处理前后分别为 5.351 和 5.417,即热处理后使基带的形变织构更加集中。这是由于在回复热处理过程中,在各取向漫散的区域位错较易进行回复并且亚胞容易长大,因此经过回复处理后形变织构的强度略有增加。

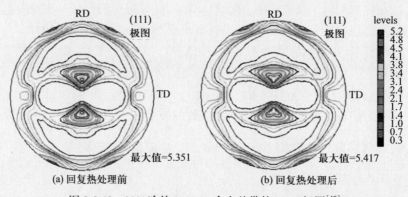

图 3-3-19　90% 冷轧 Ni9.3W 合金基带的(111)极图[10]

图 3-3-20 分别为 Ni9.3W 基带在 500 ℃ 保温 2 h 回复热处理前后形变织构 α

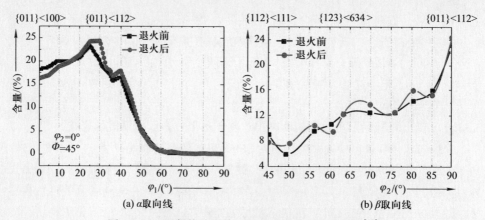

图 3-3-20　回复热处理前后两种基带的 α,β 取向线[10]

取向线(图(a))和 β 取向线(图(b))的分布曲线。从图中可以看出,经过回复处理后,基带中 B 取向和 S 取向在欧拉空间的位置更加接近两种取向标准的取向位置,即热处理后降低了两种取向的漫散程度,向标准取向靠拢,并且其强度都有一定程度的增加。但同时可以看到,G 取向和 C 取向的强度则略有降低。从表 3-3-5 中可以得知,经过回复热处理后一定程度上增加了立方取向的含量,表明通过中间退火处理,使立方取向得到了回复。

**表 3-3-5　不同回复处理状态 90% 和 99% 形变量下 Ni9.3W 基带各形变织构的含量**

| 形变量 | 状态 | B(<15°) | C(<15°) | S(<15°) | 立方(<15°) |
|--------|------|---------|---------|---------|-----------|
| 90% | 热处理前 | 24.28% | 7.91% | 24.91% | 1.06% |
| | 热处理后 | 25.24% | 7.33% | 25.58% | 1.09% |
| 99% | 无中间热处理 | 32.44% | 5.26% | 27.19% | 1.14% |
| | 一次中间热处理 | 31.65% | 5.51% | 27.62% | 1.09% |

**3.3.4.1.2　轧制间回复热处理对 Ni9.3W 冷轧基带形变织构的影响**

图 3-3-21(a)和(b)分别为普通冷轧 99% 形变量 Ni9.3W 合金基带与冷轧 90% 后在 500 ℃经过 2 h 回复热处理后冷轧至总形变量为 99% 的 Ni9.3W 合金基带的(111)极图。从(111)极图上可以看出,与传统冷轧 99% 形变量基带的(111)极图相比,经过一次轧制间热处理后的基带,在形变组织的类型上并没有明显的变化,其形变织构均为典型的低层错能金属形变织构,即以 B 型形变织构为主。从图中还可以看到,在两种基带的(111)极图中均含有少量的平行于{111}面的低强度轧

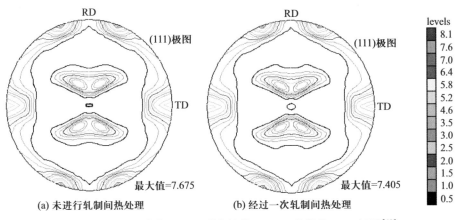

(a) 未进行轧制间热处理　　　(b) 经过一次轧制间热处理

图 3-3-21　冷轧至 99% 形变量的 Ni9.3W 基带的(111)极图[10]

制织构,一般认为这一取向为 B 取向形成过程中的中间取向[22]。另外,从(111)极图的等高线强度分布情况来看,两种基带 B 取向的最高强度分别为 7.675 和 7.405,比较等高线的分布情况可以看出,经过一次轧制间热处理后获得的基带中形变织构强度略有降低,这可能是由于经过中间热处理后样品在后续的第二个冷轧形变过程形变量(90%)比未经过中间热处理样品的冷轧总形变量(99%)小的原因所造成的。

为了分析单次轧制间回复处理对最终 Ni9.3W 基带形变织构的影响,将传统冷轧基带与经过一次轧制间回复处理的基带的两条典型取向线画于图 3-3-22 中。从图中可以看出,经过轧制间回复处理样品的形变织构中 G 取向和 B 取向的强度有所降低,S 取向的强度略有升高,而 C 取向的强度变化不大。因此可以得出,对于 Ni9.3W 合金基带,经过一次轧制间回复处理后获得的形变织构中减少了 B 型织构。表 3-3-5 为不同回复处理状态下形变量为 90% 和 99% 的 Ni9.3W 基带各形变织构的含量,从 X 射线衍射极图的结果来分析,经过一次轧制间回复处理后所制备的 Ni9.3W 合金基带中形变织构没有像 Ni7W 合金基带一样得到明显的优化,形变织构中 C 型织构的含量没有明显地提高(见表 3-1-3)。

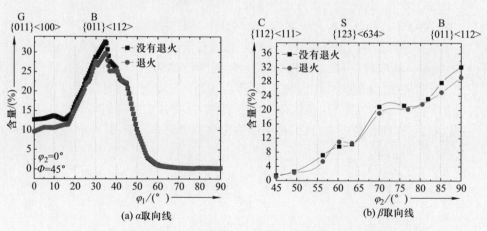

图 3-3-22　未经过和经过轧制间回复处理 Ni9.3W 基带的 α,β 取向线[10]

### 3.3.4.1.3　单次轧制间回复热处理对 Ni9.3W 基带再结晶织构的影响

为了获得再结晶织构,将两种轧制形变量为 99%(无中间热处理和一次中间热处理)的 Ni9.3W 合金基带采用相同的两步退火工艺进行再结晶热处理,即首先在 700 ℃进行 30 min 的低温热处理后升至 1100 ℃进行 60 min 的高温热处理。采用 EBSD 技术对再结晶织构进行表征,测试范围为 800 μm×800 μm,扫描步长为 4 μm。

在 Ni9.3W 合金基带的再结晶织构中,主要以立方取向{001}<100>,沿 RD-旋转立方{013}<100>和立方孪晶{122}<212>为主。图 3-3-23 为在相同热处理工艺下获得的两种 Ni9.3W 合金基带中各再结晶织构的百分含量。本实验中,对 3 种再结晶织构的定义分别为偏离标准立方、RD-旋转立方和立方孪晶 10°以内的取向。由 EBSD 分析可得,经过中间回复处理样品中的立方织构含量为 62.5%,而传统冷轧 Ni9.3W 基带再结晶立方织构为 60.7%。通过比较可以得出,经过一次轧制间中间退火处理的 Ni9.3W 合金基带中再结晶立方织构并没有显著提高,同时可以发现,在经过轧制间回复处理样品中的立方孪晶和 RD-旋转立方含量也都略有增加。从以上结果可以得出,一次轧制间回复热处理对 Ni9.3W 合金基带的形变织构及再结晶立方织构的改进并不明显。

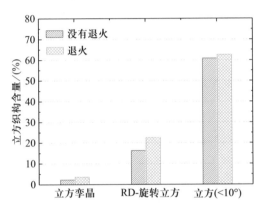

图 3-3-23　经过和未经过轧制间回复处理的 Ni9.3W 基带中各主要再结晶织构含量[10]

### 3.3.4.2　多次轧制间回复处理对 Ni9.3W 合金基带立方织构形成的影响

由上面的分析可知,经过一次轧制间回复热处理后,Ni9.3W 合金基带的再结晶立方织构没有得到明显的改善,并且 Ni9.3W 合金基带的立方织构含量远远不足以满足外延生长过渡层及超导层的要求,因此为了进一步优化 Ni9.3W 合金基带的再结晶立方织构,在基带整个冷轧的过程中,采取多次轧制间回复热处理来进一步改善再结晶立方织构的含量。由于多次回复的引入,故需要减少最后一次回复处理后冷轧过程的形变量。一方面根据参考文献[22]中关于 B 型形变织构形成的论述,即在低层错能合金中 B 型形变织构的发展过程中,当轧制形变量大于 60%时,剪切带在形变过程中起主要作用。本实验的目的之一是为了通过轧制间回复处理适当地减少由加工硬化所产生的应力,延缓剪切带的出现,从而抑制 B 型形变织构的转变,适当优化 Ni9.3W 合金的形变织构;另一方面考虑到最后一次冷轧形变过程形变量太低不利于轧制形变织构的形成。因此在实验设计中以 60% 冷轧形变量为参考,每经 60% 冷轧形变量进行 1 次轧制间回复处理,经计算在总形变量为 99% 的轧制过程中可进行 4 次轧制间回复处理。

　　为了研究不同轧制间回复处理次数对最终基带形变织构及再结晶织构的影响,实验中将对经不同次数回复处理的基带分别进行表征,即以 60% 冷轧形变量后 500 ℃进行 2 h 的轧制间回复处理为一个循环,分别对经过 1 次、2 次、3 次及 4 次循环后,总形变量均为 99% 的冷轧基带进行表征,具体的轧制工艺参数如表 3-3-6 所示。

表 3-3-6　Ni9.3W 基带多次回复处理轧制工艺参数

| 回复循环 | 热力学轧制工艺(99% 总轧制形变量) |
|---|---|
| 1 次 | 60% 冷轧(500 ℃,2h)+97.5%冷轧; |
| 2 次 | 60% 冷轧(500 ℃,2h)+60% 冷轧(500 ℃,2h)+93.75%冷轧; |
| 3 次 | 60% 冷轧(500 ℃,2h)+60%冷轧(500 ℃,2h)+ 60% 冷轧(500 ℃,2h)+84.4%冷轧; |
| 4 次 | 60%冷轧(500 ℃,2h)+60% 冷轧(500 ℃,2h)+ 60% 冷轧(500 ℃,2h)+60%冷轧(500 ℃,2h) +60%冷轧 |

#### 3.3.4.2.1　多次轧制间回复热处理对 Ni9.3W 基带形变织构的影响

　　图 3-3-24 为不同轧制工艺下制备的 Ni9.3W 合金基带的(111)极图:图(a)为

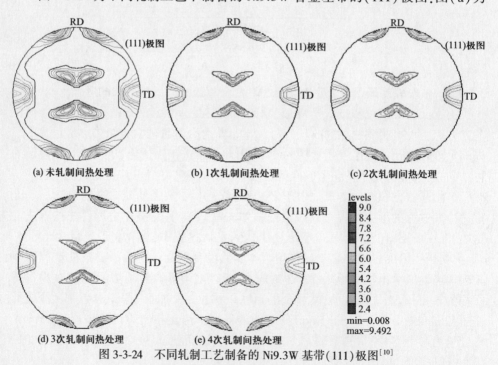

图 3-3-24　不同轧制工艺制备的 Ni9.3W 基带(111)极图[10]

采用传统冷轧工艺制备的 Ni9.3W 基带的(111)极图,图(b)-(e)分别为经过轧制间 1 次、2 次、3 次和 4 次回复热处理后制备的 Ni9.3W 基带的(111)极图。从极图的结果可以看出,与未经过轧制间热处理的样品相比,经过轧制间热处理样品中冷轧形变织构的组分没有发生变化,均为典型的中低层错能金属形变后所形成的以 B 取向为主的形变织构。但对比主要形变织构(即 B、C 和 S 型)在(111)极图中的极射投影所形成的等高线形状可知,经过中间退火的样品(111)极图中,随轧制间热处理次数的逐渐增加,B 取向的强度有所减弱,而在 C 及 S 取向的极射投影点处,等高线的强度有所增强。同时可以看出,随着轧制间热处理次数的增加,极图特征逐渐由 B 型向混合型转变,当轧制间热处理次数为 4 次时(图(e)),与传统冷轧样品相比,基带形变织构中 C 型织构含量明显提高。可见,多次轧制间热处理对 Ni9.3W 合金基带在形变过程中 B 织构的发展产生了一定的抑制作用。

为了进一步表征轧制间多次回复处理对 Ni9.3W 合金基带形变织构形成及发展的影响,将经过不同回复热处理次数轧制获得的冷轧基带中各主要形变织构沿 $\alpha$ 取向线及 $\beta$ 取向线的分布分别绘于图 3-3-25(a)和(b)中。从图(b)中可以看出,在 $\beta$ 取向线中当 $\varphi_2 = 45°$ 时 C 取向的强度随轧制间回复次数的增加而逐渐增加,同时在轧制间回复处理样品中 S 取向($\varphi_2 = 63°$)的强度与普通冷轧样品相比均得到了明显的提高,当中间处理次数为 3 次时,S 取向的强度达到最大值,热处理次数增加至 4 次后,S 取向强度略有降低。在图(a)中,从 $\alpha$ 取向线 $\varphi_1 = 35°$ 处附近 B 取向的峰值位置变化可以得出,与普通冷轧样品相比,中间热处理次数为 1 次、2 次和 3 次样品中 B 取向的位置更加接近理论位置 $\varphi_1 = 35°$,这与文献[38]中所报道的轧制间热处理能够使形变织构更加集中的结果相一致。而经过 4 次轧制间回复处理样品中 B 取向比较漫散,同时可以看到 B 取向强度的变化与轧制间回复处理

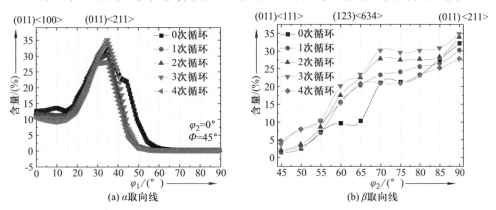

图 3-3-25　经不同轧制间回复处理的次数制备的 Ni9.3W 合金基带 $\alpha$ 和 $\beta$ 取向线分布图[10]

次数之间并没有明显的变化规律。而从 $\varphi_1 = 0°$ 处可以看到,G 取向随轧制间热处理次数的增加而逐渐减少,这对再结晶过程中 $\{326\}<83\bar{5}>$ 和 $\{013\}<100>$(RD-旋转立方)织构的形成有一定抑制作用。

同时,从图 3-3-26 中可以得出,与各轧制取向强度的变化相对应,经过不同轧制间回复处理的基带中各形变取向含量也发生了一定的变化。当热处理次数为 3 次时获得的冷轧基带中 S 取向和 C 取向的含量分别达到最大值,这一结果与上述分析结果一致。另外,从基带中各轧制织构总含量的变化可以看出,随中间热处理次数的增加,轧制织构的总含量逐渐增加,当热处理次数为 3 次时,轧制织构总含量达到最大值,经过 4 次轧制间热处理后基带中轧制织构总含量降低,这可能是由于经过最后 1 次热处理后冷轧形变量太小从而影响了形变织构的形成。

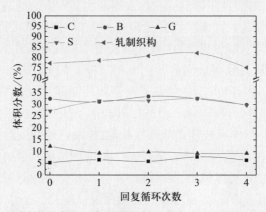

图 3-3-26　经不同次数轧制间回复处理的样品中各主要形变取向含量随轧制间热处理次数的变化[10]

从以上分析可以得出,多次轧制间回复处理对 Ni9.3W 合金形变织构的形成产生了一定的影响。随着热处理次数的增加,轧制间回复处理抑制了形变过程中 B 型织构的形成,从而增加了形变织构中 C 型形变织构的含量,这将对后续再结晶过程中立方织构的形核及长大均具有促进作用。综合 Ni9.3W 基带中各形变织构随轧制间回复处理次数的变化可以得出,经过 3 次热处理后基带中含有较多的有利于形成再结晶立方织构的 C 和 S 取向,因此实验得出 3 次轧制间热处理为获得最佳形变织构的轧制工艺。

### 3.3.4.2.2　轧制间多次回复热处理对 Ni9.3W 基带再结晶织构的影响

在再结晶过程中,再结晶织构的形核及长大均与基体中形变织构有一定的关联性,对于 Ni9.3W 合金基带,由于轧制间回复处理及回复处理次数对形变织构的影响,因此后续的再结晶织构与回复处理次数之间必然存在一定的关系。

　　为了研究回复处理次数对再结晶织构的影响,首先需要确定再结晶热处理工艺。在本实验中,采用两步热处理工艺对 Ni9.3W 合金基带进行再结晶热处理。首先,将 Ni9.3W 合金基带在不同温度进行相同时间(30 min)的热处理后进行淬火,采用硬度仪对样品表面的硬度进行表征,加载载荷为 100 g,持续时间为 20 s,通过考察不同热处理温度下样品硬度的变化,确定两步热处理工艺中第一步再结晶热处理的温度。与 Ni7W 合金基带相似,在本实验中同样以再结晶完成 50% 以上时的温度作为第一步再结晶热处理的温度。从图 3-3-27 中可以看出,Ni9.3W 合金基带的再结晶开始温度约为 550 ℃,再结晶完成温度约为 750 ℃。通过图中显微硬度曲线的变化,在本实验中将采用 700 ℃作为两步退火工艺中第一步的再结晶热处理温度。

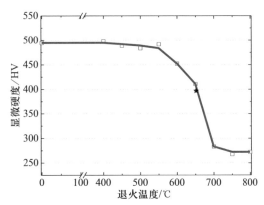

图 3-3-27　Ni9.3W 合金基带显微硬度随热处理温度变化的曲线[10]

　　图 3-3-28 为单纯冷轧基带与分别经过 1 次、2 次、3 次和 4 次轧制间回复处理后获得的 Ni9.3W 冷轧基带经两步退火工艺在 1100 ℃保温 60 min 后再结晶织构(<10°)的含量曲线。轧制间回复热处理工艺为经 60% 冷轧形变量后在 500 ℃进行 120 min 的回复处理为 1 次回复处理循环。为了更加宏观、定量地表征再结晶织构含量,在 EBSD 测试中,测试范围为 1.2 mm×1.2 mm,步长为 4 μm。由图可知,Ni9.3W 合金再结晶织构以立方取向{001}<100>和 RD-旋转立方{013}<100>取向为主,同时还有少量的{326}<8\overline{3}5>和立方孪晶{122}<212>。经过一次轧制间回复处理的样品再经过两步热处理退火后表面立方织构含量与单纯冷轧样品在相同热处理工艺下获得的 Ni9.3W 基带表面立方织构含量大致相当,这一结果与上面中对 Ni9.3W 基带采取 90% 冷轧形变后进行回复热处理所获得的结果相似,即一次轧制间回复处理(60% 或 90% 冷轧形变量)对 Ni9.3W 合金基带再结晶后立方织构含量的提升没有明显的作用。但随着轧制间回复热处理次数的增加,Ni9.3W 基带中再

结晶立方织构的含量逐渐增加,当轧制间热处理次数增至 3 次时,所获得的基带经过两步再结晶退火后基带中立方织构含量增加至 76% ,比单纯冷轧样品中立方织构含量增加了 16% 。可见,随轧制间回复热处理次数的增加,Ni9.3W 合金基带再结晶立方织构的含量得到了明显的提高。同时从图中可以发现,当热处理次数增加至 4 次时,再结晶热处理后,与 3 次热处理后获得的 Ni9.3W 基带中立方织构含量大致相当,基本处于同一水平。因此可以看出,再结晶立方织构的含量并没有随轧制间热处理次数的增加而线性增加,而是出现了一个最大值,造成这一现象的原因将在 3.1.3.5 部分中进行详细讨论。

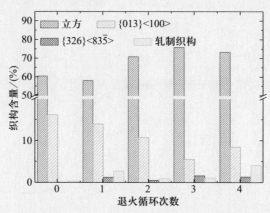

图 3-3-28　再结晶织构含量随轧制间热处理次数的变化曲线[10]

对于另一个主要的再结晶织构 RD-旋转立方,从图中可以看出其变化趋势与立方织构相反,即随轧制间热处理次数的增加其含量逐渐减少,当热处理次数为 3 次时,RD-旋转立方的含量最少。因此可以得出,立方织构的增加可能是由于抑制了旋转立方的生成所造成的。同时可以看出,立方孪晶{122}<212>和{326}<835>取向与轧制间热处理次数并无明显的关系,在再结晶织构中均为微量取向。

表 3-3-7 中为经过不同次数轧制间热处理获得的 Ni9.3W 基带经两步退火再结晶热处理后各类型晶界的百分含量。从表中可以看出,小角度晶界(<10°)的含量也随轧制间回复处理次数的变化发生变化,经过 3 次轧制间回复处理后获得的 Ni9.3W 基带再结晶后小角度晶界的含量为最高(52.3%),同时 1 次孪晶晶界(∑3)及 2 次孪晶晶界(∑9)的含量均为最小值。可见轧制间回复处理有利于小角度晶界的形成,并抑制了孪晶界的形成。

**表 3-3-7　不同轧制间回复处理次数获得的 Ni9.3W 基带经两步退火再结晶热处理后的晶界分布百分数**

|  | 0 次 | 1 次 | 2 次 | 3 次 | 4 次 |
|---|---|---|---|---|---|
| 小角度晶界（＜10°）/（%） | 38 | 27.6 | 42.3 | 52.3 | 42.5 |
| Σ3 孪晶界/（%） | 32.6 | 34.2 | 27.7 | 23.5 | 30.1 |
| Σ9 孪晶界/（%） | 0.99 | 1.24 | 0.87 | 0.35 | 0.65 |

### 3.3.4.3　再结晶热处理工艺对 Ni9.3W 基带再结晶织构的影响

研究[39,40]表明，形变织构中立方取向由于与滑移系之间具有较低的弹性交互作用，从而使其在回复热处理过程中比其他取向具有更快的回复优势并形核，因此为了提高 Ni9.3W 基带中再结晶立方织构的含量，这里在两步再结晶热处理工艺中增加一步回复热处理，即对 Ni9.3W 合金基带采用三步再结晶退火工艺，利用形变织构中立方取向组织的优先回复优势，在回复处理过程中优先回复，使立方取向结构或亚晶相对于其他取向结构具有更大的形核优势，从而增加再结晶开始阶段立方晶核的形核率，同时抑制其他取向晶粒的形核。

从图 3-3-27 中可以得出，Ni9.3W 基带的显微硬度从 400 ℃开始下降，即发生了回复。因此在本实验中选择 400 ℃作为三步再结晶退火工艺中第一步回复热处理的温度，时间为 2 h。图 3-3-29 为三步热处理工艺的流程图。

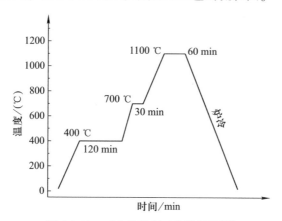

图 3-3-29　三步热处理工艺流程图[10]

为了能系统地表征回复热处理对立方晶粒形核及长大的影响，在本实验中同时采用一步热处理、两步热处理工艺与三步热处理工艺进行对比。一步热处理工艺即将 Ni9.3W 合金基带直接升温至 1100 ℃保温 60 min；两步热处理工艺即先在

700 ℃保温 30 min 后升至 1100 ℃保温 60 min。三种热处理工艺升温过程中升温速率均相同(7 ℃/ min),整个过程均在 N₂-5% H₂ 保护气氛中进行。

首先制备部分再结晶样品研究回复热处理及再结晶热处理对立方织构形核的影响,分别采用一步热处理工艺(升温至 700 ℃后淬火)、两步热处理工艺(升温至 700 ℃保温 30 min 后淬火)和三步热处理工艺(在 400 ℃保温 120 min 后升至 700 ℃保温 30 min 后淬火)制备三个部分再结晶样品。采用 EBSD 对样品表面进行织构分析,对一步热处理样品扫描的步长为 0.2 μm,两步和三步热处理样品的扫描步长为 0.5 μm。

图 3-3-30 分别为三种热处理工艺获得样品的<100>取向线,在该取向线上从左到右分别为立方取向($\Phi=0°$)、RD-旋转立方($\Phi=20°$)和 G 取向($\Phi=45°$)。从图中可以看出,在一步热处理制备的部分再结晶样品中,立方取向和 RD-旋转立方取向的强度几乎为零,可以得出经过部分再结晶热处理后样品中并没有生成立方取向,在取向线上只能观察到形变织构中的 G 取向。而经过两步退火的部分再结晶热处理样品中,立方取向的强度明显增强,表明两步退火中的第一步再结晶热处理有利于立方取向的形成。与两步热处理工艺相比,在再结晶热处理前经过回复热处理的三步部分再结晶热处理样品中立方取向的强度进一步增强,可见在三步退火的低温回复热处理过程中,立方取向首先发生了回复从而在第二步再结晶热处理过程中更容易形核并长大。经过计算,在偏离标准立方取向 10°以内,经过两步退火和三步退火工艺制备的部分再结晶样品中立方取向的含量分别为 4.61% 和 6.65%,而一步热处理工艺制备的样品中立方取向含量仅为 0.22%,几乎与形变织构中立方织构的含量相当。因此在整个热处理工艺中,再结晶热处理方式对立方

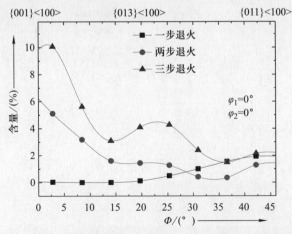

图 3-3-30　三种热处理方式制备的部分再结晶样品的<100>取向线[10]

织构的形成具有一定的影响,研究结果表明在再结晶热处理前增加一步低温回复处理将更加有利于立方取向的形核。同时,在三步部分再结晶热处理样品中还可以观察到大量的 RD-旋转立方的形成,这可能是由于 RD-旋转立方与立方取向具有类似的结构,在低温回复处理过程中相比于其他取向也具有一定的优先回复优势。

在形变组织中,由于不同取向的形变组织具有不同的储存能,因此其再结晶动力学具有一定的差异。为了研究不同取向再结晶形核的差异及回复热处理过程对不同取向再结晶过程的影响,对部分再结晶样品中已经形核并长大的再结晶晶粒的取向种类及晶粒尺寸进行了分析。对于再结晶晶粒的确定,在本实验中采用与文献[29]中类似的标准,即再结晶晶粒的面积大于 4 $\mu m^2$ 并且在晶粒内部其取向差小于 1.5°。在一步热处理工艺通过淬火获得的样品中,由于整个热处理时间较短,在基带中形变组织没有充足的时间形核并长大,因此基带中几乎没有发生明显的形核。在本实验中所观察的部分再结晶阶段,其平均晶粒尺寸较小(0.5 $\mu m$),在所观察的区域内几乎没有再结晶晶粒形成,因此本实验中只对两步退火及三步退火工艺制备的部分再结晶样品进行分析。

图 3-3-31(a)和(b)分别为两步和三步退火热处理工艺中通过淬火制备的部分再结晶 Ni9.3W 合金基带中再结晶晶粒的取向分布图。图中红色晶粒为立方晶粒,绿色晶粒为 RD-旋转立方,浅蓝色晶粒为轧制取向再结晶晶粒(C、S、B 和 G),蓝色晶粒为立方孪晶,粉色晶粒为 $\{326\}<8\bar{3}5>$ 晶粒,在图中将偏离标准取向 10°以内的晶粒定义为该取向晶粒。经计算可知,在两步退火制备的部分再结晶样品中,立方取向晶粒个数占总再结晶晶粒个数的 7%,RD-旋转立方占 5.3%,轧制取向晶粒占 50.1%,立方孪晶占 4.4%,$\{326\}<8\bar{3}5>$ 取向晶粒占 5.5%;而三步退火获得的部分再结晶样品中立方取向晶粒占总再结晶晶粒个数的 8.4%,RD-旋转立方占 4.8%,轧制取向晶粒占 30%,立方孪晶占 3.4%,$\{326\}<835>$ 取向晶粒占 7%。可见,三步退火工艺中经过低温回复热处理样品的立方取向晶粒的形核率提高了 1.4%,而轧制取向晶粒的形核率下降了 20.1%,同时 RD-旋转立方晶粒和立方孪晶的形核率也略有下降。因此通过分析可知,通过在再结晶热处理工艺中引入低温回复处理,不仅增加了基带形变组织在进入再结晶形核长大初期时样品中立方织构的含量,同时也增加了立方晶粒的形核率,并降低了轧制取向和 RD-旋转立方的形核率,这将利于并进一步增加完全再结晶后再结晶立方织构的含量,同时降低另一个主要的非立方织构 RD-旋转立方的含量。表 3-3-8 列出了上述两种工艺路线下部分再结晶样品中各取向晶粒的平均晶粒大小与所有再结晶晶粒直径的平均值。从表中可以看出,在两种基带已形核的再结晶晶粒中,立方取向和 RD-旋转立方晶粒的平均尺寸均比其他取向晶粒的平均尺寸大,并且均大于所有再结晶晶粒的平均尺寸,这说明在形核过程中这两种取向晶粒具有长大趋势,这一优势可能会

保持在整个再结晶过程中,并成为最终基带中两种主要的再结晶织构。

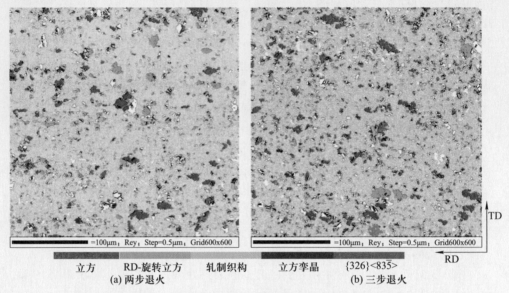

图 3-3-31　不同热处理工艺中部分再结晶的 Ni9.3W 基带

再结晶晶粒分布图[10]

**表 3-3-8　两种热处理工艺下部分再结晶 Ni9.3W 基带中各取向再结晶晶粒**

**平均大小及总再结晶晶粒的平均尺寸**

| 工艺 | 立方 /μm | RD-旋转 立方/μm | 轧制织 构/μm | 立方孪 晶/μm | {326} <835> /μm | 总晶 粒/μm |
|------|---------|----------------|-----------|------------|-------------------|------------|
| 两步退火 | 5.57 | 4.74 | 2.89 | 2.91 | 3.73 | 0.96 |
| 三步退火 | 4.71 | 5.02 | 3 | 2.9 | 3.6 | 1.03 |

　　为了进一步研究再结晶热处理工艺中所引入的低温回复处理对最终再结晶织构形成的影响,分别采用 3 种退火工艺对 Ni9.3W 合金基带在 1100 ℃保温 60 min 的热处理后,获得 3 种完全再结晶的 Ni9.3W 合金基带。图 3-3-32 图中定义偏离标准立方取向 10°以内的晶粒为立方取向晶粒,其他取向晶粒均为偏离标准取向 10°以内的晶粒。从图中可以看出两步退火工艺及三步退火工艺获得的完全再结晶基带中立方织构含量均比一步退火工艺获得的基带中高。在三步热处理工艺制备的基带中立方织构含量可达 82.5%(<10°),比两步热处理基带和一步热处理基带分别高 7.5%和 15%。同时可以看到 RD-旋转立方的含量相比于两步热处理工艺和一步热处理工艺制备的基带中的含量分别下降了 11.7%和 3.2%,轧制取向和

{326}<835>取向晶粒百分含量则略微下降。而立方孪晶似乎与热处理工艺无关。由以上分析可以推测，再结晶立方织构的增加可能是由于 RD-旋转立方的减少造成的。由图 3-3-31 可知，在再结晶形核过程中，形变织构的形核占绝大多数，但在最终的再结晶织构中形变织构则为微量取向，这可能是由于虽然轧制取向形成了大量的晶核，但是与立方取向和 RD-旋转立方相比，其晶粒的平均晶粒尺寸相对较小，因此在长大的过程中并不占优势；此外，在再结晶晶粒的长大过程中，轧制取向因为在基体中也是主要取向，因此根据"取向钉扎"理论[32]，轧制取向晶核在长大过程中因受到基体中轧制取向的抑制，故而在最终的再结晶织构中并不是主要取向，同时在再结晶晶核的长大过程中，与邻近基体成 40°<111>取向关系的晶核容易长大[41]，而根据研究可知，立方取向与 S 形变取向具有较好的 40°<111>取向关系，RD-旋转立方与 B 形变取向具有较好的 40°<111>取向关系，而形变取向则没有对应的 40°<111>取向关系，因此虽然形变取向在形核阶段具有较高的形核率，但并不是最终的完全再结晶取向。

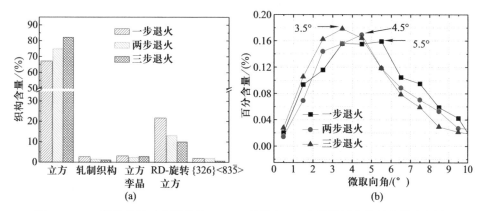

图 3-3-32　3 种热处理工艺制备的 Ni9.3W 基带中（a）各再结晶织构的含量分布图；
（b）立方织构随微取向角变化曲线[10]

3 种基带中各类型晶界及再结晶晶粒平均晶粒大小列于表 3-3-9 中。从表中可以看出，经三步热处理工艺获得的基带中小角度晶界（<10°）的含量为 62%，分别比两步热处理工艺和一步热处理工艺获得的基带中小角度晶界含量高 9.7% 和 19.5%。同时一次孪晶晶界和二次孪晶晶界的含量均为最低值。因此可以得出，再结晶热处理中低温回复处理不仅能够提高 Ni9.3W 合金基带中再结晶立方织构的含量，同时还能够提高基带中小角度晶界的含量并降低孪晶界的含量。

通过以上分析可知，三步热处理工艺能够明显提高 Ni9.3W 基带中再结晶立方织构和小角度晶界的含量和质量，但采用上述热处理参数仍不能获得较高的立方

表 3-3-9    3 种热处理工艺下获得的 Ni9.3W 基带中各晶界含量及再结晶晶粒大小

|  | 小角度(<10°)晶界/(%) | Σ3 孪晶界/(%) | Σ9 孪晶界/(%) | 平均晶粒尺寸/μm |
|---|---|---|---|---|
| 一步退火 | 42.5 | 21.8 | 0.35 | 29.3 |
| 两步退火 | 52.3 | 23.5 | 0.35 | 33.7 |
| 三步退火 | 62 | 18.7 | 0.08 | 29.5 |

织构(82.5%),为了进一步提高 Ni9.3W 基带中再结晶立方织构的含量,对三步退火工艺中所采用的高温阶段热处理参数(温度和时间)进行了优化。上述研究表明,三步退火工艺中低温回复处理和第二步的再结晶处理提高了立方晶核的形核率,而最终影响基带中再结晶立方织构的关键因素还与这些已形成的立方晶粒的长大有关。而后续的高温热处理过程中,这些已形核的立方晶粒会迅速吞并其他取向晶粒并长大,根据再结晶长大理论可知,晶粒的长大与再结晶温度及时间有关。因此,控制高温热处理阶段的温度及高温热处理时间也是提高再结晶立方织构的一个关键因素。

将上述实验中所采用的三步热处理工艺做进一步优化,分别采用在 1050 ℃ 保温 60 min、1100 ℃ 保温 120 min、1100 ℃ 保温 180 min 和 1150 ℃ 保温 120 min 的高温热处理条件下进行再结晶热处理,与在 1100 ℃ 保温 60 min 下制备的基带进行对比,研究高温热处理温度与热处理时间对立方织构的影响。表 3-3-10 为上述热处理条件下制备的基带中各再结晶织构、各类型晶界百分含量及四种基带再结晶后的平均晶粒大小。从表中可以看出,在 1100 ℃ 下热处理获得的基带中立方织构含量明显比 1050 ℃ 下热处理基带中的含量高,同时对于两种主要的非立方织构取向,RD-旋转立方和立方孪晶的含量均有所降低。而在 1100 ℃ 下随热处理时间的延长,立方织构的含量逐渐增加,当高温热处理时间为 180 min 时,立方织构含量

表 3-3-10    不同高温热处理条件下制备的基带中各取向含量、晶界含量及晶粒平均晶粒大小

|  | 立方(<10°)/(%) | 立方(<15°)/(%) | 立方孪晶/(%) | RD-旋转立方/(%) | 小角度(<10°)晶界/(%) | Σ3 孪晶界/(%) | 直径/μm |
|---|---|---|---|---|---|---|---|
| 1050 ℃,60 min | 56.3 | 62.3 | 4.6 | 15.8 | 26.4 | 24.6 | 26.1 |
| 1100 ℃,60 min | 82.5 | 86.8 | 3.03 | 10.2 | 62 | 15.5 | 29.5 |
| 1100 ℃,120 min | 83 | 86 | 1.78 | 9.89 | 61.4 | 11.4 | 29 |
| 1100 ℃,180 min | 88.7 | 90.4 | 2.78 | 6.92 | 65.2 | 14.5 | 32.9 |
| 1150 ℃,120 min | 83 | – | – | – | – | – | – |

可达 88.7 %(<10°),同时其小角度晶界的含量为最高值,进一步升高热处理温度至 1150 ℃后,基带中立方织构含量则出现下降,并且在基带中可观察到个别晶粒出现了异常长大现象。另外,随着高温热处理时间的延长,基带中再结晶晶粒的尺寸也随之增大。可见,随着再结晶热处理温度和时间的增加,立方晶粒逐渐长大并吞并了其他取向晶粒(或者其他取向晶粒向立方织构发生了转变),从而提高了基带中再结晶立方织构的含量。

图 3-3-33(a)为经过高温阶段在 1100 ℃保温 180 min 的三步热处理后获得的 Ni9.3W 合金基带表面取向分布图。从图中可以看到,经过高温长时间热处理后,基带表面晶粒大小均匀,并没有出现个别晶粒的粗化或异常长大现象。同时,从图 3-3-33(b)还可以看到,大部分立方晶粒集中在偏离理想立方织构 2.5°附近,与 1100 ℃保温 60 min 的样品相比(图 3-3-32(b)),立方晶粒更加靠近标准立方取向位置。可见,在不发生异常长大从而不破坏立方织构的前提下,延长高温热处理时间能够提高基带中立方织构的含量和质量。

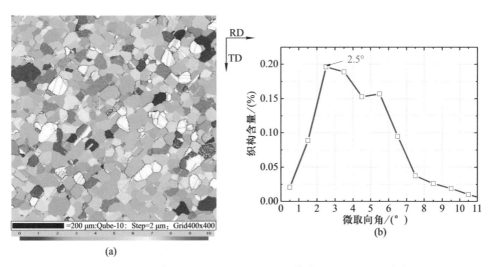

图 3-3-33　1100 ℃保温 180 min 后 Ni9.3W 基带表面的(a) 取向分布图;
(b) 立方织构随微取向角变化的曲线[10]

图 3-3-34(a)和(b)分别为采用三步退火工艺高温阶段在 1100 ℃保温 180 min 后获得的 Ni9.3W 合金基带的 $\Phi$ 扫描和摇摆曲线。从图中可知,该热处理条件下获得的 Ni9.3W 基带的 $\Phi$ 扫描半高宽值为 6.16°,摇摆曲线半高宽值为 8.07°。这一结果进一步表明在 Ni9.3W 基带中获得的立方织构具有很高的集中度。

综上所述,在冷轧过程中采用 3 次轧制间回复热处理能够改善 Ni9.3W 合金基带的形变织构并相应地提高其再结晶立方织构的含量,同时通过三步退火热处理

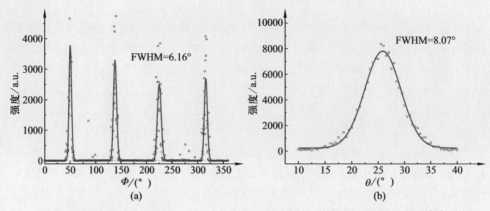

图 3-3-34　1100 ℃保温 180 min 后 Ni9.3W 基带的(a)Φ-扫描;(b)摇摆曲线[10]

工艺能够进一步降低再结晶织构中 RD-旋转立方的含量,从而提高再结晶立方织构的强度并增加小角度晶界的含量。因此轧制间回复处理和三步退火工艺能够有效地增加具有低层错能 Ni9.3W 合金基带中的立方织构含量。

### 3.3.5　轧制中多次静态回复对 Ni-W 合金再结晶立方织构形核及长大的影响

　　为了强化轧制间回复热处理对形成再结晶立方织构的有效作用,将多个回复热处理循环引入到 Ni9.3W 合金的轧制过程中,从而有效地提高了具有更低层错能的 Ni9.3W 合金基带中再结晶立方织构的含量。对于多次回复对 Ni9.3W 合金中再结晶立方织构的影响机制应与轧制间回复在 Ni7W 合金中立方织构的作用机制相类似。在本实验中,主要从多次回复对 Ni9.3W 合金形变织构的影响和回复对形变织构中立方取向晶粒的含量及其形核率这两个方面的影响进行分析。

　　图 3-3-35 为 Ni9.3W 合金基带中形变织构类型因子 $R$ 随轧制间回复处理次数的变化曲线。形变织构类型因子 $R$ 为 C 型和 S 型织构含量与两倍的 B 型织构含量的比值,即 $R=(f_C+f_S)/2f_B$(式(3-3-1)),该比值的大小反应了形变织构的类型。从图 3-3-35 中可以看出,传统冷轧基带中的 $R$ 值仅为 0.5,表明此基带中 B 型织构的含量较高,而随着轧制间回复处理次数的增加,$R$ 值逐渐增加,当轧制间回复处理次数为 3 次时,$R$ 值达到最大值,表明此工艺下获得的合金基带中含有最多的 C 型织构。轧制过程中,热处理次数越多,加工硬化释放得越充分,就越能抑制位错的孪生滑移形变,因此最终基带中 C 型形变织构的含量越高。在图 3-3-35 中需要注意的是当回复热处理次数增加至 4 次时,合金基带中 C 型织构含量略有下降。由前面部分对 Ni9.3W 合金基带的研究结果可知,轧制间回复处理能够减弱形变织构的漫散,使形变取向更加集中,在经过 4 次轧制间回复热处理后,基带中各主要

形变取向、一些过渡取向和其他非主要轧制取向都得到了一定程度的回复,而在轧制过程中第 4 次回复热处理后的冷轧形变量只有 60%,较低的冷轧形变量可能使一些回复后的亚稳态取向不能转变为稳定的轧制取向,从而降低了基带中 C 型织构的含量。在图 3-3-25(b)中可以看到,经过四次轧制间回复热处理的基带中,S取向和 B 取向的强度均大幅降低,同时从图 3-3-26 中还可以看到,经过四次轧制间热处理后合金基带的轧制织构含量有所下降,这些结果均表明回复热处理后的冷轧形变量也对最终基带的形变织构有一定的影响。X. M. Zhang 等人[42]对 Al 的轧制间热处理的研究结果也表明控制回复热处理后冷轧形变量的大小也会对最终的形变织构及其强度产生影响。

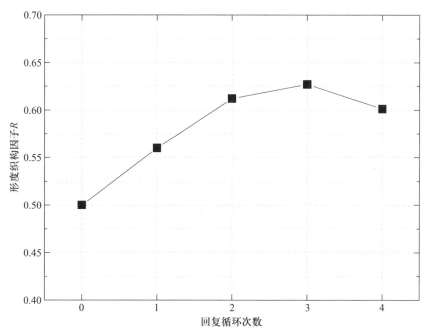

图 3-3-35　形变织构因子 R 随轧制过程中回复循环次数的变化曲线[10]

　　轧制间回复处理对冷轧合金基带的另一个主要影响为冷轧基带中立方织构的含量。图 3-3-36 为经过不同次数轧制间回复处理的 Ni9.3W 合金基带中立方取向(<10°)及近立方取向(<20°)随回复热处理次数的变化情况。从图中可以看出,立方取向的含量随热处理次数的增加而增加,当轧制间热处理次数增加至 3 次时,形变织构中立方取向的含量达到最大值,并且基带中立方取向晶粒占所有形变晶粒的百分比为 0.52%,相比于传统冷轧基带中立方取向晶粒的百分含量(0.27%)有大幅提高。同时,从图中可以看出,当轧制间回复热处理次数为 2 次时,基带中近立方取向的含量不再增加;当回复次数变为 3 次时,立方取向的增加主要是近立方

取向(10°~20°)的减少所贡献的。研究表明,立方取向在形变过程中是一种亚稳定取向,即它可以在经过中等形变后仍然保持立方取向[43],但其经过较大的形变后,取向则会发生一定的漫散、转动,使其偏离立方取向[44]。而轧制间多次回复处理的目的之一就是使回复后经过大形变量形变后偏转了的立方取向再次回复至立方取向,使立方取向能够保留至最终的基带中。从图 3-3-36 中的结果可以得出,在3 次回复处理 Ni9.3W 合金基带中近立方取向(10°~20°)的含量开始下降,这表明经过 3 次回复处理后立方取向能够经历后续的轧制过程而成功地保留至最终基带中,这也是在经过四次轧制间回复处理后基带中立方取向的含量基本处于同一水平的原因。因此,分析形变织构及轧制基带中立方取向的含量变化可知,在轧制间多次静态回复热处理工艺中,回复热处理后的后续冷轧形变量也是一个十分重要的关键参数。同时也可以得出,多次回复能够有效地优化 Ni9.3W 合金基带的形变织构和提高轧制基带中立方取向的含量,这将会提高再结晶过程中立方晶粒的形核率。

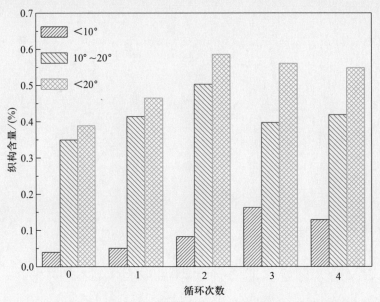

图 3-3-36　轧制基带中立方织构含量随轧制过程中回复热处理循环次数变化的曲线[10]

由于在轧制过程中经过了多次的回复热处理,最终基带的形变储能会低于相同形变量下(99%)传统冷轧基带中的储能。因此,在再结晶过程中,其动力学会发生改变。图 3-3-37 为传统冷轧基带和分别经过 3 次、4 次轧制间回复热处理制备的 Ni9.3W 合金基带的 DSC 曲线,图中曲线为再结晶开始温度附近基带的热晗变化情况。图中再结晶的开始温度由曲线线性关系转变前后曲线切线的交点来确定。从图中可以得出,传统冷轧基带的再结晶开始温度为 576 ℃,经过 3 次轧制间回复热处理基带的再结晶开始温度为 585 ℃,可见经过回复热处理后,提高了基带的再结晶开始温度,而经过四次轧制间回复热处理基带的再结晶开始温度升高较明显,为 639 ℃,这主要是因为在经过 4 次轧制间热处理后,最后的冷轧阶段形变量较小(60%)。因此,从基带的再结晶开始温度的结果可以得出,轧制间回复处理对基带的再结晶行为产生了一定的影响。

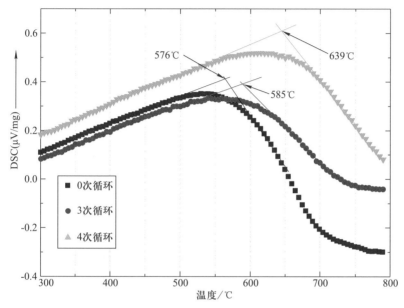

图 3-3-37　经过不同次数轧制间回复处理的 Ni9.3W 基带的 DSC 曲线[10]

为了研究轧制间回复处理对 Ni9.3W 合金基带再结晶晶粒形核的影响,将冷轧基带和经过 3 次回复处理制备的基带在 700 ℃经过 20 min 部分再结晶热处理后的晶粒进行分析。图 3-3-38(a)和(b)分别为冷轧 Ni9.3W 合金基带和经过 3 次轧制间回复处理制备的 Ni9.3W 合金基带部分再结晶后表面的再结晶晶粒分布取向图。由图可以看出,两种基带的再结晶晶粒体积分数是不同的,冷轧基带的再结晶体积分数为 28.8%,而经过 3 次轧制间回复处理制备的基带在相同的热处理条件下再结晶晶粒体积分数只有 2.1%,可见其再结晶行为被"推迟"。这一结果与图 3-3-37中 DSC 的分析结果相一致。另外,两种冷轧基带形变晶粒的晶粒微取向差分别为 1.25°和 1.11°,从形变晶粒晶内取向差的结果也可以得出,在经过 3 次轧制间回复处理制备的基带中形变储能较低,因此其再结晶行为的发生需要较高的温度或较长的热处理时间。从图中还可以发现,在经过回复热处理制备的基带中再结晶晶粒尺寸明显降低,但是立方取向再结晶晶粒的晶粒尺寸并没有明显降低,在两种基带中再结晶立方晶粒的平均晶粒尺寸分别为 5.65 μm 和 4.57 μm。这表明,轧制间回复处理并没有对立方取向晶粒的再结晶行为产生明显的影响,这一结果也与 Ni7W 合金基带中的研究结果相似,可以推测在后续再结晶热处理过程中,立方取向再结晶晶粒会迅速长大并占主导优势。表 3-3-11 为两种基带中不同取向再结晶晶粒在所有再结晶晶粒的百分含量。从表中可以看出,在回复热处理制备的基带中,立方取向再结晶晶粒和轧制取向再结晶晶粒的含量显著提高,而根据取向钉扎原理,轧制取向再结晶晶粒在热处理过程中很难长大,在后续的热处理过程中会被立方取向晶粒所吞并,因此不会成为最终基带再结晶织构的主要取向。同时可以看到,在经过轧制间热处理制备的基带中随机形核明显降低,这将有利于提高单一取向立方织构在最终基带中的主导优势地位。

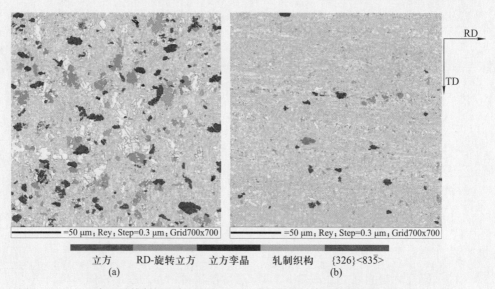

图 3-3-38　(a) 未经过轧制间回复处理;(b) 经过 3 次轧制间回复处理制备的 Ni9.3W 合金基带在 700 ℃保温 20 min 后表面再结晶晶粒取向分布图[10]

**表 3-3-11　两种基带经过部分再结晶热处理后不同取向再结晶晶粒的百分含量**

| 回复处理次数 | 立方 (<10°) /(%) | 轧制取向 (<10°) /(%) | 旋转立方 (<10°) /(%) | {326}<835> (<10°) /(%) | 其他 /(%) |
|---|---|---|---|---|---|
| 0 | 8.7 | 15.8 | 9.6 | 8.2 | 57.7 |
| 3 | 20.9 | 30.8 | 15.4 | 5.5 | 27.4 |

从以上分析可知,轧制间多次回复处理能够有效地增加形变织构中立方取向

的含量并提高立方取向晶粒的形核率,其影响机制与轧制间单次静态回复处理可提高 Ni7W 合金基带立方织构含量的作用机制基本相同,即轧制间回复热处理工艺的引入可以提高立方取向晶粒的形核率,同时立方取向的再结晶行为受轧制间回复处理的影响较小,从而在热处理过程中具有较高的长大速率,最终提高了基带再结晶热处理后立方织构的含量。另一方面,与单次轧制间回复处理不同,多次轧制间回复处理对基带最终形变织构的优化效果更加明显,即在形变织构中可以获得更多的 C 型形变织构,这也对提高立方晶粒的形核与长大起到积极的作用。

　　这里将以 95% 轧制形变量的冷轧 Ni9.3W 基带和 500 ℃温轧处理的 Ni9.3W 基带为研究对象,研究轧制中动态回复对再结晶立方织构形成的影响。

### 3.3.5.1　轧制中动态回复对 Ni9.3W 合金形变组织的影响

　　温轧过程中,由于轧制温度的提高,增加了位错交滑移的热激活能,相当于增加了合金的层错能,同时轧制过程中晶粒的动态回复降低了形变的加工硬化,这些都会对合金的形变机制产生一定的影响。

　　图 3-3-39 为 95% 形变量冷轧 Ni9.3W 合金基带和 500 ℃温轧 Ni9.3W 合金基带沿截面方向(RD-ND)的形变组织形貌图。从图(a)可以看出,冷轧 Ni9.3W 合金基带的形变带沿 RD 方向出现了不同程度的扭曲,并且在图中可以观察到与轧制

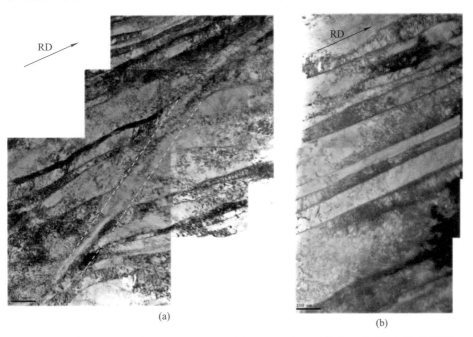

图 3-3-39　95% 形变量(a)冷轧和(b)500 ℃温轧 Ni9.3W 合金基带截面的形变组织形貌[10]

方向成 35°剪切带的存在(图中虚线所示),这也是典型的低层错能合金形变组织的特征。而在图(b)中可以看到,温轧样品形变带中位错密度相对于冷轧基带有所下降,并且形变带大致平行于轧制方向而未出现严重的扭曲。因此可以得出,轧制温度的提高使合金基带的形变机制发生了改变,在基带形变过程中一定程度上抑制了孪生和剪切形变行为。

由于采用透射电子显微技术分析样品的范围有限(制样技术所限制),因此为了详细分析冷轧基带与温轧基带中形变组织的区别,采用 EBSD 技术对 95% 形变冷轧 Ni9.3W 合金基带和 500 ℃温轧 Ni9.3W 合金基带沿截面方向(RD-ND)进行分析,分析前将试样进行电解抛光。从图 3-3-39 中形变组织的结果可以看出,在 95% 形变量冷轧 Ni9.3W 合金中,沿 ND 方向最小形变带的宽度~20 nm,大部分形变带的宽度均大于 40 nm,因此为了获得基带中尽可能多的信息,在 EBSD 数据采集中,扫描步长采用 20 nm。

图 3-3-40 为 95% 轧制形变量的冷轧和 500 ℃温轧 Ni9.3W 合金基带形变组织中大角度晶界(>15°)分布图。在形变组织中,相邻两形变带的取向差较大(一般大于 15°),因此在本实验中采用沿 ND 方向的大角度晶界之间的宽度来衡量基带中形变带之间的宽度。从图 3-3-40(a)中可以看出,在冷轧 Ni9.3W 合金基带中,大角度晶界之间的宽度较窄,并且晶界沿 RD 方向出现了"波浪"状弯曲,这与图 3-3-39(a)中的 TEM 结果相一致,均表明冷轧基带在形变过程中加工硬化现象较严重,使基带中发生了剪切形变,并形成了大量的剪切带(图 3-3-39(a)和图 3-3-40(a)中虚线所示)。研究表明,剪切带的存在增加了合金在再结晶过程中的随机取向形核,从而不利于获得较纯的再结晶立方织构。同时,剪切带中的取向大多为 G 取向。[38]相对于冷轧基带,在图 3-3-40(b)中可以观察到,500 ℃温轧基带中晶界之间的宽度变大,并且剪切带的密度有所降低,这表明基带在温轧过程中由于动态回复的发生,降低了基带中的形变储能和加工硬化,从而影响了基带的形变机制,在形变过程中滑移形变增加,这一结果也与图 3-3-39(b)中的 TEM 的分析结果相一致。

同时,从图 3-3-41 还可以看出,在温轧基带中,大角度晶界(>15°)的长度百分比(40.6%)比冷轧基带中的长度百分比(44%)略有下降。一方面这可能是由于在温轧基带中形变带的宽度变宽(图 3-3-42(b))从而降低了大角度晶界的密度;另一方面,从图 3-3-40(a)和(b)中可以看出,剪切带一般被大角度晶界所包围,因此温轧基带中剪切带密度的降低也是造成大角度晶界含量减少的一个原因。

轧制过程中的动态回复,能够促进空位、点缺陷等缺陷的消失,并提高位错的迁移速率,从而改形变变组织中的晶界分布。对于大形变量合金形变组织的晶界类型,从图 3-3-41 中晶界微取向分布来看,主要以小角度(<15°)晶界为主。但在再结晶过程中,大角度晶界能够提供较快的迁移速率,因此具有重要的作用。对于

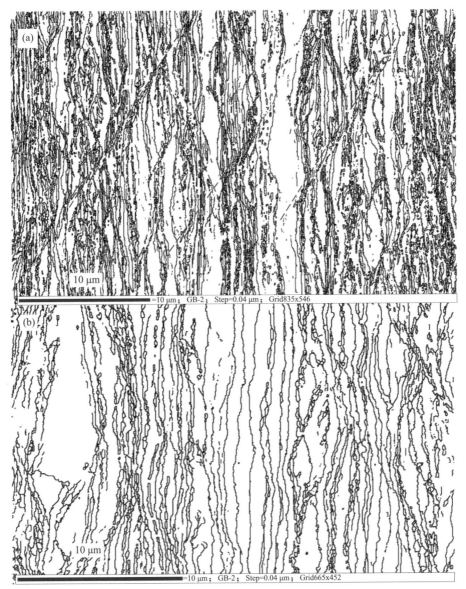

图 3-3-40　95% 形变量(a)冷轧和(b)500 ℃温轧 Ni9.3W 合金基带的大角度晶界分布形貌图[10]

大角度晶界,主要分析以下两种类型的晶界,一是形变孪晶晶界($\Sigma 3$),这种晶界主要是在合金形变过程中由于孪生而形成的晶界,因此一定程度上可以反映形变过程中孪生形变的程度。从图 3-3-42(b)中可以看出,轧制温度能够影响 $\Sigma 3$ 孪晶界的含量。当轧制温度低于 300 ℃时,孪晶界的含量变化不大,这主要是由于轧制温

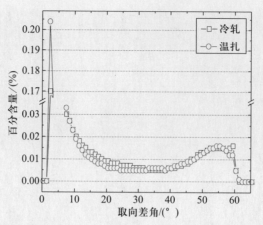

图 3-3-41　95% 形变量冷轧和 500 ℃温轧 Ni9.3W 合金基带的晶界微取向分布曲线[10]

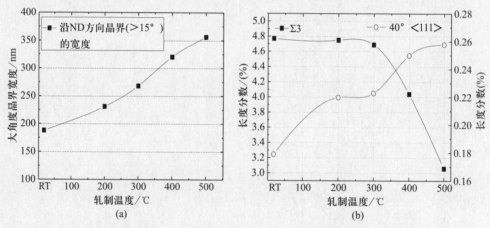

(a)　　　　　　　　　　　　　(b)

图 3-3-42　不同轧制温度下 Ni9.3W 合金基带(a) 沿 ND 方向大角度晶界的宽度变化;
(b) 孪晶界和 40°<111>晶界的长度百分含量变化[10]

度较低,在形变过程中并没有发生明显的动态回复,因此对形变过程的影响并不明显。随着轧制温度的升高,动态回复开始出现,在形变过程中滑移形变越来越多,显著降低了形变组织中孪晶界的含量,当在 500 ℃温轧时,形变组织中孪晶界的含量为最低。可见,从形变组织中孪晶界含量的变化也可以反映出合金形变机制的改变。二是 40°<111>晶界,它也是一种典型的大角度晶界。研究表明,再结晶过程中,与相邻基体具有 40°<111>取向关系的再结晶晶核具有最快的长大速率,因此形变组织中 40°<111>晶界的含量也是获得高含量立方织构的一个重要因素。

从图中可以看出,温轧基带中 40°<111>晶界的含量均比冷轧基带中的含量高。当轧制温度升高至 300 ℃以后,40°<111>晶界的含量变化不大,这与孪晶界随轧制温度的变化趋势相似,可能也是由于轧制温度较低动态回复不明显所造成的。随轧制温度的继续升高,40°<111>晶界的含量显著增加,在 500 ℃轧制基带中达到最大值。因此,在 500 ℃轧制基带中,再结晶晶核与 40°<111>晶界相邻的概率最高,即有更多的再结晶晶核可发展成为最终基带中再结晶晶粒。

从以上分析可知,轧制过程中动态再结晶可显著影响合金基带的形变组织,在温轧基带中,形变带的宽度变宽,孪晶界的含量减少,40°<111>晶界含量增加,这些均说明轧制过程中由于动态回复的进行使合金的形变机制发生了改变。

### 3.3.5.2　轧制中动态回复对 Ni9.3W 合金形变织构演变的影响

温轧过程中,由于合金层错能的提高,一定程度上抑制了合金中孪生和剪切形变,而以滑移形变为主导的形变方式相应增加,这将降低合金形变织构中 B 型织构的形成,从而增加合金中 C 型织构的含量。从图 3-3-10 可以看到,500 ℃温轧基带中形变织构从 B 型形变织构转变为混合型形变织构,即明显增加了形变织构中 C 型织构的含量。下面将采用 EBSD 技术对 95% 形变量冷轧和 500 ℃温轧 Ni9.3W 基带中的形变织构进行分析,并与图 3-3-9 中 X 射线衍射的分析结果进行对比,以确定轧制过程中动态回复对 Ni9.3W 合金基带形变织构的影响。

图 3-3-43 所示分别为 95% 形变量冷轧、500 ℃温轧 Ni9.3W 合金基带形变织构 $\alpha$ 和 $\beta$ 取向线分布。从图(a) $\alpha$ 取向线中可以看出,温轧基带中 G 取向和 B 织构的强度均有所降低。同时,从图(b)中可以看到,C 取向的强度大幅提高,但 S 取向的强度变化不大。从各主要轧制形变取向强度的变化情况来看,在温轧基带中,B 型

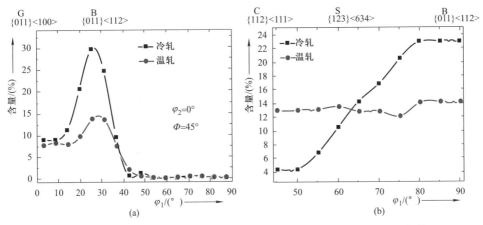

图 3-3-43　95% 形变量冷轧和 500 ℃温轧 Ni9.3W 合金基带的(a) $\alpha$ 取向线;

(b) $\beta$ 取向线的分布图[10]

织构的含量逐渐降低,而 C 型织构含量逐渐增加,这将有利于合金基带在再结晶过程中获得较多的再结晶立方织构。这一结果也与图 3-3-17 中 X 射线衍射的分析结果相一致,即提高轧制温度(动态回复)能够有效改善 Ni9.3W 合金基带的形变织构。

图 3-3-44(a)为 500 ℃温轧并最终具有 95% 轧制形变量的 Ni9.3W 合金基带沿

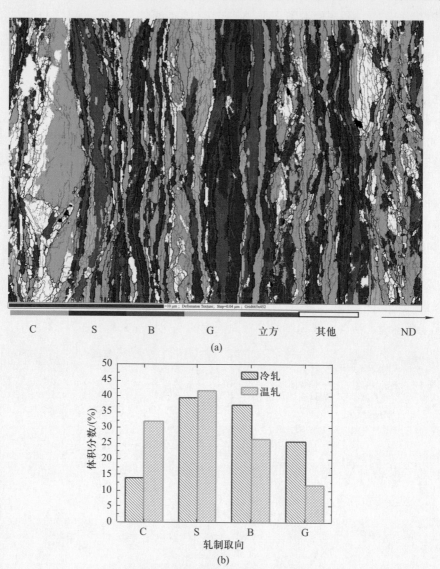

C　　　　S　　　　B　　　　G　　　立方　　　其他　　　　　　ND

(a)

(b)

图 3-3-44　(a) 95% 轧制形变量 500 ℃温轧 Ni9.3W 合金基带沿 RD-ND 面的取向分布图;
(b) 冷轧与温轧基带轧制取向的体积分数[10]

RD-ND 面上的取向分布图。从图中可以看出，大部分轧制取向形变带沿平行于轧制方向分布，贯穿于几个形变带与轧制方向成 35°剪切带的含量明显较少，同时形变带的取向以 C 取向( 绿色) 和 S 取向( 蓝色) 为主，B 取向带( 粉红色) 的含量较少。将 EBSD 软件反算的各轧制取向的体积分数与相同形变量( 95% ) 下冷轧基带的体积分数对比于图 3-3-44( b) 中，可以看出，在温轧基带中 C 取向的含量显著增加，而 B 取向和 G 取向的含量大大降低，但 S 取向的增加并不明显。同时，应用前文中公式(3-3-1)对形变织构的类型进行比较可知，冷轧 Ni9.3W 合金基带的形变织构转变因子 $R$ 值为 0.72，而温轧基带的织构转变因子 $R$ 值为 1.41，表明温轧基带中显著增加了 C 型形变织构的含量，这一结果也与图 3-3-9 中 X 射线衍射的结果一致。因此可以得出，提高轧制温度，使合金在形变过程中出现动态回复，能够有效地改善 Ni9.3W 合金基带的形变织构，从而在热处理过程中提高再结晶立方织构的含量。同时，从图 3-3-44( a) 中还可以看出，立方取向晶粒( 红色) 多出现在剪切带和与 S 取向带相邻的区域，这也利于立方取向晶粒作为初始立方晶核在再结晶热处理过程中形核并长大。经过统计计算，冷轧基带中立方取向晶粒占所有形变晶粒的百分比为 0.9% ，而在 500 ℃温轧基带中的百分含量提高至 1.02% ，这表明在温轧基带中立方取向组织直接作为立方晶粒形核点的概率可能会增加。

通过以上分析可以得出，在温轧工艺中动态回复对立方织构形成的影响机制大致为：轧制温度的提高促进了位错的交滑移，降低了合金的加工硬化，从而使合金的形变机制从孪生向交滑移转变，最终使 Ni9.3W 合金的形变织构由 B 型形变织构转向混合型形变织构；另一方面，与冷轧基带相比，动态回复在一定程度上增加了形变织构中立方取向形变组织的数量，并且提高了形变组织中 40°<111>晶界的含量。因此可以得出，温轧 Ni9.3W 合金基带中形变织构的转变、形变组织中立方取向结构的增加和形变组织中 40°<111>晶界含量的增加是基带再结晶热处理后立方织构增加的主要原因。

## 3.4　层错能对 Ni 基金属基带冷轧织构及微观组织的影响研究

在 Ni-W 合金中，随着 W 含量的增加，Ni 基金属的层错能逐渐降低，导致不同 W 含量的 Ni 基金属形成不同类型的轧制织构，进而影响再结晶退火立方织构的形成。目前大多数研究集中于提高合金基带的再结晶立方织构的含量，而在形变织构的形成机理研究方面存在不足，本节拟通过 XRD 和 EBSD 相结合的方法，介绍纯 Ni、Ni5W( Ni-5at.% W) 合金和 Ni9W( Ni-9at.% W) 合金在轧制过程中的形变织构及微观组织结构的演变，从而探究层错能对 Ni 基带冷轧织构和微观组织的影响,明确不同层错能下 Ni 基金属冷轧织构的形成机理,为开发高 W 含量的涂层导体用 Ni-W 合金基带提供理论支撑。

### 3.4.1　纯 Ni 金属轧制过程中形变织构及微观组织的演变

#### 3.4.1.1　纯 Ni 金属带材的制备

这里的纯 Ni 坯锭是采用商业电沉积金属 Ni(纯度 99.99%),首先使用线切割从初始厚度为 10 mm 的电沉积 Ni 板上切割出坯锭,对样品进行冷轧预形变,形变量为 20%,然后将样品放置管式炉中进行热处理,热处理温度为 1100 ℃,保温时间为 120 min,并采用 Ar-4%H₂ 作为保护气氛防止样品表面氧化,经过热处理后的坯锭作为本次实验的初始坯锭。纯 Ni 金属轧制形变过程中,初始坯锭轧制采用的是辊径为 150 mm 的两辊轧机,每道次的形变量为 5%,随着形变的增加,两辊轧机无法继续下压,因此当形变量增加到 93.8% 时,更换内辊辊径为 50 mm 的四辊轧机完成最终的轧制,带材最终的轧制形变量为 98.5%。

表 3-4-1　轧制形变量与综合应力的关系

| 轧制形变量/(%) | 25.0 | 50.0 | 75.0 | 87.5 | 93.8 | 96.9 | 98.5 |
|---|---|---|---|---|---|---|---|
| 综合应变/$\varepsilon_{VM}$ | 0.3 | 0.8 | 1.6 | 2.4 | 3.2 | 4.0 | 4.8 |

合金轧制过程中采用综合应变(冯·米塞斯应变,von Mises strains,$\varepsilon_{VM}$)来表示轧制应变量。$\varepsilon_{VM}$ 与形变量的关系为

$$\varepsilon_{VM} = \frac{2\ln\left[1 / \left(1 - \dfrac{D}{100}\right)\right]}{\sqrt{3}}, \tag{3-4-1}$$

其中 $D$ 表示轧制形变量,且 $\ln\left[1 / \left(1 - \dfrac{D}{100}\right)\right]$ 表示轧制过程中的真实应变。

#### 3.4.1.2　纯 Ni 金属轧制过程中表面织构的演变

为了了解纯 Ni 金属轧制过程中表面织构的演变,这里采用了 X 射线四环衍射技术对不同应变量下的纯 Ni 金属样品表面织构进行测试分析。

图 3-4-1 为 XRD 测得的纯 Ni 金属在初始、0.3、0.8 和 1.6 应变量下的表面(111)极图。从图中可以看到,初始的纯 Ni 坯锭虽然经过预形变和高温退火,其表面在某些特定取向位置仍存在晶粒取向集中的现象,但整体上呈现环状分布。在轧制过程中,随着应变量的增加,样品表面晶粒逐渐发生偏转。当应变量达到 0.3 时,纯 Ni 金属样品表面的(111)极图仍呈现出环状分布,但是其晶粒取向开始发生明显的偏聚,并且表现出了沿 RD 方向向两侧分离的趋势,随着应变量增加到 0.8,

初始晶粒取向的环状分布基本被 TD 方向的坐标轴分割。当应变量增至 1.6 时,样品表面的织构形态开始出现向 RD 方向坐标轴集中的现象。样品表面极图分布形态的变化代表着晶粒取向的转动,纯 Ni 金属作为面心立方金属,其滑移系为<111>,在轧制形变过程中,因为样品中晶粒是通过位错的滑移来完成形变,作用在样品上的轧制力也存在特定方向,所以当样品的晶粒取向不利于晶粒位错滑移时,晶粒取向将会发生偏转以完成形变,这就造成了金属内部晶粒逐渐转向特定的取向形成织构。

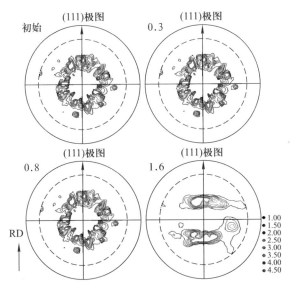

图 3-4-1　纯 Ni 金属轧制过程中在初始、0.3、0.8 和 1.6 应变量下的表面(111)极图[2]

　　随着形变的继续,样品表面的织构强度越来越强,图 3-4-2 显示了纯 Ni 金属在 2.4、3.2、4.0 和 4.8 不同应变量下的表面(111)极图。当应变量增加到 2.4 时,样品表面晶粒取向进一步集中,并且其分布已经表现出了轧制织构形态。在过往的研究中已经表明[45-48],高层错能金属经过大形变量轧制会逐渐形成 C 型织构,C 型织构主要包含 B、S 和 C 3 种取向织构。纯 Ni 作为典型的高层错能金属,当应变量从 2.4 增加到 4.8 时,样品表面的晶粒取向开始向 B、S 和 C 取向集中,最终在 4.8 应变量时形成了典型的 C 型织构。

　　为了更清楚地了解纯 Ni 金属形变过程中的织构转变过程,通过 ODF 计算得出纯 Ni 在不同应变量下的 α 和 β 取向线。通过图 3-4-3 可以发现样品在初始状态下,在 α 取向线上已经具有一定的取向分布强度,并且 $\varphi_1$ 从 0° 到 90° 时呈现出了波动分布,而在 β 取向线上则表现出了左侧低右侧高的现象,这与(111)极图中出现的晶粒取向集中现象相对应。当应变量达到 0.3 时,α 和 β 取向线上的晶粒取向

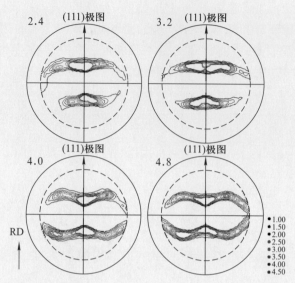

图 3-4-2　纯 Ni 金属轧制过程中在 2.4、3.2、4.0 和 4.8 应变量下的表面(111)极图[2]

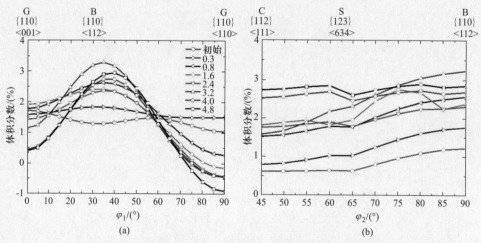

图 3-4-3　纯 Ni 金属轧制过程中在不同应变量下的表面晶粒取向分布(a) α 取向线
上的密度分布,(b) β 取向线上的密度分布[2]

分布呈现出加强的现象。随着应变量的增加,在 0.8 应变量下,α 取向线表现出两侧低中间高的分布形态,说明金属样品开始向轧制形变织构转变。但当应变量进入 1.6~3.2 区间,α 和 β 取向线表现出了剧烈的波动,并且各取向位置分布强度随着应变量的增加并没有呈现出规律性变化。从图 3-4-1 和 3-4-2 的(111)极图中也可以看到,在此应变区间的纯 Ni 金属样品(111)极图的取向分布形态从初始的环形分布形态向轧制织构形态转变。当纯 Ni 金属进入高应变量后,在 4.0 的应变量下已经表现出了典型的轧制织构形态,其 $\alpha$ 取向线呈现中间高两侧低的晶粒取向分布,最高点出现在 B 取向位置的右侧,在 $\varphi_1 = 40°$ 的附近;$\beta$ 取向线则沿 $\varphi_2$ 从左向右基本呈直线分布,S、C 和 B 取向位置的强度并无明显的差别。当应变量达到4.8 时,$\alpha$ 和 $\beta$ 取向线上轧制织构分布形态得到了进一步的加强。

综上所述,尽管初始的纯 Ni 金属坯锭经过预形变和均匀化退火处理,其电解沉积过程中形成的纤维织构仍然存在,并且进一步影响了其在轧制形变过程中的织构转变。但是在轧制形变过程中,纯 Ni 金属样品在中低应变量下逐渐由纤维织构转变为轧制织构形态,并且随着应变量的增加,在进入高应变量 4.8 后形成了典型的 C 型织构,说明纯 Ni 金属在大应变量形变过程中,晶粒的初始状态并没有对最终的形变织构产生影响。

### 3.4.1.3 纯 Ni 金属轧制过程中 RD-ND 截面微观组织结构的演变

在上一部分,通过 XRD 表征分析了纯 Ni 金属在轧制过程中表面宏观织构的转变,纯 Ni 金属样品经过大应变量轧制后,表面最终形成了典型的 C 型轧制织构。纯 Ni 金属形变过程中宏观织构的转变与微观结构存在密切的联系,因此这部分通过 EBSD 技术针对纯 Ni 轧制形变过程中的 RD-ND 截面的微观组织结构进行了测试表征,并对其转变过程进行了讨论分析,以构建高层错能纯镍金属轧制过程中形变织构的形成机理。

图 3-4-4 是纯 Ni 金属在初始、0.3 和 0.8 应变量下的 RD-ND 截面 EBSD 数据。其中图(a)是反极图(inverse pole figure,IPF),IPF 中不同的颜色代表着不同的取向。图(b)为轧制织构取向分布图,这里定义 B、S、C 和 G 四种取向织构为轧制织构,不同取向织构采用不同的颜色进行标识,并且定义偏差角 10° 以内范围的晶粒为同一种取向。IPF 和取向分布图中的黑色线段代表着大角度晶界,取向偏差角范围为 15°~65°。从 IPF 中可以看到,初始纯 Ni 金属坯锭的晶粒形态仍然为等轴晶,并且取向分布图显示其初始晶粒取向中并无轧制织构取向存在。因为初始坯锭前期经过 20% 形变量的轧制预形变,样品内部存在大量轧制过程中形成的形变带,如 IPF 中箭头所示,这些形变带贯穿多个晶粒且呈直线分布,并与 RD 方向成82° 左右的夹角。这是因为在轧制过程中,形变带的形成与轧制力存在密切的关系,因此形变带的分布方向与轧制力方向一致,而轧辊作用在样品上的轧制力并非完全垂直于样品。轧制力通常可以分为向前的拉应力和向下的压应力,但真实的应力方向与轧辊辊径、辊速、道次形变量及样品的本征特性等因素存在密切的关系。

随着形变的进行,在 0.3 应变量下的 IPF 中可以看到样品内部仍然存在形变

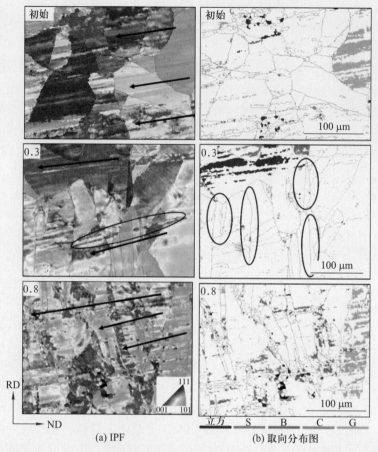

图 3-4-4　轧制过程中纯 Ni 金属在初始、0.3 和 0.8 应变量下的 RD-ND 截面 EBSD 数据[2]

带,但不同位置的形变带与 RD 方向的夹角并不一致,这是因为随着形变量的增加,样品受到的轧制力的方向也一直在变化,在不同形变量下形成的形变带与 RD 方向形成的角度也不固定。另外,在 0.3 应变量下开始出现平行于 RD 方向的长条状晶粒,如取向图中圆圈所示,长条状晶粒的形成也伴随着平行于 RD 方向的晶界。在轧制形变过程中,晶粒在轧制力的作用下先通过形变带完成形变,形变带的形成本质是局部位错的滑移。因为轧制力主要为压应力,当应变量继续增加时,局部位错开始塞积并形成平行于 RD 方向的位错墙,然后位错墙继续发展形成晶界,进而将初始状态的等轴晶割裂形成新的板条状晶粒,因此板条状晶粒的晶界并不完全是由原来等轴状晶粒的晶界发展而来。在此阶段因为轧制形变主要通过形变带和形成新的板条状晶粒来完成形变,晶粒取向仍没有转动形成轧制织构。当应变量达到 0.8 时,样品的 IPF 显示其内部晶粒继续通过形变带和生成新的板条状晶粒来完成形变,但值得注意是取向分布图中开始在局部出现轧制织构取向晶粒,这些轧制织构取向晶粒存在的区域往往在形变带上,这是因为形变带的形变更为剧烈,晶粒率先通过位错滑移转向轧制织构取向。

图 3-4-5 是纯 Ni 金属在 1.6、2.4 和 3.2 应变量下的 RD-ND 截面 EBSD 数据。在 1.6 应变量下,纯 Ni 金属样品内部的等轴晶已经全部消失,并形成了平行于 RD 方向的板条状晶粒,表明样品开始进入轧制织构的转变阶段,这也与 XRD 的测试结果相对应。在 1.6 应变量下,通过 XRD 测得的样品表面(111)极图(图 3-4-1)也同样显示了晶粒的取向分布形态完全被 TD 轴分离并集中于 RD 轴,转向形成轧制织构取向分布形态。IPF 还显示出各个晶粒内部都出现了渐变色,代表晶粒在轧制过程中随着形变的增加在发生晶格转动,并且晶粒通过晶格转动转向了轧制织构取向,开始形成轧制织构。在 1.6~3.2 应变量范围内,随着应变量的增加,可以明显地看到晶粒沿 ND 方向的晶界间距在逐渐减小,之所以造成这种现象,一方面

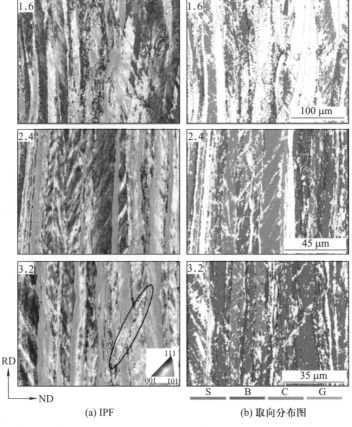

(a) IPF　　　　　　　　　　　(b) 取向分布图

图 3-4-5　轧制过程中纯 Ni 金属在 1.6、2.4 和 3.2 应变量下的 RD-ND 截面 EBSD 数据[2]

是因为晶粒在轧制力的作用下沿 ND 方向被压缩,另一方面是板条状晶粒内部形成了新的平行于 RD 方向的位错墙,进而分割原来板条状晶粒形成新的晶粒。另外,伴随着形变量的增加,IPF 像显示晶粒内部仍然存在大量的渐变色,代表着晶粒内部晶格在发生转动,取向分布图中也同样显示出随着样品应变量的增加,轧制织构取向晶粒的含量也越来越高。

　　值得注意的是在 3.2 应变量下,如图 3-4-5(a)中的圆圈所示,样品 RD-ND 截面出现了剪切带,剪切带的形成是因为晶粒内部的不均匀形变。晶粒在形变过程中,当位错无法正常滑移时会出现塞积,造成局部应力集中现象,应力集中会使得晶粒发生不均匀形变,进而通过形成剪切带来完成形变。尽管剪切带的出现会帮助晶粒完成形变,但是在后续的形变过程中会继续阻塞位错的滑移,逐渐形成大量的位错胞,造成晶粒局部硬化发生不均匀形变,最终不利于晶粒向轧制织构取向转动。

　　随着应变量增加到 4.0,从图 3-4-6 的 IPF 中可以看到样品内部晶粒沿 ND 方向的晶界间距进一步减小,从取向分布图可以得出偏差角 10°以内的轧制织构取向晶粒含量已经达到 73.8%,并且晶粒取向主要包含 S、B 和 C 3 种取向,并且 3 种轧制织构取向晶粒占比分别达到了 45.8%、13.4% 和 13.2%,而 G 织构取向晶粒含量只有 1.5%。当应变量增加到最终的 4.8,样品内部晶粒沿 ND 方向的晶界间距相

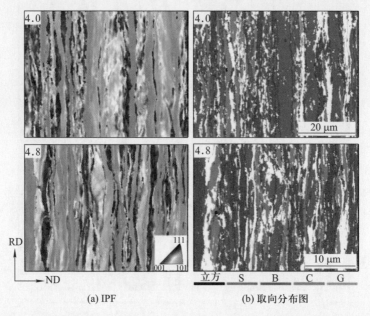

(a) IPF　　　　　　　　　　(b) 取向分布图

图 3-4-6　轧制过程中纯 Ni 金属在 4.0 和 4.8 应变量下的 RD-ND 截面 EBSD 数据[2]

较于 4.0 应变量进一步减小。另外,在 4.0 到 4.8 应变量的形变过程中,轧制织构取向晶粒的总含量并无明显变化,S、B 和 C 3 种轧制织构取向晶粒的含量分别为 31.0% 、16.0% 和 14.6% ,而 G 取向晶粒含量只有 0.6% 。

### 3.4.2　Ni5W 合金轧制过程中形变织构及微观组织的演变

#### 3.4.2.1　Ni5W 合金带材的制备

这里选择 Ni5W 合金作为研究对象,Ni5W 合金坯锭的制备过程主要包括熔炼、锻造、热轧、去氧化皮和线切割,其中所使用的 Ni 片和 W 条纯度为 99.99% ,并按照 W 占 5% 的原子百分比进行配比。熔炼过程中,将原材料置于电磁感应熔炼炉,熔炼温度为 1550 ℃ ,熔炼真空度为 60( Torr,1 Torr = 133.322 Pa) ,熔炼过程中伴随着电磁搅拌。然后将熔炼的合金毛坯进行锻造,锻造温度在 1000~1100 ℃ 之间,锻造成厚度为 25 mm 的长方体。然后将样品进行热轧开坯至 8 mm,热轧开坯温度为 1100 ℃ ,道次形变量控制在 15% 以内。最后通过铣床去除表面氧化皮,经过线切割切成宽度为 10 mm,厚度为 8 mm 的合金坯锭。然后将样品放置管式炉进行均匀化热处理,热处理温度为 1100 ℃ ,保温时间为 120 min,并采用 Ar-4% $H_2$ 作为保护气氛防止样品表面氧化,经过热处理后的样品作为本次实验的初始合金坯锭。Ni5W 合金轧制形变过程中,初始合金坯锭轧制采用的是辊径为 150 mm 的两辊轧机,每道次的形变量为 5% ,随着形变量的增加两辊轧机无法继续下压,因此当形变量增加到 93.8% 时,更换辊径为 50 mm 的四辊轧机完成最终的轧制,带材最终的轧制形变量为 98.5% 。

#### 3.4.2.2　Ni5W 合金轧制过程中表面织构的演变

Ni5W 合金在轧制过程中逐渐形成轧制织构,针对其在不同应变量下的表面织构进行 XRD 测试分析。图 3-4-7 是 Ni5W 合金在初始、0.3、0.8 和 1.6 应变量下的(111)极图。通过(111)极图可以看到初始合金表面晶粒取向处于无序分布状态,说明无晶粒取向集中现象,即初始状态下的合金坯锭完全没有织构存在。经过 0.3 应变量后,(111)极图显示出晶粒取向已经出现了分布集中现象,并且均匀地分布在 TD 轴两侧,呈现出轧制织构分布形态。然后随着应变量继续增加到 1.6,合金表面的轧制织构强度逐渐升高,并且晶粒取向集中分布在 C、S、B 和 G 取向位置附近。相较于纯 Ni 金属轧制织构的转变过程,Ni5W 合金的轧制织构形态出现得更早,这可能跟初始纯 Ni 金属坯锭存在一定的纤维织构有很大的关联性。

如图 3-4-8 所示,随着轧制形变的进行,Ni5W 合金在 2.4 应变量下的极图开始呈现出了过渡型织构的分布形态,并在 3.2 应变量下形成了典型的过渡型轧制织构类型,过渡型轧制织构主要包含 S 型、C 型、B 型和 G 型织构,其中 S 型、B 型和 C 型织构占据主导地位,G 型织构含量较低。与纯 Ni 形成的 C 型织构相比较(图 3-4-2),

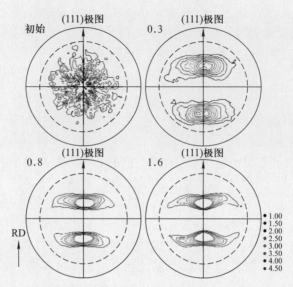

图 3-4-7 Ni5W 合金轧制过程中在初始、0.3、0.8 和 1.6 不同应变量下的表面(111)极图[2]

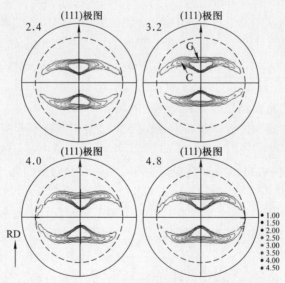

图 3-4-8 Ni5W 合金轧制过程中在 2.4、3.2、4.0 和 4.8 不同应变量下的表面(111)极图[2]

过渡型织构包含了 G 取向织构,并且(111)极图中在 G 取向位置也出现了很强的取向分布密度,而相对地在 C 取向位置出现了较弱的分布强度。相较于纯 Ni 金属在 4.0 应变量下形成典型的 C 型织构,Ni5W 合金在更早的应变量下形成了典型的过渡型织构。值得注意的是随着应变量的继续增加,从图 3-4-8 (111) 极图中可以看到,在 3.2~4.8 应变量区间,Ni5W 合金样品表面晶粒取向分布形态并没有再发生明显的改变,这说明 Ni5W 合金表面的宏观织构并没有随着形变的增加出现织构类型的转变。

　　对 Ni5W 合金在不同应变量下的 XRD 数据进行 ODF 计算,并绘制了其在 $\alpha$ 和 $\beta$ 取向线上的晶粒取向分布密度曲线,如图 3-4-9 所示。从图中可以看到,Ni5W 合金在初始状态下,晶粒取向在 $\alpha$ 和 $\beta$ 取向线上均呈直线分布,这表明合金初始状态下并无织构存在。随着轧制形变的进行,在 0.3 应变量下,Ni5W 合金样品 $\alpha$ 取向线呈现出了左高右低的分布形态,$\beta$ 取向线则呈现出从左到右全部增强的分布形态。在 0.8 应变量下,$\alpha$ 取向线继续呈现出左高右低的分布形态,并且这种分布形态得到了强化,而 $\beta$ 取向线出现了左低右高的分布形态。随着应变量继续增加到 1.6 位置,$\beta$ 取向线上重新变为从左向右分布强度较为均匀的形态,并且随后直至 4.8 最终应变量位置,$\beta$ 取向线一直保持着强度均匀的分布形态。这里需要注意的是,0.8 应变量前出现的 $\beta$ 取向线强度均匀分布的形态,与 0.8 应变之后出现的,代表的意义并不相同。在初始和 0.3 应变量因为样品表面保持着无织构或者弱织构的状态,所以在 $\beta$ 取向线上强度呈均态分布。而在 0.8 应变量之后,样品表面已经初步形成轧制织构形态,并且在 C、S 和 B 取向位置均有强烈的分布,使得在 $\beta$ 取向线上的强度呈均匀分布。因为在 0.8 应变量位置,样品处于向轧制织构类型转变的关键阶段,所以其表面晶粒取向发生明显的转动,这也在(111) 极图(图 3-4-7)上得到了体现。随着应变量的继续增加,在 1.6~4.0 应变量区间,$\beta$ 取向线分布呈现出整体加强的规律,而 $\alpha$ 取向线的 G 取向位置随着应变量的增加强度逐渐下降,

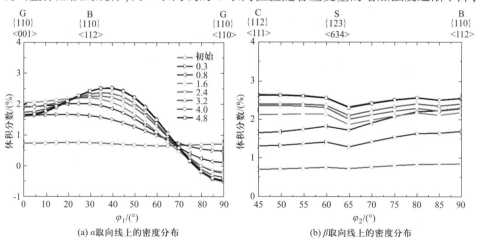

图 3-4-9　Ni5W 合金轧制过程中在不同应变量下的表面晶粒取向分布[2]

另外 α 取向线在 B 取向位置的左侧出现了最高点。最后,当应变量增加到 4.8 位置,α 和 β 取向线与 4.0 应变量下的取向线基本重合,代表样品表面的织构强度无明显变化。

### 3.4.2.3　Ni5W 合金轧制过程中 RD-ND 截面微观组织结构的演变

在上一部分通过 XRD 了解了 Ni5W 合金形变过程中表面宏观织构的转变规律,在 Ni5W 合金经过 4.8 应变量后,其表面最终形成了典型过渡型织构。为了分析其宏观织构的转变机制,这里将通过 EBSD 技术表征分析随应变量增加其 RD-ND 截面微观组织结构的转变过程。

图 3-4-10 为 Ni5W 合金在初始、0.3 和 0.8 应变量下 RD-ND 截面的 IPF 和取向

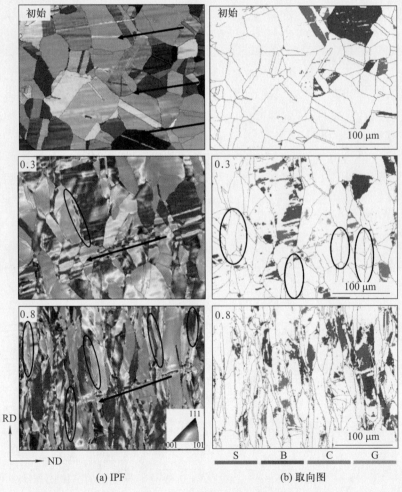

(a) IPF　　　　　　　　　　(b) 取向图

图 3-4-10　轧制过程中 Ni5W 合金在初始、0.3 和 0.8 应变量下的 RD-ND 截面 EBSD 数据[2]

分布图。从初始位置的 IPF 中可以看到,初始合金坯锭的晶粒呈等轴状分布,并且因为 Ni5W 合金初始坯锭经过热轧开坯,即使经过均匀化退火后截面仍然存在大量如箭头所示的形变带,这与纯镍初始金属坯锭经过预形变留下的形变带相同。同时,虽然取向分布图中含有轧制织构取向晶粒分布,但这些晶粒也呈现等轴状,说明其为初始晶粒的随机分布。经过 0.3 应变量形变之后,样品的 IPF 显示其横截面仍然存在贯穿多个晶粒的形变带如黑色箭头所示,并且其方向与初始坯锭的形变带方向并不一致,这说明这些形变带是样品在轧制形变过程中新形成的。另外,从取向分布图中可以看到,在形变带附近出现了轧制织构取向晶粒,这是因为形变带的本质也是晶粒经过位错滑移形成的,晶粒在受到轧制力的作用下,晶粒晶格会择优转向轧制织构取向。在晶粒形态方面,初始等轴状晶粒开始向沿 RD 方向的长条状晶粒转变,并且晶粒的晶界也逐渐平行于 RD 方向,如取向分布图中圆圈所示。在合金样品轧制形变过程中,因为位错的塞积形成了新的晶界,从而分割初始的晶粒形成新的晶粒,如 IPF 中的圆圈所标识的晶粒。

随着应变量增加到 0.8,样品的晶粒全部转变为板条状晶粒。值得注意的是在应变量增加的过程中出现了大量新晶粒,如 0.8 应变量下的 IPF 中的圆圈所示,这些新的晶粒并非初始的等轴晶转变而来,而是在形变过程中由初始的等轴晶分离形成,这些新形成的晶粒整体上表现为两大特征,一是沿 ND 方向的晶界间距较其他初始晶粒明显减小,二是其晶界平行于 RD 方向。在形变带方面,样品 RD-ND 截面中贯穿多个晶粒的形变带大量消失,少部分残留的形变带也被晶粒隔开,如 IPF 中的箭头所示。造成贯穿多个晶粒形变带消失的原因是在此阶段晶粒逐渐由等轴状转变为板条状,等轴晶在形变过程中,相邻晶粒之间力的传导非常复杂,造成了轧制力在晶粒之间不能均匀传导导致不均匀形变,进而演形变成贯穿多个晶粒的形变带。板条状晶粒在力的传导过程中更为简单,因为其晶界界面近似垂直于轧制力方向,可以有效地将轧制力传导给相邻晶粒,使得晶粒可以通过自身的位错滑移完成形变。图 3-4-10( a) 中 0.8 应变量下的 IPF 显示晶粒内部存在大量渐变色,这说明样品逐渐转变为晶粒内部的形变带以完成形变,并且晶粒通过这些内部的形变带逐渐完成了晶格转动形成轧制织构。

图 3-4-11 显示了 Ni5W 合金在 1.6、2.4 和 3.2 应变量下 RD-ND 截面的 IPF 和取向分布图。在 1.6 应变量下,从 IPF 中可以看到样品内部所有的晶粒均转变为平行于 RD 方向的板条状晶粒,样品内部贯穿多个晶粒的形变带也完全消失。另外样品内部的晶粒均出现了渐变色,表明晶粒通过位错滑移形成了内部的形变带,如 IPF 中的箭头所示,同时晶粒发生了晶格的转动,取向分布图也同样显示截面形成了大量轧制织构取向的板条状晶粒。随着应变量增加到 2.4,IPF 显示样品截面晶粒沿 ND 方向的晶界间距减小,晶粒内部形成了大量的形变带,取向分布图也表明

样品截面形成了大量的轧制织构取向晶粒。在 3.2 应变量下,晶粒通过位错滑移继续完成形变,晶粒沿 ND 方向的晶界间距进一步减小。

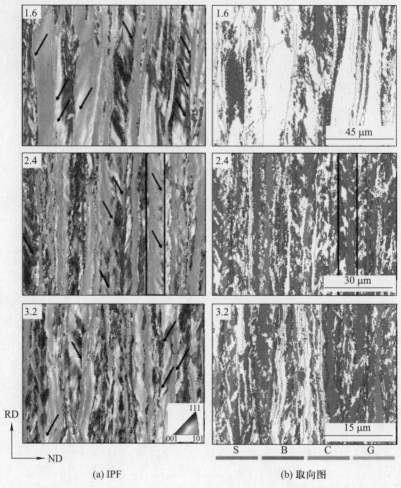

(a) IPF　　　　　　　　　　　　　(b) 取向图

图 3-4-11　轧制过程中 Ni5W 合金在 1.6、2.4 和 3.2 应变量下 RD-ND 截面 EBSD 数据[2]

如图 3-4-12 所示,当应变量达到 4.0 后,IPF 显示其 RD-ND 截面开始形成剪切带。Ni5W 合金在经过大应变量轧制形变之后,晶粒内部因为堆积大量的位错无法继续通过均匀滑移完成形变,造成局部应力集中,局部应力集中又会导致晶粒局部强度升高,使得晶粒产生不均匀形变,从而在形变过程中对板条状晶粒形成剪切作用,最终发展形成剪切带。剪切带的形成又会进一步影响晶粒之间轧制力的相互传导,导致晶粒在形变过程中产生更多的应力集中现象,然后发展形成更多的剪切带。在晶粒取向方面,XRD 数据表明在 4.0 应变量下,Ni5W 合金表面已经完成了最终的织构转变,EBSD 数据同样显示 Ni5W 合金横截面也已经形成了大量轧制织构取向晶粒,轧制织构取向晶粒含量为 62.5%,其中 S、B、C 和 G 取向晶粒分别占29.1%、11.1%、20.9% 和 1.4%。当 Ni5W 合金达到最终的 4.8 应变量,XRD 数据已经表明 Ni5W 合金的宏观织构基本不再发生变化,但是通过 IPF 可以看到随着形变的继续,样品的 RD-ND 截面又形成了大量的剪切带,虽然剪切带的存在对样品宏观织构的影响不大,但在再结晶热处理过程中将会对再结晶立方织构的形成产生巨大的影响。

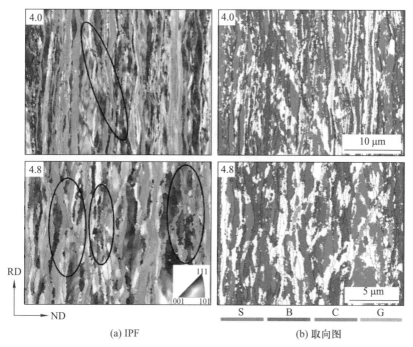

(a) IPF　　　　　　　　　　　　　(b) 取向图

图 3-4-12　轧制过程中 Ni5W 合金在 4.0 和 4.8 应变量下的 RD-ND 截面 EBSD 数据[2]

### 3.4.3　Ni9W 合金轧制过程中形变织构及微观组织的演变

#### 3.4.3.1　Ni9W 合金带材的制备

本部分选择 Ni9W 合金作为研究对象,Ni9W 合金坯锭制备过程主要包括熔炼、锻造、去氧化皮和线切割,其中所使用的 Ni 片和 W 条纯度为 99.99%,并按照W 占 9% 的原子百分比进行配比。熔炼过程中,将原材料置于电磁感应熔炼炉,熔炼温度为 1550 ℃,熔炼真空度为 60 托,熔炼过程中伴随着电磁搅拌。然后将熔炼的合金毛坯进行锻造,锻造温度在 1000~1100 ℃ 之间,锻造成厚度为 25 mm 的长方体。通过铣床去除表面氧化皮,经过线切割切成宽度为 10 mm,厚度为 10 mm 的合金坯锭。对样品进行冷轧预形变,形变量为20%,然后放置管式炉进行热处理,热处理温度为1100 ℃,保温时间为120 min,并采用Ar-4% H₂作为保护气氛防止样品表面氧化,经过热处理后的样品作为本次实验的初始坯锭。Ni9W合金轧制形变过程与纯Ni及Ni5W合金相同,初始合金坯锭轧制采用的是辊径为150 mm的两辊轧机,每道次的形变量为5%,当形变量增加到93.8%时,更换辊径为50 mm的四辊轧机完成最终的轧制,合金带材最终的轧制形变量为98.5%。

### 3.4.3.2　Ni9W合金轧制过程中表面织构的演变

图3-4-13为Ni9W合金通过XRD获得的在初始、0.3、0.8和1.6应变量下的表面(111)极图。从图中可以看到,Ni9W合金在初始状态下表面(111)极图并没有出现取向集中分布的现象,表明Ni9W合金初始坯锭无织构存在。经过0.3应变量后,合金表面开始形成轧制织构分布形态,由初始杂乱分布状态转变为集中分布在RD轴附近,并被TD轴所分割。当应变量达到0.8,Ni9W合金表面在0.3应变量下的分布形态得到进一步加强。在1.6应变量下,Ni9W合金表面已经形成了典型的B型织构,B型织构与过渡型织构包含的织构类型相同,包括有S、B、C和G四种取向织构,但不同之处在于B型织构中C取向织构的含量更低,G取向织构的含量更高,从1.6应变量下的(111)极图中也可看到,其C取向位置强度较弱,而G取向位置存在较强的分布。

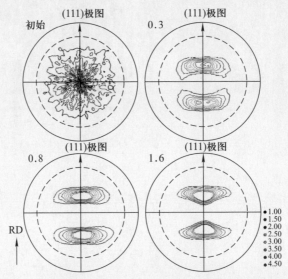

图3-4-13　Ni9W合金轧制过程中在初始、0.3、0.8和1.6应变量下的表面(111)极图[2]

随着应变量的增加,在2.4应变量下的Ni9W合金表面(111)极图的取向分布形态相较于1.6应变量下的极图基本没有发生太大的变化,但仔细观察仍会发现

2.4 应变量下的(111)极图内部的红色取向线出现了扩大,而相对的外围黑色取向线出现了缩小,这导致其在 G 取向位置的分布强度进一步加强,而相对地在 C 取向位置分布强度出现了减弱,如图 3-4-14 所示。当应变量继续增加到 3.2,合金表面的轧制织构形态再次发生改变,可以发现极图内部红色区域在 RD 轴附近出现了凹陷,表明其在 G 取向位置的分布强度出现了减弱,同时外围的黑色取向线继续收缩。在 3.2 应变量到 4.8 应变量过程中,(111)极图在整体形态上仍表现为 G 取向位置的强度继续减弱,并最终在 4.8 应变量下出现较大的凹陷形状,同时外围的黑色取向线也进一步完成了收缩。综上所述,Ni9W 合金经过大形变轧制后形成了典型的 B 型织构。

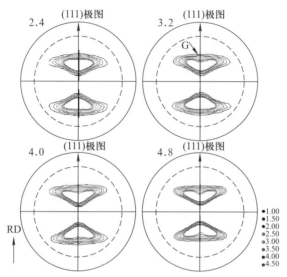

图 3-4-14　Ni9W 合金轧制过程中在 2.4、3.2、4.0 和 4.8 不同应变量下的表面(111)极图[2]

图 3-4-15 是 Ni9W 合金表面在不同应变量下的 XRD 数据通过 ODF 计算后的 $\alpha$ 和 $\beta$ 取向分布曲线。从图中可以看到,在初始状态下,Ni9W 合金在 $\alpha$ 和 $\beta$ 取向线上各取向位置均表现出了相同的强度,这与 Ni5W 合金初始坯锭取向分布情况相同,说明其初始状态下的晶粒无取向集中现象。根据 $\alpha$ 取向线的分布形态,可以将 Ni9W 合金的形变过程分为两个阶段,第一个阶段是从初始状态到 2.4 应变量,在此应变区间,$\alpha$ 取向线呈现出左高右低的分布形态,并且随着应变量的增加,$\varphi_1 =$ 45°左侧逐渐升高,右侧逐渐降低;第二阶段为 3.2 到 4.8 应变量区间,在此应变区间,出现了在 G 取向位置下降的现象,同时在 B 取向位置的左侧形成了最强的分布,这不同于纯 Ni 和 Ni5W 合金分布形态的最高值均出现在 B 取向位置的右侧。根据 $\beta$ 取向线可以将 Ni9W 合金的形变过程分为两个阶段,第一个阶段为 Ni9W 合

金从初始形态到 1.6 应变量,在此应变区间的样品 $\beta$ 取向线呈现出整体加强的趋势;第二阶段为从 2.4 到 4.8 应变量,$\beta$ 取向线在此阶段表现出了左低右高的分布形态,并且随着应变量的增加,最左侧 C 取向位置的强度呈现逐渐降低的趋势,而最右侧的 B 取向位置呈现逐渐升高的态势。

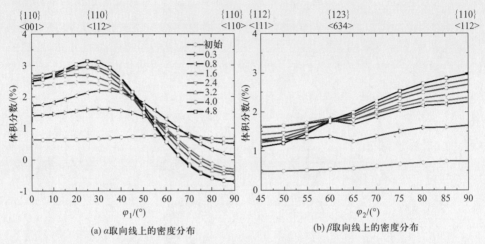

图 3-4-15  Ni9W 合金轧制过程中在不同应变量下的表面晶粒取向分布[2]

### 3.4.3.3  Ni9W 合金轧制过程中 RD-ND 截面微观组织结构的演变

在上一部分,通过 XRD 表征技术分析了解了 Ni9W 合金在轧制形变过程中的织构转变过程,相较于纯 Ni 金属和 Ni5W 合金,Ni9W 合金在相同的应变量下展现出了不同的织构类型,并最终在 4.8 应变量下形成了 B 型织构。尽管通过 XRD 可以了解合金宏观织构的转变过程,但对其织构转变机理的研究仍存在不足,这里将通过 EBSD 技术表征分析其在不同应变量下的微观组织结构的变化,进而研究其宏观织构的演变机制。

图 3-4-16 为 Ni9W 合金在初始状态及 0.3、0.8 和 1.6 应变量下通过 EBSD 获得的 IPF 和取向分布图。从 IPF 中可以看到,在初始状态下的 Ni9W 合金,晶粒呈等轴状,因为前期加入了 20% 的预形变,同样存在贯穿多个晶粒的形变带,并且从 IPF 中颜色分布可以发现并无颜色集中现象,说明合金坯锭在初始状态下并无织构存在。随着形变的开始,在 0.3 应变量下,样品 RD-ND 截面出现了大量贯穿多个晶粒的形变带(如 IPF 箭头所示),并且在轧制力的作用下,截面开始出现了垂直于轧制力方向的晶界(如取向分布图中圆圈所示)。当应变量增加到 0.8 时,从样品的 IPF 中可以看到晶粒形状已经变成了平行于 RD 方向的板条状,并且在此应变量下,大量板条状晶粒是从初始等轴晶粒中分裂出来,如取向分布图中的圆圈内晶粒所示。此外,贯穿多个晶粒的形变带消失不见,取而代之的是晶粒内部开始出现

形变带,如 IPF 中的箭头所示,取向分布图也显示样品截面开始出现轧制织构取向晶粒。

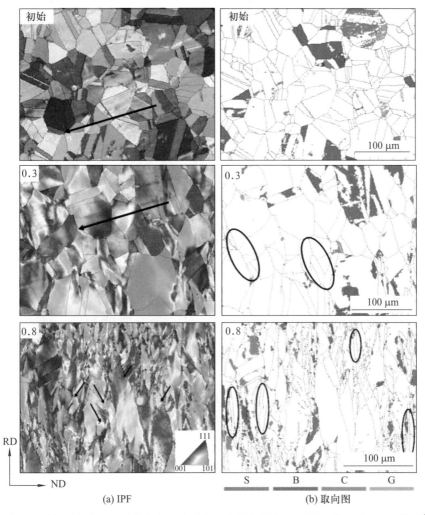

图 3-4-16　轧制过程中 Ni9W 合金在初始、0.3 和 0.8 应变量下 RD-ND 截面的 EBSD 数据[2]

当应变量继续增加到 1.6,从图 3-4-17 中 1.6 应变量下的 IPF 中可以看到,样品 RD-ND 截面所有晶粒全部转变为板条状晶粒,并且取向分布图也显示其截面形成了大量的轧制织构取向晶粒。但当应变量增加到 2.4 时,从 IPF 及取向分布图中可以看到出现大量的碎片状晶粒,有意思的是这些碎片状晶粒往往存在于 C 取向晶粒周围,并且 C 取向晶粒相较于 B 和 S 取向晶粒表现出沿 RD 方向晶粒尺寸较小的现象。这表明 Ni9W 合金中 C 取向晶粒在形变过程中不能稳定存在,造成这

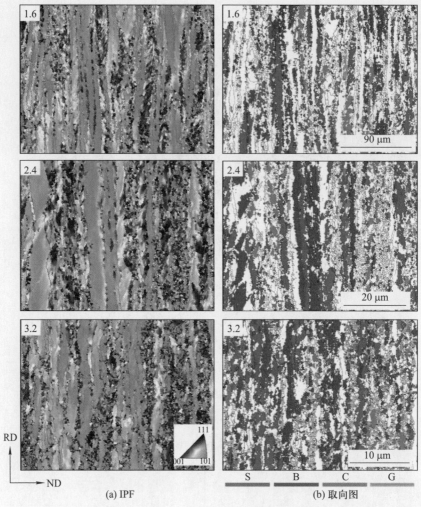

图 3-4-17　轧制过程中 Ni9W 合金在 1.6、2.4 和 3.2 应变量下的 RD-ND 截面 EBSD 数据[2]

种现象的原因在于 C 取向晶粒取向为 {112}＜111＞,将轧制力分为向前的拉应力和向下的压应力,在轧制力作用下其相较于 B 及 S 取向晶粒具有更低的旋密德(Schmid)因子值,代表着其在轧制形变过程中不易发生形变。轧制形变过程中,样品通过内部晶粒的位错滑移发生形变,在应变量一定的情况下,C 取向晶粒因为抵抗形变的能力更强,会造成更强的应力集中。另外,因为 Ni9W 合金相较于纯 Ni 和 Ni5W 合金具有更低的层错能,其在形变过程更容易产生层错,C 取向晶粒在应力集中的情况下必然会产生更多的层错,层错的堆积导致产生形变孪晶,最终演形变成剪切带,当不同的剪切带相互交错的时候就会对晶粒产生切割效应,从而产生晶粒破碎的现象。当应变量增加到 3.2 时,合金截面仍然存在大量碎片状晶粒,并且 C 取向晶粒继续呈现出沿 RD 方向相较 B 和 S 取向晶粒尺寸较小的现象。

在 XRD 数据中已经知道,当应变量增加到 3.2 时,Ni9W 合金表面已经形成了典型的 B 型织构,B 型织构的特点也表现为主要以 B 和 S 取向织构为主,C 与 G 取向织构含量较低。从图 3-4-18 可以看到在 4.0 应变量下,IPF 显示 Ni9W 合金截面形成了大量的碎片化晶粒。在轧制织构取向晶粒分布方面,B 取向晶粒与 S 取向晶粒仍呈现板条状分布,而 C 取向晶粒则呈现出了碎片状分布,轧制织构取向晶粒的总含量为 47.3%,其中 S、B、C 和 G 取向晶粒的含量分别为 24.9%、18.6%、2.3% 和 1.5%。相较于纯 Ni 金属和 Ni5W 合金,在相同应变量下的轧制织构总含量出现了大幅度的降低,这一方面与 C 取向织构含量的降低有关,另一方面是因为同一应变量下的 Ni9W 合金内部晶粒形变过程存在大量应力集中现象,进而影响了 EBSD 测试过程中样品晶粒的菊池花样采集,造成标定率降低。最后,当应变量达到 4.8,从其取向分布图中可以清晰地看到 B 取向晶粒沿 RD 方向的晶粒尺寸最大,C 与 G 取向晶粒沿 RD 方向的晶粒尺寸最小,S 取向晶粒尺寸介于中间。这表明,Ni9W 合金在轧制形变过程中,B 取向晶粒能均匀形变,从而形成较为完整的板条状晶粒,C 与 G 取向晶粒则不能完成均匀形变而被分割成碎片状,S 取向晶粒介于它们之间。

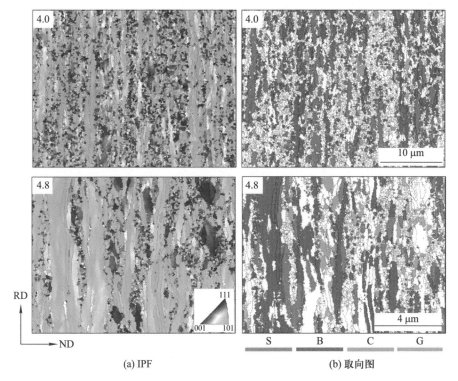

(a) IPF  (b) 取向图

图 3-4-18　轧制过程中 Ni9W 合金在 4.0 和 4.8 应变量下的 RD-ND 截面 EBSD 数据[2]

### 3.4.4 不同层错能的 Ni 基带材形变、再结晶织构及微观组织对比研究

在上文中,通过 XRD 与 EBSD 已经对纯 Ni、Ni5W 和 Ni9W 金属在不同应变量下 RD-TD 表面宏观织构及 RD-ND 截面微观组织结构进行了系统的研究与分析。3 种样品因为 W 含量的不同,进而影响了金属的层错能,造成了它们在经过大应变量形变之后,形成了不同类型的轧制织构,这里将针对不同层错能的 Ni 基带材表面轧制织构及截面微观组织结构进行对比研究分析。

#### 3.4.4.1 不同层错能的 Ni 基带材轧制织构比较分析

图 3-4-19 是 4.8 应变量下纯 Ni、Ni5W 和 Ni9W 金属通过 XRD 测试获得的表面(111)极图。从图中可以看到,三者的轧制织构呈现出了明显不同的形态特征,纯 Ni 金属经过大应变量轧制后形成了典型的 C 型织构,Ni9W 合金形成了典型的 B 型织构,Ni5W 合金则介于纯 Ni 与 Ni9W 合金之间形成了过渡型织构。C 型织构形态具有类似于"翅膀"的形态,主要在于其 C 和 S 取向位置具有较强的晶粒取向密度分布,如图(a)中箭头所示。B 型织构则呈现出更为简洁的分布形态,其在图(a)箭头所标识的 C 与 S 取向位置完全没有晶粒取向分布强度,所有晶粒取向均分布在极图的 RD 轴两侧。过渡型织构形态则介于这两者之间,其在图(a)箭头标识的 C 与 S 取向位置存在一定强度的分布,但相较于 C 型织构则很弱。

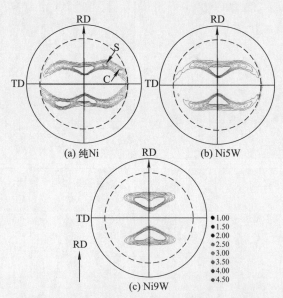

图 3-4-19　纯 Ni、Ni5W 合金和 Ni9W 合金在 4.8 应变量下的表面(111)极图[2]

通过 ODF 计算,4.8 应变量下的纯 Ni 金属、Ni5W 合金和 Ni9W 合金在 $\alpha$ 和 $\beta$

取向线上的分布也表现出了很大的差异。从图 3-4-20 可以发现,3 种样品经过大应变量轧制后,在 α 取向线上,纯 Ni 金属表面晶粒取向呈现出两侧低,中间高的分布形态,分布强度最高点在 B 取向的右侧 10° 位置;Ni5W 合金同样呈现出了中间高两侧低的形态,并且最高分布强度与纯 Ni 相同,但是在取向线的两侧相较纯 Ni 更高,而中间位置则呈现出较低的分布;Ni9W 合金同样呈现出两侧低中间高的分布,但是其分布强度最高点出现在了 B 取向位置的左侧 5° 的位置,并且其左侧 G 取向及其周围位置相较纯 Ni 和 Ni5W 合金分布强度更高,而右侧则表现出更低的分布强度。在 β 取向线上,纯 Ni 和 Ni5W 合金也出现出了相同的分布形态,从左侧的 C 取向位置到右侧的 B 取向位置,晶粒取向均匀分布,并且都在 $\varphi_2 = 65°$ 位置存在强度较弱的现象,两者不同的地方在于纯 Ni 比 Ni5W 合金在整体分布上强度更高;Ni9W 合金的分布形态则完全不同于纯 Ni 与 Ni5W 合金分布形态,呈现出左低右高的分布,并且在最左侧的 C 取向位置的强度远弱于右侧 B 取向位置。

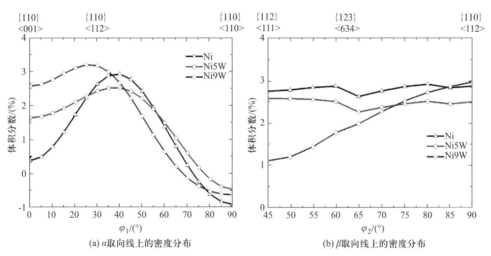

图 3-4-20　4.8 应变量下纯 Ni 金属、Ni5W 合金及 Ni9W 合金表面晶粒的取向分布[2]

对 4.8 应变量下的纯 Ni 金属、Ni5W 合金和 Ni9W 合金表面轧制织构含量进行计算,结果如图 3-4-21 所示。在 4.8 应变量下,纯 Ni 金属、Ni5W 合金和 Ni9W 合金轧制织构总含量分别为 23.06%、21.71% 和 18.93%,表现出随着 W 含量的增加,轧制织构总含量逐渐降低的现象。另外,在 S 和 C 取向织构方面,随着 W 含量的增加,两种取向织构都呈现出了逐渐降低的现象;在 G 取向织构方面,则呈现出了随 W 含量逐渐升高的现象;但是在 B 取向方面,随着 W 含量的变化并没有出现规律性变化。综上所述,W 含量的不同对样品的 S、C 及 G 取向织构产生了规律性的影响,而 B 取向织构并没有随 W 含量的变化而产生规律性变化。

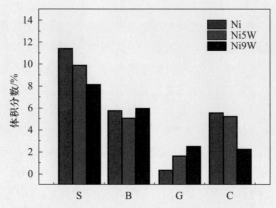

图 3-4-21　　4.8 应变量下纯 Ni 金属、Ni5W 合金和 Ni9W 合金表面不同取向织构含量[2]

### 3.4.4.2　不同层错能的 Ni 基带材截面微观组织结构比较分析

在对纯 Ni 金属、Ni5W 合金及 Ni9W 合金 RD-ND 截面微观组织结构的研究方面,选取了 4.0 应变量下的样品作为研究对象进行对比分析。选用 4.0 应变量下的样品进行对比分析的原因在于样品在轧制形变过程中随着应变量的增加,样品内部的应力逐渐累积,造成了样品花样的标定率下降。同时,随着应变量的增加,晶粒尺寸逐渐减小,造成在 4.8 应变量下的 EBSD 数据采集范围小,样品标定率低。另外,在本章的前 3 节 XRD 结果表明纯 Ni 金属、Ni5W 合金和 Ni9W 合金在 4.0 应变量下已经完成了轧制织构类型的转变。因此,综合考虑选用了 4.0 应变量下的纯 Ni 金属、Ni5W 合金和 Ni9W 合金样品进行 RD-ND 截面的微观组织结构的对比研究。

在晶粒形态方面,从图 3-4-22(a)可以看到,纯 Ni 金属、Ni5W 合金及 Ni9W 合金经过大应变量轧制后均形成了板条状晶粒,但是它们在晶粒的形变均匀性上表现出了不同。纯 Ni 金属晶粒形变均匀,无明显剪切带存在;Ni5W 合金晶粒形变较为均匀,但形成了大量的剪切带,如黑色圆圈所示;而 Ni9W 合金晶粒形变最为不均匀,出现了大量的碎片状晶粒。因此,从晶粒形态上可以分析得出,在 Ni 基金属中 W 元素含量越高晶粒的形变均匀性越差。在晶粒取向方面,从图(b)中可以看到,随着 W 含量的增加,3 种样品 RD-ND 截面的轧制织构总含量呈现出逐渐降低的态势。另外,值得注意的是,纯 Ni 金属中 C 取向晶粒沿 RD 方向的尺寸相较 B 与 S 取向晶粒并无太大区别;但在 Ni5W 合金中,C 取向晶粒呈现出被剪切带分割的形态,并且沿 RD 方向尺寸开始减小;而在 Ni9W 合金中,C 取向晶粒已经呈现出碎片化分布。在 B 取向晶粒方面,3 种样品横截面中 B 取向晶粒都表现出了均匀的板条状,并没有出现随着 W 含量的增高,晶粒沿 RD 方向晶粒尺寸下降的现象。

处于 C 取向与 B 取向之间的是 S 取向织构,从图中可以看到尽管 S 取向随着 W 含量的增加,沿 RD 方向的晶粒尺寸减小,但是在 Ni9W 合金中仍表现为板条状。因此,在轧制形变过程中,可以确定 Ni 基带材随着 W 含量的升高,C 取向晶粒表现出了不稳定性,而 B 取向晶粒则相对稳定,表明 Ni 基带材中层错能主要影响轧制形变过程中的 C 取向织构。

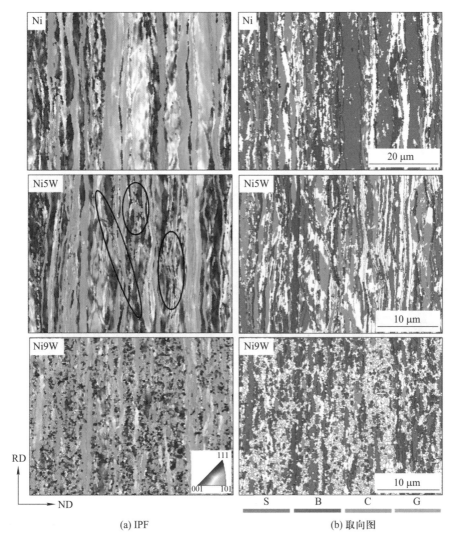

(a) IPF　　　　　　　　　　　　　　(b) 取向图

图 3-4-22　4.0 应变量下的纯 Ni、Ni5W 合金和 Ni9W 合金 RD-ND 截面 EBSD 数据[2]

为了分析轧制形变过程中的 C 与 B 取向晶粒的稳定性,选择 4.0 应变量下的

Ni5W 合金作为分析对象。图 3-4-23 是 Ni5W 合金在 4.0 应变量下 RD-ND 截面的晶粒取向分布图和 Schmid 图。从图中可以看到,C 取向晶粒具有更低的 Schmid 因子值,代表着其在轧制力的作用下具有较弱的形变能力,而 B 取向晶粒则具有更高的 Schmid 因子值,代表着其形变能力更强。在高层错能金属中,C 取向晶粒具有较低的形变能力,但是因为层错不易产生,晶粒的形变通常还是由位错滑移来完成,形变过程更为均匀;但是在低层错能金属中,当 C 取向晶粒难以通过位错的滑移完成形变,其形变过程中会更容易产生层错,通过形成形变孪晶来完成形变,进而造成不均匀形形变成大量的剪切带,这也是 Ni5W 合金截面中 C 取向晶粒周围往往存在剪切带的原因,形变的不均匀性也最终导致 C 取向晶粒取向发生偏转,使得 C 取向晶粒含量降低。B 取向晶粒因为轧制形变能力强,即使在低层能金属中,因为其位错滑移能够顺利地进行,从而不会产生大量的层错造成形变不均匀性,所以纯 Ni 金属、Ni5W 合金和 Ni9W 合金 3 种样品在相同的应变量下,B 取向晶粒都能呈现出完整的板条状形态。

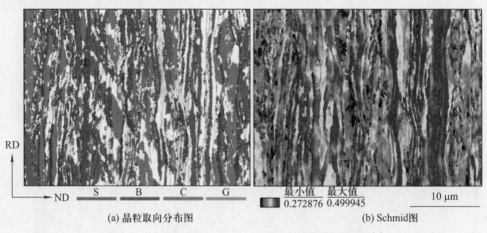

(a) 晶粒取向分布图　　　　　　　　　　　　(b) Schmid图

图 3-4-23　4.0 应变量下的 Ni5W 合金截面 EBSD 数据[2]

### 3.4.4.3　不同层错能的 Ni 基带材退火再结晶晶粒的比较分析

　　大量过往的研究已经表明,大应变量轧制的 Ni 基带材经过高温再结晶退火后会形成立方织构,但是不同类型的轧制织构经过退火后又会导致再结晶立方织构含量的不同。[49-51]

　　这里对 4.8 应变量下的 Ni、Ni5W 和 Ni9W 样品在 1100℃ 下进行保温 120 min 的高温退火热处理,热处理过程采用 Ar-4% H₂ 作为保护气氛。图 3-4-24 显示了 3 种样品退火后,通过 EBSD 获得的表面晶粒取向分布图,取向分布图中不同的颜色代表着偏离 {100} <001> 取向程度的不同,当偏离角超过 10° 后设定为白色,代表着非立方取向。从图 3-4-24 可以看到,随着 W 元素含量的增加,样品表面的白色非立方晶粒的含量逐渐升高,表明样品的立方织构含量逐渐降低。

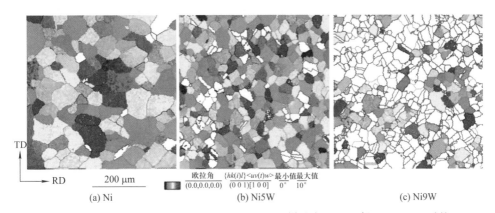

图 3-4-24　4.8 应变量下的纯 Ni、Ni5W 和 Ni9W 样品在 1100℃保温 120 min 后的
表面晶粒取向分布图[2]

对样品表面的立方取向晶粒的含量、晶粒尺寸、Σ3 孪晶界及小角度晶界进行统计,如图 3-4-25 所示。在晶粒尺寸方面,由图(b)可知,Ni、Ni5W 及 Ni9W 样品也都呈现出了随 W 含量升高而降低的现象,这与立方织构含量的变化规律相同;Σ3 孪晶界代表着样品的孪晶含量,从图(c)中可以看到,样品的孪晶界的含量随着 W 含量的增加而升高;在小角度晶界方面,定义取向偏差角小于 10°的为小角度晶界,由图(d)可知,其含量则随着 W 含量的升高而降低,表现出与立方织构含量(图(a))及晶粒尺寸相同的变化趋势。

从样品再结晶结果可以看到,大应变量轧制形变后的 Ni、Ni5W 及 Ni9W 带材,经过高温再结晶热处理后形成了不同强度的立方织构,因此可以确定样品的轧制组织影响了其再结晶组织。从样品轧制组织的两个方面对其进行分析:第一,从织构类型方面,前文中已经知道 3 种样品形成了不同类型的轧制织构,比较其织构类型的不同,B 取向织构存在一定的稳定性,并不随 W 含量的变化呈现出明显的规律,3 种样品在 S 取向织构又存在较高的含量,因此是 C 取向织构造成再结晶立方织构产生如此大的差距的。第二,在微观组织结构方面,纯 Ni 金属的微观组织结构形变均匀,其次是 Ni5W 合金,Ni9W 合金的形变微观组织结构均匀性最差,这也与再结晶立方织构的含量分布规律相吻合。综上所述,无论是造成 C 取向织构含量低,还是微观组织结构中形变的不均匀,都归因于样品中的 W 含量的不同。金属样品中 W 含量的不同造成了其层错能的不同,而层错能进一步影响了 C 取向晶粒的稳定性,当 C 取向晶粒形变不均匀时,又造成了大量剪切带的形成,进而使得样品局部应力集中产生不均匀形变。因此,为了在高 W 含量的 Ni-W 合金基带表

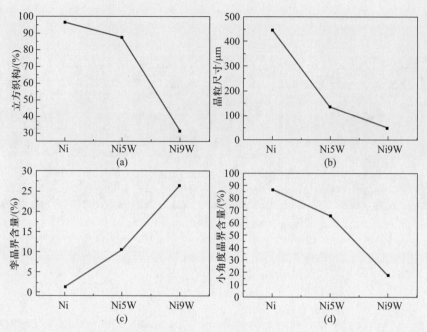

图 3-4-25　　4.8 应变量下的 Ni、Ni5W 和 Ni9W 样品在 1100℃保温 120 min 后的 EBSD 数据[2]

面获得强立方织构,减少高 W 合金形变过程中层错的产生,保证 C 取向晶粒不会因层错的生成而产生剪切带是关键。

# 参 考 文 献

[1] 赵跃. 涂层导体织构镍合金基板及过渡层的研究[D]. 北京工业大学,2009.

[2] 纪耀堂. 涂层导体用镍基金属基带形变及再结晶织构的研究[D]. 北京工业大学,2022.

[3] Bhattacharjee P P,Joshi M,Chaudhary V P,et al. The effect of starting grain size on the evolu-tion of microstructure and texture in nickel during processing by cross-rolling[J]. Mater. Char-act.,2013,76:21-27.

[4] Madhavan R,Suwas S. Micro-mechanisms of deformation texture evolution in nanocrystalline nickel-cobalt alloys[J]. Acta Mater.,2016,121:46-58.

[5] Ji Y,Suo H,Liu J,et al. Effect of stress-relief annealing on rolled texture of nickel-based alloys [J]. J. Alloy. Compd.,2022,903:163970.

[6] Samajdar I,Doherty R D. Role of S[(123)⟨634⟩] orientations in the preferred nucleation of cube grains in recrystallization of FCC metals[J]. Scripta Metallurgica et Materialia,1995,32 (6):845-850.

[7] Sarma V S, Eickemeyer J, Schultz L, et al. Recrystallisation texture and magnetisation behaviour of some FCC Ni-W alloys[J]. Scripta Mater., 2004, 50(7): 953-957.

[8] Eickemeyer J, Huehne R, Gueth A, et al. Textured Ni-7.5 at.% W substrate tapes for YBCO-coated conductors[J]. Supercon. Sci. Tech., 2008, 21(10).

[9] Sakamoto H, Nagasu Y, Ohashi Y, et al. Development of textured substrates with low magnetism [J]. Physica C Superconductivity & Its Applications, 2007, 463-465(none): 600-603.

[10] 高忙忙. 涂层导体用织构镍合金基带的研究[D]. 北京工业大学, 2011.

[11] Burgers W G, Meijs J C, Tiedema T J. Frequency of annealing twins in copper crystals grown by recrystallization[J]. Acta Metall. Mater., 1953, 1(1): 75, IN77, 77-76, IN77, 78.

[12] Gerber P, Tarasiuk J, Bacroix B. Influence of the rolling reduction on static recrystallization in copper[J]. Materials Science Forum, 2002, 408-412(5): 851-856.

[13] Ridha A A, Hutchinson W B. Recrystallisation mechanisms and the origin of cube texture in copper[J]. Acta Metall. Mater., 1982, 30(10): 1929-1939.

[14] Engler O, Huh M Y. Evolution of the cube texture in high purity aluminum capacitor foils by continuous recrystallization and subsequent grain growth[J]. Materials Science and Engineering A, 1999, 271(1-2): 371-381.

[15] Jensen D J, Hansen N, Humphreys F J. Texture development during recrystallization of aluminium containing large particles[J]. Acta Metall. Mater., 1985, 33(12): 2155-2162.

[16] ENGLER O, VATNE H E, NES E. The roles of oriented nucleation and oriented growth on recrystallization textures in commercial purity aluminium[J]. Materials Science and Engineering: A, 1996, 205(1-2): 187-198.

[17] Hjelen J, Ørsund R, Nes E. On the origin of recrystallization textures in aluminium[J]. Acta Metall. Mater., 1991, 39(7): 1377-1404.

[18] Duggan B J, Chung C Y. Effect of cube nucleus distribution on cube texture[J]. Materials Science Forum, 1994, 157-162(6): 1765-1770.

[19] Samajdar I, Doherty R D. Cube recrystallization texture in warm deformed aluminum: understanding and prediction[J]. Acta Mater., 1998, 46(9): 3145-3158.

[20] Luecke K. Formation of recrystallization textures in rolled aluminum single crystals[J]. Scripta Metall. Mater., 1975.

[21] 孟易辰. 涂层导体用织构 Ni8W 合金及其复合基带的研究[D]. 北京工业大学, 2014.

[22] Leffers T, Ray R K. The brass-type texture and its deviation from the copper-type texture[J]. Prog. Mater. Sci., 2009, 54(3): 351-396.

[23] Hirsch J, Lücke K, Hatherly M. Overview no. 76: Mechanism of deformation and development of rolling textures in polycrystalline f.c.c. metals—III. The influence of slip inhomogeneities and twinning[J]. Acta Metall. Mater., 1988, 36(11): 2905-2927.

[24] Lee C S, Duggan B J. Deformation banding and copper-type rolling textures[J]. Acta Metall. Mater., 1993, 41(9): 2691-2699.

[25] Eickemeyer J, Hühne R, Güth A, et al. Textured Ni-9.0 at.% W substrate tapes for YBCO-coa-

ted conductors[J]. Supercon. Sci. Tech.,2010,23(8):085012.

[26] Vannozzi A,Augieri A,Celentano G,et al. Cube textured substrates for YBCO coated conductors:Influence of initial grain size and strain conditions during tape rolling[J]. IEEE Trans. Appl. Supercon.,2007,17(2):3436-3439.

[27] Rollett A. Recrystallization and related annealing phenomena[J]. Elsevier,1995.

[28] 田辉. 涂层导体用铜镍合金基带立方织构的形成机理研究[D]. 北京工业大学,2013.

[29] Li X L,Liu W,Godfrey A,et al. Development of the cube texture at low annealing temperatures in highly rolled pure nickel[J]. Acta Mater.,2007,55(10):3531-3540.

[30] Duggan B J,Lücke K,Köhlhoff G,et al. On the origin of cube texture in copper[J]. Acta Metall. Mater.,1993,41(6):1921-1927.

[31] Bunge H J,Köhler U. Modelling primary recrystallization in fcc and bcc metals by oriented nucleation and growth with the statistical compromise model[J]. Textures & Microstructures, 1997,28(3-4).

[32] Jensen D J. Growth rates and misorientation relationships between growing nuclei/grains and the surrounding deformed matrix during recrystallization[J]. Acta Metall. Mater.,1995,43(11): 4117-4129.

[33] Sokolov B K,Gervasyeva I V,Rodionov D P,et al. Influence of rolling temperature on the perfection degree of recrystallization cube texture in nickel[J]. Textures & Microstructures,2001, 35(1):1-22.

[34] Rémy L,Pineau A,Thomas B. Temperature dependence of stacking fault energy in close-packed metals and alloys[J]. Materscieng,1978,36(1):47-63.

[35] Maurice C,Driver J H. Hot rolling textures of f.c.c. metals—part I. Experimental results on Al single and polycrystals[J]. Acta Mater.,1997,45(11):4627-4638.

[36] Gervasyeva I V,Rodionov D P,Sokolov B K,et al. Effect of deformation texture component composition on cube texture formation during primary recrystallization in Ni-based alloys[C]. Proceedings of the Materials Science Forum,F,2005.

[37] Zhou Y X,Ghalsasi S V,Hanna M,et al. Fabrication of cube-textured Ni-9% atW substrate for YBCO superconducting wires using powder metallurgy[J]. IEEE Trans. Appl. Supercon., 2007,17(2):3428-3431.

[38] Murakami T,Sakuma K. Sharpening of the cube texture in AA3004 alloy by three step processes of partial annealing and light rolling[C]. Proceedings of the Trans. Tech. Publications,F,2002.

[39] Raabe D. Texture simulation for hot rolling of aluminium by use of a Taylor model considering grain interactions[J]. Acta Metall. Mater.,1995,43(3):1023-1028.

[40] Raabe D. Taylor simulation and experimental investigation of rolling textures of polycrystalline iron aluminides with special regard to slip on {112} planes[J]. Acta Mater.,1996,44(3):937-951.

[41] Bunge H J,Köhler U. Modelling primary recrystallization in fcc and bcc metals by oriented nucleation and growth with the statistical compromise model[J]. Textures & Microstructures,

1997,28(3-4).

[42] Zhang X M,Xiao Y Q,Tang J G,et al. Influence of pre-annealing and additional deformation on the recrystallization texture of high-purity aluminum foils[J]. Materials Science Forum,2002, 408-412:1443-1448.

[43] Daaland O,Nes E. Origin of cube texture during hot rolling of commercial Al+Mn+Mg alloys [J]. Acta Mater.,1996,44(4):1389-1411.

[44] 张新明,刘胜胆,唐建国,等. Mechanism of strengthening of cube texture for high purity aluminum foils by additional-annealing[J]. 中国有色金属学报(英文版),2003,13(3):499-503.

[45] Varanasi C V,Barnes P N,Yust N A. Biaxially textured copper and copper-iron alloy substrates for use in $YBa_2Cu_3O_{7-x}$ coated conductors[J]. Supercon. Sci. Tech.,2006,19(1):85-95.

[46] Vannozzi A,Celentano G,Armenio A A,et al. Ni-Cu-Co alloy textured substrate for YBCO coated conductors[J]. IEEE Trans. Appl. Supercon.,2009,19(3):3283-3286.

[47] Vannozzi A,Thalmaier G,Armenio A A,et al. Development and characterization of cube-textured Ni-Cu-Co substrates for YBCO-coated conductors[J]. Acta Mater.,2010,58(3):910-918.

[48] Cui J,Wang Y,Suo H L,et al. Effect of different deformation and annealing procedures on non-magnetic textured Cu60Ni40 alloy substrates[J]. International Journal of Minerals Metallurgy and Materials,2018,25(008):930-936.

[49] Specht E D,Goyal A,Lee D F,et al. Cube-textured nickel substrates for high-temperature superconductors[J]. Supercon. Sci. Tech.,1998,11(10):945.

[50] Yu H,Liu W. Effect of temperature on microstructure and texture of rolled Ni-9.3 at-% W alloy [J]. Materials Science and Technology,2011,27(9):1412-1415.

[51] Wang Y,Suo H,Ma L,et al. Formation of cube texture in Ni5W alloy substrates by melting route[J]. Rare Metal Mat. Eng.,2013,42(8):1611-1616.

# 第 4 章　Ni5W/Ni12W/Ni5W 复合基带的研究进展

## 4.1　复合基带设计及制备思路

　　本章制备复合基带的核心思路为"复合坯锭法"，即首先制备具有多层结构的复合坯锭(图 4-1-1)，然后经过普通轧制和再结晶退火工艺，获得多层结构复合基带。复合坯锭的"外层材料"为低 W 含量 Ni-W 合金材料(如 Ni5W 合金)，易于通过形变和再结晶退火工艺形成立方织构；复合坯锭的"芯层材料"为具有高强度低磁性的高 W 含量 Ni-W 合金材料(如 Ni9W，Ni12W)。采用"复合坯锭法"制备的复合基带，表层具有锐利的立方织构，基带整体强度和磁性能较单层 Ni-W 合金基带有较大程度的改善。获得具有良好界面结合的复合坯锭，避免了大形变过程中的分层和开裂，是"复合坯锭法"制备复合基带的工艺关键。

图 4-1-1　多层结构的复合坯锭示意图[1]

## 4.2　复合基带的制备工艺

　　复合基带由焊接型或扩散型 Ni-W 合金复合坯锭经冷轧、再结晶退火工艺获得。以下介绍焊接型和扩散型 Ni-W 合金复合坯锭的制备工艺。

### 4.2.1　焊接型 NiW 合金复合坯锭的制备工艺

　　焊接型 NiW 合金复合坯锭的结构如图 4-2-1 所示，外层为熔炼 Ni5W 合金坯锭，芯层为 Ni9W 合金熔炼坯锭；为了实现层间连接，采用 Cu/Ag/Cu 三层金属箔作为连接层。Cu/Ag/Cu 作为连接层，最早由 Hongli Suo 等人在制备 Ag-Ni 复合基带中提出[2]，利用 Cu 可以与 Ag、Ni 固溶的特点，实现多层材料的连接。根据 AgNi、AgCu 和 CuNi 相图可知：① Ag、Cu 的共晶温度仅为 780 ℃（图 4-2-2），因此 AgCu 层可以在较低的烧结温度下融化成为液体，起到焊料的作用；② 利用 Ni、Cu 可形成无限固溶体的特性，芯层和外层材料可以紧密烧结在一起。这保证了在轧制过

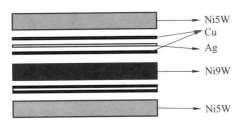

图 4-2-1　Ni5W/Ni9W/Ni5W 焊接型复合基带坯锭的结构示意图[1]

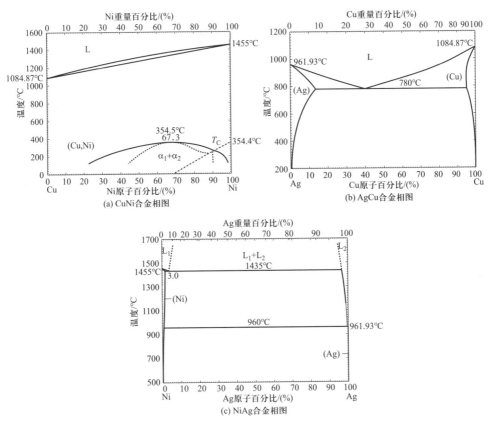

图 4-2-2　制备复合坯锭的相关相图[3]

程中,复合坯锭能够抵抗由内外层材料形变能力不同造成的层间附加应力。此外,由于 Ag 在 Ni 中的溶解度非常低,Ag 不易向两侧 NiW 层扩散,而以单质的形式富集在界面处。因此,由该复合坯锭制备的复合基带,在高温再结晶退火的过程中,Ag 能够阻止内外层成分的扩散,有利于保持外层 Ni5W 合金材料再结晶行为的独立性。

　　基于以上考虑,该种复合坯锭的制备路线为:将 Ni5W 和 Ni9W 合金锻件按一定厚度比切割,然后按照 Ni5W/(Cu/Ag/Cu)/Ni9W/(Cu/Ag/Cu)/Ni5W 的顺序用 Mo 丝扎紧固定(其中 Ag 箔纯度在 99.0% 以上,厚度为 100 μm;Cu 箔纯度在 99.0% 以上,厚度为 50 μm),然后将其在 $Ar/H_2$ 保护气氛中 850 ℃烧结 4 h 获得复合坯锭。

### 4.2.2　扩散型 Ni-W 合金复合坯锭的制备工艺

　　扩散型 Ni-W 复合坯锭结构的外层为 Ni5W 或 Ni7W 合金,芯层为 Ni12W 合金。依靠制备过程中内外层的成分扩散,复合坯锭的层间紧密结合。扩散型 Ni-W 复合坯锭制备的技术路线可分为冷等静压烧结和放电等离子烧结两种,分别如图 4-2-3(a)、(b)所示,图中混合粉末(或合金坯锭)A 为外层材料,混合粉末 B 为芯层材料。

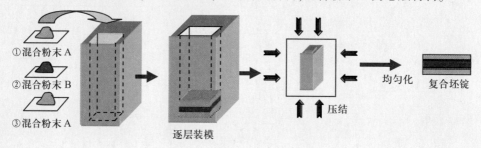

(a) 冷等静压烧技术路线

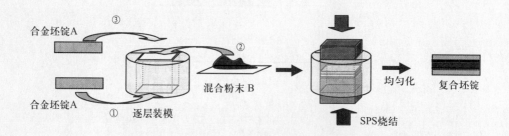

(b) 放电等离子烧结技术路线

图 4-2-3　扩散型复合坯锭制备路线示意图[1]

冷等静压烧结技术制备 Ni5W/Ni12W/Ni5W 复合坯锭包括三个主要步骤。第一,配制混合粉末,即按层间厚度比,计算出复合坯锭每层所需的 Ni 粉和 W 粉,并将两种单质粉末在 Ar/H$_2$ 保护气氛中混合均匀,可分别得到 Ni-5at.%W(Ni 粉与 W 粉的摩尔比为 95 : 5)和 Ni-12at.%W(Ni 粉与 W 粉的摩尔比为 88 : 12)两种混合粉末;第二,按自下而上的顺序(图 4-2-3(a)中①,②,③的顺序),将 Ni-5at.%W、Ni-12at.%W 和 Ni-5at.%W 3 种混合粉末分层置于冷等静压模具中,然后经 250 MPa、保压 3 min 压结成块;最后,将复合压块在 Ar/H$_2$ 保护气氛中 1000~1150 ℃ 烧结 5~10 h,得到复合坯锭。图 4-2-4 为烧结后复合坯锭不同位置的金相。由图可知,烧结后复合坯锭界面连接良好,Ni5W 和 Ni12W 合金层间存在过渡区,且 Ni5W 合金层的显微组织和粉末冶金制备的单层合金坯锭相同。

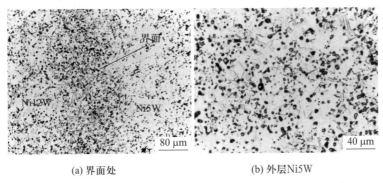

(a) 界面处　　　　　　　　　　　　(b) 外层Ni5W

图 4-2-4　Ni5W/Ni12W/Ni5W 复合坯锭不同位置的金相照片[1]

采用放电等离子烧结技术路线制备复合坯锭的工艺与冷等静压烧结技术路线类似。采用该技术路线,复合坯锭外层材料可以是混合粉末,也可是熔炼获得的合金坯锭。图 4-2-3(b)为一种典型的放电等离子烧结技术制备复合坯锭的工艺流程图,复合坯锭的外层材料为熔炼的合金坯锭。为了使每层混合粉末均能够形成均质固溶体,同时获得良好的界面结合力,放电等离子烧结后复合块还需要进行均匀化处理,均匀化处理工艺与冷等静压烧结技术路线相同。

### 4.2.3　Ni5W 复合坯锭的形变工艺及基带的再结晶工艺

扩散型和焊接型 Ni-W 合金复合坯锭的冷轧工艺均与单层 NiW 合金基带相同,即复合基带整体的道次形变量小于 5%,总形变量大于 95%。

图 4-2-5 为不同形变量下扩散型复合坯锭的界面金相。由图可知,与普通合金坯锭相似,复合坯锭的冷轧过程也是晶粒明显形变的过程,即随着形变量的增大,原始等轴晶被拉长为平行于轧制方向的条状晶粒,坯锭内的气孔也随着晶粒延轧

向延伸构成众多的加工纤维流线。当形变量大于 90% 时,晶粒界面已难以从光学显微镜中分辨,坯锭中留下大量晶粒内部滑移的痕迹。同时由于内外层材料选择不同,其塑性形变能力存在较大差异。这导致外层 Ni5W 合金沿轧向延伸速度相对较快,使得复合坯锭层间的界面随着形变量的增大变得清晰。值得指出的是,在 95% 形变量的复合坯锭(图 4-2-5(c))界面处未发现劈裂或分层。这是因为扩散型复合坯锭的界面依靠内外层扩散形成了过渡区域,该区域在形变过程中不断变薄,缓解了内外层因形变能力不同产生附加应力的积累,保证了复合坯锭的加工性能。

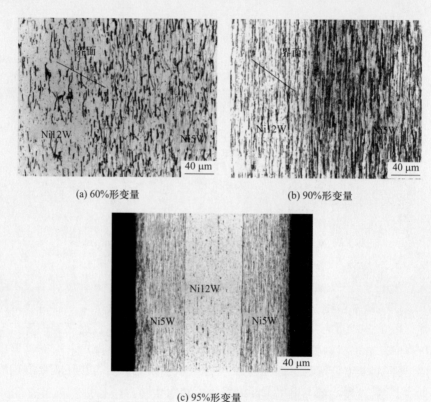

(a) 60%形变量　　　　　　　　　　　　　(b) 90%形变量

(c) 95%形变量

图 4-2-5　不同形变量下扩散型复合坯锭的金相照片[1]

图 4-2-6(a)为扩散型复合基带界面的 SEM 图,图 4-2-6(b)是该复合基带界面的 Ni、W 元素分布图。由图可知,复合基带沿着厚度方向上存在元素梯度分布,即由外层 Ni5W 的合金成分逐渐过渡到芯层 Ni12W 的合金成分,这与在形变复合坯锭金相中界面存在显微组织过渡区的结果相吻合。这是复合基带具有良好界面结合的主要原因。

焊接型复合坯锭的形变过程与扩散型复合坯锭类似。所不同的是,由于复合坯锭层间存在 Ag 层,层间无显微组织梯度分布区域。不同形变量下复合坯锭的层间分界均比较明显。图 4-2-6(c)、(d) 为典型焊接型复合基带截面的 SEM 图及层间界面区域的元素分布图。由图可知,复合基带层间由于存在 Ag 层,阻止了内外层之间的扩散。

复合基带的再结晶工艺与单层 Ni-W 合金基带的再结晶工艺相似,即采用两步退火的热处理工艺。根据复合基带外层材料合金成分不同,再结晶退火的温度和保温时间有所区别。不同结构复合基带的再结晶退火工艺将在后文中详细说明。

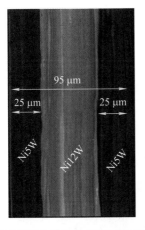

(a) 扩散型复合基带截面的扫描电镜图

(b) 扩散型复合基带界面元素分布

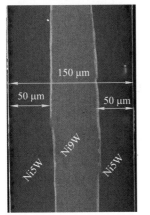

(c) 焊接型复合基带截面的扫描电镜图像

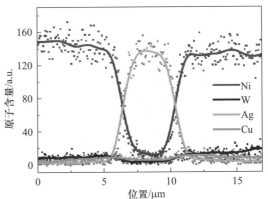

(d) 焊接型复合基带界面元素分布

图 4-2-6　复合基带截面 SEM 图和界面元素分布图[1]

## 4.3　冷等静压烧结技术路线制备 Ni5W/Ni12W/Ni5W 复合基带的表面织构研究

采用冷等静压烧结技术路线获得结构为 Ni5W/Ni12W/Ni5W 的复合坯锭,经冷轧获得内外层比例为 1∶1∶1 的复合基带。基带的再结晶退火工艺为两步退火,低温阶段为 750 ℃保温 0.5 h,高温阶段为 1250 ℃保温 0.5 h。采用 EBSD 技术分析复合基带表面的再结晶织构和晶界质量。

### 4.3.1　Ni5W/Ni12W/Ni5W 复合基带的表面织构

退火后复合基带表面的再结晶立方织构含量为 97.9%(<10°)(图 4-3-1(a))。为了比较复合基带表面和单层 Ni5W 合金基带表面立方织构的分布情况,两者再结晶织构与标准立方取向的偏离角分布如图 4-3-1(b)所示。由图可知,复合基带表面与单层 Ni5W 合金基带的再结晶晶粒分布均存在峰值,即当与标准立方取向差分别为 3.1°和 4.8°时,两者再结晶晶粒含量最高。这表明复合基带表面立方织构更加集中于标准立方取向。这可能是因为:复合基带内外层材料性质不同,抵抗塑性形变能力有所差异,导致外层 Ni5W 在冷轧过程中的受力状态有所不同,最终造成其形变组织和再结晶织构与单层 Ni5W 合金基带所有区别。

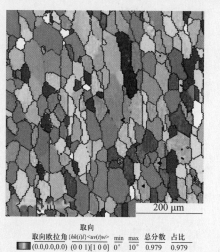

取向
取向欧拉角 {hk(i)l}<uv(t)w>　min　max　总分数　占比
(0.0,0.0,0.0)　(0 0 1)[1 0 0]　0°　10°　0.979　0.979

(a) 复合基带表层晶粒取向分布图

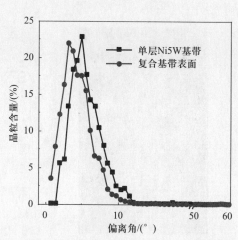

(b) 复合基带表面再结晶织构与标准立方取向偏离角分布曲线

图 4-3-1　复合基带表面晶粒取向分布和再结晶织构分布[1]

　　非立方织构晶粒对外延氧化物薄膜有重要影响,下面对复合基带表面与标准立方取向偏差在 10°~15°范围内的非立方晶粒进行分析,如图 4-3-2 所示。选择与标准立方取向偏差 10°以上的三个典型晶粒 A、B、C。根据软件分析可知,A、B、C 3 晶粒的取向分别为 (-1,-27,7)[-27,1,0],(-1,16,3)[-29,-2,1],(-1,27,4)[-23,1,-1]。由这 3 个非立方取向晶粒与周围立方取向晶粒的晶体学取向关联性分析可知(如图 4-3-2 中 A1、B1、B2、C1、C2),非立方晶粒 A 可由其相邻的立方晶粒 A1 以[21,-2,8]为轴转动 15.2°获得,类似可知 B1、B2、C1、C2 之间的晶体学联系,如图 4-3-2 中表所列,其中 B 晶粒(与 B1 关联)与相邻的立方晶粒 B1 转动了 11.2°,C 晶粒(与 C1 关联)转动了 4.4°。

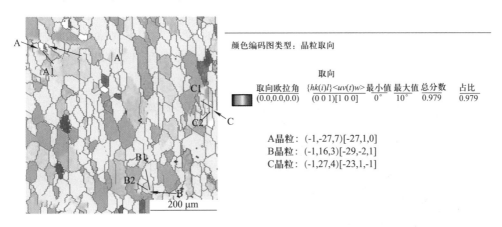

| 晶粒对 | 角度/轴 |
| --- | --- |
| A1 | 15.2°/[21,-2,8] |
| B1 | 11.2°/[23,-17,1] |
| B2 | 9.7°/[5,-5,1] |
| C1 | 9.7°/[21,7,8] |
| C2 | 4.4°/[23,-5,18] |

图 4-3-2　复合基带表面非立方织构晶粒分析图及 A、B、C 3 点的晶粒取向信息[1]

　　分析相邻晶粒微取向关系有助于判断织构基板对沉积薄膜外延取向质量的影响。例如,在 A1“晶粒对”上沉积的过渡层或 YBCO 层外延生长质量不高,因为在涂层导体中,过渡层或者超导氧化物薄膜是“承袭”基板的织构,取向差大的晶粒会导致超导层薄膜的弱连接,使得超导层的超导电性显著下降。因此可以推断 A1 是严重影响超导性能的"晶粒对";而由于 C 晶粒与相邻晶粒转动较小,所以同样是非立方织构的 C 晶粒对外延薄膜的超导性能影响较小。

### 4.3.2　Ni5W/Ni12W/Ni5W 复合基带的晶界质量

研究表明具有小角度晶界的织构金属基板有利于高性能超导薄膜的获得[4],因此织构金属基带的晶界对后续外延薄膜的质量有重要影响。在 EBSD 晶界分析过程中,微取向角超过 2°的晶粒之间的界面被判定是晶界,晶粒平均尺寸的计算也是基于晶界的判定。[5]由此可得出图 4-3-3 中基带表面晶界的总长为 2.28 cm,平均晶粒度约为 50 μm。由于该复合基带表面强的立方织构,有些晶粒之间微取向角比较小,甚至小于晶界的临界判据(2°)。这导致一些实际存在的晶界未被软件识别(如图 4-3-3 中箭头所指),造成了小角度晶界的"丢失",即由软件得到的晶粒度统计和晶界微取向角的分布结果均存在一定误差。因此,在图 4-3-3 中小角度晶界的含量比软件得出的数值更多,晶粒度也更小。

灰度图类型:图像质量
28.985…160.998(28.985…160.998)

颜色编码图类型:无

| 边界: | 旋转角度 | | | |
|---|---|---|---|---|
| 最小值 | 最大值 | 分数 | 数量 | 长度 |
| 2° | 5° | 0.326 | 2573 | 7.43mm |
| 5° | 10° | 0.519 | 4087 | 1.18cm |
| 10° | 180° | 0.155 | 1221 | 3.52mm |

图 4-3-3　复合基带表面晶界判定及不同微取向角晶界的分布[1]

图 4-3-4 所示为复合基带表面不同范围内微取向角的晶界分布图。由图可知,复合基带表面微取向角在 2°~5°,5°~10°,10°~180°的晶界长度分别为 7.43 mm,11.8 mm,3.52 mm,3 种微取向的晶界各占 32.6%、51.9%、15.5%(图 4-3-4)。小角度(<15°)晶界占晶界总长度的 84.5%。不同微取向角晶界分布的位置没有明显的规律。

图 4-3-5 比较了两种再结晶 Ni-W 合金基带表面不同微取向角的晶界长度含量分布,其插图是横轴 55°~65°范围的局部放大,其中方块标记和实心圆点分别代表复合基带和单层 Ni5W 合金基带。由图可知,单层 Ni5W 合金基带和复合基带晶

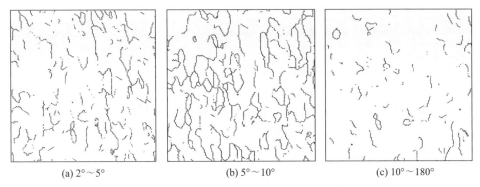

(a) 2°～5°　　　　　　　　(b) 5°～10°　　　　　　　(c) 10°～180°

图 4-3-4　不同微取向角晶界的分布图[1]

界微取向角分布均存在峰值,即当微取向角分别 4.84°,6.09°时,相应 NiW 合金基带的晶界长度含量最高。将该峰形进行高斯(Gaussian)拟合,可知 Ni5W 合金基带和复合基带晶界分布峰值的半高宽分别是 6.1°和 4.8°。同时发现,复合基带的孪晶界含量比单层的 Ni5W 合金基带略少,因此复合基带晶界质量较高,可为后续获得高质量外延薄膜提供条件。

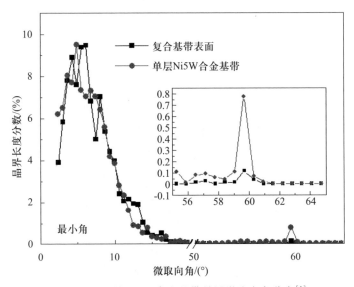

图 4-3-5　两种 Ni-W 合金基带晶界微取向角分布[1]

　　综上所述,采用传统冷等静压烧结技术路线获得了 Ni5W(P)/ Ni12W(P)/ Ni5W(P)复合基带。经两步退火的热处理工艺,其表面形成锐利的立方织构,小角晶界含量较高,且该基带立方织构和晶界质量与单层 Ni5W 合金基带在同一水平。

## 4.4    放电等离子烧结技术路线制备 Ni5W/Ni12W/Ni5W 复合基带的表面织构研究

由于模具材料和烧结方式不同,放电等离子烧结技术制备复合坯锭的外层材料既可以是混合粉末,也可以是熔炼合金坯锭。本节将分析该技术路线工艺参数对 Ni5W/ Ni12W/Ni5W 复合基带表面织构的影响。

### 4.4.1    Ni5W/Ni12W/Ni5W 复合基带内外层厚度比例对复合基带表面织构的影响

以下几种不同内外层厚度比的复合基带均由放电等离子烧结技术路线获得的复合坯锭制备而成,复合坯锭结构为｛Ni-5at.% W 熔炼坯锭(Ⅰ)｝/｛Ni-12at.% W 混合粉末(P)｝/｛Ni-5at.% W 熔炼坯锭(Ⅰ)｝(Ⅰ代表熔炼坯锭,P 代表混合粉末),经冷轧、退火后获得约 100 μm 厚的复合基带。将外层与芯层厚度比分别为 1∶3∶1,1∶1.5∶1,1∶1∶1 的复合基带分别记为 I-PA,I-PB 和 I-PC。复合基带均采用“两步退火”热处理工艺,即初始再结晶阶段 750 ℃保温 30 min,高温阶段在 1250 ℃保温 30 min。

I-PA 经再结晶退火后,截面的 BSE 图像如图 4-4-1 所示。其外层 Ni5W 和芯层 Ni12W 的厚度分别为 20 μm,65 μm 左右。由图可观察到在退火后,其层间界面处成分衬度界限不明显,存在成分扩散区。

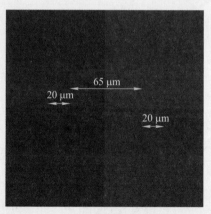

图 4-4-1    退火后复合基带 I-PA 截面的 BSE 图像[1]

图 4-4-2 为再结晶退火后复合基带 I-PA 基带表面的晶粒取向分布图。分析可知,其立方织构含量(≤10°)仅为 90.8%,明显低于单层 Ni5W 合金基带。通过对

EBSD 图中晶粒取向和形状的分析发现,大量非立方取向晶粒为等轴晶之间的板条状孪晶。在多层结构的复合基带中,芯层 W 含量远高于外层,因此经历较高退火温度后,外层 Ni5W 合金已经形成部分晶粒度较大的等轴晶晶粒,这些晶粒与芯层 Ni12W 合金相接触。而在 NiW 合金中,富 W 相易于偏析在晶界处[4],如图 4-4-2 中插图复合基带界面区域背散射电子图所示。这使复合基带外层 Ni5W 局部的合金成分发生变化,导致了高温退火后,复合基带表层局部 W 含量较高的区域容易形成退火孪晶,并作为稳定的织构组成保留下来。

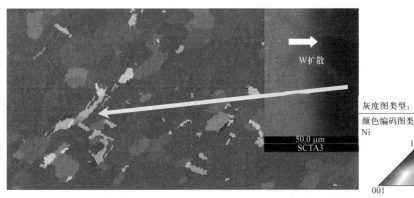

图 4-4-2　复合基带表面的晶粒取向分布图,插入图是复合基带界面处的 BSE 电子图[1]

图 4-4-3(a) 为复合基带 I-PC 的表面晶粒取向分布图。从图中可知,在内外层厚度比例调整后的复合基带 I-PC 表面再结晶织构中,退火孪晶织构明显减少,其立方织构含量(≤10°)也由 90.8% 提高至 97.2%,基本与单层 Ni5W 合金基带立方织构质量持平(单层 Ni5W 合金基带的再结晶立方织构含量为 99%);而复合基带 I-PB 的内外层厚度比例介于 I-PA 和 I-PC 之间,其表面再结晶立方织构含量(≤10°)也达到 95.4%。因此调整内外层比例能够增加芯层富 W 相向表面扩散的距离,减小由复合基带表面成分变化而导致的立方织构质量下降。

综上所述,与"焊接型"复合基带不同,"扩散型"复合基带表面织构受到高温再结晶过程中芯层材料成分扩散的影响严重,即高温退火使复合基带 Ni5W 层的局部成分发生变化,影响了其高层错材料再结晶立方织构形成的规律。而复合基带的内外层比例的设计是影响其再结晶立方织构含量的关键。因此,从性能协调的角度考虑,不应单纯地增加芯层高强度 Ni12W 材料的比例,应该兼顾"织构"与"力学性能与磁性能"的协调统一。这是本节进行扩散型复合基带研究的重要原则。

### 4.4.2　Ni5W/Ni12W/Ni5W 外层材料初始状态对复合基带表面立方织构的影响

本小节将研究两种外层材料状态对复合基带表面立方织构的影响,其中一种复合坯锭结构为｛Ni-5at.%W 混合粉末(P)｝/｛Ni-12at.%W 混合粉末(P)｝/｛Ni-5at.%W 混合粉末(P)｝,经冷轧获,退火后获得厚度约为 100 μm 的复合基带,其外层与芯层厚度比例为 1:2:1 记为 P-PA;另外一种为上文研究的复合基带 I-PC,两者的退火工艺相同,区别仅体现在原始复合坯锭外层材料的状态上。

退火后复合基带 P-PA 表面立方织构(<10°)含量达到 98.5%(图 4-4-3(b)),且再结晶晶粒度明显小于复合基带 I-PC。X 射线四环衍射对复合基带 P-PA 再结晶织构的分析结果表明:再结晶织构为纯立方织构,(111)面 Φ 扫描和(200)面摇摆曲线半高宽(FWHM)分别为 7.44°、5.12°(图 4-4-4),即该基带表层形成了锐利的立方织构(图 4-4-5),与 EBSD 结果相一致。

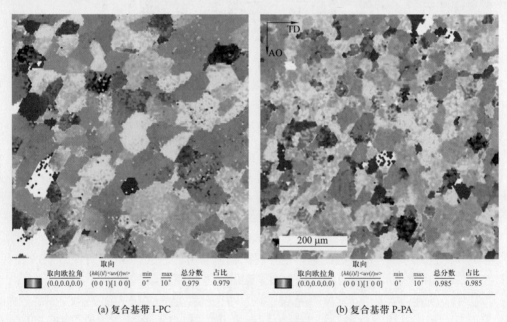

(a) 复合基带 I-PC　　　　　　　　　　　(b) 复合基带 P-PA

图 4-4-3　两种复合基带表面的晶粒取向分布图[1]

比较复合基带 I-PC 和 P-PA 立方织构含量及其内外层厚度比例发现,尽管复合基带 P-PA 外层 Ni5W 厚度比例相对较低,但是其原始复合坯锭外层材料的初始状态为混合粉末,这使复合基带表面表现出较高的再结晶立方织构含量。这是因为在相同的退火温度下,当复合坯锭外层材料的初始状态选择为 Ni-5at.%W 混合粉末时,尽管芯层富 W 相向外层扩散的距离没有变化,但是由于粉末冶金制坯技

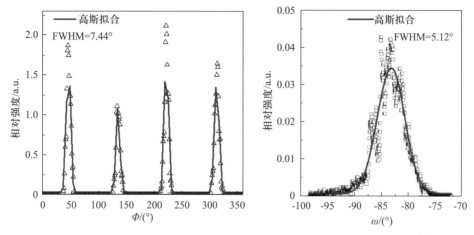

图 4-4-4　Ni5W/Ni12W/Ni5W 复合基带的(111) $\Phi$ 扫描和(200)摇摆曲线[1]

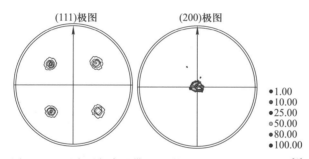

图 4-4-5　退火后复合基带 I-PC 的(111)和(200)面极图[1]

术在制备高 W 含量 Ni-W 合金基带方面具有优势,这是保证在复合基带外层厚度比较小的情况下,其表面能够维持较高立方织构质量的主要原因。

图 4-4-6 为采用放电等离子烧结技术获得两类复合基带表面织构结果的比较。图中横轴表示外层材料与内层材料的厚度比,纵轴表示基带表面立方织构的含量。由图可知,随着外层材料厚度比例的增加,两类复合基带的表面立方织构含量均呈上升趋势;与 P-P 系列复合基带(图中实心圆表示)相比,I-P 系列复合基带(图中方块表示)表面立方织构含量随外层厚度比例减小下降得比较明显。

综上所述,复合基带的合理设计是保证其表面形成锐利立方织构的前提。通过增加复合坯锭外层材料的厚度比例,或选择外层材料的初始状态为混合粉末,均可以兼顾复合基带的"织构"与"力学性能和磁性能",保证其表面立方织构质量。

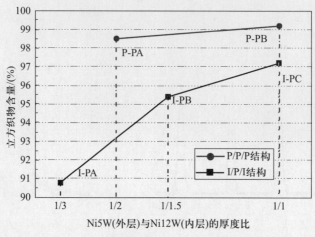

图 4-4-6　复合基带表面的立方织构含量变化图[1]

## 4.5　熔炼坯锭技术路线制备 Ni5W/Ni12W/Ni5W 复合基带的表面织构研究

与传统单层 Ni7W 合金基带织构演变的研究思路相似,本节将从形变织构和初始再结晶织构两方面,研究复合基带外层 Ni5W 的立方织构的形成规律。复合基带由"复合坯锭法"经大形变量冷轧获得,而复合坯锭由放电等离子烧结方法制备,其多层结构为 Ni5W(I,熔炼坯锭)/ Ni12W(P,混合粉末)/ Ni5W(I,熔炼坯锭)。

### 4.5.1　Ni5W/Ni12W/Ni5W 复合基带外层的形变织构

图 4-5-1(a),(b)分别为单层 Ni5W 合金基带(由熔炼技术路线获得,简记为 Ni5W$^{MM}$)和复合基带外层 Ni5W(简记为 Ni5W$^{CT}$)形变织构的 ODF 图。比较可知,两种 Ni5W 材料的形变织构组成基本相同,均为高层错能材料经大形变后的 C 型形变织构。这表明"层错能"是影响复合基带外层 Ni5W 材料形变织构的主要原因。经仔细比较可发现,复合基带外层 Ni5W 形变织构中的 C 和 S 取向比较集中,同时存在微弱的立方织构。由于两者原始状态相同,即均为 Ni5W 熔炼合金坯锭,因此形变织构的差异可能是由于复合基带外层 Ni5W 在形变过程中特殊受力条件造成的。与单层 Ni5W 合金基带形变受力状态相比,复合基带外层 Ni5W 除了受到普通带材轧制过程中的轧辊压力以外,还受到内外层材料形变能力差异导致的附加剪切应力,即与带材延展方向相反的内力(图 4-5-2)。由于复合坯锭需经大形变

量的冷轧,附加剪切力不断积累,因此积累的剪切应力最终能够对复合基带外层 Ni5W 织构的形成产生影响。实际上,由于复合基带外层 Ni5W 的受力情况比上述讨论复杂得多,轧辊压力与剪切力协调作用对织构造成的影响尚不清楚,因此复合基带外层 Ni5W 形变织构的形成有待进一步的研究。

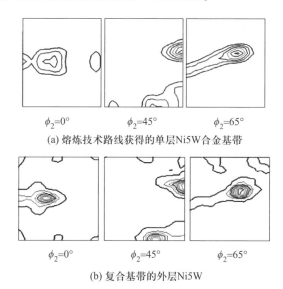

(a) 熔炼技术路线获得的单层Ni5W合金基带

(b) 复合基带的外层Ni5W

图 4-5-1　不同 Ni5W 材料冷轧织构的 ODF 图[1]

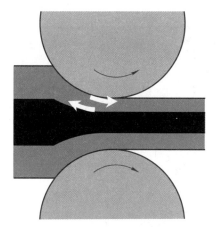

图 4-5-2　复合基带外层 Ni5W 受力示意图[1]

### 4.5.2　Ni5W/Ni12W/Ni5W 复合基带外层再结晶织构的演变

图 4-5-3 为复合基带外层 Ni5W 和单层 Ni5W 合金基带的显微硬度随温度变化

曲线。显微硬度的测试方法和条件与 3.1.3.3 部分相同。由图比较可知,复合基带外层 Ni5W 初始再结晶温度约为 700 ℃,与单层 Ni5W 合金基带无明显差别,同时复合基带外层 Ni5W 距表面不同深度微区的再结晶温度也无明显差别。

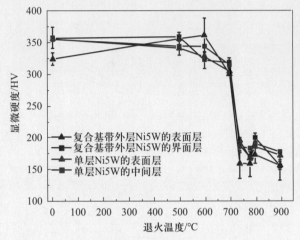

图 4-5-3　两种不同 Ni5W 材料显微硬度随温度变化曲线[1]

　　根据以上显微硬度变化结果,采用 EBSD 技术对 700 ℃退火后复合基带外层 Ni5W 截面的初始再结晶织构及其显微组织进行研究。图 4-5-4 为复合基带外层 Ni5W 初始再结晶样品的取样示意图,其中定义截面样品(RD-ND 面)中距表面不

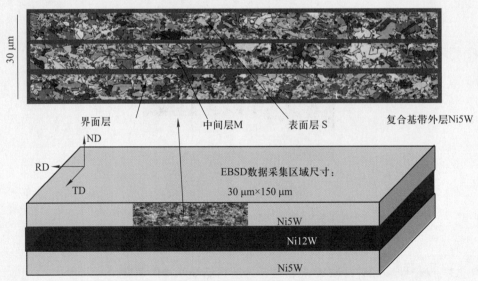

图 4-5-4　初始再结晶复合基带外层 Ni5W 的截面 EBSD 分析示意图[1]

同深度的区域为,表面层(surface,S)、中间层(middle,M)和界面层(interface,I)。特别要指出的是,"中间层"是指复合基带外层 Ni5W 的中间层,而不是复合基带的芯层 Ni12W。

图 4-5-5(a)和(b)分别为初始再结晶复合基带外层 Ni5W 截面样品中不同位置的立方织构含量及 β 取向线。由图分析可知:① 复合基带外层 Ni5W 的立方织构含量呈梯度变化,即其表层和界面层有立方晶粒优先形核的特点,而中间层形核率较低(图 4-5-5(a));② 在复合基带外层 Ni5W 残余形变织构中,其表层和界面层的 C 型织构较强,即其 β 取向线上 C 和 S 取向强度较高,B 取向强度较低。与单层 Ni7W 合金冷轧基带的结果相似,可推知这是由梯度分布的冷轧织构造成的(图 4-5-5(b))。

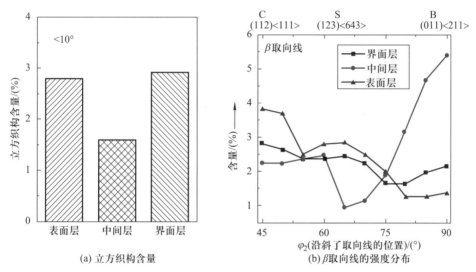

(a) 立方织构含量　　　　　　　　(b) β取向线的强度分布

图 4-5-5　初始再结晶复合基带外层 Ni5W 不同区域的立方织构含量和 β 取向线的强度分布[1]

为了阐明不同温度退火后复合基带内层材料对外层 Ni5W 再结晶织构的影响,下面将研究退火温度对复合基带界面扩散层厚度的影响、复合基带外层 Ni5W 织构的演变及两者之间的关联性。

复合基带界面扩散层的厚度可以由复合基带界面处 Ni、W 元素分布图获得。例如,可按照以下步骤计算冷轧态复合基带扩散层厚度:① 制备复合基带截面样品,获得复合基带层间界面区域的元素分布图(图 4-5-6(a));② 拟合 Ni、W 元素强度分布曲线,Ni 元素由高浓度向低浓度过渡所跨过的距离即为扩散层厚度。图 4-5-6(b)所示为扩散层厚度随温度的变化曲线。由图可知,低温退火后(温度低于 750 ℃)复合基带界面扩散层的厚度基本保持不变,约为 3 μm;而高温退火后(温度为1250 ℃），其厚度明显增大至 8 μm 左右。

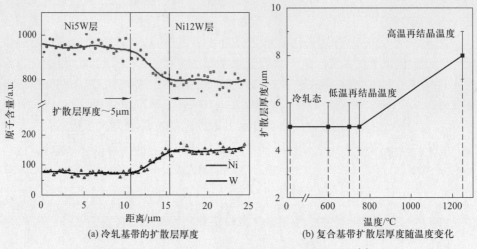

(a) 冷轧基带的扩散层厚度　　　　(b) 复合基带扩散层厚度随温度变化

图 4-5-6　复合基带界面扩散层厚度随温度的变化[1]

图 4-5-7 为复合基带外层 Ni5W 不同位置立方织构含量随温度变化图。由图可知：在低温退火后复合基带外层 Ni5W 不同区域中，梯度分布的 C 型形变织构强度对其立方织构的形成有明显影响，即 700 ℃和 750 ℃退火后复合基带外层 Ni5W 中，表面层和界面层的立方织构含量均比中间层高，且当退火温度由 700 ℃升高至 750 ℃时，表面层和界面层的立方织构含量增幅也比中间层快；高温退火后复合基带外层 Ni5W 的不同区域中，表面层、中间层至界面层立方织构含量相对逐渐降低，特别是其界面层的立方织构含量较 750 ℃退火后有所下降。

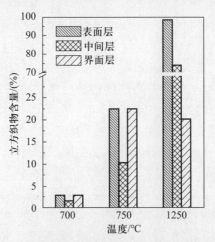

图 4-5-7　不同温度退火后复合基带外层 Ni5W 不同位置的立方织构含量[1]

分析图 4-5-6(b)和图 4-5-7 可知,复合基带外层 Ni5W 的再结晶织构形成包括以下两个主要阶段:

(1)受"梯度分布形变织构"影响的复合基带外层 Ni5W 部分再结晶阶段。在该阶段中,由于退火温度比较低(低于 750 ℃),复合基带层间的成分扩散不明显,复合基带外层 Ni5W 中梯度分布的 C 型织构是影响其再结晶织构演变的主要因素,即由于复合基带外层 Ni5W 形变中的特殊受力方式,使复合基带外层 Ni5W 不同位置的形变织构呈现出梯度分布的特点。这导致了在初始再结晶阶段,立方晶粒容易在复合基带外层 Ni5W 表层和界面层形核(图 4-5-5(a))。随着退火温度升高,复合基带外层 Ni5W 的表层和界面层的立方晶粒较中间层有长大的速度优势。因此在该阶段中,复合基带外层 Ni5W 的表层和界面层立方织构含量增幅明显高于中间层。

(2)受"层间成分扩散"影响的复合基带外层 Ni5W 完全再结晶阶段。在该阶段中,由于退火温度较高(1250 ℃),复合基带层间界面扩散层厚度显著增加。芯层 Ni12W 富 W 相向外扩散使得复合基带外层 Ni5W 的界面层成分发生了明显的梯度变化,即其界面层的 W 含量高于 5at.%,由高层错能材料转变为中低层错能材料。这影响了高温阶段复合基带外层 Ni5W 的界面层乃至中间层的再结晶织构形成规律。在该阶段,复合基带外层 Ni5W 界面层在部分再结晶阶段所具有的"立方取向择优形核和长大"优势被破坏,其再结晶演变规律逐渐遵循中低层错能材料再结晶晶粒长大的规律,最终表现为复合基带外层 Ni5W 界面层立方织构含量的下降。

综上所述,在这种具有"多层结构"的特殊材料中,不同材料形变时的协同作用,以及退火过程中层间成分扩散与材料本身形变织构的关联性影响,使复合基带外层 Ni5W 形变织构的形成及再结晶织构的演变比较复杂。尽管如此,"梯度分布的形变织构"和"多层材料的成分扩散"是影响复合基带外层 Ni5W 织构演变的两个主要原因。

## 4.6　扩散法 Ni5W/Ni12W/Ni5W 复合基带外层立方织构的形成过程研究

### 4.6.1　Ni5W/Ni12W/Ni5W 复合基带外层合金形变织构分析

图 4-6-1 为 95% 冷轧形变量的扩散型 Ni5W/Ni12W/Ni5W 复合基带外层 Ni5W 合金中的形变织构取向图。从图中可以看出,各取向形变带均平行于轧制方

向(RD)。为了更好地研究复合基带外层合金的形变织构,从将整个外层合金从基带表面层至内外层合金材料的界面处等分为 3 个区域,即次表层(sub-surface layer)、中间层(middle layer)和界面层(interface layer)。图 4-6-2(a)所示为复合基带外层的次表层、中间层和界面层 3 个部位中轧制织构沿 β 取向线的分布曲线,图 4-6-2(b)所示为各层中主要轧制取向的体积分数。从图 4-6-2(a)中可以看出,复合基带外层合金中形变织构并不是均匀分布的,在次表层中 C 取向和 S 取向的强度最高,而 B 取向的强度最低,同时可以看到,在界面层中也具有较高强度的 C 取向,但其 S 取向强度较低且 B 取向强度较高。同时从图 4-6-2(b)中各取向的体积分数分析还可以看出,在次表层和界面层中 C 取向和立方取向的含量较高,这将有利于再结晶热处理过程中立方晶粒的形核,同时在次表层和界面层中 G 取向的含量均比中间层中的含量低。值得注意的是,在界面层中虽然具有较高含量的 C 取向和立方取向,但其 B 取向的含量也较高,这可能是由元素扩散造成的。在复合坯锭的制备过程中,内外层合金材料之间的连接是基于元素扩散所获得的,在冷轧基带内外层材料界面附近会形成具有一定宽度的元素扩散层,因此在复合基带界面层靠近界面附近区域内的 W 原子含量略高于设计的外层合金 W 原子含量,从而导致在界面层中 B 取向的含量较高。从以上分析可知,在复合基带外层合金材料中,沿截面方向上形变织构并不是均匀分布的,而是呈现出"梯度分布",即在次表层和界面层中含有较高的 C 取向和形变立方取向,这将有利于在后续的再结晶过程中立方晶粒的形核与长大,同时,这一结果也与文献[6]中所报道的结果一致。

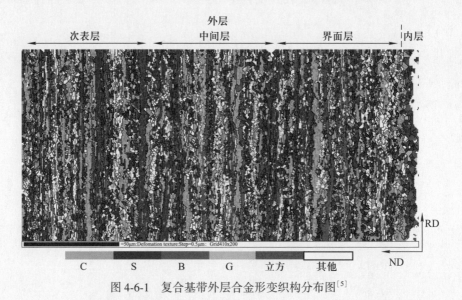

图 4-6-1　复合基带外层合金形变织构分布图[5]

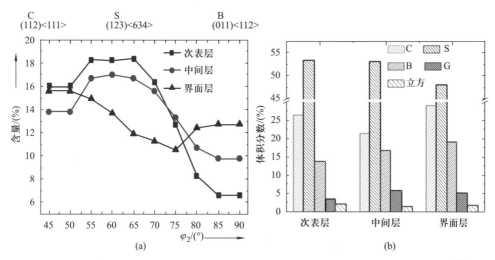

图 4-6-2　复合基带外层合金中各层(a) β 取向线分布图;(b) 主要轧制取向体积分数[5]

在复合基带的形变过程中,由于内外层合金材料具有不同的成分,造成了内外层材料在力学性能上存在着一定的差异,导致在轧制过程中内外层材料的界面连接处附近出现一对相互作用力。图 4-6-3 为复合基带在轧制形变过程中基带内部的受力示意图,与单层合金基带的形变过程不同,复合基带在内外层材料界面处存在着一对相互作用力,这一作用力可能会对界面附近材料在形变过程中的形变织构和形变组织产生一定的影响,从而影响复合基带外层合金在再结晶过程中立方织构的形成。

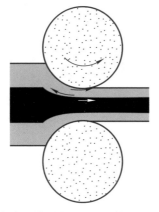

图 4-6-3　复合基带轧制形变过程中的受力示意图[5]

图 4-6-4 为复合基带内外层材料界面附近区域在 RD-ND 面上的形变织构及形变组织形貌图。从图中可以看出,在远离界面的区域(图中左侧部分)内,形变带主要沿轧制方向分布,并且形变带中的剪切带比较少,这也是典型的具有中高层错能合金形变组织的特点。而在靠近界面附近的区域内,则可以观察到大量的剪切带。研究结果表明,剪切带的增加能够为晶粒的形核提供有利条件从而增加再结晶过程中晶粒的形核率。[7]同时,由于界面处剪切力的影响,在形变过程中邻近界面区域内的形变带发生了明显的"扭曲",从图中可以看到,大部分形变带的形貌为"波浪"状,一方面,在这些扭曲的形变带内具有较高的取向梯度差,可以满足再结晶晶粒形核的驱动力;另一方面,从图中可以看到,部分形变带在剪切力的作用下沿长度方向上被分割为若干小的形变带,与此同时,界面附近的立方取向形变带(图中红色形变带)也被分割为若干小的形变带,导致在一定程度上增加了立方取向形变组织的数量,这将会增加立方取向组织作为初始立方晶粒形核点的概率。

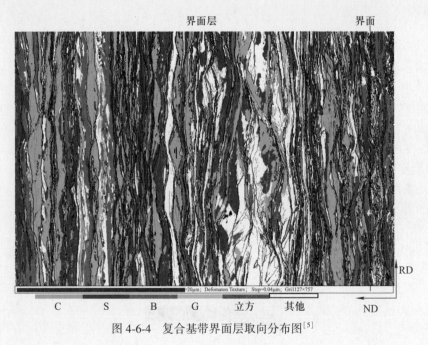

图 4-6-4 复合基带界面层取向分布图[5]

从以上分析可以得出,在界面层靠近界面的区域内,由于在形变过程中剪切力的作用,此部分区域内的形变组织具有一定的特点,即具有较多的剪切带和大量被破碎的立方形变带,这些都有可能增加再结晶过程中晶粒的形核率,尤其是立方取向晶粒的形核率。

### 4.6.2　Ni5W/Ni12W/Ni5W 复合基带外层合金再结晶过程分析

在对单层 NiW 合金基带的研究中发现,在再结晶过程中立方晶粒优先在基带的表层形核并长大[6],不难理解这一结果同样适用于复合基带。而从上述分析可知,在复合基带外层材料的界面层中也可能具有一定的形核优势,因此这里将对复合基带外层合金再结晶过程中立方晶粒的形核及长大过程进行详细的分析。为了较好地表征整个再结晶过程,实验中以 97.5% 轧制形变量的 I/P/I 型 Ni5W/Ni12W/Ni5W 复合基带为研究对象,对在 700 ℃ 分别保温 0 min,10 min,20 min,30 min 和 60 min 后淬火制备的部分再结晶样品采用 EBSD 技术进行织构分析,实验中将根据不同的实验目的分别对复合基带截面和表面上的织构进行表征。

图 4-6-5(a) 为 97.5% 形变量的复合基带外层合金沿截面方向上再结晶晶粒百分含量随保温时间(0 min,10 min,20 min,30 min 和 60 min)的变化曲线。实验中所定义的再结晶晶粒需满足以下两个条件:一是再结晶晶粒的面积大于 3 μm²;二是再结晶晶粒的内部取向差小于 1.5°。从图中可以看到,在 700 ℃ 直接淬火(不经过保温,0 min)后制备的基带中几乎没有出现再结晶晶粒,基带中仍然以形变织构为主。随着热处理时间的延长,基带中再结晶晶粒的含量逐渐增加,当热处理时间高于 20 min 后,再结晶晶粒的体积分数迅速增加,在 700 ℃ 保温 60 min 后,再结晶晶粒的体积分数可达 93.8%,可以得出在该热处理条件下复合基带外层合金中晶粒的初次再结晶已接近完成,这也可以从图 4-6-6(b) 中基带的 (111) 极图的结果得到验证,在图中已经观察不到轧制取向。图 4-6-5(b) 为复合基带外层合金沿截面方向上在 700 ℃ 经过不同保温时间后立方织构(<15°)百分含量的变化曲线。

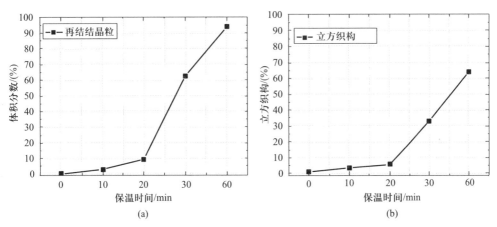

图 4-6-5　700 ℃ 经过不同保温时间淬火后制备的复合基带外层合金沿截面方向上的(a) 再结晶晶粒体积分数;(b) 立方织构百分含量[5]

从图中大致可以看出,立方织构含量随热处理时间的变化趋势与再结晶晶粒体积分数的变化趋势基本相同。在 700 ℃ 直接淬火(0 min)后,立方织构的含量仅为 0.99%,与形变织构中立方取向的百分含量相似,随着热处理时间的延长,立方织构的含量逐渐增加,当热处理时间高于 20 min 后,立方织构的含量急剧增加,可以得知立方晶粒在此热处理条件下开始迅速长大。对比图 4-6-5(a)和(b)不难得出,在热处理保温时间为 20 min 之前,为再结晶晶粒的形核阶段,立方织构的百分含量与再结晶晶粒的体积分数几乎相同,表明再结晶晶粒主要以立方晶粒为主,因此可以得出,与其他取向晶粒相比,立方取向晶粒在再结晶过程中具有优先形核优势,这也与文献[8]中所报道的结果一致。

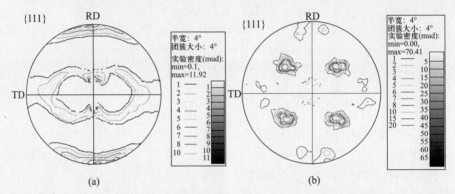

图 4-6-6　700 ℃保温(a) 10 min 和(b) 60 min 后复合基带外层合金的(111)极图[5]

由于基带在 700 ℃热处理直接淬火后,外层合金中几乎没有出现再结晶晶粒,因此为了研究复合基带外层合金在热处理过程中立方晶粒的形核行为,本实验中将在 700 ℃保温热处理 10 min 后制备的基带作为研究对象,分析立方晶核在复合基带外层中的分布状态。从图 4-6-6(a)可知,在该热处理条件下,基带中仍以形变织构为主。

为了更好地表征立方晶粒形核率在整个外层合金中的分布,实验中除了对外层合金的次表层、中间层和界面层处立方晶粒的形核率进行表征外,还将对复合基带表面上立方晶粒的形核率进行表征。图 4-6-7 为在 700 ℃保温 10 min 后复合基带外层合金中各区域内(表面、次表层、中间层和界面层)立方晶粒形核率的分布曲线。从图中可以看出,立方晶粒在基带外层合金中的表层及界面层具有形核优势,其形核率为立方晶粒在复合基带外层合金中间层区域内的 3 倍以上,还可以看出,立方晶粒在整个复合基带外层中的形核并不是均匀分布的,这一结果与上面关于形变织构的研究结果具有相似的特征,因此可以得出,在复合基带外层中的表层(或次表层)和界面层区域内立方晶粒具有形核优势。研究结果表明[9],在单层合金基带中,立方晶粒的形核在截面方向上也是不均匀分布的,立方晶粒优先在基带的表层形核并长大。与单层合金基带的研究结果相比,在复合基带外层合金的形成过程中,立方晶粒不仅在基带外层合金的表层处具有形核优势,而且在复合基带内外层材料之间的界面层处也具有一定的形核优势,在本书中将这一形核优势定义为复合基带在立方织构形成过程中的"层间界面效应"。

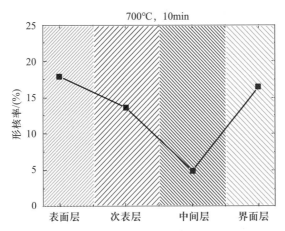

图 4-6-7　700 ℃保温 10 min 后复合基带外层合金各区域中立方晶粒形核率的分布曲线[5]

　　为了更好地理解复合基带外层合金在立方织构形成中的层间界面效应,将复合基带在 700 ℃保温 30 min 后淬火,研究复合基带外层合金中各层(次表层、中间层和界面层)和基带表面立方织构的分布情况。图 4-6-8 为复合基带在 700 ℃保温 30 min 后外层合金沿截面 EBSD 取向分布图(图(a))、基带表面 EBSD 取向分布图(图(b))和基带外层各层中残留形变组织沿 $\beta$ 取向线的分布曲线(图(c))。从图(a)中可知,在部分再结晶复合基带外层合金中,立方织构沿截面方向上的分布具有明显的不均匀性,即在定义中的界面层和次表层中立方织构含量明显比外层合金中中间层内的含量高,这充分表明立方晶粒优先在表层和界面层处形核并长大。同时,从图 4-6-8(b)中也可以看到,基带表面的立方织构含量(45.7%)也比中间层中的含量(31.3%)高,因此,在基带表层中立方晶粒也具有一定的形核与长大优势。图 4-6-8(c)为基带在 700 ℃保温 30 min 后,在 4 个定义的区域内(表面层、次表层、中间层和界面层)的 $\beta$ 取向分布曲线。从图中可知,残余形变织构的取向强度在表层和界面层处最低,这是由于在这两个区域中立方晶粒在长大的过程中消耗了大量的形变织构,而在次表层和中间层中由于立方晶粒的数量和尺寸都较小,因此残留的形变织构较多。

　　通过以上分析可知,复合基带外层合金在形变过程中由于各区域内所受应力

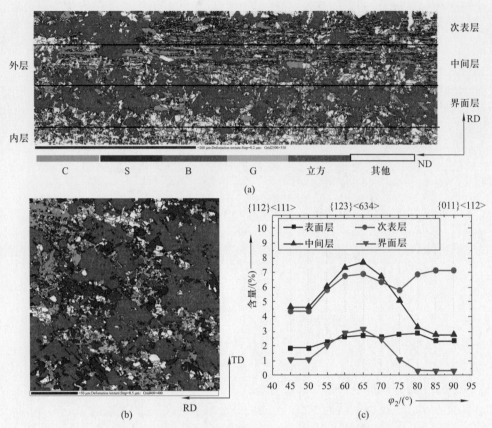

图 4-6-8　700 ℃保温 30 min 后复合基带(a) 外层合金截面 EBSD 取向分布图,(b) 表面
EBSD 取向分布图,(c) 外层合金各层中 $\beta$ 取向线分布图[5]

不同所造成的形变织构及形变组织形貌的差异,使再结晶过程中立方晶粒在形核
及长大的过程中具有梯度分布特征,即在复合基带外层中的表层和界面层部位是
一个利于立方晶粒形核及长大的区域。

图 4-6-9(a)为复合基带在 700 ℃经过 0 min、10 min、20 min、30 min 和 60 min
后外层合金各部位中立方织构(<15°)含量变化情况。从图中可知,在热处理保温
时间为 30 min 之前,基带外层合金中表层和界面层区域内的立方织构含量均比中
间层区域内的高,这一结果进一步证明了基带外层中的表层和界面层区域处有利
于立方晶粒的形核。而在热处理保温时间为 60 min 时,在基带外层合金的表层和
界面层区域中立方织构失去了含量上的优势,这可能是由于立方晶粒在外层各区
域处不同的长大方式所造成的。由图 4-6-9(a)可知,在该热处理条件下,整个基带
外层合金的再结晶过程接近完成,主要以立方晶粒的长大过程为主。图 4-6-9(b)

为各区域中立方晶粒在不同热处理条件下的晶粒尺寸。从图中可知,在整个外层合金的再结晶过程中,表层部位立方晶粒的尺寸均大于外层截面中各部位中的晶粒尺寸,这可能与表层形变组织中的初始晶粒尺寸远大于外层截面各部位中的晶粒尺寸有关,结合在再结晶过程初期复合基带外层的表层部位中立方织构含量上的优势可以推断出,表层中立方晶粒在形核及长大初期主要以"二维"长大方式为主,即晶粒在 RD-TD 方向上生长速度较快。同时可以发现,在热处理保温时间为30 min 之前,截面中各区域内立方晶粒的晶粒尺寸大致相同,可以得出基带外层截面中各区域内晶粒的生长方式应无较大区别,立方织构含量的差异主要是由于立方晶粒数量多少造成的。在热处理保温时间为 30 min 以后,再结晶过程中主要以立方晶粒的长大为主,由图 4-6-9(a)可知,基带外层截面上的次表层区域内具有较高的立方织构含量,并且如图 4-6-9(b)所示,次表层部位中立方晶粒尺寸的增幅比截面上其他区域中立方晶粒尺寸的增幅大,因此可以推断,次表层区域中立方织构含量的增加可能是由于复合基带外层立方晶粒向内层"吞并"所造成的,即外层的表层区域中立方织构的长大方式由"二维生长"变为"三维生长"。

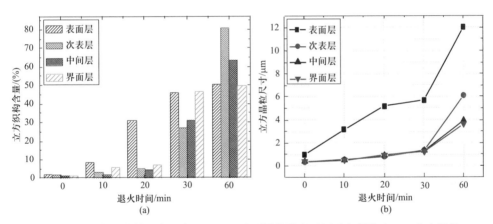

图 4-6-9　复合基带外层合金在 700 ℃经过不同热处理时间后各部位中(a)立方织构
含量,(b)立方晶粒尺寸随退火时间的变化曲线[5]

通过以上分析可知,复合基带外层合金在 700 ℃经过 60 min 保温热处理后再结晶过程基本完成,再结晶织构中立方织构占主导地位。从整个立方织构的形成过程来看,立方晶粒优先在基带外层的表层和界面层区域形核。再结晶初期,表层部位立方晶粒的长大方式为"二维"长大,随着再结晶过程的推进,立方晶粒的长大方式向"三维"长大方式转变,逐渐吞并复合基带外层的中间层部位的非立方晶粒。与同种成分单层合金基带相比,在复合基带立方织构的形成过程中,内外层合金材料界面附近的"层间界面效应"能够有效地提高立方晶粒在复合基带外层合金中的形核率,从而提高整个复合基带外层合金的立方织构含量。

## 4.7 Ni5W/Ni12W/Ni5W 复合基带内外层立方织构关联性研究

对于复合基带内外层合金中立方织构的生长过程及其关联性的研究,本实验以厚度为 75 μm(轧制形变量大于 99%)的复合基带为研究对象,在不同的热处理温度(800 ℃,900 ℃,1000 ℃和 1100 ℃)下保温 60 min 后,通过 SEM 和 EBSD 技术研究复合基带内外层合金在再结晶晶粒的生长过程上的差异及内外层合金织构之间的关联性。

### 4.7.1 扩散型复合基带再结晶过程中内外层合金晶粒生长过程分析

由前文分析可知,扩散型 Ni5W/Ni12W/Ni5W 复合基带外层 Ni5W 合金在 700 ℃经过 60 min 后其再结晶过程基本完成,因此本实验中采取提高基带的热处理温度,观察复合基带再结晶晶粒的长大过程及内层合金织构的形成过程,探讨内外层合金织构之间的关联性。

图 4-7-1(a)-(d)分别为复合基带在 800 ℃、900 ℃、1000 ℃和 1100 ℃保温 60 min 后沿截面方向上的 BSE 形貌图。从图中可以看到,在基带截面不同区域内再结晶晶粒之间出现了不同程度的黑白衬度差,这是由复合基带内外层合金材料之间的成分差异和不同再结晶晶粒之间的取向差所造成的。从图 4-7-1(a)中可以看出,由于内外层合金材料之间不同的再结晶行为导致热处理后外层 Ni5W 合金的再结晶晶粒尺寸明显大于内层 Ni12W 合金的再结晶晶粒尺寸。随着热处理温度升高至 900 ℃,外层 Ni5W 合金再结晶晶粒之间相互吞并,再结晶晶粒尺寸进一步增大,甚至出现了单个晶粒贯穿整个外层的现象,同时外层合金的再结晶晶粒开始向内层 Ni12W 合金生长(如图 4-7-1(b)中箭头 A 所示);进一步升高热处理温度至 1000 ℃(图 4-7-1(c)),外层中再结晶晶粒向内层生长的现象已经十分明显,已有相当比例的内层 Ni12W 合金晶粒被外层再结晶晶粒所"吞并";最后将热处理温度升高至 1100 ℃以后,外层再结晶晶粒基本完全吞并了内层 Ni12W 合金的晶粒,从图中可以看到,两外层合金中再结晶晶粒的生长前沿相互接触,整个基带沿截面方向上仅剩两个或几个晶粒。因此,可以将复合基带再结晶晶粒的生长过程分为以下两个主要阶段:首先,复合基带外层 Ni5W 合金中再结晶晶粒形核并长大,随着热处理过程的推进,外层再结晶晶粒间相互"吞并"并出现贯穿整个外层的单个晶粒;其次,随着热处理温度的升高,外层中再结晶晶粒开始向内层生长直至两外层合金中再结晶晶粒的生长前沿相互接触,在截面方向上出现两个或几个

晶粒即可贯穿整个基带的现象,外层合金中的再结晶晶粒几乎完全吞并了内层合金晶粒。

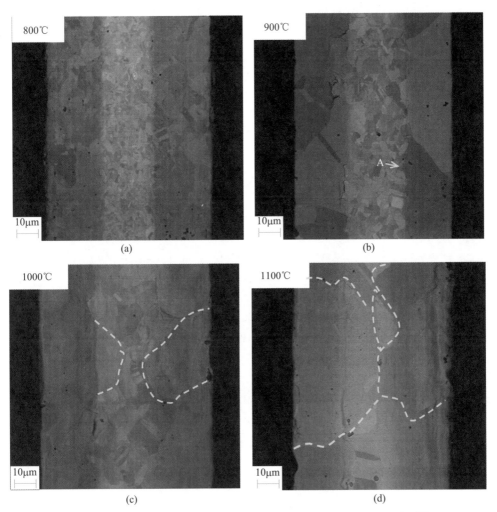

图 4-7-1　各温度下保温 60 min 热处理后复合基带截面的 BSE 形貌图[5]

　　同时,从图中还可以发现,在整个热处理过程中,内外层材料界面处的扩散层略有扩大并逐渐模糊,在最终的热处理基带中从成分衬度上已观察不到清晰的界面。由此可知,在复合基带外层的再结晶晶粒向内层合金材料的吞并生长过程中,内外层材料的元素之间也进行着相互扩散。

### 4.7.2　扩散型复合基带再结晶过程中内外层合金织构的关联性分析

　　一般来讲,复合基带外层合金材料比较容易获得强立方织构,而内层材料由于兼顾磁性与强度的要求,一般选用具有极低层错能的面心立方结构金属合金,在内层合金中几乎不能出现立方晶粒形核。因此,复合基带内外层合金材料在再结晶织构的形成和演变过程中必然存在着一定的差异。对于涂层导体用金属合金基带而言,本实验中主要关注立方织构在内外层合金材料中的形成及演变过程。图4-7-2 为复合基带在 800 ℃、900 ℃、1000 ℃和 1100 ℃下保温热处理 60 min 后基带表面、基带外层及基带内层合金中立方织构(<15°)含量的变化曲线。从图中可知,基带表层立方织构随热处理温度的升高逐渐增加,当热处理温度高于 1000 ℃时,立方织构含量高达 99.4%,这一结果可充分满足后续外延生长薄膜的要求。同时,对比外层合金和内层合金中立方织构含量随热处理温度的变化曲线可知,外层合金的立方织构含量(图中所示立方织构含量为两外层合金在所对应热处理条件下立方织构含量的平均值)随热处理温度的升高显著增加,当热处理温度高于1000 ℃时,外层合金立方织构含量在 90% 以上。与外层合金中立方织构含量随温度的变化趋势不同,内层合金在热处理温度低于 900 ℃时,几乎没有立方织构形成(其含量<10%);随着热处理温度的提高,内层合金中立方织构开始增加,当热处理温度升高至 1100 ℃,内层合金立方织构含量为 52.4%,这一结果远远低于基带表层及基带外层合金中立方织构的含量。

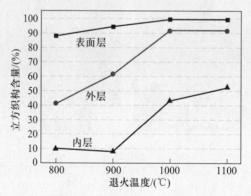

图 4-7-2　在不同热处理温度下保温 60 min 后复合基带表面层、外层和
内层中立方织构含量的变化曲线[5]

　　图 4-7-3 为在 900 ℃热处理 60 min 后复合基带外层(图(a))和内层(图(b))合金的(111)和(200)极图。从图(a)中可以看出,外层合金中以立方取向为主,另外还有一部分退火孪晶。而在内层 Ni12W 合金中,除了一部分残留的形变织构以

外,其他取向接近随机分布,这一结果也可以从图 4-7-4 中得以验证,在 900 ℃热处理后基带的内层合金中大部分再结晶晶粒为具有随机取向的白色晶粒。因此从以上的分析可以得出,在再结晶过程中,内外层合金的初始再结晶织构有所差异,外层 Ni5W 合金以立方织构为主,而内层 Ni12W 合金则以随机取向为主,即内外层合金的再结晶行为具有相对独立性。但从图 4-7-2 中可知,在热处理温度高于 900 ℃以后,内层合金中也出现了大量的立方织构,下面将对内层合金中立方织构的形成进行详细的探讨。

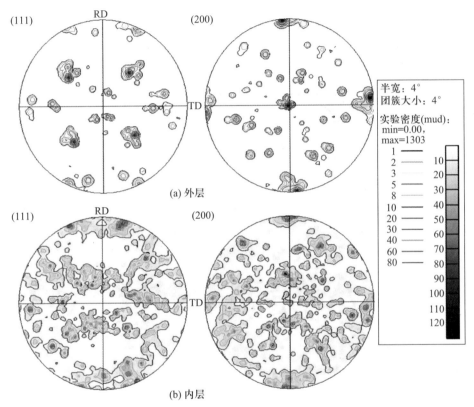

图 4-7-3　900 ℃热处理 60 min 后复合基带合金的(111)和(200)极图[5]

当在 900 ℃热处理时,外层合金再结晶晶粒有向内层生长的趋势,随着热处理温度的升高,外层的再结晶晶粒逐渐吞并内层晶粒。因此,在本实验中对不同热处理温度下复合基带内外层合金中再结晶晶粒的取向进行表征,结合内外层合金中再结晶晶粒的生长方式对内外层合金再结晶织构之间的关联性进行分析。图 4-7-4为在 900 ℃、1000 ℃和 1100 ℃热处理 60 min 后复合基带沿截面方向上的 EBSD 取向分布图。在 900 ℃热处理时,外层再结晶晶粒有向内层合金生长的趋势,由该热处理条件下的 EBSD 取向分布图可知,这些具有向内层生长趋势的再结晶晶粒的取向为立方取向。随着热处理温度的升高,这些向内层生长的立方晶粒逐渐吞并内层合金中的非立方晶粒直至两外侧的立方晶粒相遇。当热处理温度为 1100 ℃时,内层合金中大部分晶粒被外层的立方晶粒所吞并,这也导致在内层合金中提升了立方织构的含量。值得注意的是,在整个晶粒的"吞并"过程中,外层合金中立方晶粒的取向没有发生变化,即立方晶粒并没有因为吞并了非立方晶粒而改变自身的取向。

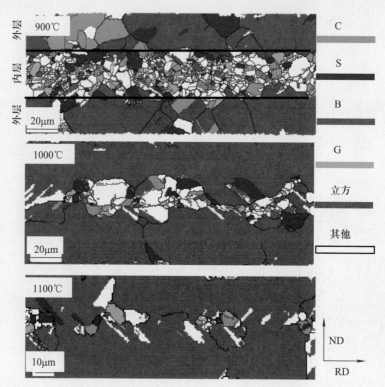

图 4-7-4　在 900 ℃、1000 ℃和 1100 ℃热处理 60 min 后复合基带截面的 EBSD 取向图[5]

通过以上分析可以得出在再结晶过程中内外层合金织构之间的关联性:首先,在再结晶过程初期,内外层材料之间的再结晶行为具有相对独立性;其次,随着再结晶的进行,外层合金中立方晶粒逐渐相互吞并形成贯穿整个外层合金的单个立方晶粒,而内层合金中以非立方织构占主导地位;最终,外层合金中立方晶粒逐渐向内层生长并吞并大部分非立方晶粒,并且在吞并的过程中始终保持立方取向,从而降低了内层合金中的非立方取向含量,增强了立方织构。因此可以得出,复合基带中内层立方取向的形成是由外层立方晶粒的"吞并生长"造成的。

## 4.8　Ni5W/Ni12W/Ni5W 复合基带中"层间界面效应"的建立和应用

### 4.8.1　"层间界面效应"模型的建立

由 4.6 节中的分析结果可知,在复合基带的轧制过程中,由于内外层合金材料性能上的差异,不仅在基带表面有剪切力的存在,而且在基带内外层材料界面附近也受到剪切应力的作用。这一应力的存在使表层和界面层中的 C 型织构含量较高,并且使形变组织利于再结晶晶粒的形核。因此,在再结晶过程中,立方晶粒优先在表层和界面层处形核。与单层合金基带相比,复合基带中增加了界面处的形核优势,本书中将复合基带的这种形核优势称为复合基带的"层间界面效应"。图4-8-1 为复合基带中立方织构的形成过程示意图,可将整个过程大致分为以下几个阶段:

I　　　　　　　　II　　　　　　　　III　　　　　　　　IV

图 4-8-1　复合基带中立方织构形成过程示意图[5]

首先,由于剪切力的作用,形变过程中在复合基带表面及内外层材料界面附近形成了有利于立方晶粒形核的区域;

其次,复合基带表层和界面层内在再结晶初期形成了大量的立方晶核,这些晶粒迅速长大并抑制了其他非立方取向晶粒的生长;

再次,复合基带外层合金中立方晶粒之间相互吞并并长大,形成贯穿整个外层的单个立方晶粒,随着热处理的进行,这些立方晶粒逐渐向内层生长;

最后,复合基带从外层向内层生长的立方晶粒逐渐吞并内层的非立方晶粒并始终保持立方取向,从而在整个复合基带内形成单一的立方织构。

### 4.8.2 "层间界面效应"模型的应用

与单层合金基带相比,复合基带在再结晶过程中由于层间界面效应的作用增加了两个有利于立方晶粒形核的区域(界面层),因此与单层合金基带相比,在相同的轧制工艺及再结晶热处理工艺条件下制备的复合基带(单层合金基带的成分和复合基带中外层合金成分相同)的立方织构应该表现出一定的优势。接下来对"层间界面效应"在立方织构形成中的实际应用进行分析。

图 4-8-2(a)和(b)分别为经过相同条件的轧制(道次形变量<5%,冷轧总形变量为 99%)和相同条件的热处理(两步退火工艺,700 ℃保温 30 min 后升至 1150 ℃保温 60 min)后获得的单层 Ni5W 合金基带和 Ni5W/Ni12W/Ni5W 复合基带表

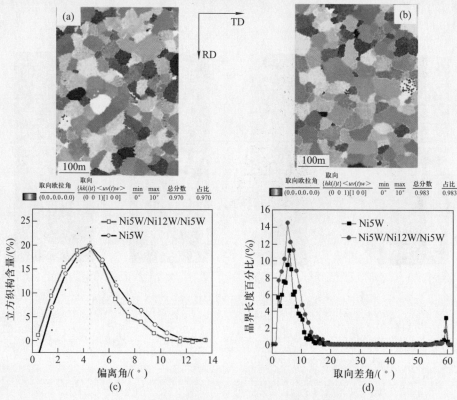

图 4-8-2　(a)单层 Ni5W 合金基带的 EBSD 图;(b)复合基带外层 Ni5W 合金表面 EBSD 图;两种基带的(c)立方织构含量随偏离角度变化曲线和(d)晶界取向分布曲线[5]

面的 EBSD 取向分布图。由图中可以看到,两种基带在偏离标准(001)<100>立方取向 10°以内的立方织构含量分别为 97% 和 98.3%,基本处于同一水平。但由图(c)中两种基带的立方织构分布曲线可以看出,虽然两种基带立方织构含量的最大值均出现在偏离标准立方取向 4.3°附近,但是比较两条曲线可以发现,与单层 Ni5W 合金基带的立方织构分布曲线相比,复合基带在峰值 4.3°以左的范围内所包含的面积明显比单层 Ni5W 基带中的大,也就是说复合基带立方晶粒中有更多的晶粒接近标准的立方取向。由 EBSD 数据可以计算出,在偏离标准立方取向 6°以内单层 Ni5W 基带的立方织构含量为 69.7%,而复合基带的立方织构含量为81.8%,这表明复合基带中的立方取向质量优于单层 Ni5W 基带。

图 4-8-2(d)为两种基带表面的晶界分布曲线。从图中可以看出,两种基带的晶界都主要以小角晶界为主,同时可以看到两种基带在 60°微取向角附近存在少量的孪晶晶界,但是复合基带中孪晶界的含量(1.96%)比单层 Ni5W 合金基带中的孪晶界含量(5.5%)低。对比两种基带在立方取向集中程度及晶界质量上的区别可以得出,复合基带中的层间界面效应能够有效地优化外层 Ni5W 合金的立方织构和晶界的质量。

## 4.9　Ni5W/Ni12W/Ni5W 复合基带外层合金立方织构在高温条件下的稳定性研究

在现有的 RABiTS 技术路线制备涂层导体的工艺中,无论是采用化学溶液方法还是物理方法制备过渡层及超导层,尤其是采用多次涂覆制备厚膜的工艺,过程中基带都需要承受多次高温热处理,这可能会使基带表层的晶粒发生一定的变化,同时基带内外层材料间也会出现严重的元素扩散,从而影响外层合金的立方织构。众所周知,成分梯度材料在热处理过程中由于体系能量上的差异会发生元素扩散,而元素的扩散速度与热处理的温度及时间有着密切的关系,因此在本节中主要研究在一定热处理温度下保温不同时间和在不同热处理温度下保温相同时间对元素扩散及外层立方织构的影响。

### 4.9.1　热处理时间对复合基带外层合金立方织构的影响

将 Ni5W/Ni12W/Ni5W 复合基带采用两步热处理工艺,在 1250 ℃分别保温60 min、120 min 和 180 min 后获得不同热处理条件下的织构基带,采用 EBSD 技术对基带表面的取向进行分析,基带截面上的元素分布用 EDS 技术进行表征。同时,为了与复合基带进行比较,将相同轧制工艺(相同总形变量和道次形变量)下制备的单层 Ni5W 合金基带在上述相同热处理条件下(1250 ℃,60 min;1250 ℃,120 min;1250 ℃,180 min)热处理后采用 EBSD 技术对基带表面的取向进行分析。

　　图 4-9-1(a)为单层 Ni5W 合金基带与 Ni5W/Ni12W/Ni5W 复合基带在 1250 ℃下分别进行 60 min,120 min 和 180 min 再结晶热处理后基带表面的立方织构(<10°)含量,两种基带均采用相同的两步退火工艺。从图中可以发现,在 1250 ℃经 60 min 退火后单层 Ni5W 合金基带表面的立方织构含量为 97%,而在相同温度下经过 180 min 退火后立方织构含量却下降到 75%,对该热处理条件下基带表面 EBSD 取向分布图(图 4-9-2(a))进行分析可以看出,造成表面立方织构显著下降的原因是由于晶粒发生了异常长大(图中异常长大的晶粒其取向已明显偏离了原来的<001>方向)。在所分析区域内晶粒异常长大的现象非常明显,异常长大晶粒的大小接近或超过 1 mm(如图 4-9-2(a)中所示 A、B 晶粒)。这是由于基带经过长时间的热处理,体系能不断增加,在基带中大角度晶界相比于小角度晶界更容易进行迁移,因此随着能量的增加,部分大角度晶界迅速迁移,导致晶粒的异常长大。从图 4-9-2(b)中可以看出,异常长大的晶粒均被大角度晶界(图中箭头所示红色晶界)包围。

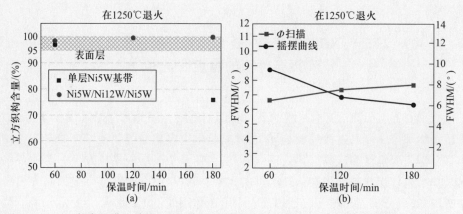

图 4-9-1　(a)复合基带和单层 Ni5W 合金基带表面在 1250 ℃下经过不同保温时间后的立方织构含量;(b)在 1250 ℃下经过不同保温时间后复合基带表面的 Φ 扫描和摇摆曲线 FWHM 随时间的变化曲线[5]

　　与此同时,复合基带在 1250 ℃保温 60 min、120 min 和 180 min 后表面 Ni5W 合金的立方织构(<10°)含量分别为 98.3%,99.5%和 99.8%,可以得出在长时间的热处理过程中,基带表面立方织构一直处于较高水平。图 4-9-1(b)为复合基带在经过三种条件的热处理后基带的 Φ 扫描和摇摆曲线半高宽值的变化情况。从图中可知,在 1250 ℃热处理 180 min 后,基带 Φ 扫描和摇摆曲线半高宽值分别为

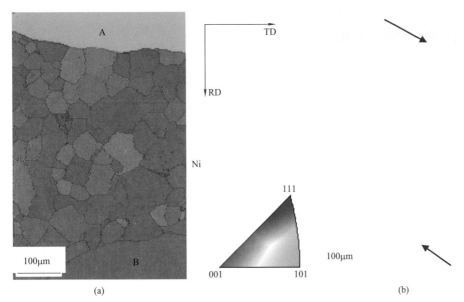

图 4-9-2　单层 Ni5W 基带经过 1250 ℃,180 min 退火后(a)取向分布图;(b)晶界分布图[5]

7.68°和 6.09°,表明经过长时间热处理后复合基带仍然具有锐利的宏观立方织构。对比 $\Phi$ 扫描和摇摆曲线半高宽值在整个热处理过程中的变化可知,经过 180 min 热处理后基带的 $\Phi$ 扫描半高宽值比热处理时间为 60 min 基带的半高宽值增加了16.2%,但其摇摆曲线的半高宽值却下降了 35.1%,可以得出,长时间的热处理使基带的面内取向保持较高质量的同时优化了基带的面外取向。因此,在高温热处理过程中,复合基带外层 Ni5W 合金表层立方织构的稳定性优于单层 Ni5W 合金基带。

表 4-9-1 为复合基带表面立方织构含量、不同类型晶界含量和平均晶粒尺寸随热处理时间的变化情况。可以看出,其小角晶界的含量随热处理时间的延长小幅增加,并且在整个热处理过程中没有观察到大量的退火孪晶晶界(Σ3)。通过对其立方取向集中度的分析(图 4-9-3)可知,复合基带在 1250 ℃经过 60 min 热处理后,其立方取向大部分集中在偏离理想立方取向(001)<100>3.5°附近,而经过 120 min和 180 min 热处理后,立方取向大部分集中在偏离理想立方取向 4.5°附近。由此可以得出,在整个热处理过程中,无论是表面立方织构质量还是晶界质量均具有较好的稳定性。同时,从表 4-9-1 还可以看到,经过 60 min 热处理后,基带表面平均晶粒尺寸约为 41.4 μm;随着热处理时间的延长,当热处理时间为 120 min 时,平均晶粒尺寸增加为 60.8 μm;但继续延长热处理时间,晶粒尺寸并没有进一步大幅增加,约为 57.7 μm。可以得出,与单层 Ni5W 合金基带中晶粒发生异常长大所不同,复

合基带外层合金中的再结晶晶粒没有进一步粗化,这样有效地避免了晶粒的异常长大。

表 4-9-1 复合基带在 1250 ℃下经过不同时间热处理后立方织构、
不同类型晶界含量和平均晶粒尺寸的变化情况

| | 立方织构<br>(<10°)<br>含量/(%) | 小角度晶界<br>(<10°)<br>含量/(%) | 大角度晶界<br>(≥10°)<br>含量/(%) | Σ3 孪晶界含量/(%) | 平均晶粒尺寸/(μm) |
|---|---|---|---|---|---|
| 1250 ℃,60 min | 98.3 | 83.9 | 16.1 | 0 | 41.4 |
| 1250 ℃,120 min | 99.5 | 87.9 | 12.1 | 0.02 | 60.8 |
| 1250 ℃,180 min | 99.8 | 91 | 9 | 0.02 | 57.7 |

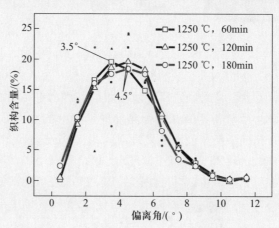

图 4-9-3 3 种退火条件下复合基带立方织构含量随偏离立方取向角度变化的曲线[5]

为了解释复合基带外层 Ni5W 合金在高温长时间热处理过程中晶粒粗化得到抑制的原因,对经过 180 min 热处理后复合基带的 W 元素在截面方向上的分布状况进行分析,并与冷轧复合基带进行对比。图 4-9-4 为两种状态下复合基带从表面至中心部分(图中从右至左方向)W 原子分布的强度曲线。从图中可以看出,经过 180 min 热处理后的复合基带与冷轧复合基带相比,元素的扩散行为更加明显,扩散层的宽度更宽,并且扩散层内 W 原子的强度梯度明显降低(图中 $K_1$ 为冷轧复合基带扩散层中 W 原子的强度梯度,$K_2$ 为经过 180 min 热处理后复合基带扩散层中 W 原子的强度梯度)。从 W 原子在基带表层附近的强度值可以发现,经过热处理后,表层附近 W 原子的含量有所增强,而内层的含量则略有降低。由此说明,在热处理过程中 W 原子由基带内层扩散到基带的表层。这一元素扩散行为对外层立方织构及组织的演变过程将产生重要的影响。

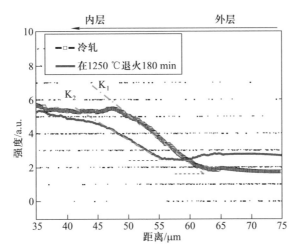

图 4-9-4　冷轧复合基带与 1250 ℃热处理 180 min 制备的复合基带截面 W 元素分布曲线[5]

　　在梯度材料的元素扩散过程中,强度梯度是扩散的驱动力,而扩散速度与温度和热处理时间有关。一般认为,温度越高,扩散速度越快,当温度一定时,扩散程度与热处理时间成正比。扩散的途径为原子倾向于沿晶界扩散,这是因为从晶体结构上讲,晶界处包含有大量的缺陷,晶格畸变比较严重,从而大大增加了这些区域内的原子能量,使其具有较高的跳动频率,利于物质的扩散。本实验中复合基带在 1250 ℃经过不同时间的热处理过程,扩散进行的程度各不相同。结合晶粒尺寸的变化(表 4-9-1)可知,在 1250 ℃经 60 min 热处理后,复合基带表面晶粒的平均尺寸为 41.4 μm,与单层 Ni5W 基带平均晶粒尺寸相当;经 120 min 的高温热处理后,外层晶粒尺寸随热处理时间的延长增加至 60.8 μm,这是晶粒随退火时间的延长所表现出来的正常的晶粒粗化现象,W 元素的扩散还没有影响到外层合金显微组织的变化,这是由于内层的 W 扩散至基带表层有着一定的"路程",在此热处理过程中 W 原子还没有大量扩散至基带表层。当热处理时间延长至 180 min 后,晶粒尺寸并没有随热处理时间的延长进一步增加,由图 4-9-4 可以得出,此时内层的 W 原子已经扩散至基带表层区域,进一步结合原子的扩散方式可以推断出,晶界处可能存在的由内层所扩散至外层的 W 原子对晶界迁移起到了"钉扎"和"拖拽"的作用,限制了晶界的移动,从而避免了由于晶粒异常长大所引起的立方织构含量的下降。同时,如图 4-9-3 所示,在 1250°下经过 120 min 和 180 min 热处理的复合基带中立方织构随偏离标准立方织构角度变化曲线的结果进一步表明,两条曲线的峰值几乎相同,这一结果证明了基带表层晶粒的取向没有发生明显的转动,同时也证明了

W 原子在晶界的"钉扎效应"增加了基带外层合金立方织构在热处理过程中的稳定性。

### 4.9.2　热处理温度对复合基带外层合金立方织构的影响

在金属的再结晶过程中,当合金的体系能达到一定程度时,初次再结晶晶粒将会发生二次再结晶,即出现晶粒的异常长大现象。同时研究表明,在元素扩散过程中,热处理温度越高元素扩散的速率越快,因此,本实验中研究了不同热处理温度和元素扩散对复合基带外层立方织构稳定性的影响。

图 4-9-5(a)和(b)分别为 Ni5W/Ni12W/Ni5W 复合基带在 1150 ℃、1250 ℃、1300 ℃、1350 ℃、1400 ℃ 和 1450 ℃ 下保温 60 min 后基带表面的立方织构(<10°)含量及 $\Phi$ 扫描和摇摆曲线半高宽值的变化曲线。从图(a)中可以看到,随着热处理温度的升高,基带表面的立方织构含量略有增加,当热处理温度达到 1450 ℃ 时,表面立方织构含量高达 99.6%。可见,在复合基带外层 Ni5W 合金中并没有出现如单层 Ni5W 合金中的立方织构下降现象,可以推断出基带中没有出现晶粒异常长大。图(b)为基带在不同热处理温度下 $\Phi$ 扫描和摇摆曲线半高宽值的变化情况。从图中可以看出,随着热处理温度的升高,基带表面的 $\Phi$ 扫描和摇摆曲线半高宽值变化不大,并且在高温热处理时表现出织构优化的趋势。在热处理温度为 1450 ℃ 时,$\Phi$ 扫描和摇摆曲线半高宽值分别为 7.54° 和 5.86°,这表明在高温热处理时基带表面仍然具有非常好的立方织构。因此从图 4-9-5 的分析结果可知,随热处理温度升高的过程中,复合基带表面的立方织构没有发生晶粒的异常长大,立方织构在整个热处理过程中具有良好的稳定性。

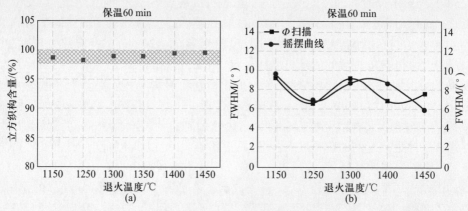

图 4-9-5　不同热处理温度下保温 60 min 后复合基带表面(a)立方织构含量;
(b) $\Phi$ 扫描和摇摆曲线半高宽值[5]

图 4-9-6(a)为在 1450 ℃下热处理 60 min 后复合基带表面 EBSD 取向分布图。从图中可知,基带表面立方织构(<10°)含量为 99.6%,并且大部分立方晶粒的取向集中在偏离标准立方取向 2.5°附近,可见在基带表面获得了非常锐利的立方织构。经过计算,在 1450 ℃热处理 60 min 后再结晶晶粒的平均尺寸为 66 μm。同时,从图(b)的晶界分布曲线可知,在基带表面大部分晶界为小角度晶界(<10°),其含量为 98%,孪晶界的含量仅为 0.198%,这将非常有利于获得高质量的外延超导层。图(c)和(d)分别为基带的 Φ 扫描和摇摆曲线。经过计算,Φ 扫描和摇摆曲线的半高宽值分别为 7.54°和 5.86°,表明基带经过高温热处理后仍然保持着高质量的宏观立方织构。

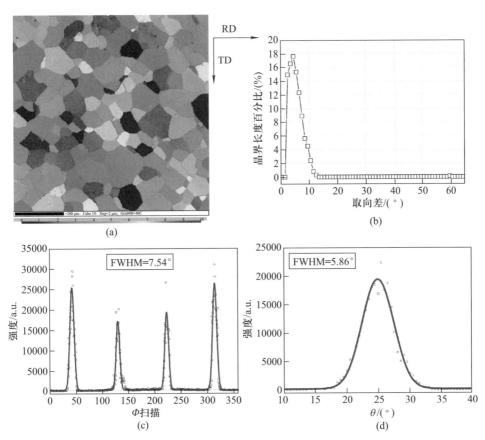

图 4-9-6　1450 ℃热处理 60 min 后 Ni5W/Ni12W/Ni5W 复合基带表层(a) EBSD 取向分布图;(b) 晶界分布取线;(c) Φ 扫描;(d)摇摆曲线[5]

　　图 4-9-7 为复合基带在 1150 ℃和 1450 ℃经过 60 min 热处理后沿基带截面方向上 Ni 元素和 W 元素分布曲线。与图 4-9-4 中基带再结晶后截面上 W 元素分布的结果相似,在 1150 ℃热处理 60 min 后,W 原子和 Ni 原子在内外层合金之间存在着一个过渡层(即扩散层)。但是在 1450 ℃经过 60 min 热处理后元素沿基带厚度方向上趋于均匀分布,如图中所示 Ni 原子和 W 原子在截面上的分布曲线几乎为直线,即原子在截面方向上没有强度差。造成这一现象的原因是在高温热处理时,基带内外层合金元素之间发生了显著的互扩散,使基带内外层合金的成分趋于相同。对于 W 原子而言,通过高温热处理内层的 W 原子大量扩散至基带外层,从而提高了外层合金中 W 原子的含量,如图 4-9-7 所示,1450 ℃热处理后表层 W 原子的强度高于 1150 ℃热处理后基带表面 W 原子的强度,此结果证明了高温热处理后外层合金中 W 含量的大大增加。

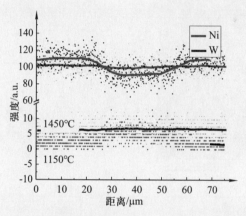

图 4-9-7　复合基带在 1150 ℃和 1450 ℃经过 60 min 热处理后截
面上 Ni 和 W 元素分布曲线[5]

　　表 4-9-2 列出了在不同温度下热处理后复合基带表面 W 原子百分含量的 X 射线荧光光谱(XRF)分析结果。从表中可知,在 1450 ℃经过 60 min 热处理后基带表面的 W 原子百分含量达到了 7%,结合截面元素分布曲线的结果可知,Ni5W/Ni12W/Ni5W 复合基带经过 1450 ℃,60 min 的热处理后形成了表面 W 含量为 7% 的准单层合金基带,在原子扩散过程中该基带外层合金的立方织构质量没有受到影响,获得了最终基带表面成分约为 Ni-7at.% 且具有锐利的立方织构的合金基带。

**表 4-9-2　Ni5W/Ni12W/Ni5W 复合基带在不同热处理温度保温 60 min**
**后表面立方织构的含量和表面 W 原子的百分含量**

| 温度（℃） | 1150 | 1250 | 1300 | 1350 | 1400 | 1450 |
| --- | --- | --- | --- | --- | --- | --- |
| 立方织构含量/（%） | 98.7 | 98.3 | 99 | 99 | 99.6 | 99.6 |
| 表面 W 含量/（at.%） | 5 | 5 | / | / | / | ~7 |

图 4-9-8(a)和(b)分别为在 1150 ℃和 1450 ℃热处理 60 min 后 Ni5W/Ni12W/
Ni5W 复合基带和单层 Ni7W 合金基带的磁性能曲线,其中材料的居里转变温度可
由 $M^3$ 曲线低温线性部分与温度轴的交点确定[10]。由图(a)可知,在 1150 ℃下热
处理的复合基带中居里转变温度大于 300 K,基带的磁性能类似于单层 Ni5W 合金
的特征(Ni5W 合金的居里温度为 375 K),而在 1450 ℃下高温热处理后复合基带
的居里转变温度下降到了 195 K,这一值已接近单层 Ni7W 合金基带的居里转变温
度(163 K)。图(b)为 3 种基带的磁滞回线,可以得出在 1150 ℃和 1450 ℃热处理
后复合基带的饱和磁化强度分别为 14 emu/g 和 11.6 emu/g,可知在较高温度下热
处理能够降低复合基带的饱和磁化强度,其饱和磁化强度大致与单层 Ni7W 合金
基带的饱和磁化强度(12 emu/g)相当,这是由于在较高温度下热处理,内层 W 原
子向外层合金扩散,提高了外层合金中 W 原子的含量,使基带整体的磁性能得到
了一定程度的改善。

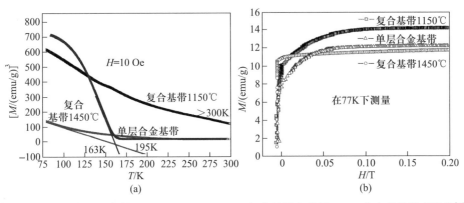

图 4-9-8　不同热处理条件下 Ni5W/Ni12W/Ni5W 复合基带和单层 Ni7W 合金基带的磁性能[5]

综合 Ni5W/Ni12W/Ni5W 复合基带在不同热处理条件下基带表面立方织构及
基带磁性能的分析结果可知,在热处理过程中,复合基带外层合金的立方织构具有
良好的稳定性,同时通过控制内层合金的元素扩散可以在保证基带表面具有锐利
立方织构的前提下,优化复合基带整体的磁性能。

对 Ni5W/Ni12W/Ni5W 复合基带的研究结果表明,热处理过程中控制热处理工艺条件使内层合金 W 原子向外层合金扩散,不仅能够抑制外层合金晶粒发生二次再结晶,同时还能够提高外层合金的 W 含量,改善基带整体的磁性能,这一研究结果为制备无磁性合金基带(在 77 K)提供了一条崭新的思路:通过复合基带中的元素扩散,提高外层合金的 W 含量,则有望使基带的居里转变温度下降至 77 K 以下,获得无磁性织构金属合金基带。

作为上述思路的应用实例,采用放电等离子烧结技术制备了成分为 Ni7W/Ni12W/Ni7W 的复合基带,在基带表面可获得锐利的立方织构,其详细的制备工艺和结果表征如文献[11]所述。这里将 P/P/P 型 Ni7W/Ni12W/Ni7W 复合基带在不同热处理条件下进行热处理,研究元素扩散对基带表层立方织构及磁性能的影响。

图 4-9-9 为 Ni7W/Ni12W/Ni7W 复合基带在不同热处理温度下表面立方织构( <10°)含量和在 1400 ℃下保温不同时间后基带的 $\Phi$ 扫描和摇摆曲线半高宽值。从图中可以看出,随着热处理温度的升高,基带表面的立方织构含量逐渐增加,当热处理温度达到 1400 ℃时,基带表面的立方织构含量接近 96%,而在此温度下延长保温时间,立方织构含量进一步提高。同时,基带的 $\Phi$ 扫描和摇摆曲线半高宽值逐渐优化,当保温时间为 180 min 时,$\Phi$ 扫描和摇摆曲线半高宽值分别为 5.79° 和 5.21°。

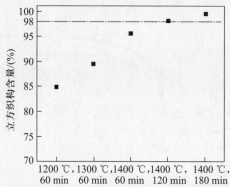

| 1400 ℃ | | |
| --- | --- | --- |
| | $\Phi$扫描 | 摇摆曲线 |
| | FWHM/(°) | FWHM/(°) |
| 60 min | 7.3 | 5.57 |
| 120 min | 4.89 | 4.95 |
| 180 min | 5.79 | 5.21 |

图 4-9-9　Ni7W/Ni12W/Ni7W 复合基带在不同热处理条件下的立方织构含量和在 1400 ℃保温不同时间后基带的 $\Phi$ 扫描和摇摆曲线半高宽[5]

复合基带在热处理过程中,内外层之间的元素扩散能够抑制表面立方晶粒的异常长大,从而使基带的立方织构随着热处理温度的升高及时间的延长有逐渐优化的趋势。图 4-9-10(a)为 Ni7W/Ni12W/Ni7W 复合基带在 1400 ℃下保温 180 min 后表面 EBSD 取向分布图。从图中可以得出,基带表面的立方织构( <10°)

含量为 99.6%,并且大部分立方晶粒集中在偏离标准立方取向 2.5°附近。经过长时间的热处理后,基带表面再结晶晶粒的平均晶粒大小为 42.5 μm。同时从图(b)的晶界分布曲线可以得出,再结晶后小角度晶界(<10°)的含量为 96.1%,退火孪晶晶界的含量仅为 0.91%。因此可以得出,在 1400 ℃下保温 180 min 热处理后,Ni7W/Ni12W/Ni7W 复合基带表面获得了锐利的立方织构,并且小角度晶界的含量非常高。

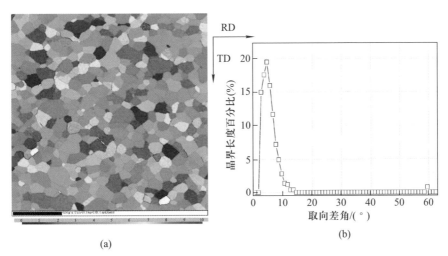

(a)　　　　　　　　　　　　(b)

图 4-9-10　1400 ℃热处理 180 min 后 Ni7W/Ni12W/Ni7W 复合基带表层
(a)EBSD 取向分布图;(b)晶界分布取线[5]

图 4-9-11 为 Ni7W/Ni12W/Ni7W 复合基带在 1400 ℃下热处理 60 min 和 180 min

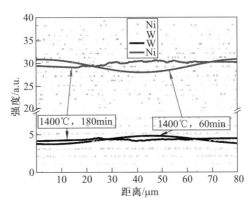

图 4-9-11　1400 ℃热处理 60 min 和 180 min 后 Ni7W/Ni12W/Ni7W 复合基带沿厚度
方向 Ni 元素和 W 元素分布曲线[5]

后沿基带截面方向上 Ni 和 W 元素分布曲线。从图中可以看出,经过 180 min 热处理后基带中元素扩散的程度比热处理 60 min 的程度高,W 原子在基带表面的强度较高,即通过热处理过程中的元素扩散提高了基带表面的 W 原子含量。表 4-9-3 为经过不同条件热处理后基带表面的 XRF 成分分析结果。可以看出,在 1400 ℃ 经过 180 min 热处理后,基带表面的 W 原子百分含量提高到 8.6% 左右,比基带表面的初始合金成分(7%)提高了 1.6%,这将对基带的整体性能产生重要的影响。

**表 4-9-3　Ni7W/Ni12W/Ni7W 复合基带在不同热处理条件下表面立方织构的含量和 W 原子的含量**

|  | 1200 ℃,<br>60 min | 1300 ℃,<br>60 min | 1400 ℃,<br>60 min | 1400 ℃,<br>120min | 1400 ℃,<br>180 min |
|---|---|---|---|---|---|
| 立方织构含量/(%) | 85 | 89.5 | 95.6 | 98.1 | 99.6 |
| 表面 W 含量/(at.%) | 7 | 7 | 7 | / | ~8.6 |

图 4-9-12 为单层 Ni9.3W 合金基带和在 1400 ℃ 热处理 180 min 后 Ni7W/Ni12W/Ni7W 复合基带的居里转变温度曲线(图(a))和磁滞回线(图(b))。从图 (a)中可以看出,在 1450 ℃ 经过 180 min 热处理后,基带的居里转变温度为 41 K,已经位于涂层导体的工作温区(77 K)以下,这比在 1350 ℃ 热处理 60 min 后的居里转变温度(116 K)下降了 75 K,更加接近 Ni9.3W 合金基带的居里转变温度(16 K)。同时比较两种热处理条件下 Ni7W/Ni12W/Ni7W 复合基带的饱和磁化强度可知,在长时间热处理条件(180 min)下制备基带的饱和磁化强度从短时间热处

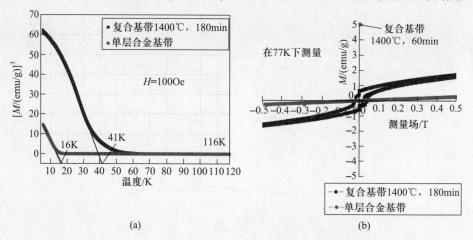

(a)　　　　　　　　　　　　(b)

图 4-9-12　单层 Ni9.3W 合金基带和高温热处理后 Ni7W/Ni12W/Ni7W 复合基带的
(a)居里温度转变曲线;(b)磁滞回线[5]

理(60 min)时的 5.04emu/g 下降到 1.62emu/g,这一结果虽然比 Ni9.3W 合金基带的饱和磁化强度(0.2emu/g)略高,但是已经能够充分满足涂层导体用无磁性金属织构基带的要求。可见,经过高温热处理后,基带的磁性能得到了明显的优化。

根据以上分析可知,与 Ni5W/Ni12W/Ni5W 复合基带的研究结果相似,通过控制 Ni7W/Ni12W/Ni7W 复合基带的热处理工艺,在保证基带表面具有锐利立方织构的前提下,通过元素扩散可以提高基带外层和表面的 W 原子百分含量以改善基带整体的磁性能,从而获得无磁性的织构金属基带,这一制备思路在本书中称为“第二种溶质扩散模型”。无磁性织构基带的制备过程如图 4-9-13 所示:首先制备具有 Ni 和 W 成分梯度分布的冷轧复合基带;其次,在再结晶过程初期,立方晶粒优先在外层合金中形核并长大;随着再结晶的进行,外层合金中立方晶粒逐渐吞并内层合金中非立方晶粒并在整个基带内形成强立方织构;最后,通过高温热处理过程使基带中内外层元素之间发生互扩散,从而提高外层合金中溶质原子 W 的含量,最终降低基带整体的磁性能,获得无磁性、具有锐利立方织构的金属合金基带。

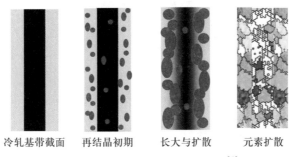

冷轧基带截面　　再结晶初期　　长大与扩散　　元素扩散

图 4-9-13　溶质扩散模型 Ⅱ 示意图[5]

## 4.10　Ni5W/Ni12W/Ni5W 复合基带外层合金立方织构在应变条件下的稳定性研究

众所周知,在涂层导体长带的制备过程中,尤其是卷对卷(reel-to-reel)工艺制备过渡层和超导层的过程中,金属基带需要承受一定的应力应变。基于上述考虑,织构金属基带在后续薄膜的制备过程中其立方织构需要具有极好的稳定性,因此本节采用原位 EBSD 测试技术对 Ni5W/Ni12W/Ni5W 复合基带表面立方织构在各种应变条件下的稳定性进行表征。

### 4.10.1　研究思路及研究方案

以一定长度的再结晶 Ni5W/Ni12W/Ni5W 复合基带为研究对象,采用原位分析的方法对基带表面形貌及取向在应变过程中的演变过程进行表征。基带表面形貌和取向的分析在装有 OIM 织构分析系统和原位拉伸装置的 SEM:JEOL JSM 6500F 上进行。原位拉伸装置如图 4-10-1 所示。原位分析实验所用样品大小为 15 mm×3 mm×0.75 mm,样品的制备是采用两步热处理工艺,即首先在 700 ℃保温 30 min 后升至 1150 ℃保温 60 min。原位拉伸实验过程中,样品沿轧向方向受力,加载速率为 0.4 mm/ min。在样品的拉伸过程中,分别在样品延长率为 0.01%(初始状态)、0.06%、0.1%、0.2%、0.5%、2%、6%、16.5% 和 33%(断裂状态)的条件下在同一区域内同步采集样品表面的晶粒取向信息,EBSD 测试范围为 600 μm× 400 μm,扫描步长为 4 μm。

图 4-10-1　原位拉伸测试装置图[5]

### 4.10.2　应变过程中复合基带晶粒形貌分析

表 4-10-1 列出了复合基带在拉伸过程中基带受力与相应拉伸率之间的对应关系。从表中可知,基带从初始状态到拉伸率为 33% 时发生断裂。在整个拉伸过程中,其应力–应变曲线如图 4-10-2 所示。由图中可知,复合基带的屈服强度($\delta_{0.2}$)为 240 MPa,这一结果与采用宏观拉伸仪所测得的屈服强度相当,并且能够满足文献[12]中所报道的金属基带在实际应用中屈服强度需达到 200~240 MPa 的要求。

**表 4-10-1　复合基带在应变过程中拉伸力与拉伸率的对应关系表**

| 拉伸力/N | 15(预先加力) | 45 | 56 | 76 | 100 | 120 | 150 | 198 | 261(断裂) |
|---|---|---|---|---|---|---|---|---|---|
| 拉伸率/(%) | 0.01 | 0.06 | 0.1 | 0.2 | 0.5 | 2 | 6 | 16.5 | 33 |

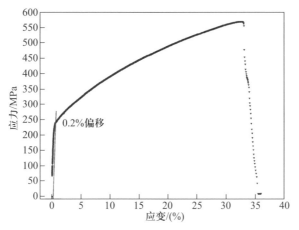

图 4-10-2　复合基带在原位拉伸测试中的应力-应变曲线[5]

图 4-10-3 为复合基带表面组织形貌随基带拉伸率的变化情况。众所周知,在 EBSD 测试技术中,为了方便采集晶粒取向信息,样品要求倾斜 70°,因此图中基带

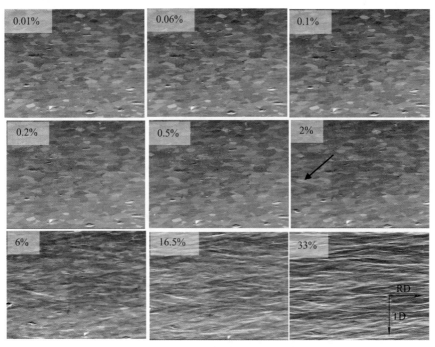

图 4-10-3　复合基带在不同拉伸率下表面形貌图[5]

形貌是样品绕 RD 方向倾斜了 70°后的形貌图。从不同拉伸率下基带表面的形貌变化可以看出,当基带拉伸率较小时,表面相邻晶粒之间并没有出现明显的相对位移;当拉伸率达到 2%时,表面晶粒内出现了与轧向成 45°夹角的滑移形变(图中箭头所示),随着拉伸率的进一步增加,这种滑移形变更加明显,在基带表面出现了大量的与轧向成±45°夹角的滑移线。这主要与基带合金的形变机制有关,在面心立方金属中(111)面为原子的密排面,因此在拉伸形变过程中晶粒的形变以(111)面的滑移形变为主。

　　复合基带由于内外层合金之间成分上的差异而具有不同的塑性形变能力,因此在拉伸过程中其形变方式不同。图 4-10-4(a)为复合基带在断裂后的截面断口形貌。可以发现,内外层材料之间在断裂后没有发现微裂纹或其他缺陷,这表明内外层材料之间的连接性非常好,在应变条件下不会出现分层等缺陷。对比内外层合金的断口形貌可以得出,外层 Ni5W 合金的断面存在大量的滑移线,因此推断其主要以韧性断裂为主;而内层 Ni12W 合金的成分接近 W 原子在 Ni 中的最大固溶度,并且其制备方法为粉末冶金路线,因此合金中缺陷较多。从图 4-10-4(b)中可观察到在内层 Ni12W 合金的断面上有大量的孔洞(尺寸<1 μm)存在。同时与外层 Ni5W 合金的断裂方式不同,在 Ni12W 合金的断面上滑移线较少,因此推断其断裂方式更加接近于脆性断裂。

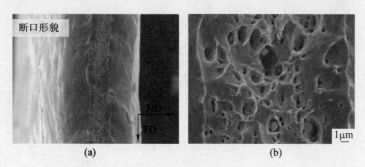

图 4-10-4　复合基带截面(a) 断口形貌图;(b) 内层断口形貌图[5]

### 4.10.3　应变过程中复合基带晶体取向分析

　　图 4-10-5 为在不同应变条件下基带表面原位 EBSD 晶粒取向分布图。从图中可知,当拉伸率小于 2%时,基带中晶粒取向基本没有发生明显的变化;拉伸率增加至 6%时,部分晶粒内部的晶内取向差开始增加(图中箭头所示晶粒),表现为晶粒内部颜色出现梯度分布;进一步增加基带的拉伸率,这种晶内取向差逐渐增加并导致晶粒内部部分区域的取向偏离标准立方取向 10°以上,如图中晶粒内部白色区

域所示,这样将导致基带中立方织构含量出现下降,即在大应变条件下(>6%)基带的立方织构开始被破坏。

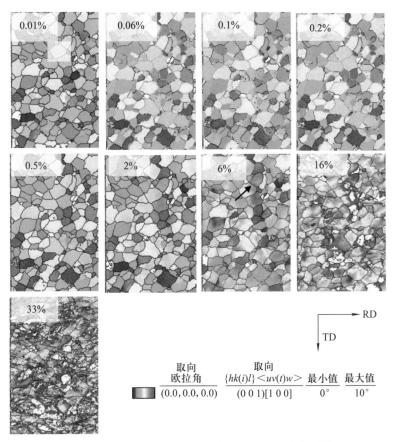

图 4-10-5　不同拉伸率下基带表面晶粒取向分布图[5]

　　研究表明,金属基带在实际的应用过程中所承受的压应变不大于 0.5%,拉应变不大于 0.2%。因此,本书中主要对应变 0.2%(对应的拉伸率约为 0.5%)以内织构的变化进行详细分析。图 4-10-6(a)和(b)分别为基带中立方织构(<10°)含量和小角度晶界(<10°)含量的变化曲线。从图(a)中可以看出,当拉伸率小于 6%时,立方织构始终保持在 98%以上,而随着拉伸率的增加,表面立方织构开始下降。同时从图(b)中可以看出,当拉伸率小于 16%时,小角度晶界的含量均保持在 88%以上。从基带表面立方织构含量和小角度晶界随拉伸率的变化规律可以得出,复合基带在应变小于 6%时,立方织构与小角度晶界均具有良好的稳定性,这一应变值远高于金属基带在实际应用中所要求承受的应变值。

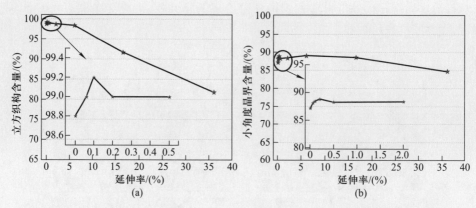

图 4-10-6　不同应变条件下基带的(a)立方织构含量;(b)小角度晶界含量随延伸率的
变化曲线[5]

　　为了更好地表征立方晶粒的微取向在应变过程中的变化,分别对拉伸率为
0.01%、0.5%和2% 3 种应变条件下样品中晶粒的微取向变化进行详细的分析。
图 4-10-7(a)为 3 种不同应变状态下基带表面立方晶粒含量随角度的变化曲线。
从图中可以看出,3 种状态下立方晶粒的取向分布没有发生明显的变化,大部分立
方晶粒均分布在偏离标准立方取向3°~6°以内。当拉伸率为 0.01%和2%时,其曲
线的峰值出现在 4.5°附近,而拉伸率为 0.5%时,曲线的峰值则出现在 3.5°和5.5°。
经过计算,3 种应变状态下偏离标准立方取向 7°以内的立方织构含量分别为

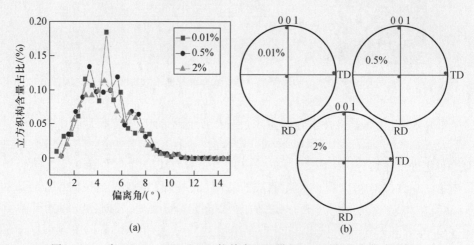

图 4-10-7　在 0.01%,0.5%和2%拉伸率下基带的(a) 晶粒取向集中度分布
曲线;(b) 图 4-10-5 中晶粒 A 的取向投影[5]

85.6%,83.2% 和 84.1%,可见在此应变阶段内,基带中立方织构的变化不大,立方织构含量轻微的变化可能是由于测量误差造成的。图 4-10-7(b)为图 4-10-5 中所示晶粒 A 在 3 种应变状态下的(111)极图的极射投影。从图 4-10-5 中可知,晶粒 A 在拉伸率达到 6% 时在晶内会出现较大的取向差,而在拉伸率为 0.01%、0.5% 和 2% 的情况下,晶体取向可用欧拉角分别表示为( 329.1°,1.5°,301.3°),( 334.5°,1.6°,294.9°)和(335.8°,1.6°,294.1°)。但是从图 4-10-7(b)中的极射投影结果可知,在 3 种应变状态下晶粒 A 的取向基本没有发生变化。可见,晶粒在低应变条件下只是出现了晶体取向的微转动,并不会破坏基带的立方织构。

在 YBCO 超导体传输电流过程中,临界电流密度 $J_c$ 的大小与晶粒晶界角度有十分敏感的关系,因此可对应变条件下晶界的变化进行详细的表征。图 4-10-8 为 3 种应变条件下晶界分布图和不同微取向差范围内晶界含量图。从图(a)中可知,3 种条件下小角度晶界(<10°)的含量分别为 87.2%,88.3% 和 88.4%,这表明晶界在低应变过程中具有很好的稳定性。将晶界根据取向角度差分成 2°~4°,4°~6°,

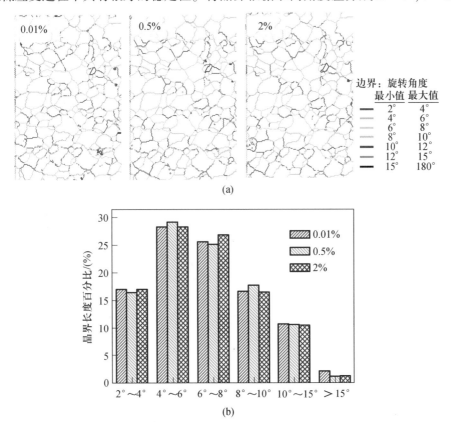

图 4-10-8　不同应力状态下基带表面(a)晶界分布图;(b)不同微取向角范围内晶界含量[5]

6°~8°,8°~10°,10°~15°和大于15°的几个不同范围,并将各取向角度差范围内的晶界含量绘于图(b)中。从图中可以看出,在每个取向差范围内,晶界的含量均没有很明显的差异,这再次证明了晶界在3种应变条件下具有极佳的稳定性。

从对基带在应变过程中立方织构和晶界性能稳定性的分析结果可知,在拉伸率低于2%时,基带中晶粒没有发生可观察到的滑移,立方织构质量与初始状态下的质量相当,只是晶粒内部取向发生了微转动。同时,晶界在整个低应变(<6%)过程中具有良好的稳定性,这将有利于后续制备高性能过渡层和超导层。

## 4.11 一定长度 Ni5W/Ni12W/Ni5W 复合基带表面立方织构的均匀性研究

### 4.11.1 研究思路及研究方案

本节中复合坯锭的制备采用粉末冶金路线。首先将纯度为99.9%的Ni粉和W粉,按照原子比为88∶12配制成复合基带芯层Ni12W混合粉末,而表层则是熔炼方法制备的Ni5W合金坯锭。采用高能球磨将配制好的混合粉料进行球磨并混合均匀,球磨机转速为150 rpm,球磨工艺为每运行15 min停5 min,有效球磨时间为4h,整个球磨过程在Ar-4%H$_2$气氛中进行以防止氧化。将球磨后的粉末和切割好的表层坯锭采用层层组装(layer-by-layer)的方法,按照Ni5W-Ni12W-Ni5W的顺序依次装入石墨模具中进行预压制成型,各层厚度设计为8 mm∶9 mm∶8 mm,采用放电等离子烧结技术(spark plasma sintering,SPS)进行烧结制备复合坯锭,烧结温度为800 ℃,烧结时间为5 min。将烧结后的复合坯锭在1100 ℃下保温24h进行均匀化退火,获得可用于进行轧制的初始复合坯锭,坯锭厚度为25 mm。采用典型的RABiTS轧制工艺将热轧后的坯锭(厚度为9.5 mm)进行冷轧获得厚度为75 μm的冷轧基带,冷轧道次形变量小于5%,总形变量大于99%(指沿厚度方向的形变量)。

对该基带在全长范围内的厚度均匀性进行测量并表征。将冷轧复合基带采用两步退火工艺进行再结晶退火后获得高立方织构含量的Ni5W/Ni12W/Ni5W复合基带。为了表征复合基带在全长范围内立方织构的均匀性,本实验中从复合长带一端开始每隔1 m取一个点,共5个位置进行织构表征,即试样A、B、C、D和E。利用EBSD对不同位置复合基带试样进行织构分析,测试区域为400 μm×600 μm。

### 4.11.2 一定长度冷轧复合长带的制备

图4-11-1(a)为采用SPS烧结工艺路线获得的较大尺寸复合坯锭(厚度为

25 mm)。由于复合坯锭内外层材料间塑性形变能力的差异,为了避免轧制过程中开裂、分层等轧制缺陷的产生,在进行冷轧工艺之前先进行一定形变量的热轧,具体工艺流程如图 4-11-1(b)所示。

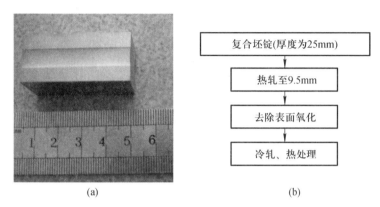

（a）　　　　　　　　　　　　　　（b）

图 4-11-1　（a）SPS 烧结制备的初始复合坯锭;（b）复合坯锭的轧制制度流程图[5]

图 4-11-2 为热轧后 Ni5W/Ni12W/Ni5W 复合坯锭(厚度为 9.5 mm)沿其截面方向从表层至芯层的显微组织形貌图(图中为热轧后复合坯锭截面金相图)。从图 4-11-2 中可以看到在内外层之间存在一个明显的界面,并且在界面处没有裂纹或其他缺陷,这表明经 SPS 烧结及后续的热轧制处理后,复合坯锭的内外层之间达到了良好的结合,该复合坯锭可用于进行大形变量冷轧。另外,从图中还可以看出,内外层材料的显微组织存在着明显的差异,与内层 Ni12W 合金相比,外层 Ni5W 合金的晶粒较大,这是由内外层合金材料的成分差异所造成的。由于内层 Ni12W 合金中 W 含量接近室温下 W 在 Ni 中的最大固溶度,因此 W 元素充分固溶所需要的热处理温度和热处理时间相应较长,对所制备的复合坯锭而言,在相同的烧结及退火工艺下,内层 Ni12W 合金的晶粒长大行为相对被"推迟"。将热轧后复合锭进行表面去氧化皮处理,获得可用于冷轧的厚度为 9 mm 的复合坯料。再经大形变量冷轧后获得长度为 10 m 的冷轧复合基带,冷轧总形变量大于 99%,每道次形变量小于 5%。

内层　　　　　　　　　　外层

600μm

图 4-11-2　热轧后复合坯锭截面显微组织形貌[5]

### 4.11.3　冷轧复合长带厚度的均匀性分析

众所周知,涂层导体力学性能和磁性能的稳定性与基带的厚度有着密切的关系,这就要求所用的基带在全长范围内保持较高的厚度均匀性,同时基带的厚度对再结晶晶粒的长大过程也有一定的影响。研究表明,随着基带厚度的减小,再结晶晶粒尺寸先减小后增大。[13]因此,基带在全长范围内的厚度不均匀可能会影响基带中再结晶晶粒的均匀性。本节中所制备的复合基带的设计轧制厚度为 75 μm,图 4-11-3 是长度为 10 m 的复合基带沿轧向的厚度分布曲线,图中数据为沿基带长度方向每 10 cm 取一个检测点进行记录。从图 4-11-3 中可以看出,绝大部分检测点的厚度都在 75±2 μm 的范围内,少数点的厚度为 75±3 μm,考虑到测量误差的影响,可以认为所制备的整条复合基带在全长范围内具有较好的厚度均匀性。这是获得均匀再结晶织构的前提条件之一,也是获得高性能涂层导体用织构金属基带的关键之一。

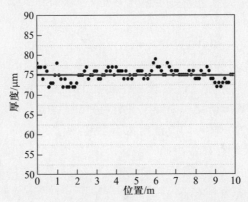

图 4-11-3　冷轧复合基带的厚度沿轧向的分布曲线[5]

### 4.11.4　复合基带外层合金立方织构的均匀性分析

为了表征所制备的长度 10 m 的 Ni5W/Ni12W/Ni5W 复合基带在全长范围内外层立方织构含量的均匀性,本实验中对所制备基带的一半(5 m)从基带一端处每隔 1 m 取一个试样进行织构表征,即在基带的 0 m,1 m,2 m,3 m,4 m 处分别取样,样品分别定义试样 A,B,C,D 和 E。将 5 个试样采用两步退火工艺在相同的热处理工艺下进行再结晶退火,即先在 700 ℃保温 30 min 后升至 1150 ℃保温 60 min。不同试样的立方织构百分含量如图 4-11-4 所示。从图中可以得出,试样 A 在偏离理想立方织构 10°以内的立方织构含量为 96.4%,其他试样的立方织构(<10°)含量均在 97%以上,表明整条基带具有锐利的立方织构,这一结果与商业

Ni5W 基带相当。而试样 A 立方织构含量相对较低(即相对不稳定)的原因可能是由于基带边缘部分的轧制制度略有差异造成的。总体而言,整条基带在全长范围内均具有较高的立方织构度,能够满足后续制备过渡层及超导层的要求。

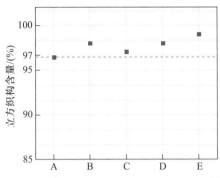

图 4-11-4　不同位置试样的立方织构含量[5]

# 参 考 文 献

[1]　赵跃. 涂层导体织构镍合金基板及过渡层的研究[D]. 北京工业大学, 2009.

[2]　Suo H, Genoud J Y, Caracino P, et al. Mechanically reinforced {1 1 0} ⟨1 1 0⟩ textured Ag/Ni-alloys composite substrates for low-cost coated conductors[J]. Physica C Superconductivity, 2002, 372: 835-838.

[3]　Correlation phase diagram of composite ingot [EB/OL]. (1998−05−21) [2020−03−04]. https://www.asminternational.org/.

[4]　Bhattacharjee P P, Ray R K, Upadhyaya A. Development of cube texture in pure Ni, Ni-W and Ni-Mo alloys prepared by the powder metallurgy route[J]. Scripta Mater., 2005, 53(12): 1477-1481.

[5]　高忙忙. 涂层导体用织构镍合金基带的研究[D]. 北京工业大学, 2011.

[6]　Zhao Y, Suo H, Zhu Y, et al. Study on the formation of cubic texture in Ni-7 at.% W alloy substrates by powder metallurgy routes[J]. Acta Mater., 2009, 57(3): 773-781.

[7]　Engler O, Huh M Y. Evolution of the cube texture in high purity aluminum capacitor foils by continuous recrystallization and subsequent grain growth[J]. Materials Science and Engineering A, 1999, 271(1-2): 371-381.

[8]　Vatne H E, Furu T, Nes E. Nucleation of recrystallised grains from cube bands in hot deformed commercial purity aluminium[J]. Metal Science Journal, 1996, 12(3): 201-210.

[9]　屈飞, 坚杨, 古宏伟, 刘慧舟. 基带厚度对涂层导体立方织构 Ni 基带组织的影响[J]. 稀有

金属,2005,29(6): 814-818.

[10]    Clickner C C, Ekin J W, Cheggour N, et al. Mechanical properties of pure Ni and Ni-alloy sub-strate materials for Y-Ba-Cu-O coated superconductors[J]. CRYOGENICS -LONDON-,2006.

[11]    Zhao Y, Suo H, Zhu Y, et al. Highly reinforced, low magnetic and biaxially textured Ni-7 at.% W/Ni-12 at.% W multi-layer substrates developed for coated conductors[J]. Supercon. Sci. Tech.,2008,21(7).

[12]    Goyal A, Paranthaman M P, Schoop U. The RABiTS approach: Using rolling-assisted biaxially textured substrates for high-performance YBCO superconductors[J]. Mrs Bull.,2004,29(8): 552-561.

# 第5章  Ni8W/Ni12W/Ni8W 复合基带的研究进展

## 5.1  层间比对 Ni8W/Ni12W/Ni8W 复合基带的影响研究

复合基带中,除了组成复合基带材料的本征特性对复合基带力学、磁性和织构等性能的影响外,复合基带 3 层厚度比例的不同是导致复合基带性能差异的最直接原因,主要从以下两方面体现:一是内外层材料塑性形变能力不同导致复合坯锭轧制过程加工硬化程度的不同,内层 Ni12W 占比越多坯锭塑性形变能力越差,加工硬化越严重,层间的剪切应力也越集中;二是复合基带内外层占比的不同会导致冷轧带在退火过程中元素扩散的差异,内层 Ni12W 占比越多,W 元素越容易向低 W 含量的外层扩散。元素的扩散会直接影响基带整体磁性和力学性能,也会间接影响再结晶织构的形成。虽然,赵跃和高忙忙[2,4]对不同层间比的基带做过初步的研究,但并没有系统地探讨层间比对基带的影响,所以本节我们将对相同初始厚度(8 mm)不同层间比(1∶1∶1,1∶2∶1 和 1∶3∶1)的 3 种 Ni8W/Ni12W/Ni8W 复合坯锭制备得到的复合基带做一个系统的研究。考虑到 Ni9.3W 合金基带在涂层导体应用的环境温度(77 K)下能实现无铁磁性而避免磁滞损耗[3],所以我们将芯层最薄的复合基带的层间比设计为 1∶1∶1,在 Ni8W/Ni12W/Ni8W 复合基带中元素完全扩散的情况下,基带整体的 W 含量刚好能达到 9.3at.%。值得注意的是,均匀化热处理引起的层间元素扩散没有影响各坯锭表层的 W 含量,也不会对冷轧基带表面 W 含量造成影响,3 种层间比的冷轧基带表面 W 含量均为 8at.%。图 5-1-1 为 3 种不同层间比的复合冷轧带截面的 BSE 照片。由于成分衬度,从图中我们能看到明显的 3 层复合结构。

### 5.1.1  层间比对 Ni8W/Ni12W/Ni8W 复合基带织构的影响

初始厚度均为 8 mm,总形变量均为 99%($\varepsilon_{VM}$ = 5.3)的 3 个 Ni8W/Ni12W/Ni8W 复合坯锭,它们层间厚度比分别为 1∶1∶1,1∶2∶1 和 1∶3∶1 的。在冷轧过程中四种主要轧制织构(S、B、G 和 C 型)的变化曲线如图 5-1-2 所示。

利用 XRD 对冷轧带宏观织构的测定,我们发现,3 种坯锭中的轧制织构变化趋势基本一致:S 型织构呈抛物线增长,应变后期增速减缓;B 型织构呈线性增长,这

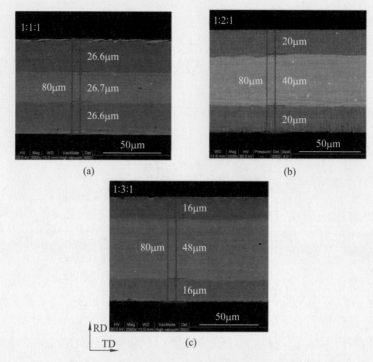

图 5-1-1　不同层间比复合冷轧带的 BSE 照片[1]

点和 C 型织构在高层错能材料中的增长特性相当[5]，最终的含量略低于 S 型织构；C 型织构含量的变化趋势则表现出了其低层错能的特性，低应变时增加，高应变量时快速回落；G 型织构的含量先缓慢增加后逐渐回落，但其一直保持在 5%（≤10°）左右。所以，层间比对轧制织构并没有十分明显的影响。对比第 3 章中我们对单层 Ni8W 合金坯锭轧制织构演变规律的研究发现，Ni8W/Ni12W/Ni8W 复合坯锭的轧制织构变化规律和单层 Ni8W 合金是一致的，且最终冷轧带中的各织构组分含量也基本相同。这再一次证明了，不仅层间比对轧制织构没有影响，而且即使没有 Ni12W 芯层，坯锭的轧制织构也不会发生太大改变。基带表面的轧制织构只受外层 W 含量的影响。

　　基带表面轧制织构相同的冷轧复合基带在再结晶退火后能得到相同强度的立方织构吗？我们对冷轧后的复合基带进行两步退火工艺，在 1300～1400 ℃之间的 5 个温度点分别进行高温退火 2h，如图 5-1-3 所示，发现芯层较厚的基带中很难形成强立方织构。1350 ℃时，层间比为 1∶1∶1 和 1∶2∶1 的复合基带都形成了含量在 90%（≤10°）左右的强立方织构，其中，层间比为 1∶2∶1 的复合基带中的立方织构百分含量为 92.2%（≤10°），而此时层间比为 1∶3∶1 的复合基带中立方织

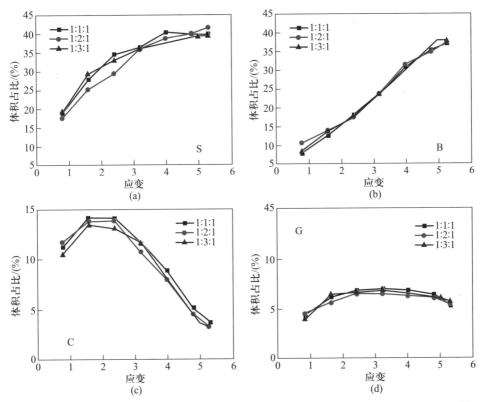

图 5-1-2　不同层间比 Ni8W/Ni12W/Ni8W 复合冷轧带各轧制织构百分含量随应变的变化[1]

构百分含量仅为 70.3%（≤10°）。这是一个很值得关注的现象，表面轧制织构近乎相同的 Ni8W/Ni12W/Ni8W 复合冷轧带退火后得到的立方织构的强度却相差悬殊。

　　这一现象貌似有悖传统的立方织构的演变理论[5]，但我们观察发现，织构芯层在整个基带中厚度占比较大的复合基带，其立方织构的强度才会受较大的影响，其余两种层间比差异较小的基带的立方织构的强度却相差无几，且与第 3 章中制备的单层 Ni8W 基带类似。这里给出导致这种情况的两点推测。根据菲克第一定律

$$J = -D\partial C/\partial x \tag{5-1-1}$$

式中 $J$ 为扩散能量（单位时间内通过垂直于 $x$ 轴的单位平面的原子数量）；$\partial C/\partial x$ 为同一时刻沿 $x$ 轴的浓度梯度；$D$ 为扩散系数（表示单位梯度下的通量）；负号为保证扩散方向与浓度降低方向相一致。所以，芯层占比越大的复合基带中，W 元素向基带表面扩散的距离 $x$ 越短，内层的元素更容易扩散到外层。扩散梯度 $\partial C/\partial x$ 越大，就越容易发生扩散，而 W 元素较快的扩散可能会影响同时进行的立方织构的形成。

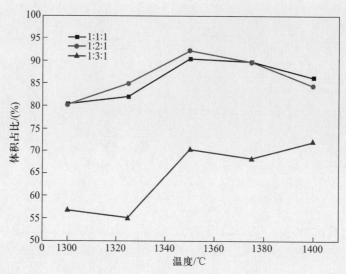

图 5-1-3 不同层间比 Ni8W/Ni12W/Ni8W 合金不同温度退火后基带中立方织构的百分含量[1]

还存在一个可能的原因是,芯层占比较大的复合坯锭在轧制过程中加工硬化更严重,加工硬化使得滑移难以进行,交滑移率下降,形变孪生率增加[6]。同时,严重的加工硬化会使材料内应力分布不均匀,容易导致不均匀应变[7],这种不均匀应变就会诱发剪切带的形成。据文献报道[8],这种剪切带形成于形变材料表面以下1/4距离处,剪切组织的取向多以剪切织构为主,而削弱了轧制织构,这会影响再结晶时立方取向晶核的形核率。因为这种剪切织构不在材料表面,所以通过 XRD 并未检测到。

从获得立方织构强度的角度考虑,层间比为 1:1:1 和 1:2:1 的 Ni8W/Ni12W/Ni8W 复合基带性能较好。

### 5.1.2 层间比对复合基带力学性能及磁性能的影响

Ni-W 合金中,随着 W 含量的增加,合金的硬度呈线性增加[9],所以芯层Ni12W 所占比例的增加一定会增强复合基带整体的力学性能。不同层间比的复合基带在室温下的应力应变曲线如图 5-1-4 所示。随着芯层占比的增加,复合基带的屈服强度从 315 MPa 增加至 357 MPa,这已是纯 Ni 基带屈服强度的 8 倍多,Ni5W基带屈服强度的 2 倍多。根据复合材料的"混合定则"[10],我们设复合基带的层间比为 1:x:1,则 Ni8W/Ni12W/Ni8W 复合基带中关于 x 的复合基带屈服强度公式为

$$\sigma_{0.2,8/12/8\text{复合}} = (2\sigma_{0.2,\text{Ni8W}} + x\sigma_{0.2,\text{Ni12W}}) / (2+x). \tag{5-1-2}$$

经实验测得，$\sigma_{0.2,\text{Ni8W}}$ 为 200 MPa，$\sigma_{0.2,\text{Ni12W}}$ 为 475 MPa[4]。所以，公式 (5-1-2) 可改写成经验公式

$$\sigma_{0.2,8/12/8\text{复合}} = (400+475x) / (2+x). \qquad (5\text{-}1\text{-}3)$$

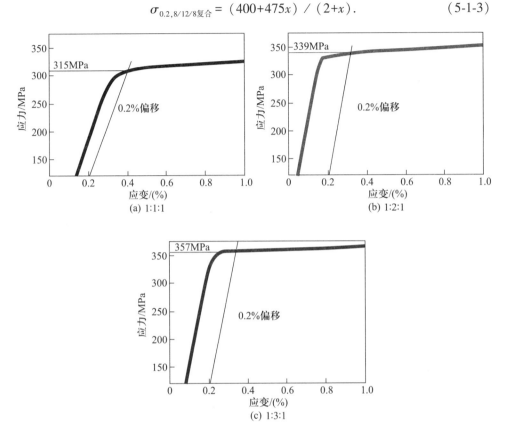

图 5-1-4　不同层间比 Ni8W/Ni12W/Ni8W 复合基带的应力-应变曲线[1]

　　对实验所测得的不同层间比 Ni8W/Ni12W/Ni8W 复合基带的屈服强度值与经验公式 (5-1-3) 进行对比论证发现，实测的屈服强度点数值较均匀地分布在函数曲线附近，如图 5-1-5 所示。因此，"复合坯锭法" 获得 Ni8W/Ni12W/Ni8W 复合基带的屈服强度可以由该公式进行估算。

　　复合基带在再结晶过程发生的元素扩散会影响基带整体元素的分布状态，由公式 (5-1-1) 可知，外层占比越小，芯层的 W 元素越容易扩散到基带表面。我们利用综合物性测量系统 (physical property measurement system, PPMS)，如表 5-1-1 所示，对经过 1350 ℃退火 2 h 的不同层间比的复合基带进行磁性能的测试发现：层间比为 1∶3∶1 的复合基带饱和磁化强度仅为 0.29 emu/g，居里温度为 13 K，这已远低于 Ni5W 的饱和磁化强度 (24 emu/g) 和居里温度 (>300 K)；层间比为 1∶2∶1

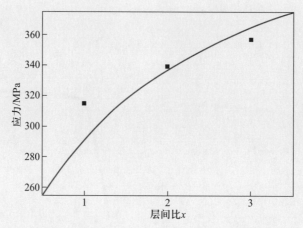

图 5-1-5　Ni8W/Ni12W/Ni8W 复合基带层间比和屈服强度的关系[1]

的复合基带磁性能与其相近,但芯层占比最小的 1∶1∶1 的复合基带的磁性能与前两者相差较大。这是因为在该温度下,较厚的外层阻碍了芯层 W 元素向外层的扩散。

**表 5-1-1　不同层间比 Ni8W/Ni12W/Ni8W 复合基带的饱和磁化强度和居里温度**

|  | 1∶1∶1 | 1∶2∶1 | 1∶3∶1 |
|---|---|---|---|
| 饱和磁化强度/(emu/g) | 1.48 | 0.39 | 0.29 |
| 居里温度点/K | 28 | 16 | 13 |

　　综上所述,从层间比影响基带力学性能和元素扩散影响基带磁性能的角度考虑,层间比为 1∶2∶1 和 1∶3∶1 的 Ni8W/Ni12W/Ni8W 复合基带性能较好。

## 5.2　热轧坯锭对 Ni8W/Ni12W/Ni8W 复合基带的影响研究

　　热轧一般指金属或合金在再结晶温度以上进行的轧制行为。热轧可改善金属或合金的加工工艺性能,将铸造状的粗大晶粒破碎,将显微裂纹愈合,所以热轧能将低塑性的铸态组织转变为塑性较高的形变组织。而且,一般热轧过程中金属较少有加工硬化现象,塑性较高,形变抗力较低,因此适合用来轧制较厚的复合坯锭而防止层间剪切应力集中所导致的分层开裂现象。

　　在文献[2]中也利用热轧技术制备了性能优异的 Ni5W、Ni7W、Ni9W 及 Ni5W/Ni12W/Ni5W 基带。研究发现,热轧过程中初始织构的形成、微观组织性能的改善等因素都有可能提升基带立方织构的含量。因此,本节沿用 5.1.1 节中制备 Ni8W/Ni12W/Ni8W 复合坯锭的工艺和 5.1.2 节中最佳的层间配比,制备得到层间比为1:2:1,厚度约为 12.5 mm 的复合坯锭,并用 1150 ℃ 的轧制温度热轧开坯,按照20% 的道次形变量热轧至约 8 mm。磨去坯锭表面氧化皮后,按照之前的冷轧工艺轧至 80 μm。

### 5.2.1　热轧 Ni8W/Ni12W/Ni8W 复合坯锭的研究

图 5-2-1 是经过热轧初始坯锭内外层的 EBSD 晶界图,与图 4-11-2 均匀化后复

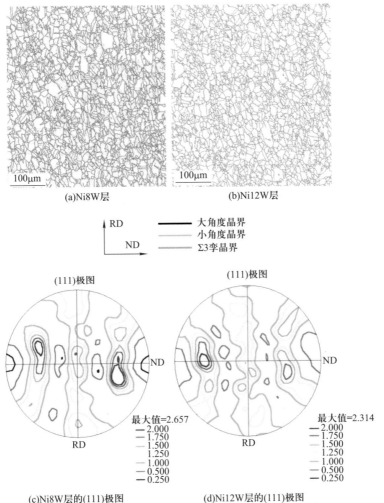

图 5-2-1　热轧后初始 Ni8W/Ni12W/Ni8W 复合坯锭截面外层和芯层的 EBSD 晶界图,
以及相对应的(111)极图[7]

合坯锭内外层的显微组织相比,大量的退火孪晶在热轧后消失,而随之形成的是数量众多的小角度晶界(≤10°),外层中的百分含量59%,较内层54.3%略多。这种晶粒内出现大量小角度晶界的现象一般出现在坯锭的冷轧初期[11],是位错滑移过程中所留下的位错界面。这种现象出现在热轧坯锭中可能是因为复合坯锭尺寸较小,比表面积大,造成了在热轧过程冷却速度较快,回复和再结晶软化过程来不及进行。同时,受到形变速度的影响,坯锭就会随形变程度的增加而产生一定的加工硬化,热轧完成时,复合坯锭再结晶过程不完全,热轧后的坯锭呈现再结晶组织与形变组织共存的组织形态。同时,我们还观察到形变晶粒向 RD 伸长。对晶粒沿 RD 和 ND 的平均晶粒尺寸 $d_{RD}$ 和 $d_{ND}$ 进行统计发现:外层 Ni8W 的 $d_{RD}$ = 18.7 μm, $d_{ND}$ = 11.7 μm, $d_{RD}$ 和 $d_{ND}$ 差距较大晶粒被拉长较明显;而芯层 Ni12W 中 $d_{RD}$ 和 $d_{ND}$ 之间的差距较小, $d_{RD}$ = 17.8 μm, $d_{ND}$ = 13.9 μm。这说明外层材料的应变更严重。分析原因认为,这可能是由于热轧过程中,外层接触轧辊时冷却的速率要大于芯层,而使外层发生软化的程度要小于温度相对较高的芯层。外层中位错小角度晶界较多也同样印证了这点。但不论是外层还是芯层,由于坯锭在热轧中回复和再结晶软化过程的不充分,都造成了一定的加工硬化现象。

对比之前均匀化坯锭中内外层中晶粒取向的分布情况,我们发现原本晶粒取向为随机取向的坯锭中形成了{001}<110>剪切织构,这种热轧织构和锻造后坯锭中形成的<111>∥RD 和<100>∥RD 丝织构有所不同[12],外层中剪切织构的强度要明显强于芯层的织构。Daaland[13] 和 Vatne[14] 等人在对热轧铝合金的研究中发现,{001}<110>剪切织构会从坯锭表面一直延伸至内部距离表面 1/3 处,这些区域是晶粒被拉的区域,有明显的应变存在;而坯锭内部的织构则表现为 FCC 合金典型的轧制织构,其中以 S 型织构为主。而在 Ni8W/Ni12W/Ni8W 复合坯锭中,这种剪切织构会一直贯穿到坯锭的内部,并且随着向芯层的渗透,织构的强度有所减弱,这是加工硬化和应变逐渐减弱的表现。同时,我们利用 XRD 技术在初始坯锭轧面也能检测到微弱的{001}<110>剪切织构,如图 5-2-2 所示,其百分含量为4.3%(≤15°)。热轧坯锭中初始织构对后续轧制织构和再结晶织构所产生的影响还有待于继续研究。

### 5.2.2 热轧 Ni8W/Ni12W/Ni8W 复合坯锭轧制织构的研究

为了方便后续讨论,我们将经过热轧的 Ni8W/Ni12W/Ni8W 复合合金记为 S1,将 5.1.1 小节中相同层间比、相同总形变量的 Ni8W/Ni12W/Ni8W 复合合金记为S2。S1 冷轧带的(111)极图如图 5-2-3 所示。和 S2 冷轧带的极图(图 5-2-2)一样,S1 冷轧带的织构类型也是混合偏 B 型织构。

图 5-2-4 是冷轧过程中 S1 和 S2 主要织构随应变的变化曲线,两者差异最明显

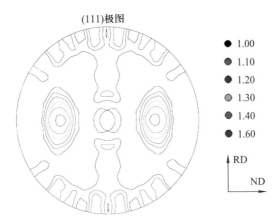

图 5-2-2 热轧 Ni8W/Ni12W/Ni8W 初始坯锭轧面的(111)极图[7]

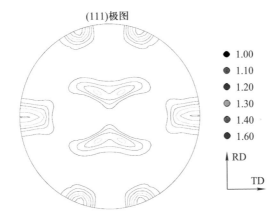

图 5-2-3 80 μm 厚 S1 复合冷轧带轧面的(111)极图[1]

的是 S 型织构的变化曲线。S1 中 S 型织构含量的增加呈抛物线状,中低应变时 S1 中 S 型织构的增速明显快于 S2。到冷轧后期,虽然两者增速都减缓,但 S1 中 S 型织构的百分含量始终保持在 S2 之上。从铝合金热轧[13]过程中内外层织构变化的显微组织和微观织构角度分析,这种 S 型织构的增加可能与热轧坯锭外层中形成的较强剪切织构有关,随着 S 型织构向坯锭内部延伸剪切织构逐渐削弱,热轧坯锭内层形成了以 S 型织构为主,B 型织构较弱的轧制织构。S1 坯锭在冷轧初期,剪切织构的含量会急速下降至和 S2 一样,并在后续冷轧过程中和 S2 一样保持在 1%(≤15°)以下。所以,S1 初始坯锭中的剪切织构可能在冷轧过程中较有利于转变成 S 型织构,而 S 型织构是种较稳定的轧制织构,在冷轧过程中不易转变成其他取向。

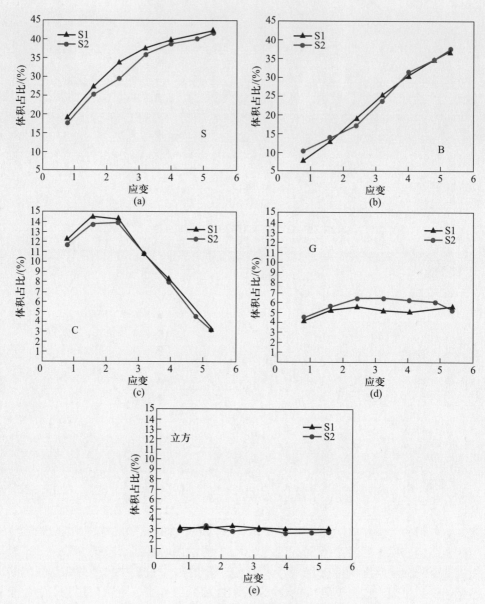

图 5-2-4　S1 和 S2 中主要织构随应变的变化曲线[1]

　　S1 在低应变时的 B 型织构含量较 S2 低,这也可能与冷轧初期剪切织构转变为 S 型织构有关。最终 S1 冷轧带的 B 型织构含量略低于 S2。S1 轧制初期和轧制末期 C 型织构的含量都高于 S2,而 G 型织构含量则在中低应变时低于 S2,在最终冷轧带中含量略高于 S2。立方织构虽然在该合金的冷轧过程中一直是强度最弱的一种织构,但在对立方织构形核起源的研究中发现[13][14],形变组织中的立方取向带对立方的取向形核至关重要。立方取向的晶核会在立方取向形变带中形核,并依靠其与周围轧制组织形成的大角度晶界的快速迁移率迅速长大,标准的立方取向的形变组织在均匀轧制的过程中不易转变成其他取向的形变带[1]。因此,冷轧带中虽然立方织构含量很少,但细微的差异可能对最终基带的立方织构强度会有所影响。S1 中我们看到,其立方织构随应变的增加保持稳定,而 S2 中波动较大,最终冷轧带中 S1 的立方织构百分含量要略高于 S2。

### 5.2.3　再结晶温度对热轧 Ni8W/Ni12W/Ni8W 复合基带的影响

之前我们已经提到,退火温度对复合基带最直接的影响就是导致内外层元素发生互扩散,从而间接影响基带的磁性和再结晶织构。我们设计复合基带的初衷也是希望这种元素的互扩散机制在使基带外层得到强立方织构的情况下,能尽量降低复合基带整体的铁磁性。因此,这里我们将重点研究两步退火过程中高温再结晶温度对热轧 Ni8W/Ni12W/Ni8W 复合基带中元素扩散程度、再结晶织构形成及磁性能的影响。

图 5-2-5 是复合基带表面立方织构百分含量和 W 元素的摩尔百分含量受不同退火工艺影响的变化曲线,其中 W 元素含量的信息采集自 XRF 检测得到的数据,立方织构的百分含量采集自 EBSD 数据,基带的退火工艺我们采用两步退火,横坐标所标为第二步退火工艺。元素扩散的快慢程度与温度、元素浓度梯度有关,冷轧基带表面的 W 含量为 7.95at.%,接近于原本设计的 Ni8W 外层的 W 含量。1200 ℃退火 2 h 后,复合基带内层的 W 元素已有所扩散至基带表面,此时基带表面的立方织构较弱。外层 W 含量的增加势必会导致与芯层 W 含量的差距减小,驱动元素扩散的浓度梯度减小。因此我们将退火温度升高 100 ℃至 1300 ℃时,基带表面的 W 元素含量仅升至 8.57at.%,此时立方织构的含量比 1200 ℃时增长了约 10%（≤10°）。当退火温度从 1300 ℃升至 1400 ℃时,外层含量快速增长至 9.64at.%。这时扩散程度的加剧是因为温度对扩散的驱动力要大于浓度梯度降低带来的负面作用,所以较之前扩散明显。期间,复合基带在 1350 ℃退火 2h 后得到了很强的立方织构,百分含量为 96.5%（≤10°）,此时基带表面 W 含量为 9.12at.%。最后,我们采用 1440 ℃高温退火 3h,外层 W 含量增加至 9.8at.%。此时,浓度梯度的快速减小在很大程度上又限制了元素的扩散,所以即使经过超高温和长时间退火,外层的 W 元素含量增长也较缓慢。按照 1∶2∶1 层间比配比的热轧 Ni8W/Ni12W/Ni8W 复合基带在内外层元素完全扩散的情况下,基带整体的 W 元素含量应达到 10at.%。因此,我们看到最终基带已接近内外层元素完全扩散的状态。此时基带表面的立方织构有所减弱,不足 90%（≤10°）。

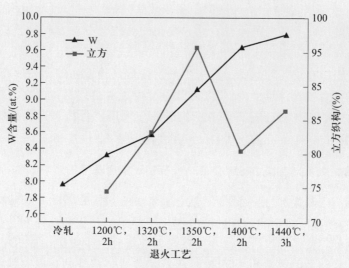

图 5-2-5　退火工艺对复合基带立方织构和表面 W 含量的影响[1]

除了上面所提到的,高温阶段的退火温度对基带表面元素含量的影响,我们还需研究基带截面沿着 ND 元素扩散的情况。如图 5-2-6 所示,BSE 图中我们能清楚看到基带截面上由于元素组分浓度的变化而导致的明暗对比度的变化。图(a)中我们能看到冷轧带 1∶2∶1 的 3 层结构,且此时层间界面清晰可辨。经过 1150 ℃,2 h 退火后(图(b)),层间界面变得模糊,此时,在较大浓度梯度的作用下,层间元素发生明显的扩散。但根据图 5-2-5 可知,此时芯层的元素还未明显扩散至基带表面。当温度升至 1250 ℃时,如图(c)所示,原先 3 层的界面区扩散已十分明显,3 层之间的边界消失,取而代之的是一块浓度渐变区域。1350 ℃退火 2 h 后,由上文可知,此时元素扩散至基带表面的程度加剧,芯层大量的元素扩散至基带表面,从图(d)可以看出,基带截面已无明显的元素组分分布的差异。

我们对图 5-2-6 中基带截面沿着 ND 做 EDX 线扫以分析其元素梯度的变化。从图 5-2-7 可知,复合冷轧带 3 层结构界面处存在一个元素浓度的梯度渐变区,如图(b)所示,这个区域长约 10 μm。无论是在锭/粉/锭型基带还是粉/粉/粉型基带中都存在这样一个较窄的浓度梯度渐变区。这和均匀化后的坯锭中存在的元素扩散区有着必然的联系,冷轧带中的元素浓度渐变区应该是坯锭均匀化时在层间界面处所形成的。正是这个渐变带为基带的层间结构提供了良好的结合力。因此,均匀化工艺对后期轧制的重要性可见一斑。

1150 ℃退火 2 h 后,复合基带层间的元素梯度渐变区扩大,而经过 1250 ℃退火 2 h 后,梯度变化区域延伸至基带芯层中间和基带的次表面区域,如图 5-2-7(a)所示。此时,复合基带从表面到中间,溶质元素的分布应该是呈一个渐变的梯度分布。

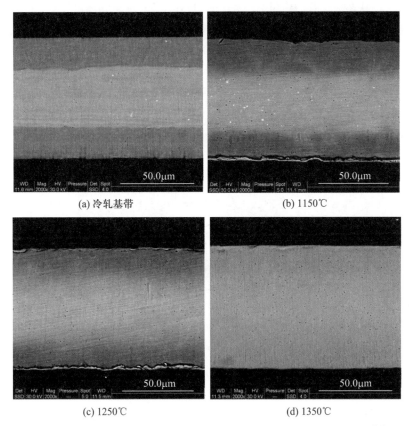

图 5-2-6　利用两步退火法不同温度退火后复合基带截面的 BSE 照片[1]

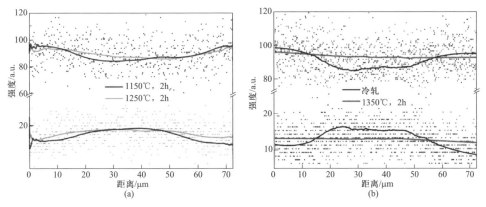

图 5-2-7　冷轧和热处理后基带截面元素分布曲线[1]

　　1350 ℃退火 2 h 后,基带层间元素沿着 ND 已无明显的梯度变化,元素的变化从曲线变为直线,此时基带内外层的浓度梯度已非常小,从图 5-2-6(d)中我们也能直观地感受到这一点的变化。

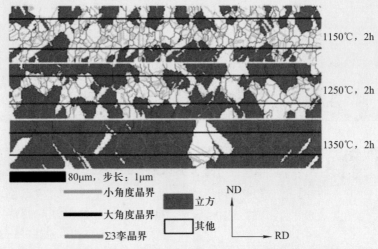

图 5-2-8　利用两步退火法不同温度退火后复合基带截面的 EBSD 照片[1]

　　研究了退火温度对元素扩散的影响,我们再利用 EBSD 观察在以上 3 个退火温度点,基带中立方织构形成的趋势。首先,图 5-2-8 是经过 3 个不同退火温度的复合基带截面的 EBSD 图,图中用红色区域表示立方取向的晶粒,用白色表示其他取向的组织。从图中可知,在 1150 ℃退火 2 h 后,复合基带外层形成了一定数量的立方取向的晶粒,数量并不多,但其尺寸要明显大于与周围内部存在大量 Σ3 孪晶界的随机取向的晶粒,而此时,复合基带的芯层多以随机取向的晶粒为主。退火温度为 1250 ℃时,外层的晶粒明显长大,而芯层依然有较多的随机取向的孪晶。其中一些具有较大尺寸优势的立方取向的晶粒已经开始向芯层生长,并吞并芯层随机取向的晶粒。1350 ℃时,复合基带的外层几乎都是立方取向的晶粒,基带厚度方向横跨 2~3 个晶粒。但同时芯层依然存在尺寸较大的随机取向的晶粒,且存在细长条的立方孪晶取向的孪晶。

　　如图 5-2-9 所示,在 EBSD 图中对复合基带表面进行观察发现了类似的变化规律,但基带表面的立方织构的强度都要明显高于截面处的织构强度。如图 5-2-10 所示,在 1150 ℃时,3 个区域的立方织构百分含量差距最大,随着退火温度的升高,这种差距逐渐减小,基带整体的立方织构含量都明显增加。这是由于随着退火温度升高,晶粒发生了长大,基带表面立方取向的晶粒逐渐向基带内生长。在 1350 ℃退火 2 h 后,复合基带的表面形成了强立方织构,立方织构含量达到了 96.5%

（≤10°），如图 5-2-9(c)所示。其中，小角度晶界含量为 83.2%（≤10°），Σ3 孪晶界含量仅为 4.3%（≤5°）。

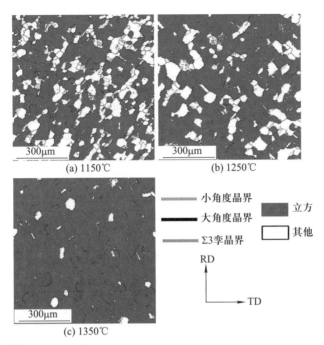

图 5-2-9  利用两步退火法不同温度退火后复合基带表面的 EBSD 照片[1]

同时，我们对这 3 个经过不同温度退火后复合基带的面内和面外织构进行分析，如图 5-2-10 所示，随着温度的升高，立方织构含量增多，摇摆曲线和 $\Phi$ 曲线峰的 FWHM 在逐渐减小（图 5-2-11(a)）。从图 5-2-11(b)可以看到，在低温退火后，沿立方取向旋转 45°存在微弱的面内织构的峰，而在 1350 ℃高温退火后不存在这样的峰。最终复合基带表面的面外织构 FWHM 为 4.9°，面内织构半高宽为 5.2°，该数值优于 Ni7W/Ni12W/Ni7W 复合基带的面内、面外 FWHM[15]。

但为什么低温退火时，同为外层的基带表面和外层整体的立方织构含量差距会如此之大呢？这不得不让我们去思考复合基带中从芯层到外层沿着 ND 方向不同位置对立方织构形成的影响。

首先，从元素扩散对再结晶形核影响的角度考虑，我们知道 W 元素含量的增加会降低材料的层错能，影响形变组织中立方的取向形核[16]。而由第 3 章中我们对 Ni8W 合金的研究发现，随炉升温至 800 ℃时合金已完成再结晶，而此时的温度对于层间界面处的元素扩散而言还无法影响基带外层中的成分。所以，不仅是基带表面的形核，整个外层的形核都不会受元素扩散太大的影响，因为从图 5-2-5 和

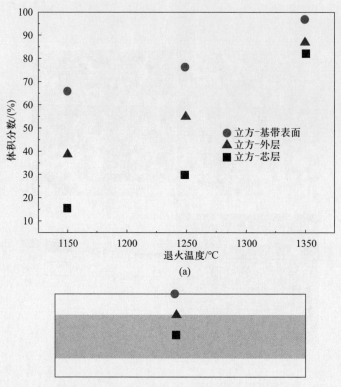

图 5-2-10　不同退火温度复合基带截面中芯层和外层、基带表面的(a)立方
织构百分含量和(b)所测位置[1]

5-2-6 分析可知,此时元素扩散程度还很微弱。

　　其次,我们认为强立方织构的形成是在晶粒长大过程中具有尺寸优势的立方
取向晶粒吞并其他非立方取向的晶粒。而晶界的迁移速率受到的影响因素有很
多:除了晶粒间的取向差和 Zener 钉扎机制[17]以外,在复合基带中我们还需要重点
关注溶质原子和温度对晶界迁移的影响。随着温度升高,迁移率增大,同时若有第
二相粒子,在温度升高到一定高度时会发生溶解,此时粒子对界面的抑制作用消
失,故迁移率增大,晶粒长大速率加剧。而温度升高带来的另一个影响则是芯层溶
质原子向外层的扩散速率也会升高。合金中溶质原子的种类和浓度会使晶界的迁
移率受到不同程度的影响[18]。溶质原子降低迁移率的原因与晶界吸附溶质原子
有关,溶质原子将会被界面迁移所拖拽,而溶质原子的迁移受其在基体中扩散速率
的影响,因而阻碍了晶界的迁移。通过对图 5-2-5 和 5-2-6 的分析可知,在晶粒长
大过程中伴随着大量芯层溶质原子向外层的迁移,沿着 ND 方向呈梯度变化的溶
质浓度势必将影响内外层晶粒的长大速率,即使同在外层的晶粒,也会受溶质梯度

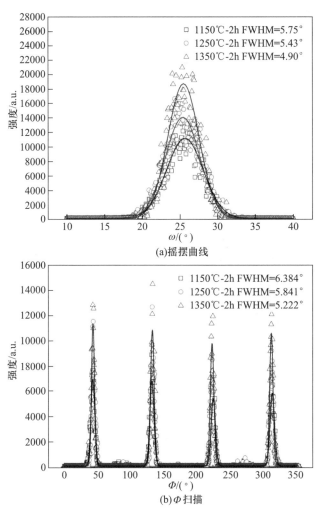

图 5-2-11　不同退火温度 Ni8W/Ni12W/Ni8W 复合基带(a)(002)摇摆曲线和
(b)(111)Φ 扫描[12]

的影响造成长大速率不同。因此,这就解释了图 5-2-10,为何同样的退火温度下表面的立方织构含量要明显高于外层整体的立方织构含量。因为表面的立方取向晶粒长大受元素扩散的影响最小,而随着厚度的深入,这种影响会逐渐增大。

经过 1350℃ 最佳的退火工艺之后,Ni8W/Ni12W/Ni8W 复合基带的表面形成了强烈立方织构,如图 5-2-12 所示。由图(b)可知,与标准立方取向偏离 15°以内的织构含量达到了 98.0%,其中绝大部分晶粒的取向与标准立方偏差在 5°以内,含量占到了 69%,如图(a)红色区域和图(b)红色曲线所示。偏离在 5°~10°的织构含量为 27.5%，如图（a）橙色区域和图（b）橙色曲线所示。只有极少一部分晶粒取向偏差在 10°～15°，含量仅为 1.5%，如图（a）蓝色区域和图（b）蓝色曲线所示。该复合基带表面的大角度晶界含量为 16.8%，其中 Σ3 孪晶界的含量仅为 4.3%。由此可见，该复合基带具有优异的织构特性。而相同应变量下，经过热轧的坯锭与直接冷轧的坯锭相比，其基带中的立方织构强度要高得多。在国内外的一些研究中对此也作了相关的研究报道，认为在热轧过程中立方取向的晶粒具有很好的取向稳定性，从而能保留在初始坯锭中，使最终基带中形成较多的立方取向带。同时，还能提升对立方取向的晶粒形核和长大非常有利的 S 型织构的含量。

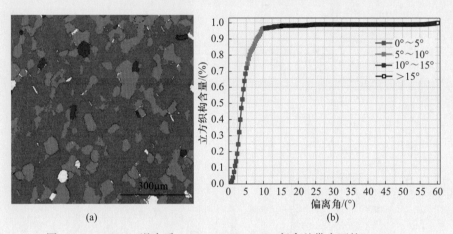

图 5-2-12　1350 ℃退火后 Ni8W/Ni12W/Ni8W 复合基带表面的（a）EBSD
图和（b）立方织构分布曲线

　　我们发现经过热轧的 Ni8W/Ni12W/Ni8W 复合基带比没有经过热轧的复合基带更容易形成强立方织构。这可能是由于热轧改善了初始坯锭的显微组织，同时在复合冷轧带表面形成了较高的 S 型、C 型和立方织构造成的。

　　再结晶热处理过程中随着芯层溶质元素向外层的扩散，外层 W 含量的升高会降低复合基带整体的铁磁性。图 5-2-13（a）和（b）分别是利用两步退火工艺在 1150 ℃、1250 ℃和 1350 ℃热处理 2h 后 Ni8W/Ni12W/Ni8W 复合基带和冷轧单层 Ni8W 合金基带的 $M^3$-$T$ 和 $M$-$H$ 曲线，其中材料的居里温度我们用 $M^3$-$T$ 曲线的低温线性部分与温度轴的交点确定[27]。由图可知，相对于单层 Ni8W 合金基带而言，虽然从图 5-2-5 复合基带表面 W 含量的变化趋势上看，经过 1150 ℃热处理的复合基带表面 W 含量没有升高太多，但其磁性能却有很大程度的减弱，其居里温度比单层的 Ni8W 合金基带降低了 58%，饱和磁化强度降低了 76%，这是复合基带外层 W 元素呈梯度分布造成的。从图 5-2-7（a）的元素梯度分布曲线中我们能直观地看到，层间比为 1∶1.5∶1 的 Ni5W/Ni12W/Ni5W 复合基带[13]，在相同温度退火 1 h

后,磁性能与 Ni5W 相当,这是因为其芯层占比较小,退火时间较短造成芯层溶质元素没能有效扩散至基带表面。随着退火温度的升高,复合基带的磁性能在逐渐下降,在 1350 ℃下高温热处理后复合基带的居里温度下降至 16 K,饱和磁化强度为 0.39emu/g(77 K)。虽然 77 K 时还未能实现完全无铁磁性,但 Ni8W/Ni12W/Ni8W 复合基带的磁性能已优于 Ni9W 基带的磁性能。由图 5-2-9 可知,此时复合基带的立方织构的含量也是最高的,可与国际上其他高 W 含量的单层 Ni-W 合金基带相媲美。

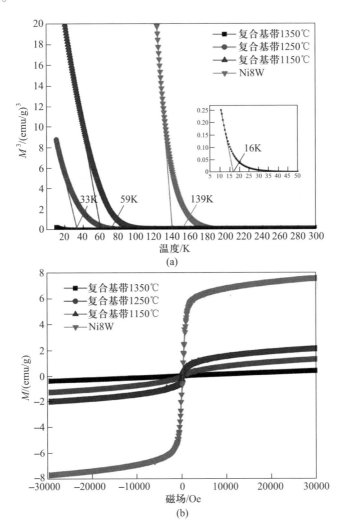

图 5-2-13　单层 Ni8W 基带和不同温度退火的 Ni8W/Ni12W/Ni8W 复合基带的(a) $M^3$-$T$ 曲线和(b) $M$-$H$ 曲线[1]

### 5.2.4 热轧 Ni8W/Ni12W/Ni8W 复合基带的力学性能和表面质量

图 5-2-14 为热轧 Ni8W/Ni12W/Ni8W 复合基带与单层的 Ni8W 合金基带的应力–应变曲线。从图中对比可知,单层 Ni8W 合金室温下的屈服强度($\sigma_{0.2}$)仅为 200 MPa,而复合基带的屈服强度达到了 339 MPa,这已能满足超导电力设备对高温超导复合导线力学性能的要求。由于使用 Ni12W 合金作为芯层材料,复合基带力学性能较 Ni8W 有了较大幅度的提高。

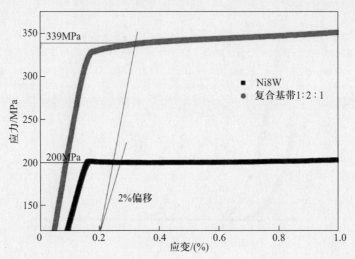

图 5-2-14 Ni8W/Ni12W/Ni8W 复合基带与单层 Ni8W 合金基带的应力–应变曲线[1]

随着 W 含量的增加,合金固溶强化效果显著增强。同时,由于复合基带芯层占比的增加,Ni-W 合金基带的屈服强度和饱和磁化强度得到了较大幅度的改进。在优化的热处理工艺下,各 Ni-W 合金基带也获得了较理想立方织构含量。对比其他复合基带可知,本章中制备得到的 Ni8W/Ni12W/Ni8W 复合基带的综合性能较为优越。

除了立方织构强度,织构金属基带的表面质量也是影响后续沉积薄膜的重要因素之一。基带表面的缺陷会对后续过渡层的形核和长大有非常严重的影响,严重的缺陷将降低超导薄膜超导电性。众多缺陷中,Ni-W 合金基带表面最容易形成的缺陷有两个:晶界和氧化物。晶界是结构相同而取向不同晶粒之间的界面。在晶界面上,原子排列从一个取向过渡到另一个取向,故晶界处原子排列处于过渡状态。晶界是再结晶晶粒长大过程不可避免的形貌特征。晶界处原子发生错排,晶格处于畸变状态,所以晶界处往往能量较高,在热处理过程中易形成晶间热蚀沟,温度越高热蚀沟越深。过渡层的晶粒在晶界处的排列会杂乱无章,从而影响超导层的涂覆。晶界越浅、晶界的斜度越小,晶界质量就越高,越有利于后续外延薄膜的取向生长。基带表面凸起则是由于合金基带容易与退火气氛或保存环境中的活性气氛(如氧气、水等)发生反应,形成分散于基带表面的第二相颗粒。

我们利用 AFM 对复合基带表面包含几个晶粒的区域($60~\mu m \times 60~\mu m$)进行表面粗糙度的分析。如图 5-2-15(a)所示,经过 1250 ℃退火 2 h 复合基带的算术平均粗糙度($R_a$)为 26 nm,均方根粗糙度($R_q$)为 32.9 nm。我们可以看到基带表面有微弱的凸起颗粒物,但并不严重。由于这些凸起高于基带平面,所以衬度最亮。当温度升至 1350 ℃时,如图 5-2-15(b)所示,伴随着晶粒的长大,这种凸起明显增多,晶界和晶粒内部都有广泛的分布。从右侧 3D 图中我们能更直观地看到这种凸起的增多。这可能是因为随着温度的升高,热处理环境中的活性物质能易于基带表面发生反应而生成第二相颗粒物。此时,复合基带表面算术平均粗糙度($R_a$)为 33.9 nm,均方根粗糙度($R_q$)为 45.3 nm。

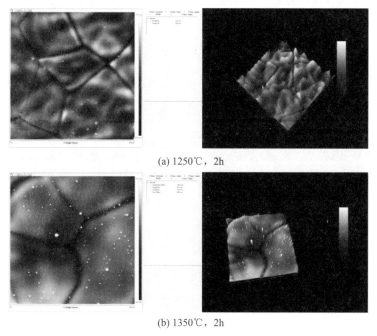

(a) 1250℃,2h

(b) 1350℃,2h

图 5-2-15　不同退火温度 Ni8W/Ni12W/Ni8W 复合基带的 AFM 照片[1]

对图 5-2-15 所示 AFM 照片中复合基带晶界进行分析,由图 5-2-16 可知,多个晶粒间的节点处衬度最暗,说明该处的晶界深度最深。这是因为晶界节点处的原子错排比两个晶粒间晶界的原子错排更严重,所以热侵蚀效应更明显。如图 5-2-16(a)所示,在 1250 ℃退火后,晶界最深处的深度约为 −150 nm,其宽度为

5 μm;而升温至 1350 ℃ 时,如图 5-2-16(b)所示,晶界最深处的深度增加至 −225 nm,宽度也明显增加。所以,从基带被氧化的程度和晶界热蚀沟的深度来看, 退火温度对两者的影响都非常显著。该基带的表面质量不利于后期镀膜,所以基 带的抛光和热处理工艺还有待进一步改进。

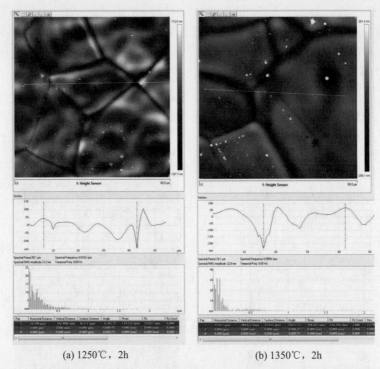

(a) 1250℃,2h　　　　　　　　　　(b) 1350℃,2h

图 5-2-16　不同退火温度 Ni8W/Ni12W/Ni8W 复合基带的 AFM 照片中晶界分析[1]

## 5.3　轧制间回复热处理对 Ni8W/Ni12W/Ni8W 复合基带形变织构的影响研究

Ni8W/Ni12W/Ni8W 复合合金基带中的外层 Ni8W 合金作为中低层错能合金, 其在冷轧过程中会逐渐形成偏向于 B 型织构的过渡型织构,这种类型的织构并不 利于最终再结晶立方织构的形成。因此,在 Ni8W/Ni12W/Ni8W 复合合金基带制 备的过程中,我们通过在轧制中间引入回复热处理的方法优化轧制工艺,进而影响 复合合金的形变织构的演变,使得最终的冷轧带材形成有利于再结晶立方织构形 成的形变织构。本节选择层间比为 1:2:1 的 Ni8W/Ni12W/Ni8W 复合合金基带作为研究对象,主要针对轧制间回复热处理对合金基带形变织构及微观组织结构的影响进行研究分析。

### 5.3.1　轧制间回复热处理技术制备织构基带的研究

前面已经提到,在 Ni-W 合金中,随着 W 原子含量的增加,Ni-W 合金的机械强度会逐渐提升,并且在 77 K 温度下的铁磁性也进一步下降。但是由于 W 原子的加入,Ni-W 合金的层错能也逐渐降低,使其在形变过程中难以形成 C 型织构,进而影响退火再结晶立方织构的形成。J. Eickemeyer 等人[19,20]通过在 Ni7W 和 Ni9W 合金轧制过程中引入回复热处理的方法,成功地制备了再结晶立方织构含量超过 96% (<10°) 的高 W 含量合金基带。因此,本小节通过对层间比为 1：2：1 的 Ni8W/Ni12W/Ni8W 复合合金基带在不同形变量下加入回复热处理的方法,研究了轧制间回复热处理对形变织构及再结晶立方织构的影响。

#### 5.3.1.1　纯冷轧 Ni8W/Ni12W/Ni8W 复合合金基带

为了解轧制间回复热处理对 Ni8W/Ni12W/Ni8W 复合合金基带形变织构及再结晶立方织构的影响,针对纯冷轧 Ni8W/Ni12W/Ni8W 复合合金基带的形变织构及再结晶立方织构的研究必不可少。本部分研究了 Ni8W/Ni12W/Ni8W 复合合金基带的纯冷轧过程中形变织构的演变,分析了其最终形变织构的形成,以及形变织构与退火再结晶立方织构的关系,为研究轧制间回复热处理对复合合金基带形变织构和再结晶立方织构的影响提供对照实验。

图 5-3-1 是利用 X 射线四环衍射技术测得的 Ni8W/Ni12W/Ni8W 复合合金带材,在轧制过程中不同应变量下 RD-TD 表面的(111)极图。通过极图可以清晰地看到随着轧制量的增加合金表面形变织构的变化。初始样品为采用上述复合合金坯锭制备工艺获得的合金坯锭。通过极图可以看到初始合金坯锭表面无织构,当 $\varepsilon_{VM}$ 达到 0.3 时,合金表面开始出现以 G{110}<001>、B{110}<112>、S{123}<634> 和 C{112}<111>为主的形变织构,然后随着 $\varepsilon_{VM}$ 增加到 2.4,4 种织构取向位置的取向分布密度曲线逐渐增强,合金表面形成了以 S 和 B 型织构为主的过渡型轧制织构,但当形变量继续增加时,合金表面的过渡 C 型织构逐渐向 B 型织构转变,最终在 $\varepsilon_{VM}$ 量达到 4.8 时,形成了 B 型轧制织构。

图 5-3-2 展示了 Ni8W/Ni12W/Ni8W 复合合金带材表面晶粒取向在不同应变量下汇集的目标取向线,即 $\alpha$ 和 $\beta$ 取向线。面心立方金属的 $\alpha$ 取向线表示 $\varphi_2 = 0°$,$\Phi = 45°$时沿 $\varphi_1 = 0 \sim 90°$的取向范围。观察 $\alpha$ 取向线上的取向密度的变化可以发现,在轧制应变量 0.3 ~ 1.6 范围内取向密度会沿 $\alpha$ 线在取向{110}<001>附近聚集;然后随着应变量的增加又开始向取向{110}<112>附近 $\varphi_2 = 35°$位置聚集,同时 {110}<112>附近的取向线密度开始下降。同样,在 $\beta$ 取向线可以看出,随着应变

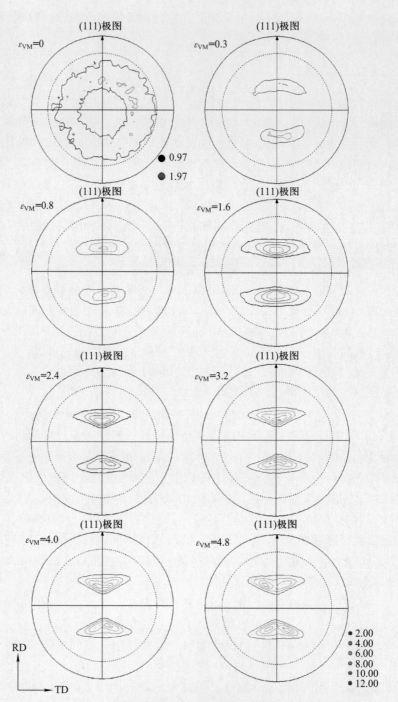

图 5-3-1　轧制过程中 Ni8W/Ni12W/Ni8W 复合合金带材表面在不同应变量下的 (111) 极图[21]

量的增加,在 0.3~1.6 应变量范围内,$\beta$ 取向线上的取向密度不断增强;但当应变量超过 1.6 时,$\beta$ 取向线左侧 {112} <111>附近取向密度开始下降,而 {123} <634>和 {110} <112>附近的取向密度仍然继续增加。通过不同应变量下的 $\alpha$ 和 $\beta$ 取向线上取向密度的变化,可以发现应变量 1.6 是合金形变过程中织构演变的重要节点,从此处位置开始,合金形变织构逐渐开始形成以 S 和 B 型织构为主的形变织构类型,这为研究合金的塑性微观机制和进行相关的基础理论研究提供了重要的线索和实验依据。

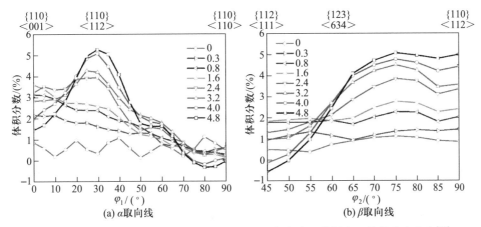

图 5-3-2　不同应变量下的 Ni8W/Ni12W/Ni8W 复合合金带材表面晶粒取向分布[21]

对各应变量下的 Ni8W/Ni12W/Ni8W 复合合金带材表面各织构含量进行定量分析,如图 5-3-3 所示。从图中可以观察到,合金形变过程主要分为三个阶段。第

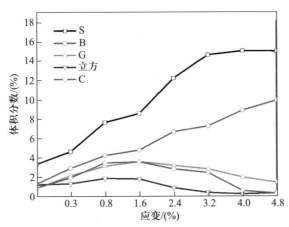

图 5-3-3　Ni8W/Ni12W/Ni8W 复合合金带材表面各织构含量随应变量增加的变化曲线[21]

一个阶段为应变量 0~1.6 范围内,S、B、G、立方和 C 各织构均处于增强阶段;第二阶段为应变量 1.6~3.2 范围内,S 和 B 取向织构含量随着应变量继续增加,而其余织构逐渐下降;第三阶段为应变量 3.2~4.8,S 取向织构含量随着应变量增加基本处于停滞状态,B 取向织构继续增长,其余织构继续下降,其中 C 取向织构含量下降尤为明显。由 $\alpha$ 和 $\beta$ 取向线(图 5-3-2)可以知道,B 取向与 S、G 取向相邻,S 取向位于 C 和 B 取向中间。在第三阶段,B 取向织构含量的增加来自于 G 和 S 取向的转变,而 S 取向织构含量基本不变,这说明在此阶段 C 取向织构随着应变量的增加转变为 S 取向,然后 S 取向逐渐转变为 B 取向织构。

对纯冷轧 Ni8W/Ni12W/Ni8W 复合合金带材进行两步再结晶退火(700℃,60 min+1350℃,120 min)热处理,并通过 EBSD 分析获得了其表面晶粒取向分布图,如图 5-3-4 所示。据此可知,纯冷轧带材经过再结晶退火后形成了强立方织构,立方织构(<10°)含量为 84.9%,但是其表面也形成了大量的退火孪晶。另外,样品表面的小角度晶界(2°~10°)含量为 56.0%,大角度晶界(10°~65°)含量为 44.0%,Σ3 孪晶界的含量占比为 24.6%。虽然纯冷轧的 Ni8W/Ni12W/Ni8W 复合合金基带经过再结晶退火后形成了强立方织构,但与商业 Ni5W 合金基带立方织构含量(10°以内达到 98%)仍然存在较大差距,造成其立方织构含量较低的原因主要在于其形变织构形成了 B 型的冷轧织构。以往的研究结果表明 C 和 S 取向织构更利于再结晶立方织构的形成,而 G 取向织构不利于立方织构的形成。因此,为

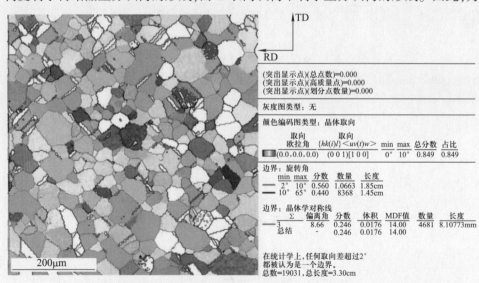

图 5-3-4　两步退火后(700℃,60 min+1350℃,120 min)的 Ni8W/Ni12W/Ni8W
复合合金基带表面晶粒取向分布图[21]

了提高 Ni8W/Ni12W/Ni8W 复合合金基带的再结晶立方织构的含量,通过在轧制过程中引入回复热处理的方式改形变变织构的演变进程,使其最终形变织构有利于再结晶立方织构的形成。

### 5.3.1.2　轧制间回复热处理工艺对 Ni8W/Ni12W/Ni8W 复合合金基带再结晶立方织构的影响

在过往的研究中[22]已经表明在轧制过程中加入回复热处理可以有效地提高合金基带最终再结晶立方织构,同时研究发现在高应变量下加入回复热处理才能起到有效作用。在上文 Ni8W/Ni12W/Ni8W 复合合金带材冷轧形变的研究中,发现应变量 1.6 是复合合金带材表面形变织构转变的关键节点,所以这里的样品制备过程选择应变量为 1.6 位置开始加入回复热处理,然后每隔 0.8 应变量作为加入回复热处理的一处节点。回复热处理工艺参考以往的研究[22]选择在 550℃ 下保温 2 h,热处理过程中采用 Ar-4% $H_2$ 混合气体作为保护气氛防止合金样品表面氧化。复合合金坯锭的制备和轧制均采用上一章实验制备工艺,表 5-3-1 为本实验制备的五种样品,其中"–"代表此应变量下没有加入回复热处理,"√"代表加入了热处理,#1 为纯冷轧样品,其余样品分别为加入不同次数回复热处理的样品。

**表 5-3-1　在不同应变量下加入回复热处理的#1–5 Ni8W/Ni12W/Ni8W 复合合金基带**

| $\varepsilon_{VM}$ | #1 | #2 | #3 | #4 | #5 |
|---|---|---|---|---|---|
| 1.6 | — | √ | — | — | — |
| 2.4 | — | √ | √ | — | — |
| 3.2 | — | √ | √ | √ | — |
| 4.0 | — | √ | √ | √ | √ |

图 5-3-5 是#1-5 号样品经过两步再结晶退火后的表面晶粒取向分布图。图中不同的颜色代表偏离(001)[100]取向的程度,当偏离角度超过 10° 时表示为非立方取向,并使用白色标示。从图 5-3-5 中可以看到,#1 号样品作为纯冷轧样品,其取向分布图中白色晶粒最多,说明立方取向晶粒含量最低。#2 号样品经过 4 次轧制间回复热处理,白色晶粒最少,代表其立方取向晶粒含量最高。为了进一步分析取向图中的晶粒取向分布信息,对 5 个样品的表面立方织构、小角度晶界及孪晶含量进行了统计分析,如图 5-3-6 所示。

图 5-3-6(a)为#1-5 样品表面立方织构含量分布曲线。#1 纯冷轧样品表面立方织构(<10°)的含量为 85.5%,经过 4 次轧制间回复热处理的#2 号样品,表面立方织构含量为 96.9%。其余的#3、#4 和#5 样品分别经历了 3、2 和 1 次轧制间回复

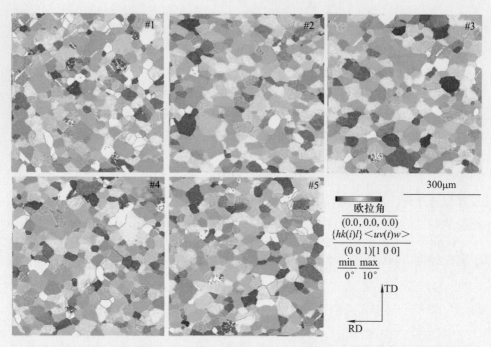

图 5-3-5　两步退火后（700℃,60 min+1350℃,120 min）的#1-5 Ni8W/Ni12W/Ni8W 复合
合金基带样品表面晶粒取向分布图[21]

热处理,其表面立方织构含量分别为 95.1%、93.1% 和 93%。由此可以发现,随着
轧制间回复热处理加入次数的增加,表面立方织构的含量逐渐增加。值得注意的
是,在应变量 4.0 处加入 1 次回复热处理后的#5 样品,其表面再结晶退火立方织构
含量相较于#4 样品并无明显差别。这说明在合金坯锭的轧制过程中,在形变量越
大的位置处加入回复热处理,提高再结晶立方织构含量的效果越为明显。

在小角度晶界统计方面,采用取向错配角描述晶界。取向错配角是使两个晶
格重合所需的最小旋转角(在所有对称等效可能性中基于方向的轴/角度描述),它
是由 OIM 软件计算得出的。小角度晶界和大角度晶界分别定义为取向错配角为
2°~10° 和大于 10° 的晶界。作为沉积过渡层和超导层薄膜的合金基带,其晶界显
著影响超导层 REBCO 的临界电流密度,超导层临界电流值随着晶界的取向错配角
(15°~20°)的增加而迅速降低。因此,合金基带中小角度晶界的含量越高,超导薄
膜的性能越好。从图 5-3-6(b)中可以看出,小角度晶界的含量与样品#1-5 中立方
织构的含量呈现出相同的趋势。具有最高立方织构含量的样品#2,同时具有最高
的小角度晶界含量。

孪晶生长是冷轧带材再结晶生长的重要组成部分。研究表明,冷轧带材在再

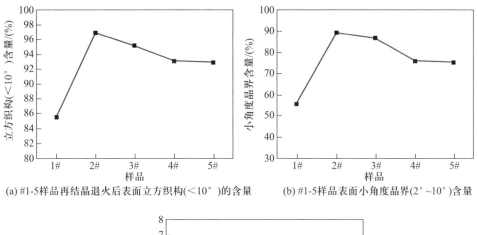

(a) #1-5样品再结晶退火后表面立方织构(<10°)的含量　　　(b) #1-5样品表面小角度晶界(2°~10°)含量

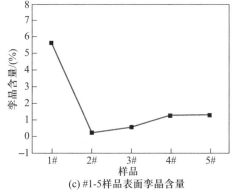

(c) #1-5样品表面孪晶含量

图 5-3-6　EBSD 数据[21]

结晶过程中,当驱动能不足时,容易发生孪晶生长。换句话说,当常规晶粒生长受到阻碍时,很容易产生孪晶从而完成长大。图 5-3-6(c) 为#1-5 样品的孪晶含量曲线分布图。孪晶含量的计算是基于面积占比,首先是通过 OIM 软件分别导出孪晶分布图,然后用 Photoshop 软件计算孪晶的像素比。样品#1-5 中孪晶含量与立方织构和小角度晶界含量相比呈现出相反的趋势,这表明孪晶的生长与立方织构的形成密切相关。当样品的冷轧结构不利于正常晶粒生长时,再结晶会通过孪晶完成生长。综上所述,在冷轧过程中加入轧制间回复热处理可以有效地增加立方织构和小角度晶界的含量,从而抑制两步退火过程中孪晶的形成。此外,轧制间回复热处理的加入位置和次数,也会影响样品最终再结晶退火立方织构的含量。综上所述,#2 样品分别在 1.6、2.4、3.2 和 4.0 应变量下加入了 4 次轧制间回复热处理,并且经过两步再结晶退火后,样品表面最终获得了最强的立方织构。

### 5.3.1.3 轧制间回复热处理对最终冷轧 Ni8W/Ni12W/Ni8W 复合合金带材形变织构的影响

由上文可知,Ni8W/Ni12W/Ni8W 复合合金带材轧制过程中加入不同次数的回复热处理会影响最终再结晶立方织构的形成,而再结晶立方织构的形成又与冷轧织构存在密切的关系。在面心立方金属中,具有不同层错能的面心立方金属在大形变量轧制后会形成 C 型(高层错能)、过渡型(中等层错能)和 B 型(低层错能)织构。C 型织构主要由 C、S 和 B 取向织构三者等量组成;B 型织构主要由 B 和 S 取向织构组成;过渡类型织构主要由 B、S、C 和 G 取向织构组成。其中,C 型织构有利于轧制形变样品退火过程中再结晶立方织构的形成,而 B 型织构不利于再结晶立方织构的形成。因此,这里针对#1-5 样品再结晶退火热处理前的形变织构进行了分析。

图 5-3-7 显示了冷轧后#1-5 样品表面的取向分布函数截面图(ODF,$\varphi_2 = 0°$、45°和65°)。从图中可以发现 5 个样品表面均形成了过渡型轧制织构,含有 S、B、G 和 C 取向织构。#2 样品经历了 4 次轧制间回复热处理,在两步退火后具有最强的立方织构,其冷轧织构在 5 个样品中也是最特殊的。与#1 样品相比,#2 样品具有更强的 S 和 C 取向织构,并且其 G 和 B 取向织构含量更低,如图中黑色箭头标识。这表明 Ni8W/Ni12W/Ni8W 复合合金带材加入 4 次轧制间回复热处理可以有效地削弱 G 取向织构,并加强 S 和 C 取向织构来影响样品的最终形变织构。将其他样

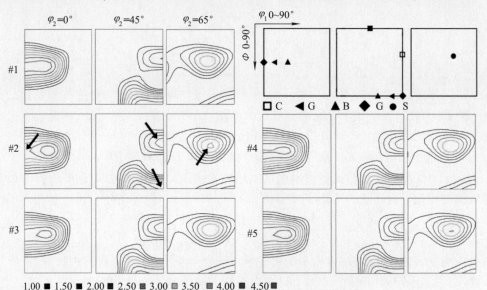

图 5-3-7　#1-5 冷轧样品后表面取向分布函数(ODF)[21]

品与#1 和#2 样品进行对比分析,可以看到#3、#4、和#5 相较于#1 样品,G 取向位置强度出现了下降,但是高于#2 样品;而 C 取向位置的强度相较于#2 样品基本相同,但高于#1 样品;#3 和#4 的 S 取向位置的强度与#1 基本相同并弱于#2 样品,#5 的 S取向位置的强度高于#1、#3 和#4,但仍弱于#2;在 B 取向位置,5 种样品均具有非常强的密度分布曲线,因此需要进一步计算其含量并进行分析。

　　为了更好地了解#1-5 样品表面形变织构在取向空间的分布情况,采用取向分布曲线进一步分析其形变织构的取向空间分布。图 5-3-8 是#1-5 样品表面晶粒取向在 $\alpha$ 和 $\beta$ 取向线上的密度分布曲线。在 $\alpha$ 取向线上可以清晰地看到#2 样品与#1 样品以 $\varphi_1 = 30°$ 为分界线,并且 $\varphi_1 = 30°$ 为 B 取向位置,在 B 取向位置左侧,#2 样品的取向密度高于#1 样品,而在 B 取向位置右侧,#1 样品高于#2 样品。其他样品的 $\alpha$ 取向线则处于#1 和#2 样品之间,并且#1-5 样品的 $\alpha$ 取向线基本相交于 B 取向位置。在 $\beta$ 取向线上,#1-5 样品都呈现出左低右高分布的状态,值得注意的是,#2 样品取向密度整体高于#1 样品,#3、#4 和#5 样品则表现出,在右侧($\varphi_2$:75°~90°区间)取向密度更接近于#1 样品,在左侧($\varphi_2$:45°~65°区间)取向密度更接近于#2样品。从#1 纯冷轧样品的 $\alpha$ 取向线上可以知道,当应变量超过 1.6 后,随着形变的增加样品表面的 G 取向织构含量开始呈现出下降趋势,而轧制间回复热处理的加入使得其含量进一步下降。考虑到 G 取向在取向空间中毗邻 B 取向,G 取向的降低,说明其在逐渐向 B 取向位置偏移,使得 B 取向位置的取向密度线增强。在 $\beta$ 取向线上,纯冷轧#1 样品随着形变量的增加呈现出左侧下降,右侧上升的趋势,而轧制间回复热处理的加入可以增强样品晶粒取向进一步向 $\beta$ 取向线上集中,同时降低了左侧下降的趋势,进而提高了 C 和 S 取向位置处的密度强度。

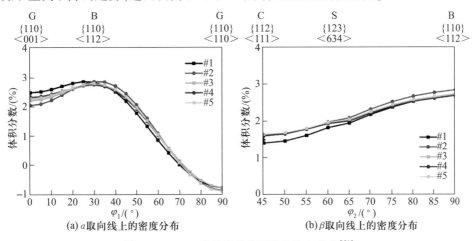

图 5-3-8　#1-5 冷轧样品表面晶粒取向分布[21]

图 5-3-9 为通过 TexEval 软件以 10°作为取向偏差角,分别计算了 S、B、G 和 C 取向织构的含量。#1-5 冷轧样品表面,S 取向织构含量分别为 7.91%、8.43%、8.25%、8.19% 和 8.33%;B 取向织构含量分别为 5.45%、5.70%、5.43%、5.40% 和 5.49%;G 取向织构含量分别为 2.49%、2.05%、2.23%、2.34% 和 2.29%;C 取向织构含量分别为 2.82%、3.19%、3.27%、3.26% 和 3.29%。因此可知,轧制过程中加入回复热处理的#2-5 样品相较于纯冷轧#1 样品在 S、B 和 C 取向织构出现了含量升高,在 G 取向织构含量出现下降的现象。这说明轧制间回复热处理的加入有效地抑制了 G 取向织构,并且促进了 S、B 和 C 取向织构的生成。在过往的研究中已经表明 G 取向织构并不利于再结晶立方织构的形成,C 取向织构则利于立方织构的形成。因此轧制间回复热处理可以有效地提高 Ni8W/Ni12W/Ni8W 复合合金基带再结晶立方织构的含量。

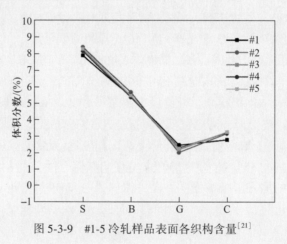

图 5-3-9　#1-5 冷轧样品表面各织构含量[21]

#2 冷轧样品经过再结晶退火后形成了最强的立方织构,因此针对#2 冷轧样品的 RD-ND 横截面的微观组织结构进行分析,如图 5-3-10 所示。在 EBSD 测试之前,冷轧样品的测试截面经过离子抛光消除了机械抛光过程中造成的应力层。图(a)显示了#2 样品中 RD-ND 横截面的晶粒取向分布图,其中外层 Ni8W 合金位于黑色虚线的右侧,左侧为内层的 Ni12W 合金。复合合金基带表面再结晶立方织构的形成与外层存在密切的关系,因此在研究轧制间回复热处理对形变织构影响上主要针对 Ni8W 合金外层。EBSD 取向图中不同的颜色代表不同的取向,包括立方、B、S、C 和 G。白色区域是偏离 5 个标准取向超过 15°的其他方向。黑点表示在 EBSD 测试过程中无法标定的坏点。可以观察到,#2 冷轧样的 RD-ND 截面形成了以 B、S、C 和 G 取向织构为主的形变织构,并且在 15°最大偏差角范围内,各织构含量分别为 35.3%、30.5%、4.2%,和 5.4%。图(b)为外层 Ni8W 合金 RD-ND 截面的

TEM 图,通过图像可知 Ni8W 合金在冷轧大形变后形成了板条状晶粒,并且沿 ND 方向的晶界间距约为 60 nm。图(c)和(d)分别显示了从图(a)计算的(111)和(002)极图,它们表明样品形成了过渡型织构,这与冷轧#2 样品表面的 XRD 结果所一致,如图 5-3-7 所示。

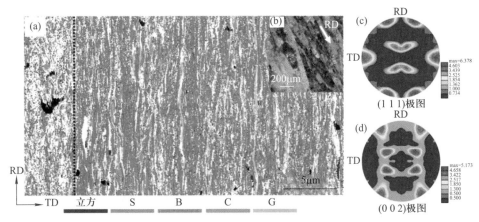

图 5-3-10　#2 冷轧样品的 RD-ND 截面显微组织:(a) 晶粒取向图;(b) TEM 图;
(c)(111)极图;(d)(002) 极图[21]

从本研究中可以发现,因为轧制间回复热处理加入位置的不同,造成了单次和多次加入回复热处理的#2-5 冷轧样品的各织构含量并没有出现规律分布,但是其表面再结晶立方织构的含量,随着轧制间回复热处理的加入次数的增加呈现出上升的趋势,这说明单纯地从冷轧形变样品的形变织构含量角度分析并不能很好地解释上述现象。但不可否认的是,轧制间回复热处理的加入在整体趋势上影响了形变织构的转变,进而影响了最终再结晶立方织构的形成。因为#2 样品形成了最强的立方织构,并且其形变织构相较于纯冷轧#1 样品的变化更为明显。因此,在下面的工作中我们主要针对#2 样品,在不同应变量下加入轧制间回复热处理前后形变织构和微观组织的变化进行了分析。同时,为了更直接地研究轧制间回复热处理对样品形变织构的影响机制,下面引入 EBSD 针对复合合金基带的微观组织结构进行分析。

### 5.3.2　不同应变量下的轧制间回复热处理对 Ni8W/Ni12W/Ni8W 复合合金带材形变织构及微观组织的影响

从 5.3.1 可以知道#2 样品在轧制过程中,加入 4 次轧制间回复热处理可以达到优化带材最终形变织构的目的,然后经过再结晶退火后带材表面会形成最强的立方织构,因此这里选择#2 样品作为研究对象,采用准原位的方法,利用 XRD 和 EBSD 表征研究在不同形变量下加入回复热处理前后样品表面织构的转变,并分析回复热处理对 Ni8W/Ni12W/Ni8W 复合合金带材表面形变织构的影响机制。

### 5.3.2.1　不同应变量下轧制间回复热处理对 Ni8W/Ni12W/Ni8W 复合合金带材表面硬度的影响

　　在金属塑性形变过程中,随着形变量的增加,金属的力学行为会发生明显的变化,即金属的强度、硬度增加,而塑性、韧性下降,这一现象即为加工硬化。而金属的力学性能与晶粒的大小、形态、取向存在着密切的关系,因此通过金属样品的力学性能变化可以从宏观角度推测其微观结构的变化。

　　图 5-3-11 为 Ni8W/Ni12W/Ni8W 复合合金带材样品在不同应变量下加入回复热处理前后的 RD-TD 表面硬度值。从图中可以看到,随着应变量的增加,回复热处理前的合金表面硬度逐渐升高,特别是当应变量从 3.2 增加到 4.0 时,合金表面硬度出现了显著的上升,这表明其内部微观结构也在发生显著的变化。而在不同的应变量下,经过轧制间回复热处理,合金表面的硬度均出现了下降的现象,说明回复热处理的加入改变了合金内部微观结构。值得注意的是,从应变量 3.2 到4.0,合金的显微硬度显著上升。但在 4.0 应变量位置加入回复热处理,又使得样品显微硬度出现了大幅度的降低,这说明 4.0 应变量下的回复热处理对最终的形变微观结构产生了巨大的影响,进而影响了退火再结晶立方织构的形成。

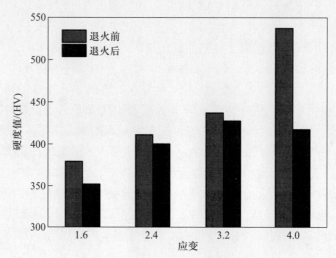

图 5-3-11　Ni8W/Ni12W/Ni8W 复合合金带材样品的在不同应变量下加入
回复热处理前后的 RD-TD 表面硬度[21]

### 5.3.2.2　不同应变量下轧制间回复热处理对 Ni8W/Ni12W/Ni8W 复合合金带材表面宏观织构演变的影响

　　图 5-3-12(a)是 Ni8W/Ni12W/Ni8W 复合合金带材样品分别在应变量为 1.6、

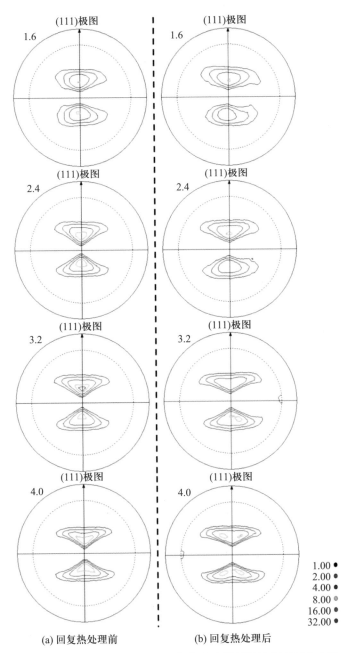

(a) 回复热处理前　　　　　　(b) 回复热处理后

图 5-3-12　Ni8W/Ni12W/Ni8W 复合合金带材样品在不同应变量

下的 RD-TD 表面(111)极图[21]

2.4、3.2 和 4.0 位置处,通过 X 射线四环衍射技术得到的(111)极图。在 Ni 基合金形变过程中,形变晶粒取向主要围绕在 S、B、G 和 C 等取向位置周围,因此在分析形变样品时,将这 4 种取向织构定义为轧制织构。从图(a)中可以发现,在 1.6~3.2 应变量范围内,随着形变量的增加,不同强度的取向密度线范围逐渐扩大,表明样品表面形变织构强度逐渐增强。另外,取向密度线最强值出现在 C 取向位置处,这说明样品表面呈现出形成 C 型织构的趋势。当应变量增加到 4.0 位置处,样品表面形变织构仍然处于增强阶段,但处于 C 取向位置处的强度出现减弱,形变织构类型逐渐转变为过渡型织构。图(b)是图(a)在不同应变量下,同一个样品加入回复热处理后测得的表面(111)极图。从图中可以看到,同一应变量下加入 550℃ 保湿 2 h 的回复热处理后,极图上 C 和 S 位置处的取向密度线都出现了减弱。在 1.6 应变量位置处,基带热处理后其形变织构分布形态发生了明显的变化,因为热处理前样品的形变织构类型尚未形成,从形态分布上无法区分其形变织构类型的转变。在 2.4 和 3.2 应变量位置处,形变织构形态上出现了弱化的现象。而在 4.0 应变量位置处,因为 C 和 S 取向织构的减弱,形变织构类型呈现出向 B 型织构转变的现象。

图 5-3-13 是 Ni8W/Ni12W/Ni8W 复合合金带材样品在不同应变量下加入回复热处理前后的 RD-TD 表面 $\alpha$ 和 $\beta$ 取向密度分布线。在 1.6 应变量位置处,样品表面的 $\alpha$ 取向线上的取向密度呈现左高右低的分布状态,说明其形成了以 G 和 B 取向织构为主的形变织构。经过轧制间回复热处理后,$\alpha$ 取向线左高右低的分布态势进一步增强,这表明非形变织构取向晶粒在逐渐向形变织构取向转动。在 $\beta$ 取向线上,回复热处理后的 S 取向位置晶粒取向密度下降,B 取向位置增强,这表明 S 取向的晶粒在向其他取向发生转动。在应变量 2.4 位置处,回复热处理前的样品表面 $\alpha$ 取向线仍然保持着左高右低的态势,但是最高点出现在 B 取向位置处。加入回复热处理使得 $\alpha$ 取向线继续强化了左高右低的分布形态,但是值得注意的是其取向密度最高点向右发生了偏移,这说明 B 取向位置晶粒取向密度出现下降。而样品的 $\beta$ 取向线出现了取向密度线的整体密度下降现象,表明回复热处理的加入使得样品表面 C、S 和 B 各取向织构含量下降。在 3.2 和 4.0 应变量位置处,热处理前的样品在 $\alpha$ 取向线上呈现出明显的中间高两头低的形态,并且取向密度的最高值位于 B 取向位置处。经过回复热处理后,样品 $\alpha$ 取向线的左侧含量得到加强,尤其在 B 取向位置附近的含量出现了明显的提升。在 $\beta$ 取向线上,热处理前的取向密度分布为左低右高的形态,这说明随着形变量的增加,C 取向织构含量逐渐降低,B 取向织构含量在上升,回复热处理的加入使得 $\beta$ 取向线的左低右高的分布形态进一步增强,表明回复热处理的加入使得样品表面 C 取向织构的含量降低,B 取向织构的含量上升。

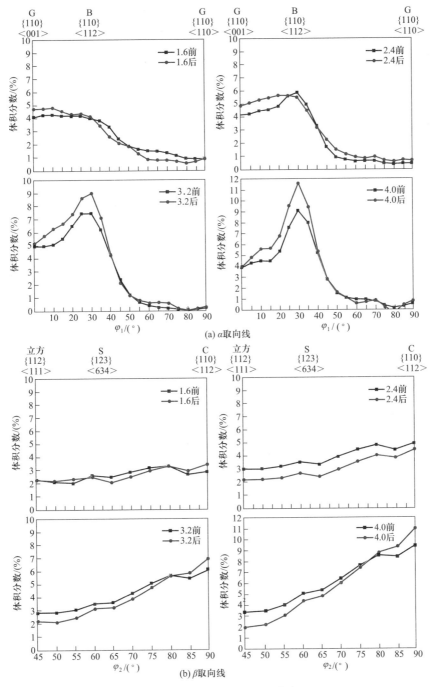

图 5-3-13　在不同应变量下加入回复热处理的 Ni8W/Ni12W/Ni8W

复合合金带材样品 RD-TD 表面[21]

采用 XRD 测量并通过 Tex Evolution 软件计算获得了不同应变量下 Ni8W/Ni12W/Ni8W 复合合金表面主要织构成分的含量,结果如 5-3-14 所示。从图中可以看到,各取向织构含量在形变和回复热处理过程中展现出了不同的变化趋势,S 取向织构含量在回复热处理的过程中出现了下降,而在冷轧形变过程中则呈现上升态势;B 取向织构在应变量 2.4 位置处加入回复热处理后出现了含量轻微下降现象,其余形变和热处理的过程中均出现含量上升;C 与 G 取向织构含量较少,并且随着应变量的增加含量并没有出现太大的变化,但在形变和回复热处理过程中呈现出波动变化形态,并且两者的波动性出现了相反的情况。其中,C 取向织构在形变过程中含量呈现上升的态势,在加入轧制间回复热处理后含量出现下降,表现出与 S 取向织构相同的波动规律;而 G 取向则与 C 相反,其在形变过程中含量下降,在回复热处理后含量上升。综上所述,轧制间回复热处理可以使得 S 和 C 取向织构含量下降,使得 B 和 G 取向织构含量上升。这里值得注意的是,在 5.3.1 小节已经知道经过 4 次轧制间回复热处理的#2 样品最终冷轧带材的 S、B 和 C 取向织构含量相较于纯冷轧带材#1 样品更高,G 取向织构含量更低。通过对比可以发现,在不同的应变量下轧制间回复热处理的加入,降低了 S 和 C 织构的含量,增加了 G 取向织构含量。同时,轧制间回复热处理的加入导致了最终的冷轧带材 C 和 G 取向织构含量基本保持不变。综上所述,通过 XRD 研究发现轧制间回复热处理的加入会对样品表面的宏观织构产生明显的影响,但是其对形变织构的影响机制仍需要更多的探讨研究。

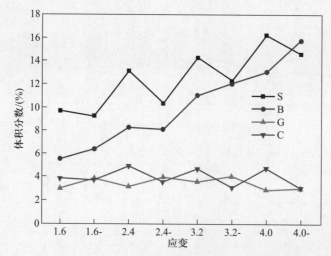

图 5-3-14　Ni8W/Ni12W/Ni8W 复合合金带材表面主要织构成分在不同应变下的含量,应变量数值后的符号"-"表示加入回复热处理后的样品[21]

#### 5.3.2.3　不同应变量下轧制间回复热处理对 Ni8W/Ni12W/Ni8W 复合合金带材表面微观组织结构的影响

图 5-3-15 是 Ni8W/Ni12W/Ni8W 复合合金带材在 1.6 应变量位置处,加入回复热处理前后 EBSD 测得的晶粒取向分布图,并且图中不同的颜色代表着不同的晶粒取向(偏差角在 15°以内)。从图(a)中可以看到图中存在大量的黑色的区域,这些区域是因为残余应力造成的,经过回复热处理后,残余应力消除,这些黑色的区域也大幅度地减少,如图(b)所示。在晶粒形态方面,从取向图中可以观察到具有不同取向的各晶粒都出现了沿轧制方向呈长条状分布。这是因为在轧制形变过程中,轧制力可以分解为一个压应力和拉应力,在拉应力的作用下,等轴状晶粒逐渐拉长呈现为长条状。另外,在压应力的作用下,样品会向两侧发生延展,在样品向两侧延展的过程中形成了大量的沿 RD 方向的位错墙,也逐渐使得其呈现为长条状。值得注意的是,C 取向晶粒沿 TD 方向出现类似于"轧痕"分布形态,造成了 C 取向晶粒呈现碎片化。另外,在取向图中 S 取向晶粒往往伴随着 B 取向晶粒分布,B 取向晶粒周围也存在 G 取向晶粒,而 C 取向晶粒伴随 G 和 S 取向晶粒分布,四种取向织构中只有 C 取向晶粒与 B 取向晶粒被其他取向晶粒完全分割开来。

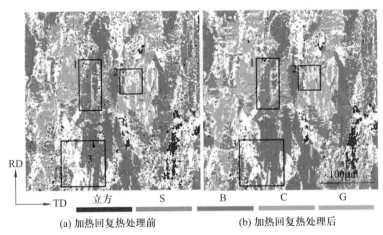

(a) 加热回复热处理前　　　　　　　(b) 加热回复热处理后

图 5-3-15　Ni8W/Ni12W/Ni8W 复合合金带材样品在应变量 1.6 位置处的晶粒取向分布图[21]

经过回复热处理后,相邻晶粒之间会发生取向转动,进而表现为相邻晶粒出现相互吞并现象。如图 5-3-15 所示,回复热处理后,区域 1 内出现了 S 取向晶粒吞并相邻的 B 取向晶粒,区域 2 内则表现为 G 取向吞并周围白色区域,在区域 3 内,则出现了 G 取向晶粒被白色区域吞并,同时 B 取向晶粒吞并了白色区域完成回复长大。因此,不同取向的晶粒在回复热处理过程中出现长大或减小与其相邻晶粒之间存在密切的关系。从 XRD 数据中已知,回复热处理使得 B 和 G 取向织构含量上升,C 与 S 取向织构含量下降。通过 EBSD 数据分析可以确定 B 取向织构含量的上升与 C 取向织构的下降没有相关性。

图 5-3-16(a) 和(b) 是 Ni8W/Ni12W/Ni8W 复合合金带材在 1.6 应变量位置处加入回复热处理前后 EBSD 测得的核平均错配度(kernel average misorientation, KAM)图。KAM 是一种通过计算局部偏差角来表示局部微应变的模式,而微应变与残余应力存在密切的联系,应变区域通常是由于位错塞积形成,应变越高代表位错密度越大,同样说明残余应力越高,因此可以通过 KAM 来观测样品残余应力的存在。在 KAM 图像中,从蓝色到红色代表着微观应变从小到大。在图像中,当某点的局部偏差角超过 10°后,同样会赋值为红色。由图可知,样品经过回复热处理后,红色区域出现明显的减少,说明回复热处理可以有效地降低样品表面的残余应力。

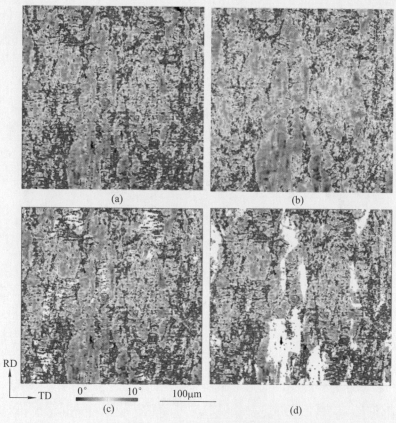

图 5-3-16　Ni8W/Ni12W/Ni8W 复合合金带材样品在应变量 1.6 下,(a) 加入回复热处理前 KAM 图,(b) 加入回复热处理后 KAM 图,(c) 加入回复热处理前 KAM 图+C 取向晶粒,(d) 加入回复热处理前 KAM 图+B 取向晶粒[21]

值得注意的是,回复热处理前的样品在应力分布上同样存在沿 RD 方向的长条状和沿 TD 方向的类似于"轧痕"状的晶粒,这说明应力分布与不同取向晶粒的分布存在密切的关系。从图 5-3-15(a)已经知道 C 取向晶粒存在"轧痕"状分布,因此将回复热处理前的 KAM 与 C 取向分布图复合,又如图 5-3-16(c)所示,图像中白色区域为 C 取向晶粒。从图中可以看到,C 取向晶粒与红色高应力区域紧密相邻。同样,将呈长条片状分布的 B 取向晶粒与回复热处理前的 KAM 图像进行复合,如图 5-3-16(d)所示,可以看到 B 取向晶粒分布周围通常为蓝绿色,说明 B 取向晶粒周围为低应力区域。通过 KAM 结合回复热处理后的不同取向织构含量的变化可以得出,在回复热处理前,高应力的红色区域像"围墙"将 C 取向晶粒围在中间,随着回复热处理的加入,应力的降低是通过晶粒转动完成的,高应力墙的倒塌势必会影响周围晶粒,进而导致 C 取向晶粒含量降低。而 B 晶粒周围为低应力区域,在回复热处理加入后,周围区域应力的进一步降低促进了 B 取向晶粒吞并周围取向组织。

图 5-3-17 是 2.4 应变量下的加入回复热处理前后的晶粒取向分布图和 KAM 图。从图(a)中可以看到,当应变量达到 2.4 时,Ni8W/Ni12W/Ni8W 复合合金带材样品表面的晶粒相较于 1.6 应变量下的晶粒尺寸更小,晶粒在轧制力的作用下进一步碎化。"轧痕"状 C 取向晶粒大幅度消失,但仍然存在少量分布。另外,在 2.4 应变量下的 C 取向晶粒开始与 B 取向晶粒相连,但 C 取向晶粒往往会伴随 S 取向晶粒,如图(a)中的区域 1 和 2 所示。经过回复热处理后,从图(b)晶粒取向图中可以看到不同取向之间的晶粒大小发生变化,如黑色方框标识的区域内所示,方框 1 内 S 取向吞并了相邻的 C 和 B 取向区域,方框 2 内 S 取向吞并了 C 取向,方框 3 内 B 取向吞并了 S 取向区域,方框 4 内则展示了 S 取向吞并 B 取向区域。因此可以确定 C、S 和 B 取向晶粒之间在发生相互吞并的现象。在应力分布方面,对比图(a)和(c)可以看到,B 取向区域及其临近的 S 取向和 C 区域具有低应力,而取向图中的白色区域则与 KAM 图像中的红色区域重合,代表着非形变织构取向的区域通常具有高应力。样品经过回复热处理后,红色的高应力区域出现弱化,转变为绿色中低应力分布。

图 5-3-18 是 3.2 应变量下加入回复热处理前后的晶粒取向分布图和 KAM 图。在热处理之前,取向图中 B 取向区域仍然与 S 取向区域相互依存,而 C 取向区域也多伴随在 S 区域。尺寸较大的 B 和 S 取向晶粒沿 RD 方向呈长条状分布,而尺寸较小的晶粒则呈现出碎片化分布,如图(a)中区域 1 所示。对比取向图和 KAM 图可以看到,非形变织构取向晶粒内部仍保持高应力,两者具有非常高的重合性。例如,区域 1 内晶粒呈现出碎片化,形变织构取向晶粒被白色区域割裂,KAM 图则同样显示了红色高应力区域包围割裂开低应力区域,特别是取向图中的区域 2 只

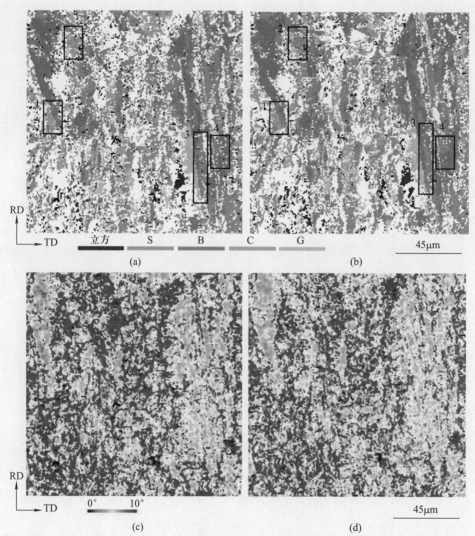

图 5-3-17　Ni8W/Ni12W/Ni8W 复合合金带材样品在 2.4 应变量下(a)加入回复热处理前和(b)加入回复热处理后的取向分布图,(c)加入回复热处理前和(d)加入回复热处理后的 KAM 图[21]

含有少量的形变织构取向晶粒,KAM 图中则同样显示具有少量低应力区域。经过回复热处理后,低应力区域的形变取向晶粒很容易发生明显的变化,如区域 3 所示。

图 5-3-19 是 4.0 应变量下加入回复热处理前后的晶粒取向分布图和 KAM 图。在此应变量下加入回复热处理,晶粒取向图和 KAM 图显示的结果与前 3 个应变量下加入回复热处理的结果基本相同。如区域 1 中的 G 和 B 取向晶粒通过吞并非形

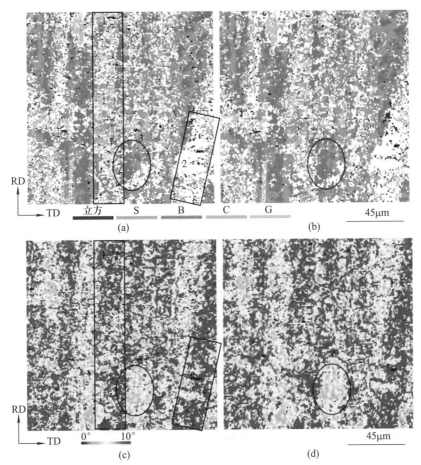

图 5-3-18　Ni8W/Ni12W/Ni8W 复合合金带材样品在应变量 3.2 位置(a)加入回复热处理前和(b)加入回复热处理后的取向分布图,(c)加入回复热处理前和(d)加入回复热处理后的 KAM 图[21]

变织构取向区域完成了长大,KAM 图中的红色高应力区域减少。但值得注意的是,在不同取向晶粒的形态分布上,B 取向晶粒也呈现出来类似"轧痕"状,宏观中的轧痕是由于在轧辊辊压轧制过程中,样品沿 RD 方向延展形变受阻造成的,而在微观形变出现的轧痕则同样是由于形变受阻造成,出现这一现象的原因通常为形变过程中位错塞积形成位错墙进而造成形变受阻。这一点也可以从 KAM 图中得到验证,如取向图中的区域 2 中的 B 取向晶粒存在横向的"轧痕"状,然后在 KAM 中,在这些"轧痕"状晶粒两侧是被红色高应力区域所割裂,并且在 KAM 图中高应力区域通常也为高位错区。

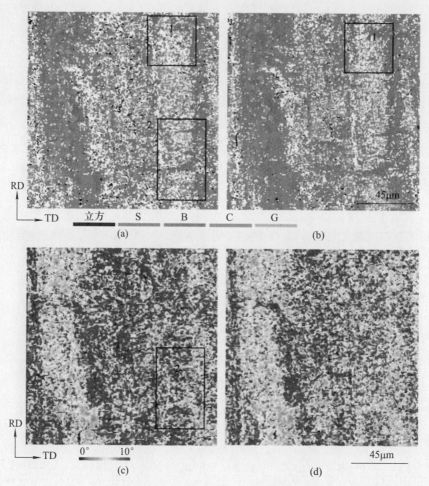

图 5-3-19　Ni8W/Ni12W/Ni8W 复合合金带材样品在应变量 4.0 位置(a)加入回复热处理前
和(b)加入回复热处理后的取向分布图,(c)加入回复热处理前和(d)加入回复热处理后的
KAM 图[21]

　　为了进一步研究晶粒取向分布,通过 OIM 软件对不同应变量下加入回复热
处理前后的 EBSD 数据进行处理,获得了 $\alpha$ 和 $\beta$ 取向线上的密度分布,如图 5-3-
20 所示。因为 EBSD 观察面积小,数据不具有统计性,所以难以进行不同应变量
下的数据纵向比较,因此只针对不同应变量下热处理前后的取向线密度变化进
行比较分析。通过 5-3-20(a)可以看到,样品在不同形变量下经过回复热处理均
表现出 $\alpha$ 取向线左侧升高的现象,左侧取向线的密度增强代表着 G 和 B 取向织
构含量的增加,这与 XRD 数据显示的结果基本一致。但是在 $\beta$ 取向线上,EBSD

数据所展示的结果与 XRD 出现了些许不同。在 XRD 数据结果中,在不同应变
量下加入回复热处理后的 β 取向线相较于回复热处理前,出现了右侧升高,左侧
降低现象,并且两曲线的交点在 S 取向位置附近。在 EBSD 数据中,不同应变量
下经过回复热处理后的 β 取向线右侧也表现出密度升高的现象,左侧只有在应
变量 3.2 和 4.0 时出现了下降,在 1.6 和 2.4 应变量的取向线并没有发生明显的
改变,热处理前后的两曲线的交点也更偏向左侧。出现这种现象的原因主要有
两方面,一方面是 EBSD 数据的选取范围小,造成的结果具有随机性;另一方面,
EBSD 测试的样品表面经过物理抛光改变了样品表面的活性能,在热处理过程中
晶粒更容易发生转动,使得 C 与 S 取向的晶粒也可以通过吞并非形变织构取向
的晶粒来完成长大。综上所述,尽管 EBSD 与 XRD 数据显示的结果不同,但两
者在取向线上表现出了相同的趋势,经过回复处理后的样品表面晶粒在 α 取向
线上围绕 B 取向位置出现强度升高,在 β 取向线上则呈现出左侧强度降低右侧
升高的趋势。

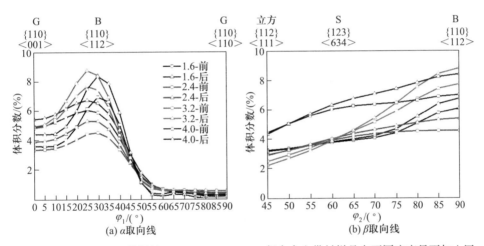

图 5-3-20  通过 EBSD 获得的 Ni8W/Ni12W/Ni8W 复合合金带材样品在不同应变量下加入回
复热处理前后表面晶粒取向分布[21]

图 5-3-21 是通过 EBSD 测得的 Ni8W/Ni12W/Ni8W 复合合金带材样品在不同
应变量下加入回复热处理前后的 RD-TD 表面的 KAM 分布曲线。通过图 5-3-21 可
以看到样品在不同应变量下加入回复热处理后,在 35°~60°范围内的 KAM 出现了
明显的下降,这说明回复热处理可以有效地降低样品表面的应力。另外,经过回复
热处理后在 0°~10°范围内,除了在 3.2 应变量下的样品表面 KAM 含量出现降低
外,其余 3 个应变量都呈现上升,这也与前面在不同应变量下的 KAM 图形成了对
照。尽管在 3.2 应变量下的 0°~10° KAM 分布含量下降,但是其在 10°~30°范围内

的含量出现了明显的上升,表明表面高应力区域的应力下降。因此,通过 KAM 分布曲线可以确定回复热处理可以有效地消除样品表面的应力。

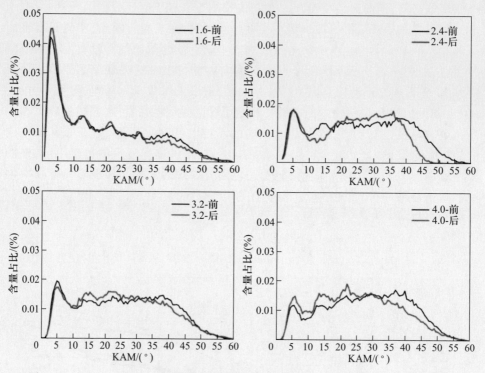

图 5-3-21　Ni8W/Ni12W/Ni8W 复合合金带材样品在不同应变量下加入回复热处理前后的 RD-TD 表面的 KAM 分布曲线[21]

通过 XRD 和 EBSD 数据分析,明确了轧制间回复热处理可以改变 Ni8W/Ni12W/Ni8W 复合合金带材表面形变织构在轧制过程中的转变,并且可以有效地消除样品表面的应力。因此,在 5.3.2.4 部分将继续通过准原位 EBSD 方法探讨研究 Ni8W/Ni12W/Ni8W 复合合金带材样品,在不同应变量下加入回复热处理前后的 RD-ND 截面的微观结构的变化,并进一步分析轧制间回复热处理对最终形变织构的影响机制。

### 5.3.2.4　不同应变量下轧制间回复热处理对 Ni8W/Ni12W/Ni8W 复合合金带材截面微观组织结构的影响

图 5-3-22 展现了 Ni8W/Ni12W/Ni8W 复合合金带材样品在不同应变量下,加入回复热处理前后 RD-ND 截面的晶粒取向分布图。从取向图中可以看到,晶粒呈现出沿 RD 方向分布的板条状,并且随着应变量的增加沿 ND 方向的晶界间距逐渐降低。在 1.6 应变量位置处,从前面的样品 RD-TD 表面 EBSD 数据已经知道 C 取

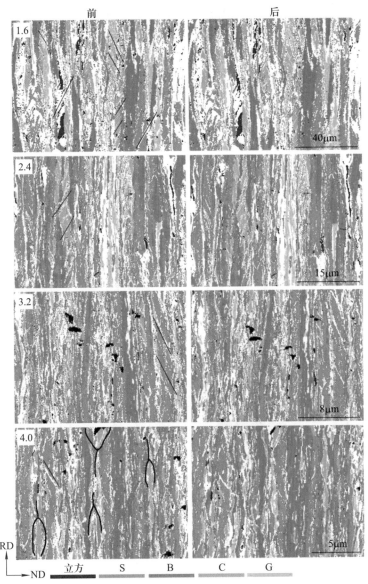

图 5-3-22　Ni8W/Ni12W/Ni8W 复合合金带材样品在不同应变量下加入回复热处理前
后 RD-ND 截面的晶粒取向分布图[21]

向晶粒伴随 G 取向晶粒分布，并且 C 取向晶粒在表面存在"轧痕"状分布。而从与
之对应的 RD-ND 截面晶粒取向分布图中可以看到，C 取向晶粒仍与 G 取向晶粒伴
随分布。值得注意的是不同于表面两种取向晶粒呈现的沿 TD 方向呈横向间隔分

布,在截面上 C 取向晶粒与 G 取向晶粒之间的间隔分布与 RD 方向存在一定的角度,这个角度大致在 30°左右,如图 5-3-22 中的黑色斜线所示。造成这种现象的原因在于样品的形变过程中受轧制力的影响,在轧制过程中,轧辊对样品的作用力并不是垂直于样品,而是存在一定的角度,如图 5-3-23 所示。在样品形变过程中,在轧制力的作用下,合金样品通过位错滑移完成形变,当滑移形变受阻时,晶粒会通过转动继续完成形变,这就导致产生了区域 A 所示的不同取向的晶粒相间分布。这种与 RD 呈现一定角度的分布现象也存在于 S 取向晶粒,但在 B 取向晶粒中很少存在。另外,随着应变量的增加,C 取向晶粒尺寸逐渐减少,特别是沿 RD 方向的尺寸。另外,各晶粒与 RD 呈特定角度的相间分布情况也越来越少,但是样品 RD-ND 截面开始出现大量的"Y"型剪切带,尤其是在 4.0 应变量情况下,如图 5-3-22 所示。

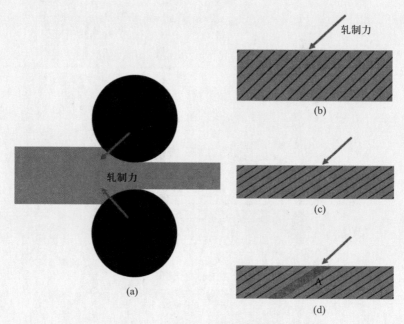

图 5-3-23　样品轧制形变示意图[21]

在前 3 个应变量(1.6、2.4 和 3.2)下,经过回复热处理后的取向图相较热处理之前的取向图并没有发生明显的变化。为了更清楚地了解回复热处理对样品 RD-ND 截面晶粒取向的影响,通过 OIM 软件对晶粒取向在 $\alpha$ 和 $\beta$ 取向线的密度分布进行计算,如图 5-3-24 所示。从图中可以看到前 3 个应变量加入回复热处理前后的 $\alpha$ 和 $\beta$ 取向线基本重合,表明轧制间回复热处理对样品截面晶粒取向基本没有影响,并没有展现出与表面相同的回复现象。这是因为样品沿 ND 方向的储存能更高,在样品轧制形变过程中主要受到斜向下的轧制力的作用,导致储存能更多的存储在 RD-ND 面,这也体现在 RD-ND 面和 RD-TD 面的晶粒的尺寸方面,即在相同应变量下的 RD-TD 面的晶粒尺寸远大于 RD-ND 面。在前 3 个应变量下,回复热处理的能量不足以激发储存能来完成晶粒转动。但当在 4.0 应变量下加入回复热处理后,$\alpha$ 取向线的左侧 B 和 G 取向位置附近的密度强度升高,表现出了与表面相同的规律;同时 $\beta$ 取向线与表面表现出了不同现象,出现了整体密度强度升高。在 4.0 应变量下加入回复热处理前后的晶粒取向图(图 5-3-22)也可以看到,所有的晶粒是通过吞并周围白色非轧制织构取向区域完成回复长大。这说明在 4.0 应变量下,回复热处理能量激发的储存能推动了晶粒取向的转动。

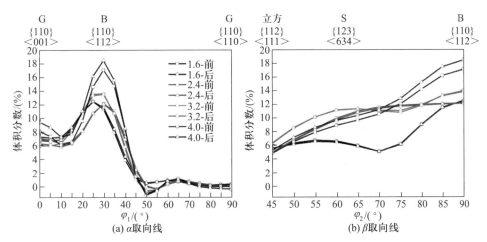

图 5-3-24　Ni8W／Ni12W／Ni8W 复合合金带材样品在不同应变量下加入回复热处理前后 RD-ND 截面的晶粒取向分布[21]

　　研究回复热处理对 RD-ND 截面晶粒取向影响时发现,在不同应变量下(1.6、2.4 和 3.2)的取向图并没有发生明显的变化,那么回复热处理对截面的微观组织结构的影响仍不清楚,因此通过图 5-3-25 的 KAM 分布曲线对样品回复热处理前后的应力分布进行分析。从 KAM 分布取向曲线可以看到在不同的应变量下,回复热处理的加入使得截面微观应力发生了变化,在 30°~60° 区间的 KAM 分布强度呈现出了下降现象,特别是 2.4、3.2 和 4.0 应变量下的样品出现了明显的下降。回复热处理的加入对截面微观应力的影响与前文中表面的 KAM 结果基本一致。

　　为了更清楚地了解回复热处理对 RD-ND 截面微观应力的影响,通过 OIM 软件计算绘制了不同应变量下回复热处理前后的 KAM 分布图,如图 5-3-26 所示。在 1.6 应变量下的取向图中已经观察到 C、S 和 G 取向晶粒存在与 RD 呈 30° 的相间分

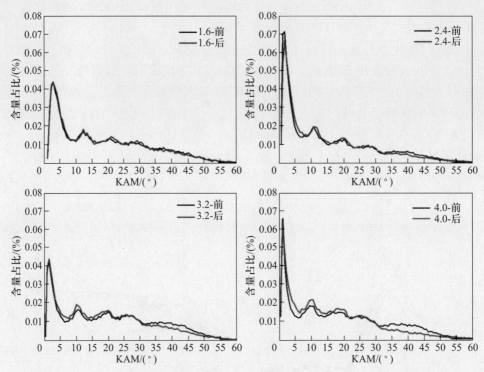

图 5-3-25　Ni8W/Ni12W/Ni8W 复合合金带材样品在不同应变量下加入回复热
处理前后 RD-ND 截面的 KAM 分布曲线[21]

布。在表面晶粒取向图和 KAM 图像中观察到 C 取向晶粒的"轧痕"分布与高应力
区域相互依存,同样在 RD-ND 截面也发现了相同的现象,红色的高应力区也存在
与 RD 呈 30°的分布形态。另外,回复热处理前的红色高应变区域往往沿 RD 方向
呈长条状分布,经过回复热处理后,尽管前 3 个应变量下的取向基本没有发生改
变,但 KAM 图中红色高应力区出现明显的减弱。而在 4.0 应变量位置处,红色高
应力区经过回复热处理后基本消失,说明回复热处理在高应变量下对样品 RD-ND
截面的微观组织结构会产生强烈的影响。前文中也提到了经过回复热处理后,在
4.0 应变量下的表面硬度相较于其他应变量出现了大幅度的下降,结合截面的
KAM 图可以说明,在高应变量下加入回复热处理对样品最终形变织构的影响至关
重要。

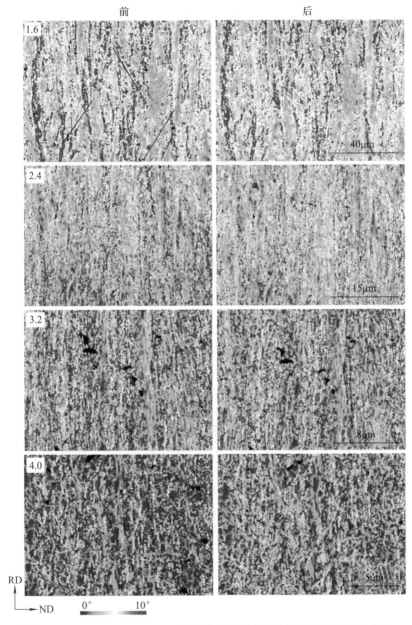

图 5-3-26　Ni8W/Ni12W/Ni8W 复合合金带材样品在不同应变量下加入回
复热处理前后 RD-ND 截面的 KAM 分布图[21]

### 5.3.3　轧制间复热处理对 Ni8W/Ni12W/Ni8W 复合基带形变织构的影响机制

在制备 Ni8W/Ni12W/Ni8W 复合合金基带的过程中,通过加入轧制间回复热处理的方法成功地获得了立方织构(<10°)含量高达 98% 的复合合金基带,因为再结晶立方织构的形成与形变织构存在密切的关系,但是关于轧制间回复热处理对形变织构的影响机制仍然不明确。因此,本小节将针对轧制间回复热处理对形变织构的影响机制进行分析。

在前文我们采用 XRD 与 EBSD 准原位的方法研究了轧制间回复热处理在1.6、2.4、3.2 和 4.0 应变量下对 RD-TD 表面及 RD-ND 截面的影响。XRD 和 EBSD 是用于测试表征织构的两种常用方法。XRD 主要侧重于宏观结构的分析,因此 XRD 结果在统计上有助于更好地理解材料织构的演化过程。然而,宏观织构的形成不可避免地由内部微观取向的变化决定。为了更好地分析宏观织构的形成和转变机制,必然需要了解微观织构的详细演化过程、特征和规律。目前,EBSD 是最流行和最常用的微观织构分析技术,但由于其测试面积小,并不太适合宏观织构。因此,这里利用 XRD 技术来探索样品宏观织构的变化。随后,结合 EBSD 研究了微观织构的演化机制。

图 5-3-27 显示了在不同应变量下加入回复热处理前后样品表面织构含量的变化情况。XRD 数据显示在图(a)中,而 EBSD 分析数据显示在图(b)中。从图 5-3-27 中可以看到,加入回复热处理后,除了在 2.4 应变量下 XRD 结果显示 B 取向织构出现了微弱的降低,在其余应变位置处 XRD 和 EBSD 数据结果均表明样品 B 取向织构的体积分数增加。因此从整体结果分析,在不同应变量下加入回复热处理

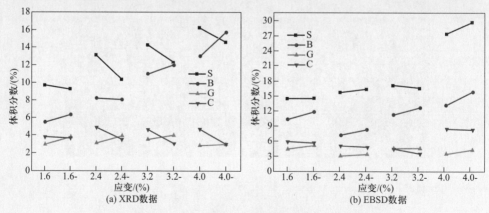

图 5-3-27　Ni8W/Ni12W/Ni8W 复合合金带材样品在不同应变量下处加入回复
热处理前后表面各形变织构的含量[21]

可以使得样品表面 B 取向织构呈现出含量上升的趋势。在 S 取向织构方面，XRD 结果清晰地表明回复热处理可以使得样品表面 S 取向织构含量下降，但在 EBSD 结果中，2.4 和 4.0 两处的应变量位置出现了 S 取向织构含量上升的现象。从图中可以看到，2.4 和 4.0 应变量位置样品热处理后的 $\beta$ 取向线右侧升高的幅度更大，然后随着 $\varphi_2$ 的降低增幅逐渐缩小，所体现出来的则为 B 取向织构含量增长最大，其次 S 取向，C 取向则表现出了下降。这说明 S 取向织构含量的增加是受到 B 取向织构含量的大幅度升高的影响。通过对 XRD 和 EBSD 数据获得的 C 和 G 取向织构的研究，发现了相同的规律，两种取向织构呈现出相反的趋势。C 取向织构的含量随回复热处理的加入而降低，而 G 取向织构的含量随回复热处理的加入而增加。综上所述，从 XRD 和 EBSD 获得的数据表明，轧制间回复热处理的加入使得合金带材中 S 和 C 取向织构下降，B 和 G 取向织构含量上升。

此外，Ni8W/Ni12W/Ni8W 复合合金带材样品在不同应变量下加入回复热处理前后的 EBSD 数据表明，在回复热处理的过程中轧制织构取向晶粒通过吞并周围晶粒完成回复生长，而 KAM 数据显示由于回复热处理加入引起微观应力降低，因此在内部应力和织构取向变化之间应该存在相当大的相关性。EBSD 数据直观地显示了形变样品的晶粒取向和形貌，通过 EBSD 可以了解回复热处理对样品微观应力及晶粒取向的影响。在上面 Ni8W/Ni12W/Ni8W 复合合金带材样品 EBSD 表面分析中，具有高局部应变的区域就像一堵墙，阻碍了晶粒取向发生变化。并且，EBSD 数据显示样品表面晶粒呈现出破碎的状态，很难区分完整的晶粒。另外，在前面分析回复热处理对微观硬度、表面形变织构及截面微观结构影响的研究中，均表现出 4.0 应变量下加入回复热处理对最终形变织构及再结晶立方织构的形成产生至关重要的影响。因此，为了分析形变晶粒微观应力、取向和形态之间的关系，我们选择样品应变量为 4.0 位置的 RD-ND 横截面的 EBSD 数据进行分析，如图 5-3-28 所示。

在回复热处理期间晶粒取向的变化主要取决于局部应变，这反过来又会影响晶粒的形态。晶粒的形形变态可以通过 RD-ND 截面的 EBSD 数据来显示。在以往的研究中，剪切带与不均匀形变有关，剪切带附近往往具有较高的局部应变。图 5-3-28 为应变量 4.0 情况下回复热处理前的晶粒取向分布图（图(a)）、KAM 分布图（图(b)，其中黑色线为 15°~65° 的大角度晶界）、Schmid 因子图（图(c)）、C 取向分布图（图(d)）、不同形变织构含量（图(e)）、不同形变织构取向晶粒的平均尺寸（图(f)）。下面将详细分析和讨论剪切带的形成及其对回复热处理过程中晶粒晶格转动的影响。

从图(a)中可以看到 Ni8W/Ni12W/Ni8W 复合合金带材经过大形变量冷轧后会形成大量的剪切带，值得注意的是这些剪切带在形态上组成了"鼓包"状结构，然

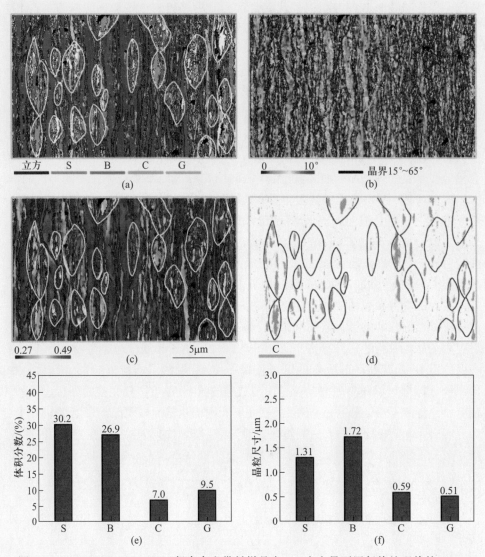

图 5-3-28　Ni8W/Ni12W/Ni8W 复合合金带材样品在 4.0 应变量下回复热处理前的 RD-ND 截面(a) 晶粒取向分布图,(b) KAM 图,(c) Schmid 因子图,(d) C 取向图,(e) 各形变织构含量,(f) 各形变织构取向平均晶粒尺寸[21]

后将这些“鼓包”状形态结构用白色圆框进行标识,可以发现这些白色圆框与 KAM 中红色的高应变区域吻合(图(b)),这说明剪切带的形成与微观应力存在密切的关系。另外,在这些“鼓包”内往往存在 C 取向晶粒,如图(d)所示。因此,剪切带、C 取向晶粒及高微观应变区三者之间是否存在内部联系是值得探究的问题。

在轧制过程中,轧制力可以分解为向下的压应力和向前的拉应力,通过 OIM 软件可以根据晶粒取向,计算出横截面中各晶粒的 Schmid 因子,如图(c)所示。在 Schmid 因子分布图像中,不同的颜色表示 Schmid 因子值的大小,代表着晶粒不同的形变能力。图像中可以看到 C 取向晶粒具有蓝绿色表示拥有更低的 Schmid 因子,代表其具有更弱的形变能力,而 B 取向晶粒为红色表示其具有更高的 Schmid 因子,代表其具有更强的形变能力。因此,在冷轧形变过程中,具有高形变能力的 B 取向晶粒随着形变量的增加在 RD-TD 表面和 RD-ND 截面均呈现出均一的形态分布。C 取向晶粒因为具有低 Schmid 因子难以形变,在相同的形变量下逐渐呈现出晶粒碎化的状态,这在 RD-TD 表面表现为"轧痕"状分布,在 RD-ND 截面则呈现出沿 RD 方向晶粒尺寸更小。另外,因为 C 取向晶粒难以形变从而影响其周围晶粒的形变过程,进而导致出现剪切带,这也就是"鼓包"状形态结构产生的原因。

图(f)展示了 S、B、C 和 G 等 4 种取向晶粒的平均尺寸,图(e)描述了 S、B、C 和 G 等 4 种取向晶粒的含量。从晶粒尺寸上可以看出 S 和 B 的晶粒尺寸远大于 C 和 G 取向晶粒,并且 C 和 G 取向晶粒含量较低。在前文中也提到 C 取向和 G 取向晶粒往往会存在伴生关系,这说明两种取向晶粒在冷轧形变过程中存在晶粒取向上的转换关系。根据两种取向晶粒的 Schmid 因子可以推测出,C 取向晶粒在冷轧过程中难以形变,因此通过晶粒转动到 G 取向来完成形变,这也解释了前面样品 RD-TD 表面和 RD-ND 横截面上为什么 C 和 G 取向晶粒存在相间分布。另外,在 Schmid 因子分布图(图(c))中,可以看到 S 取向晶粒处于蓝色和红色之间,这是因为其取向位于 C 和 B 取向之间,这从 FCC 金属 β 取向线中也可以看到。在形变过程中,当 C 取向难以形变时,晶粒取向向 S 取向转动也是另一个途径,这种现象在 RD-TD 表面和 RD-ND 截面都存在。综上所述,在冷轧过程中,C 取向晶粒因为低 Schmid 因子难以形变,从而导致其晶粒取向需要转动来完成形变,并且存在向 G 取向和 S 取向转动两种模式。

图 5-3-29 描述了形变过程中轧制间回复热处理对合金带材形变织构的影响,对比两种 C 取向转动模式,因为 C 取向与 G 取向之间存在较大的取向偏差角度,C 取向晶粒取向转向 G 取向往往需要通过剧烈的微观应变来完成,这就导致 C 和 G 取向晶粒之间往往会存在红色的高应变区,因为微观的高应变的存在,随着冷轧形变的进行会逐渐导致剪切带的形成。在 C 取向晶粒向 S 取向转动的过程中,因为两种取向晶粒在取向空间中毗邻,因此可以通过均匀形变的方式来完成取向的转动,从而不易形成剪切带。

总之,C 取向晶粒难以形变,会导致冷轧过程中产生不均匀形变,从而增加样品的局部应力集中致使形成剪切带。因此,较高应变区域通常伴随在 C 取向晶粒

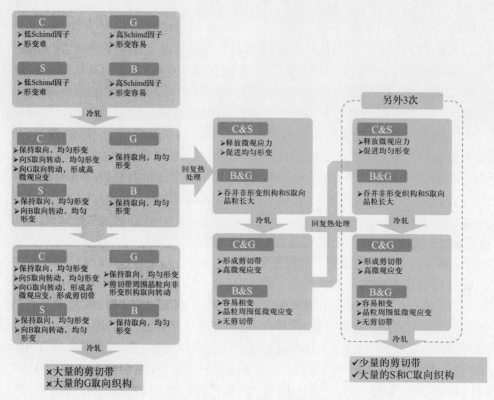

图 5-3-29　回复热处理对 Ni 基合金形变织构的影响示意图[21]

周围,而低应变区域通常位于 B 和 S 取向晶粒周围。通过在冷轧过程中加入回复热处理可以有效地消除晶粒间的微观应力。因为 C 取向与微观应力存在密切的关系,当微观应力消除后,C 取向晶粒可以继续形变或者通过向 S 取向转动完成均匀形变,从而减少向 G 取向转动现象。在过往的研究中[23,24],已经明确 C 和 S 取向织构有助于再结晶立方织构的形成,而 G 取向织构并不利于再结晶立方织构的形成。通过在冷轧形变过程中加入回复热处理,虽然可以增加 G 取向织构的含量,降低 C 取向织构,但是可以有效地降低伴随在 C 取向周围的高应力区,进而有利于后续轧制形变过程中 C 取向晶粒的均匀形变,降低 C 取向晶粒向 G 取向晶粒转动,从而减少剪切带的形成,最终形成有利于再结晶立方织构形成的形变微观组织结构。

## 5.4　Ni8W/Ni12W/Ni8W 复合基带再结晶热处理过程中微观组织的演变研究

在前文中,针对在不同应变量下加入回复热处理对 Ni8W/Ni12W/Ni8W 复合合金带材宏观织构和微观组织的影响进行了系统的研究,并确定了轧制间回复热处理对 Ni8W/Ni12W/Ni8W 复合合金带材形变微观组织的影响机制。Ni8W/Ni12W/Ni8W 复合合金经过大应变量轧制会形成轧制织构,但还需要经过再结晶热处理才能在表面形成强立方织构。大量文献[25-28]已经表明,就合金的形变而言,微观组织对其再结晶微观组织的演变起着至关重要的作用,但是在这方面的研究仍然存在很大的不足。本节选择本章中#2 样品作为研究对象,针对其在再结晶退火过程中合金基带微观组织的转变进行系统研究,确定 Ni8W/Ni12W/Ni8W 复合合金基带立方织构的形成机制,以及内外层晶粒长大与元素扩散的关联模型。

### 5.4.1　Ni8W/Ni12W/Ni8W 复合基带低温再结晶热处理过程中微观组织的演变研究

本章已经提到,经过大应变量轧制的 Ni8W/Ni12W/Ni8W 复合合金基带,在高温退火过程中采用了两步退火的方法,其中第一步退火在 700 ℃温度下保温 1 h,第二步退火在 1350 ℃温度下保温 2 h。在本节将第一步在 700 ℃下的退火定义为低温退火,第二步在 1350 ℃下的退火定义为高温退火,本节将通过准原位 EBSD 的方法研究低温再结晶热处理过程中的合金带材回复、再结晶及晶粒长大。

在采用准原位加热制备样品的过程中,先将加热炉温度升至 700 ℃,然后将放入样品的石英炉管整体快速地插入加热炉中,保温一定的时间后,将放置样品的炉管整体快速拔出,并在空气中进行降温,加热及降温过程中全程采用 Ar-4% H$_2$ 作为保护气氛。图 5-4-1 是 Ni8W/Ni12W/Ni8W 复合合金基带样品采用快插快拔加热方式的升温和降温曲线。从图中可以看到,在将炉管快速插入 700 ℃的加热炉后,样品快速升温,升温曲线呈抛物线状,并在 10 min 后稳定在 680 ℃,经过 5 min 的保温后,将炉管快速拔出,样品温度快速下降,5 min 后降温速率逐渐变缓。

#### 5.4.1.1　Ni8W/Ni12W/Ni8W 复合合金基带低温再结晶热处理过程中表面微观组织的演变

图 5-4-2 是 Ni8W/Ni12W/Ni8W 复合合金基带在初始状态和在 700 ℃保温 10 min 后的表面 EBSD 数据,图(a)是反极图(IPF),图(b)是晶粒取向分布图,这里定义偏差角 15°以内为同一取向,图(c)是 KAM 图,图像中不同的颜色代表着局部微观应变的大小。初始样品在进行 EBSD 测试前,为了去除样品在轧制过程中

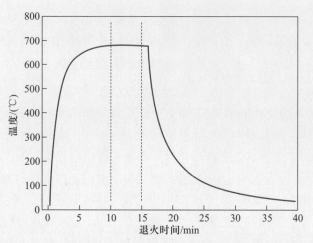

图 5-4-1　Ni8W/Ni12W/Ni8W 复合合金基带样品快插快拔加热过程中的温度变化曲线[21]

表面产生的应力层,以防止应力对菊池花样产生影响,采用了离子束抛光技术对样品表面进行物理抛光。

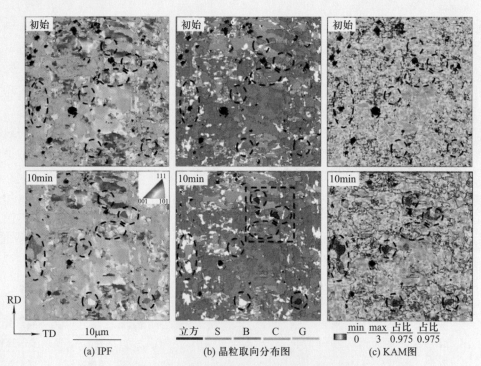

图 5-4-2　Ni8W/Ni12W/Ni8W 复合合金基带样品初始及在 700 ℃保温
10 min 后 RD-TD 表面 EBSD 数据[21]

从图 5-4-2 可以看到初始状态的 Ni8W/Ni12W/Ni8W 复合合金冷轧带材样品表面存在大量的黑色区域,这些黑色区域是因为样品内部存在应力集中现象,造成 EBSD 测试过程无法有效获得晶粒衍射信号,经过 700 ℃ 保温 10 min 后这些区域明显缩小,这是因为热处理可以释放样品内应力,进而提高 EBSD 的信号质量。另外,在初始状态下,从取向分布图中可以看到,样品表面晶粒取向基本为轧制织构取向,即 S、B、C 和 G 取向,其中 C 取向晶粒在分布形态上呈现“轧痕”状分布,这与本章描述的轧制过程中 C 取向晶粒的分布形态相同。对比初始状态下的 IPF 和晶粒取向分布图,IPF 中主要存在紫色和绿色两种颜色的分布,取向分布图中 C 取向区域对应着 IPF 中紫色区域;B 取向区域对应着绿色区域;S 取向区域则介于 C 与 B 取向之间,在 IPF 中既对应于部分紫色区域又对应部分绿色区域;G 取向在取向空间中更接近于 B 取向,其取向分布图中取向区域则对应于 IPF 中的绿色区域。

Ni8W/Ni12W/Ni8W 复合合金基带样品在 700 ℃ 下经过 10 min 的保温热处理后,对其初始状态下的同一位置进行再次的 EBSD 测试。对比样品热处理前后的 IPF 可以发现,经过保温热处理后的样品 IPF 出现了颜色分布变化,并且这种颜色的变化是渐变的,这表明样品表面的微观结构出现了回复现象。样品在出现回复现象的同时发生了再结晶现象,如图 5-4-2 黑色圆圈所示。晶粒取向分布图(图 5-4-2(b))显示这些晶粒的颜色变化明显地区别于回复区域的颜色渐变变化,其颜色相较于初始状态下的微观组织出现了明显的不同,这说明这些晶粒是通过再结晶形成的。另外,通过 KAM 图(图(c))也可以看到这些再结晶晶粒内部的局部微观应变明显地小于其他轧制态区域,这是因为轧制组织通过再结晶完成了晶格中原子的重新排列,消除了晶粒内部的位错,而位错又与微观应变存在密切的关系。当位错出现时,塞积表现出的宏观形态就是局部微观应变,因此局部微观应变的大小代表着位错的密度大小,从一定程度上讲,两者存在等价的关系。

从图 5-4-2 中可以看到,样品的再结晶晶粒尺寸较小,并且处于与轧制态晶粒共存的状态,这为研究再结晶晶粒与轧制微观组织的关系提供了便利的条件。大量的研究已经表明 Ni 基金属经过大应变量轧制形变,然后通过再结晶退火,表面会形成强立方织构,但是在强立方织构的形成机理方面一直困扰着研究学者。尽管已经有文献[29-33]报道了大量关于轧制织构与再结晶织构的关系,但仍然没有在本质上解释再结晶晶粒与轧制组织的关系。立方织构的形成包括两步,一是初始再结晶立方取向晶粒的形成,二是再结晶立方取向晶粒的长大。在本章中,通过准原位 EBSD 的方法成功地捕捉到了再结晶晶粒与轧制态晶粒共存的状态,特别是样品表面形成了多处立方取向再结晶晶粒,这为研究立方取向晶粒的形核提供了条件。

　　将图 5-4-2(b)中黑色方框标识的区域进行放大,如图 5-4-3 所示。从图 5-4-3
(a)中可以看到此处区域总共存在 8 处立方取向再结晶晶粒,并且此处区域在初始
状态下并不存在立方取向晶粒,因此可以确定这些立方取向晶粒是通过再结晶形
成,并且再结晶立方晶粒的形成与初始状态下的轧制态立方晶粒并不存在关系,这
也否定了过往关于再结晶立方晶粒来源于轧制态立方取向晶粒的猜想。为了判别
哪些晶粒是再结晶形成,图 5-4-3(b)的晶粒 KAM 图可以提供很好的判据,晶粒内
部局部应变高的通常为轧制态晶粒,而晶粒内部局部应变低的则为再结晶晶粒。
另外,因为样品经过热处理后,表面形成了大量的孪晶,因此在取向图中加入了 Σ3
孪晶界,并用红色标识,黑色线条则代表着 15°~65° 大角度晶界。值得注意的是,
在图 5-4-3(a)的取向图中可以看到,立方取向晶粒的晶界全部存在 Σ3 孪晶界,并
且基本都与 S 取向晶粒互为孪晶关系。因为样品在初始状态下并不存在轧制态的
立方取向晶粒,而经过保温热处理后的样品表面出现了再结晶立方取向晶粒,并且
再结晶立方取向晶粒与 S 取向晶粒互为孪晶关系,因此可以推测轧制态下的 S 取
向晶粒在热处理过程中通过孪晶的方式形成了立方取向晶粒。

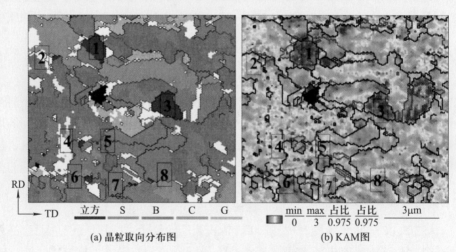

(a) 晶粒取向分布图　　　　　　　　　　　　(b) KAM 图

图 5-4-3　Ni8W/Ni12W/Ni8W 复合合金基带样品在 700 ℃保温
10 min 后 RD-TD 表面 EBSD 数据[21]

　　为了更清楚地了解立方取向再结晶晶粒形成的原因,将 1 和 3 号立方晶粒及
其周围晶粒的初始状态和热处理后的样品继续放大,如图 5-4-4 所示。区域 1 内的
初始状态下并无立方取向晶粒,可以判定其是再结晶形成,将立方晶粒及其周围晶
粒编号,如图 5-4-4(a)所示。区域 1 内的晶粒 a 为再结晶立方晶粒,晶粒 b、c 和 d
均为轧制态晶粒,晶粒 a 与 b 存在红色的孪晶界,说明 a 和 b 互为孪晶关系。因
此,根据应变诱导晶界迁移理论(SIBM),可以推测出在回复热处理过程中具有 S

取向的晶粒 b 通过回复形成可以移动的大角度晶界,然后发展形成亚晶,并不断吞并晶粒 d 完成再结晶长大;当其再结晶长大过程中受阻时,开始通过生成孪晶继续完成生长,从而形成了立方取向晶粒 a。相同的情况也发生在区域 3 内,在区域 3 内,只有晶粒 e 为轧制态晶粒,在热处理后,其先通过 SIBM 形成亚晶,然后发展形成新的晶粒,并在长大受阻的情况下,通过孪晶生长的方式分别形成了晶粒 f、g 和 h。在图 5-4-3 中还存在 6 处再结晶立方晶粒,这 6 处立方晶粒的尺寸都在亚微米级别,可以看到它们基本都与轧制态的 S 取向晶粒相邻,并且两者互为孪晶关系。因此可以确定,样品由轧制织构转变为再结晶立方织构的过程中,立方取向再结晶

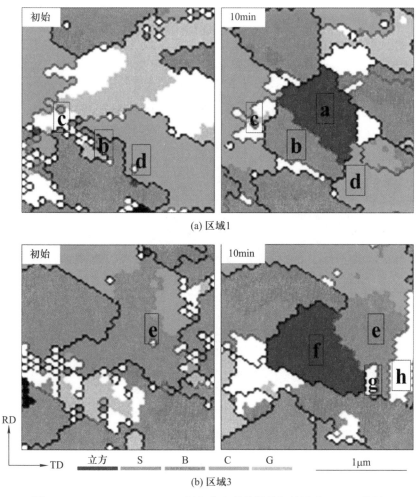

(a) 区域1

(b) 区域3

图 5-4-4　Ni8W/Ni12W/Ni8W 复合合金基带样品初始及在 700 ℃保温
10 min 后 RD-TD 表面晶粒取向分布图[21]

晶粒是通过与其互成孪晶关系的轧制态 S 取向晶粒孪生形成,这也解释了为什么 S 取向织构的含量越高越有利于再结晶立方织构的形成。

　　Ni8W/Ni12W/Ni8W 复合合金基带样品经过 700 ℃保温 10 min 后,又将其进行了 4 次热处理,每次热处理的时间为 15 min,并且在每次热处理后,对同一个位置进行 EBSD 测试,如图 5-4-5 所示。从图中可以看到,随着保温时间的增加,样品表面同时发生着晶粒回复、再结晶形核及再结晶晶粒长大,并且再结晶晶粒所占的比例越来越高。另外,在样品再结晶的过程中,孪晶生长仍扮演着十分重要的角色,从不同保温时间下的 IPF 可以看到,随着保温时间的延长,孪晶的数量也在逐渐增加。

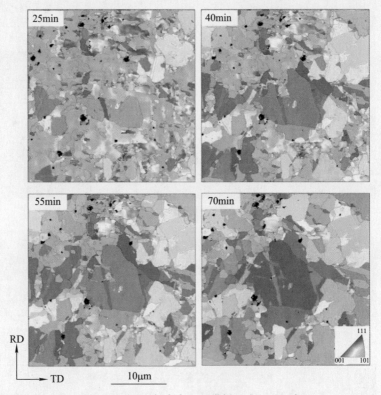

图 5-4-5　Ni8W/Ni12W/Ni8W 复合合金基带样品在 700 ℃保温 25、40、55 和
70 min 后 RD-TD 表面的 IPF[21]

　　图 5-4-6 显示了样品在 700 ℃保温不同时间下表面晶粒的取向分布。从图中可以看到,尽管随着保温时间的增加,立方取向晶粒的含量在增加,但并没有形成面积优势,并且随着样品再结晶不断地进行,原本在保温 10 min 后形成的立方取

向晶粒也逐渐被其他晶粒所吞并,这些被吞并的立方晶粒都具有相同的特点,即晶粒尺寸较小,而 1 和 3 号立方取向晶粒因为具有较大的尺寸被保留了下来。值得注意的是图 5-4-6 中的晶粒 A 在保温时间不断增加的过程中快速长大,在图像中形成了较为明显的尺寸优势,对比其所在区域的初始状态,如图 5-4-2 所示,可以发现晶粒 A 所在的区域在初始状态下相较其他区域存在更少的晶界含量,同时 KAM 也显示此区域的局部应变低,这使得 A 晶粒再结晶形核后长大过程中遇到的阻碍更少,最终使其在图像中形成了尺寸优势。

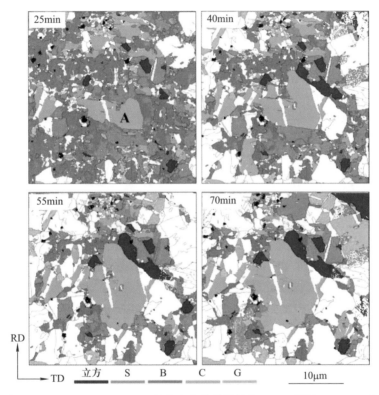

图 5-4-6　Ni8W/Ni12W/Ni8W 复合合金基带样品在 700 ℃保温 25、40、55 和 70 min 后 RD-TD 表面晶粒取向图[21]

　　通过 Ni8W/Ni12W/Ni8W 复合合金带材样品表面在低温退火过程中表面微观组织的变化,可以发现孪晶在其再结晶晶粒形核和长大过程都扮演着重要的作用。在过往的研究[34]中发现,在温度较低的再结晶温度下,形变样品往往会通过退火孪晶的形式完成再结晶,这表明等轴晶生长相较于孪晶生长需要更高的能量。因此,在轧制态晶粒回复过程中,晶粒受到外部能量的激发,由原来在形变中造成的大量晶格畸变的晶粒,逐渐转变为具有完美晶格结构的晶粒,但是当其转变受阻后,晶粒转变的趋势并不会停滞,而是会通过形成孪晶的方式翻过阻碍继续完成长大,在孪晶形成的过程中,新取向的晶粒也就出现在样品表面。因为 S 取向晶粒与立方取向晶粒互为孪晶关系,所以样品在不存在轧制态的立方取向晶粒的情况下,通过再结晶热处理后形成了立方取向晶粒。同样,在再结晶长大的过程中,因为孪晶生长需要更低的能量,当晶粒长大受阻后也会通过形成孪晶的方式继续完成长大。因为 700 ℃ 是 Ni8W/Ni12W/Ni8W 复合合金基带初始再结晶温度,所以在热处理过程中,外部提供给样品再结晶的能量并不充足,孪晶生长也就扮演了重要的角色,使其在不同的保温时间下,表面形成了大量的孪晶。在另一方面,两步退火中的第一步退火的目的是形成更多的立方取向晶粒,使其具有数量优势。因为热处理的温度低,即使形核较早的晶粒也不能快速吞并轧制态组织完成长大,这样就可以使得轧制态组织能更多地通过孪晶形核的方式形成大量的再结晶晶粒,也就达到了样品在再结晶热处理的初期形成更多立方取向晶粒的目的。

### 5.4.1.2 Ni8W/Ni12W/Ni8W 复合合金基带低温再结晶热处理过程中 RD-ND 截面微观组织的演变

采用与研究 Ni8W/Ni12W/Ni8W 复合合金基带 RD-TD 表面微观组织演变相同的准原位 EBSD 方法,针对 Ni8W/Ni12W/Ni8W 复合合金基带的 RD-ND 截面微观组织的演变进行了同样的研究分析。不同于 Ni8W/Ni12W/Ni8W 复合合金基带表面样品的制备,RD-ND 截面样品的制备首先通过机械抛光的方法获得一个平整的新截面,然后再采用离子束抛光的方法去除截面在机械抛光过程产生的应力层,最后通过 EBSD 获得其截面晶粒取向分布信息。截面样品在热处理过程中的温度与保温时间均与表面样品相同。

图 5-4-7 是 Ni8W/Ni12W/Ni8W 复合合金基带样品截面在初始状态下,以及在 700 ℃ 保温 10 min 和 25 min 后的 IPF 和 KAM 图。在初始状态下,样品的截面晶粒呈现出典型的板条状,并且沿 ND 方向的晶粒尺寸在 60 nm 左右。初始状态下的样品截面同样存在应力造成的无法标定的黑色区域。另外,从 KAM 图中也可以看到,截面样品存在大量的红色区域,并且这些红色区域沿 RD 方向与晶粒分布形态相同,这些红色区域代表样品截面晶粒的局部微观应变处于很高的状态。随着热处理的进行,样品截面经过 700 ℃ 保温 10 min,从 KAM 图中可以看到大量的红色区域减少,这代表着样品发生了回复。同时,IPF 中也显示样品截面开始出现再结晶晶粒,如黑色圆圈内晶粒所示,这些晶粒在形态上开始呈现出等轴状,并且晶粒内部的 KAM 值出现了明显的下降。当保温时间延长到 25 min 后,样品截面的 KAM 图中红色区域进一步减少,说明其内部应力在热处理过程中逐渐释放,同时 KAM 图也显示其截面出现了明显的 5 处局部应变较低的区域,对应 IPF 可以发现这些区域均为再结晶晶粒,并且在尺寸上相较于保温 10 min 时的样品呈现出明显

的长大现象。

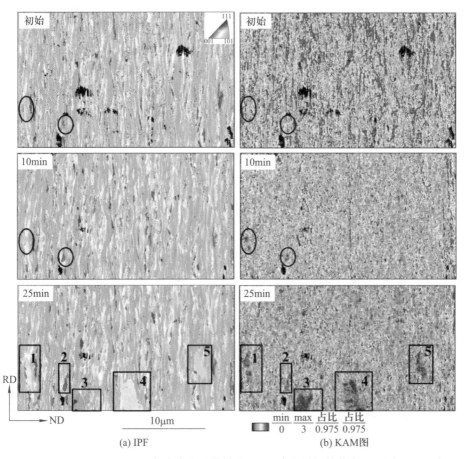

图 5-4-7 Ni8W/Ni12W/Ni8W 复合合金基带样品 Ni8W 合金层初始状态,以及在 700 ℃ 保温
10 min 和 25 min 后 RD-ND 截面 EBSD 数据[21]

随着样品在 700 ℃ 温度下保温时间的延长,样品截面再结晶晶粒不断生成,同
时再结晶晶粒也在快速长大,如图 5-4-8(a)所示。但值得注意的是,再结晶晶粒长
大过程中,再结晶晶粒通常是吞并周围轧制组织来完成长大,当两个不同取向的再
结晶晶粒通过长大相遇之后,也并没有出现两个再结晶晶粒之间相互吞并的现象,
而是继续吞并周围仍然存在的轧制组织完成长大。在图 5-4-8(b)中,新出现的沿
RD 方向的红色区域是样品热处理及测试过程中出现机械损伤造成,但是可以从
KAM 图中清晰地看出再结晶晶粒的局部应变显著降低,这表明再结晶晶粒内部位
错的减少,晶粒通过再结晶完成了原子的重新排布形成了完美晶格。正是因为再
结晶晶粒完美的晶格结构,不同取向的再结晶晶粒相遇后,因为外界温度不高,使

得晶界的驱动力不足以向相邻的具有完美晶格状态的再结晶晶粒移动,从而致使两个再结晶晶粒无法相互吞并。另外,在低温再结晶温度下,截面再结晶晶粒与表面晶粒都存在通过孪晶生长的现象。

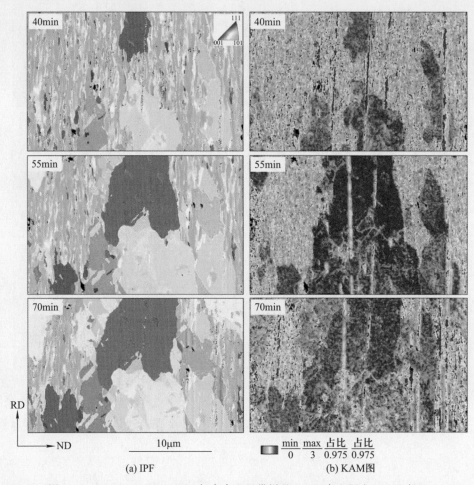

(a) IPF　　　　　　　　　　　　　　(b) KAM图

图 5-4-8　Ni8W/Ni12W/Ni8W 复合合金基带样品 Ni8W 合金层在 700 ℃保温
40 min、55 min 和 70 min 后 RD-ND 截面 EBSD 数据[21]

　　在晶粒取向分布方面,从图 5-4-9 中可以看到,Ni8W/Ni12W/Ni8W 复合合金基带样品截面在初始状态下主要以 S、B 和 C 取向晶粒为主,并且有少量的立方取向的轧制态晶粒,如黑色圆圈内蓝色晶粒所示。但随着热处理的进行,这些少量存在的轧制态立方取向晶粒逐渐消失,并未发展形成再结晶立方取向晶粒,这也验证了 5.4.1.1 部分得出的结论,即再结晶立方晶粒的形成和轧制态立方取向晶粒并无关系。在样品保温 40 min 后,样品截面出现了两处尺寸较大的立方取向再结晶晶粒,并且这两处晶粒随着保温时间的延长,呈现出了快速增长的现象。这里值得注意的是其他非立方取向再结晶晶粒也表现出了快速长大的趋势,但两者又存在不同的情况。从保温 70 min 后的晶粒取向分布图中可以看到,再结晶立方晶粒和非立方晶粒都形成了大量的孪晶,但对比两者相同大小区域内的孪晶含量可以发现,立方取向晶粒内部的孪晶数量明显少于非立方取向晶粒,这说明立方取向晶粒在吞并轧制态组织的过程中遇到的阻碍更少,因此不需要通过生成孪晶完成生长,因为立方晶粒内部孪晶更少,使其在晶粒尺寸上相比其他取向晶粒更大,这也为其在高温热处理过程中吞并其周围非立方晶粒提供了尺寸优势。

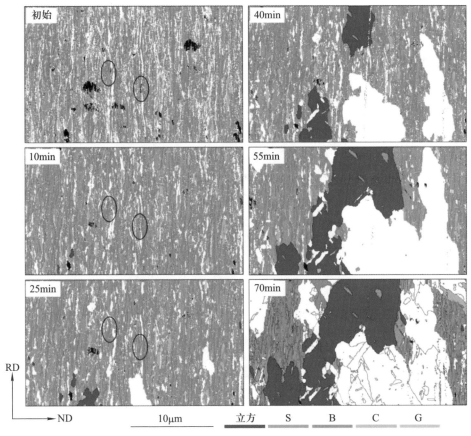

图 5-4-9　Ni8W/Ni12W/Ni8W 复合合金基带样品 Ni8W 合金层在低温再结晶热处理过程中的 RD-ND 截面晶粒取向分布图[21]

### 5.4.1.3　Ni8W/Ni12W/Ni8W 复合合金基带低温再结晶热处理过程中再结晶立方晶粒的形成机理

在过往的研究中,再结晶立方织构的形成机理主要分为取向形核和取向长大两种理论。我们在对 Ni8W/Ni12W/Ni8W 复合合金带材表面热处理过程的微观组织演变进行研究的过程中,通过准原位 EBSD 的方法成功地捕捉到了初始立方取向再结晶晶粒,明确了立方取向再结晶晶粒形成的原因,解决了立方织构从哪里形成的问题。另外,在 Ni8W/Ni12W/Ni8W 复合合金基带截面研究过程中,也通过准原位 EBSD 的方法精确追踪了立方取向晶粒长大的过程,并了解了其具有长大优势。无论立方取向晶粒的形核及长大,前文都已经提到,在大应变量轧制形变 Ni8W/Ni12W/Ni8W 复合合金基带再结晶热处理过程中,孪晶生长都扮演着重要的角色。

前文一直提到,再结晶立方晶粒通过 S 取向的轧制态晶粒孪生形成,但是通过计算可以发现标准立方取向 $\{001\}<100>$ 与 S 取向 $\{123\}<634>$ 的取向关系为 48.6°$<111>$,两者并不互为 $\Sigma 3$（60°$<111>$）孪晶关系,而与标准立方取向互为孪晶关系的取向为 $\{221\}<122>$。以 $\{221\}<122>$ 取向为取向中心,偏差角设为 15°,则 Ni8W/Ni12W/Ni8W 复合合金带材在 700 ℃ 下保温 10 min 后样品表面的 $\{221\}<122>$ 取向晶粒如图 5-4-10 所示,从图中可以看到 $\{221\}<122>$ 取向晶粒与再结

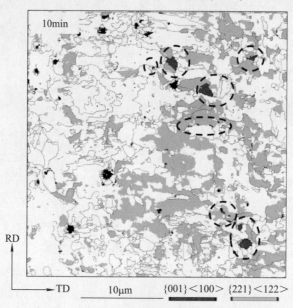

图 5-4-10　Ni8W/Ni12W/Ni8W 复合合金基带样品在 700 ℃ 温度下保温 10 min
后的 RD-TD 表面晶粒取向分布图[21]

晶立方晶粒相互依存,这表明轧制态{221}<122>取向晶粒是再结晶晶粒形成的关键。

　　既然形成再结晶立方织构的关键为{221}<122>取向织构,但是在图 5-4-3 中可以看到再结晶立方晶粒与 S 取向晶粒也互为孪晶关系,这是因为在取向分布图中,定义偏差角为 15°的都为同一种取向,所以晶粒取向图中{221}<122>取向与 S取向存在一定的重合。图 5-4-11(a)为 Ni8W/Ni12W/Ni8W 复合合金基带样品在700 ℃温度下保温 10 min 后的 RD-TD 表面{221}<122>取向晶粒分布图,图(b)则为{221}<122>取向晶粒对应的轧制织构取向晶粒。从图中可以直观地看到大部分{221}<122>取向晶粒与 S 取向相对应,只有少部分晶粒对应了 B 和 C 取向晶粒。在以往的研究[22]中已经发现轧制织构中 S 取向织构含量越高越利于再结晶立方织构的形成,其根本原因在于 S 取向晶粒更接近于{221}<122>取向,从而有利于再结晶立方晶粒的形成。图 5-4-12 为{221}<122>取向晶粒在极图中分布位置,{221}<122>取向织构的发现也为以后开发具有更强立方织构含量的高钨镍基合金基带提供了更为准确的参考。

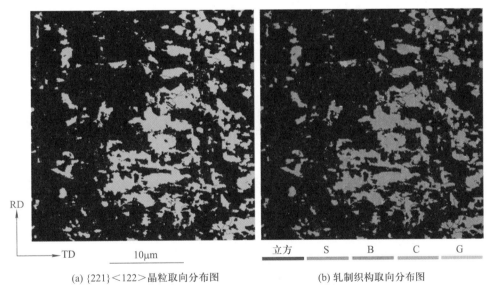

(a) {221}<122>晶粒取向分布图　　　　　(b) 轧制织构取向分布图

图 5-4-11　Ni8W/Ni12W/Ni8W 复合合金基带样品在 700 ℃温度下保温 10 min
后的 RD-TD 表面晶粒及轧制织构取向分布图[21]

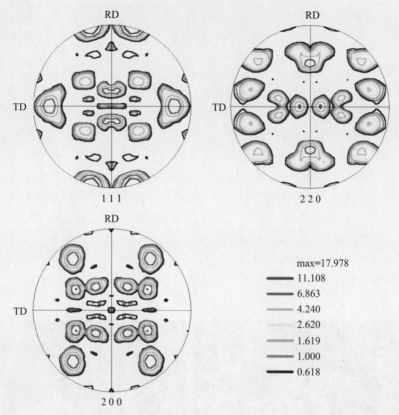

图 5-4-12　Ni8W/Ni12W/Ni8W 复合合金基带样品在 700 ℃温度下保温 10 min
后的 RD-TD 表面｛221｝<122>取向晶粒极图[21]

### 5.4.2　Ni8W/Ni12W/Ni8W 复合基带再结晶热处理过程中内外层微观组织的演变研究

Ni8W/Ni12W/Ni8W 复合合金基带在再结晶热处理后表面形成了强立方织构,但其作为具有"三明治"结构的复合材料,内外层合金因为 W 元素的含量不同,必然导致内外层合金微观组织结构在再结晶热处理中表现出不同的演变过程,本小节将针对内外层合金再结晶过程中微观组织的演变进行探讨研究,进而分析 Ni8W/Ni12W/Ni8W 复合合金基带再结晶强立方织构的形成机理。

#### 5.4.2.1　Ni8W/Ni12W/Ni8W 复合合金基带再结晶热处理过程中低温阶段内外层微观组织的演变

这里所描述的样品均是从常温开始按照 5 ℃/ min 进行随炉升温至 700 ℃,并进行保温热处理,保温热处理结束后再将样品随炉管拔出进行空冷。图 5-4-13 是

Ni8W/Ni12W/Ni8W 复合合金基带样品内外层 RD-ND 截面在 700 ℃温度下进行低温再结晶热处理过程中的 IPF,图像中两条黑色虚线中间为 Ni12W 合金层,虚线外部为 Ni8W 合金层。另外,这里值得注意的是不同于 5.4.1.3 部分的 RD-ND 截面样品的 IPF,为了更方便地观察再结晶晶粒情况,本小节的 IPF 没有进行坐标转化,坐标系 RD 为[100]方向,ND 为[010]方向。

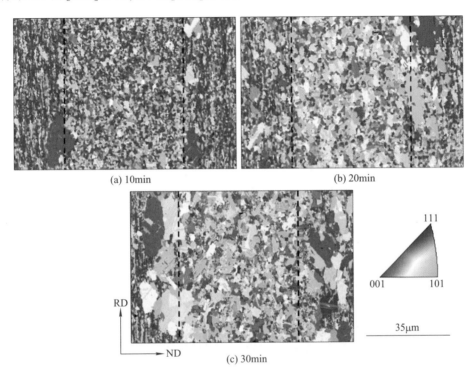

图 5-4-13   Ni8W/Ni12W/Ni8W 复合合金基带样品在低温再结晶热处理
过程中的 RD-ND 截面晶粒 IPF[21]

如图 5-4-13(a)所示,在保温 10 min 后,样品内外层均形成了再结晶晶粒,但是不同之处在于内层形成的再结晶晶粒数量更多,但其再结晶晶粒的尺寸相对于外层较小,而外层的再结晶晶粒的数量较少,但是其晶粒尺寸更大。样品经过 20 min 保温后,图 5-4-13(b)显示其内外层的再结晶晶粒都在发展。另外,可以看出内层再结晶晶粒相较于外层在数量上又表现出了更强的领先优势。保温 30 min 后的样品内层轧制组织已经少量存在,而此时外层仍存在着大量的轧制组织。对比不同保温时间的样品可以发现,保温 20 min 的样品内层晶粒相较于保温 10 min 的出现了晶粒尺寸上的明显长大现象,但是保温 30 min 的样品内层晶粒相较于保温 20 min 的样品并没有出现明显的尺寸增长。在外层晶粒方面,随着保温时间的增长,晶粒尺寸呈现出了一直增长的趋势。同时,有意思的是外侧晶粒在形态上还表现出沿 RD 方向的尺寸大于沿 ND 方向尺寸的现象,特别是尺寸较大的晶粒表现得更为明显,这说明再结晶晶粒在吞并轧制组织长大的过程中会优先沿 RD 方向生长,造成这种现象的原因是轧制样品的形变晶粒呈板条状,这就造成了样品沿 ND 方向的位错密度远远大于 RD 方向,使得再结晶晶粒在长大过程中沿 ND 方向会遇到更多的阻力。

图 5-4-14 是 Ni8W/Ni12W/Ni8W 复合合金基带样品在 700 ℃温度下保温 40 min、50 min 和 60 min 后的 RD-ND 截面 IPF。从图中可以看到,样品经过 40 min 的保温热处理后,内层 Ni2W 合金基本完成了再结晶,但是随着保温时间继续地延长,样品内层的再结晶晶粒仍然没有出现尺寸上的增长。同时,外层 Ni8W 合金层在 40 min 保温热处理后,已经形成了大量的红色再结晶晶粒,这些红色晶粒为立方取向晶粒。当保温时间达到 50 min 后,轧制组织消失,外层再结晶也基本完成,外层再结晶晶粒开始随着保温时间的延长出现了晶粒生长停滞的现象如图 5-4-14(c)所示。

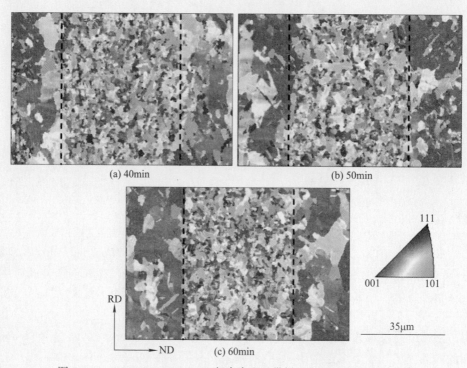

图 5-4-14　Ni8W/Ni12W/Ni8W 复合合金基带样品在低温再结晶热处理过程中的 RD-ND 截面晶粒 IPF[21]

通过以上分析可知,Ni8W/Ni12W/Ni8W 复合合金基带样品内外层在热处理过程中的微观组织的演变并不相同,造成这种现象的根本原因在于两者 W 元素的含量不同。首先,样品在轧制过程中,外层 Ni8W 合金的 W 含量低,层错能高,形变较为均匀,而内层 Ni12W 合金 W 含量高造成了其层错能低,形变过程中容易产生大量的剪切带。剪切带的存在往往会阻碍再结晶晶粒的长大,这也就是内层 Ni12W 合金层晶粒尺寸较小的原因之一。其次,内层合金因为 W 元素含量高,W 原子更容易在合金的晶界处产生偏析,元素的偏析可以为再结晶晶粒提供大量的形核位点,使其能形成更多的再结晶晶粒,但也会对晶界产生钉扎作用,从而不利于再结晶晶粒的长大。外层 Ni8W 合金因为 W 元素含量较少,轧制组织形变均匀,虽然晶粒再结晶形核数量少,但形变组织利于其快速生长。综上所述,虽然经过低温热处理后,样品内外层都完成了再结晶,但是内外层之间仍然存在清晰的界面,并且内外层晶粒之间并没有出现明显的相互吞并现象。

### 5.4.2.2　Ni8W/Ni12W/Ni8W 复合合金基带再结晶热处理过程中升温阶段内外层微观组织的演变

在 Ni8W/Ni12W/Ni8W 复合合金基带进行再结晶热处理过程中,样品是从室温以 5 ℃/ min 的升温速率随炉升温,当样品结束第一步再结晶热处理,从 700 ℃升温至 1350 ℃需要 130 min,在过往的研究中一直忽略了升温阶段,但是其在样品再结晶过程中也扮演着重要的角色。这里将采用准原位的方法针对 Ni8W/Ni12W/Ni8W 复合合金基带从 700 ℃到 1300 ℃这一升温阶段的内外层微观组织结构的演变进行分析研究。

图 5-4-15 是 Ni8W/Ni12W/Ni8W 复合合金基带样品在 700 ℃到 1000 ℃升温过程中的 RD-ND 截面 IPF。样品经过低温再结晶热处理后,如图(a)所示,内部 Ni12W 合金层已经完成了再结晶,外层 Ni8W 合金层也形成了较多尺寸较大的再结晶晶粒,但其仍存在部分轧制组织。另外,外层的再结晶晶粒中立方取向晶粒已经形成了一定的数量和尺寸优势,其中不仅存在尺寸较大的再结晶立方晶粒,如晶粒 1、2、4 和 6,也存在尺寸较小的立方晶粒 3 和 5。随着热处理温度升高到 800 ℃,如图(b)所示,内层 Ni12W 合金层的微观组织基本没有发生明显的变化,而外层 Ni8W 合金层的轧制组织基本消失。晶粒 2、3 和 6 因为周围存在轧制组织,在升温过程中这些晶粒逐渐吞并其周围的轧制组织完成了快速生长,但是其他周围不存在轧制组织的再结晶晶粒基本没有发生变化。当温度升高到 900℃,如图(c)所示,内层 Ni12W 合金层依然没有发生明显变化,外层的再结晶晶粒出现了轻微长大。这里值得注意的是在升温至 900 ℃的过程中,原来立方取向晶粒中存在大量的细小孪晶晶粒开始消失。在样品升温至 1000 ℃后,样品的内外层均发生了明显的变化,内外层的再结晶晶粒都开始通过相互吞并周围的再结晶晶粒完成长大,但

内外层之间的晶粒并没有出现太多的晶粒相互吞并现象,仍保持着清晰的界限。

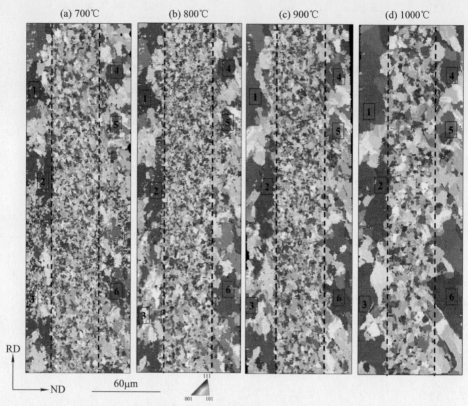

图 5-4-15　Ni8W/Ni12W/Ni8W 复合合金基带样品在升温过程中的 RD-ND 截面晶粒 IPF[21]

　　图 5-4-16 是 Ni8W/Ni12W/Ni8W 复合合金基带样品在 1100 ℃到 1300 ℃升温过程中的 RD-ND 截面 IPF。如图(a)所示,当温度升高至 1100 ℃,样品内外层的晶粒都在吞并周围的晶粒完成长大,同时外层再结晶晶粒开始侵吞内层再结晶晶粒,但是并没有出现内层晶粒吞并外层晶粒的现象。另外,外层具有尺寸优势的立方取向晶粒也在逐渐吞并尺寸较小的非立方取向晶粒。如图(b)所示,随着温度升高到 1200 ℃,可以发现表面再结晶晶粒吞并内层晶粒的过程中往往伴随着孪晶的生成,通过孪晶的生成,外层晶粒逐渐吞并了内层晶粒,同时内层的晶粒通过互相吞并,在晶粒尺寸上也出现了明显的长大。如图(c)所示,当再结晶温度升高至 1300 ℃,外层再结晶晶粒中的孪晶已经基本消失,并且外层的再结晶晶粒进一步吞并内层晶粒,立方取向晶粒在生长过程往往具有长大优势。

　　综上所述,Ni8W/Ni12W/Ni8W 复合合金基带在再结晶热处理过程中,外层的立方取向晶粒在升温阶段已经占据了主导优势,并且外层晶粒随着温度的升高逐

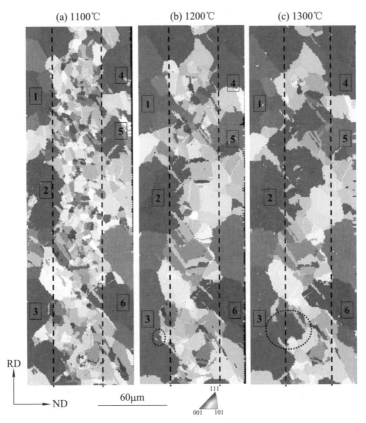

图 5-4-16　Ni8W/Ni12W/Ni8W 复合合金基带样品在升温过程中的 RD-ND 截面晶粒 IPF

渐吞并内层晶粒，内层高 W 层形成的非立方晶粒并没有对外层立方晶粒的长大产生影响。立方取向晶粒的长大可以分为两个阶段，第一个阶段是立方取向晶粒吞并轧制组织完成长大，这个阶段立方取向晶粒相较于其他取向晶粒具有明显的长大优势，并且立方晶粒在这个阶段大都呈长条状分布。根据晶界迁移理论[35]，成 40°<111> 取向差关系的晶界具有良好的迁移能力，立方取向与 S 取向互成 48.6° <111>，非常接近 40°<111> 的取向差关系，而 Ni8W/Ni12W/Ni8W 复合合金基带轧制组织中含有大量的 S 取向晶粒，从而也利于立方取向晶粒的成长。立方取向晶粒长大的第二个阶段为吞并周围的非立方取向再结晶晶粒，这个阶段往往发生在高温下，当外界的驱动能足够大时，立方取向晶粒往往吞并其周围的非立方取向晶粒完成长大。造成这种现象的原因有两，一是立方取向晶粒在吞并周围轧制组织的时候快速长大，当再结晶结束后，立方取向晶粒的尺寸相较于其他取向晶粒已经具有了尺寸优势，在尺寸优势的作用下，立方取向晶粒能够吞并周围尺寸较小的非立方取向晶粒完成长大。二是,立方取向晶粒存在很强的稳定性,这种稳定性使得其在长大的过程中很难被其他取向晶粒所吞并,并且在外界驱动能足够的条件下,能出现以小吞大的现象,如图 5-4-16 中黑色圆圈中晶粒所示。

### 5.4.2.3 Ni8W/Ni12W/Ni8W 复合合金基带高温再结晶热处理过程中内外层微观组织的演变

Ni8W/Ni12W/Ni8W 复合合金基带再结晶热处理的最后一步为高温保温阶段,这一阶段的温度达到了 1350 ℃,并进行 120 min 的保温。这里仍采用准原位的方法针对 Ni8W/Ni12W/Ni8W 复合合金基带高温再结晶热处理过程中的微观组织结构的演变进行研究分析。Ni8W/Ni12W/Ni8W 复合合金基带样品在高温热处理过程中,样品先经过低温和升温再结晶热处理后达到 1350 ℃,然后样品在 1350 ℃温度下每隔 30 min 的保温时间进行一次 EBSD 测试,当样品经过总计 120 min 保温热处理后,高温再结晶热处理结束。

图 5-4-17 为 Ni8W/Ni12W/Ni8W 复合合金基带样品的同一个位置在 1350 ℃温度下保温不同时间的 RD-ND 横截面的取向分布图。根据晶粒长大情况,把高温热处理分为三个阶段。第一个阶段为保温至 30 min,在该阶段内外层晶粒尺寸较

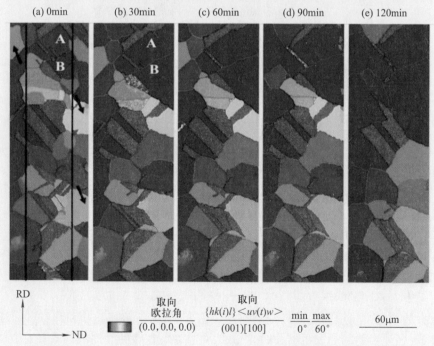

图 5-4-17 Ni8W/Ni12W/Ni8W 复合合金基带样品在高温再结晶热处理过程中的 RD-ND 截面晶粒取向分布图[21]

小的晶粒往往会被周围较大的晶粒所吞并。不同于升温阶段只存在外层晶粒吞并内层晶粒的现象,在高温热处理过程中,不仅存在外层晶粒吞并内层晶粒完成长大的现象,同时也出现了一些内层晶粒吞并外层晶粒生长的现象,如图(a)和(b)中的晶粒 A 和 B。造成这种现象主要分为两个原因,一是退火温度的升高使得晶粒生长的驱动能增大,内层高 W 含量晶粒中 W 元素不能继续阻碍晶界的迁移;二是因为晶粒 A 和 B 为立方取向,根据取向生长理论,这些立方取向晶粒在长大过程中具有长大优势。第二个阶段是从 30 min 保温至 90 min,内外层晶粒继续相互吞并生长,但因为内部形变储存能的消失和晶粒尺寸变大导致晶粒生长速率变慢,另外值得注意的是该阶段的晶粒主要沿 ND 方向生长。第三个阶段为 90 min 保温至 120 min,此阶段晶粒的生长速率又开始加快,在外层晶粒吞并内层晶粒的同时,也开始发生着外层晶粒相互吞并长大的现象。

通过研究 Ni8W/Ni12W/Ni8W 复合合金基带样品在不同热处理阶段内外层晶粒的变化,可以发现内外层 W 含量的不同对其再结晶晶粒的长大产生着剧烈的影响。内层因为 W 含量高,在相同的轧制形变条件下,产生大量的剪切带。在低温热处理阶段,高 W 含量和剪切带的共同作用下为再结晶提供了大量的形核位点,但是也限制了其再结晶晶粒的长大。而外层因为 W 含量低,形变均匀,晶粒形核位点少,但利于再结晶晶粒的长大。升温阶段中,内层同样因为 W 含量高对晶界的钉扎作用强,使得其在相同温度下的再结晶过程中较于外层晶粒难以快速长大。高温阶段,因为外界的驱动能的增加,内外层开始出现了相互吞并的现象。所以,W 含量是内外层再结晶晶粒演变不同的根本原因。

### 5.4.3 Ni8W/Ni12W/Ni8W 复合基带再结晶热处理过程中内外层元素扩散的研究

在上一小节,已经研究了 Ni8W/Ni12W/Ni8W 复合合金基带在不同热处理阶段内外层晶粒的变化,并发现了 W 元素是导致内外层再结晶演变不同的根本原因。在 Ni8W/Ni12W/Ni8W 复合合金基带热处理过程中,不仅发生着晶粒的再结晶,内外层的元素也在进行着元素的扩散。因此,本小节将针对 Ni8W/Ni12W/Ni8W 复合合金基带在再结晶热处理过程中的元素扩散进行分析研究,探讨内外层元素扩散与再结晶晶粒长大之间的相互关系,建立内外层元素扩散与晶粒长大的关系模型。

图 5-4-18 表示再结晶退火前后的 Ni8W/Ni12W/Ni8W 复合合金基带横截面的 BSE 图像,从图(a)中可以看到,退火前的 Ni8W/Ni12W/Ni8W 复合合金基带截面为"三明治"结构,各层的厚度分别为 25 μm、48 μm 和 30 μm 的。当 Ni8W/Ni12W/Ni8W 复合合金基带经过高温再结晶退火后,外层和内层之间的界面消失,这是由于内外层之间发生元素扩散,如图(b)所示。通过能谱仪对样品的截面进

行线扫,评估退火前后的 Ni8W/Ni12W/Ni8W 复合合金基带内层和外层之间的元素扩散,如图(c)和(d)所示。扩散区域 a 和曲线斜率 k 描述了 Ni8W/Ni12W/Ni8W 复合合金基带的外层和内层之间的元素差异。对比再结晶热处理前后的 Ni8W/Ni12W/Ni8W 复合合金基带的扩散区域和曲线斜率,可以发现退火前的样品扩散区域较小,同时曲线斜率较大。经过再结晶退火热处理后,样品的扩散区域变大,同时曲线斜率降低。Ni8W/Ni12W/Ni8W 复合合金基带退火前后的扩散区域与曲线斜率的变化代表着样品内外层之间的元素扩散,通过扩散区域和曲线斜率的变化可以了解内外层之间的扩散程度。

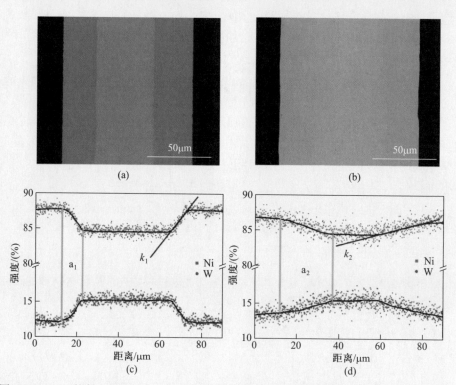

图 5-4-18　(a)轧制(b)退火后的 Ni8W/Ni12W/Ni8W 复合合金基带样品 BSE 图;(c)轧制和
(d)退火后 Ni8W/Ni12W/Ni8W 复合合金基带样品沿横截面的 Ni 和 W 元素分布[21]

　　Ni-W 合金的磁性能强烈依赖于 W 含量,因此 Ni8W/Ni12W/Ni8W 复合合金基带内外层之间的元素扩散必然会影响其本征的磁性,所以通过样品的磁性能可以有效地评估复合合金基带之间的元素扩散。如图 5-4-19 所示,通过综合物性测试系统(physical property measurement system,PPMS)对 Ni8W/Ni12W/Ni8W 复合合金基带在不同热处理阶段的居里温度进行测量,进而可以分析内外层之间的元素互扩散程度。从图中可以发现,Ni8W/Ni12W/Ni8W 复合合金基带样品在 700 ℃温度条件下,保温 60 min 后的居里温度与冷轧态相比基本没有发生变化,表明这个阶段内外层之间的元素也基本没有发生互扩散。在 700 ℃到 1300 ℃的升温阶段和 1350 ℃温度下从 0 到 30 min 的保温阶段,Ni8W/Ni12W/Ni8W 复合合金基带样品的居里温度显著下降,说明这两个阶段的内外层之间发生了强烈的元素互扩散。在 1350 ℃温度下继续保温,样品的居里温度下降缓慢,表明内外层之间的元素扩散逐渐变缓。

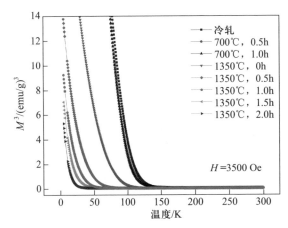

图 5-4-19　Ni8W/Ni12W/Ni8W 复合合金基带同一样品在不同热处理阶段的居里温度[21]

　　对比在不同热处理阶段 Ni8W/Ni12W/Ni8W 复合合金基带 RD-ND 截面的再结晶晶粒长大和样品居里温度的变化,可以发现复合合金基带内外层间的晶粒长大与元素互扩散存在着协同关系。根据内外层晶粒长大的情况可以把复合合金基带再结晶退火过程形成分为三个阶段。第一阶段为复合合金基带在 700 ℃下保温不同时间,如图 5-4-20(a)所示。在此阶段内外层之间没有元素互扩散,同时样品内外层之间的再结晶晶粒互不影响,元素与晶粒分布都存在相同的界面。图(b)显示了第二阶段的内外层晶粒长大与元素互扩散,此阶段为 700 ℃到 1350 ℃的升温过程。在此阶段的热处理过程中,外层晶粒通过吞并内层晶粒迅速长大,同时内外层之间的元素扩散快速发生。第三阶段为 1350 ℃高温热处理阶段(图(c))。此阶段因为热处理温度高,温度对晶界迁移的驱动力增大,晶粒长大相比于低温热处理阶段和升温阶段较为复杂。在保温时间的前 30 min,内外层晶粒继续长大,出现了内层立方取向晶粒吞并外层晶粒的情况,并且内外层晶粒的相互吞并完成快速长大,此阶段的样品居里温度同样在快速下降代表了内外层间的元素在快速发生扩散。从 30 min 保温到 90 min 保温,内外层晶粒仍以相互吞并长大,可以观察

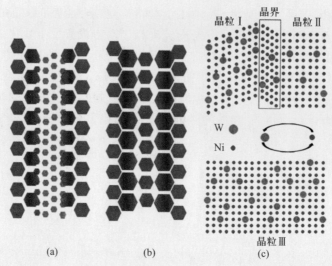

图 5-4-20　热处理过程中晶粒生长和元素扩散的示意图[21]

到晶粒长大方向主要为 ND 方向,但是晶粒的长大速率明显放缓,同时样品的居里温度下降趋势也变慢,说明了元素扩散速率在下降。从 90 min 保温到 120 min,内外层之间的元素扩散基本完成,内外层晶粒并不再以 ND 方向生长,晶粒在 RD 方向通过晶界的迁移和晶粒之间的相互吞并完成长大。

　　通过分析各个热处理阶段的晶粒长大过程和内外层间的元素扩散,可以发现内外层之间的晶粒相互吞并与元素互扩散存在着协同关联性。内层的高 W 含量限制了再结晶晶粒的长大,使得外层低 W 含量立方取向晶粒可以通过吞并内层晶粒完成生长,最终在外层形成强立方织构。在外层吞并内层晶粒的过程中也促进了内外层间的元素互扩散,使得内外层的元素扩散与晶粒长大同步进行。W 元素由于原子序数较大容易在晶界处形成偏析,对晶界形成钉扎作用。在内外层间元素发生扩散的过程中,元素扩散也推动着晶界的迁移,通过内外层间的元素浓度梯度为晶界移动提供了额外的驱动能量,使得晶粒可以快速完成生长。因此,复合合金基带内外层晶粒的长大与元素扩散存在着相互促进的作用。

# 参 考 文 献

[1]　孟易辰. 涂层导体用织构 Ni8W 合金及其复合基带的研究[D]. 北京工业大学,2014.

[2]　高忙忙. 涂层导体用织构镍合金基带的研究[D]. 北京工业大学,2011.

[3]　Sarma V S,Eickemeyer J,Schultz L,et al. Recrystallisation texture and magnetisation behaviour

of some FCC Ni-W alloys[J]. Scripta Mater.,2004,50(7):953-957.

［4］ 赵跃. 涂层导体织构镍合金基板及过渡层的研究[D]. 北京工业大学,2009.

［5］ Leffers T,Ray R K. The brass-type texture and its deviation from the copper-type texture[J]. Prog. Mater. Sci.,2009,54(3):351-396.

［6］ Leffers T. The brass-type texture-how close are we to understand it? [C]. Proceedings of the Materials Science Forum,F,2011.

［7］ Gracio J J. The effect of grain size on the microstructural evolution of copper deformed in rolling [J]. Materials Science and Engineering A,1995,196(1-2):97-104.

［8］ Kamikawa N,Sakai T,Tsuji N. Effect of redundant shear strain on microstructure and texture e-volution during accumulative roll-bonding in ultralow carbon IF steel[J]. Acta Mater.,2007,55 (17):5873-5888.

［9］ Sarma V S,Eickemeyer J,Mickel C. On the cold rolling textures in some fcc Ni-W alloys[J]. Materials Science and Engineering A,2004,380(1/2):30-33.

［10］ 陈剑锋,武高辉,孙东立,等. 金属基复合材料的强化机制[J]. 航空材料学报,2002,22 (2):5.

［11］ Sokolov B K,Gervasyeva I V,Rodionov D P,et al. Influence of rolling temperature on the per-fection degree of recrystallization cube texture in nickel[J]. Textures & Microstructures,2001, 35(1):1-22.

［12］ Chang H,Baker I. Isothermal annealing of cold-rolled high-purity nickel[J]. Materials Science and Engineering A,2008,476(1-2):46-59.

［13］ Daaland O,Nes E. Origin of cube texture during hot rolling of commercial Al+Mn+Mg alloys [J]. Acta Mater.,1996,44(4):1389-1411.

［14］ Vatne H E,Shahani R,Nes E. Deformation of cube-oriented grains and formation of recrystal-lized cube grains in a hot deformed commercial AlMgMn aluminium alloy[J]. Acta Mater., 1996,44(11):4447-4462.

［15］ Zhao Y,Suo H,Zhu Y,et al. Highly reinforced,low magnetic and biaxially textured Ni-7 at.% W/Ni-12 at.% W multi-layer substrates developed for coated conductors[J]. Supercon. Sci. Tech.,2008,21(7).

［16］ Hjelen J,∅rsund R,Nes E. On the origin of recrystallization textures in aluminium[J]. Acta Metall. Mate.,1991,39(7):1377-1404.

［17］ Rollett A. Recrystallization and related annealing phenomena[J]. Elsevier,1995.

［18］ 曲文卿,庄鸿寿,张彦华. 异种材料 TLP 扩散连接过程的非对称性[J]. 中国有色金属学报,2003,13(2):5.

［19］ Eickemeyer J,Huehne R,Gueth A,et al. Textured Ni-7.5 at.% W substrate tapes for YBCO-coated conductors[J]. Supercon. Sci. Tech.,2008,21(10).

［20］ Gaitzsch U,Hänisch J,Hühne R,et al. Highly alloyed Ni-W substrates for low AC loss applica-tions[J]. Supercon. Sci. Tech.,2013,26(8):625-629.

［21］ 纪耀堂. 涂层导体用镍基金属基带形变及再结晶织构的研究[D]. 北京工业大学,2022.

[22] Yu D,Suo H L,Liu J,et al. Intermediate annealing and strong cube texture of Ni8W/Ni12W/ Ni8W composite substrates[J]. Journal of Materials Science,2018,53(21):15298-15307.

[23] Ridha A A,Hutchinson W B. Recrystallisation mechanisms and the origin of cube texture in copper[J]. Acta Metall. Mater.,1982,30(10):1929-1939.

[24] Duggan B J,Lücke K,Köhlhoff G,et al. On the origin of cube texture in copper[J]. Acta Metall. Mater.,1993,41(6):1921-1927.

[25] Madhavan R,Ray R K,Suwas S. Micro-mechanical aspects of texture evolution in nickel and nickel-cobalt alloys:Role of stacking fault energy[J]. Philos Mag.,2016,96(30):3177-3199.

[26] Yu D,Ma L,Suo H,et al. Influences of dynamic and static annealing on texture transformation in Ni-5at%W alloy substrate[J]. Rare Metal Mat. Eng.,2018,47(12):3806-3810.

[27] Jamaati R. Four unusual texture transitions in high purity copper during cold deformation followed by quenching[J]. Materials Research Express,2019,6(1).

[28] Zhang C X,Suo H L,Zhang Z L,et al. Evolution of microstructure,texture and topography during cold rolling and recrystallization of Ni-5at.%W alloy substrate for coated conductors[J]. Crystals,2019,9(11):1-11.

[29] Ridha A A,Hutchinson W B. Recrystallisation mechanisms and the origin of cube texture in copper[J]. Acta Metall. Mater.,1982,30(10):1929-1939.

[30] Duggan B J,Lücke K,Köhlhoff G,et al. On the origin of cube texture in copper[J]. Acta Metall. Mater.,1993,41(6):1921-1927.

[31] Penelle R. Nucleation and growth during primary recrystallization of certain metals and alloys with a face-centered cubic structure:Formation of the cube texture[J]. International Journal of Materials Research,2009,100(10):1420-1432.

[32] Chen X P,Chen X,Zhang J P,et al. Effect of initial cube texture on the recrystallization texture of cold rolled pure nickel[J]. Materials Science and Engineering A,2013,585(11):66-70.

[33] Liang Y,Hui T,Suo H,et al. Recrystallization and cube texture formation in heavily cold-rolled Ni7W alloy substrates for coated conductors[J]. Journal of Materials Research,2015,30(10):1686-1692.

[34] Field D P,Bradford L T,Nowell M M,et al. The role of annealing twins during recrystallization of Cu[J]. Acta Mater.,2007,55(12):4233-4241.

[35] Liebmann Bernhard Lücke Kurt Masing G. Untersuchungen über die orientierungsabhängigkeit der wachstumsgeschwindigkeit bei der primären rekristallisation von aluminium-einkristallen [J]. International Journal of Materials Research,1956,47(2):57-63.

# 第6章 其他织构基带的研究进展

## 6.1 Ag 及其合金织构基带的研究

### 6.1.1 Ag 织构的初步研究

#### 6.1.1.1 概论

关于 Ag 织构的研究,早在 20 世纪五六十年代,就有一些学者报道了退火后不同的再结晶织构类型。大部分的报道内容为 Ag 中轧制后的 Ag 型织构及退火后的 B 型再结晶织构。但再结晶过程中,其织构转变机理及模型仍然有很大争议。本章采用商业 Ag 原材料,通过冷轧和在不同阶段的退火研究了 Ag 中一般的再结晶织构转变规律,并提出了晶界迁移的转变模型。实验退火研究主要集中在低温 (500 ℃以下)。在高温退火下用这种商业材料获得了立方织构,但由于结果不能被重复,所以只给出了结果,用 EBSD 技术讨论了织构分布、质量及实验现象(孪晶),没有给出详细的织构转变机理。

#### 6.1.1.2 Ag 织构基带的制备

实验采用纯度大于 99.95% 的商业已轧制的 Ag 板料,其厚度尺寸为 3.0 mm。经检测后,其杂质水平如表 6-1-1 所示。测量后的原始材料硬度平均值约为 90 kg/mm², 为了释放形变应力以降低硬度,形变前将 Ag 块切成 60 mm×15 mm× 3 mm 尺寸,然后在普通的真空炉中用 230 ℃低温退火 1 h。退火后样品的微观硬度值降为 45 kg/mm²。极图测量与 ODF 计算显示了近乎于自由取向分布的初始织构,其最大 ODF 值等于 3.50。形变采用标准的两辊冷轧,道次压下量为 20%, 总形变量分别为 47%,65%,85%,93%。控制样品的最终厚度为 0.12 mm,然后将样品置于马弗炉(muffle furnace)中分别在 100 ℃,150 ℃,170 ℃,200 ℃,250 ℃, 300 ℃,400 ℃,500 ℃,700 ℃于空气中退火。我们用 X 射线衍射来测量样品的 3 个不完全极图,然后根据邦奇(Bunge)的系列级数扩展方法,使用 ODF 程序计算了样品的 ODF 取向分布函数。另外仍然采用这批原材料,使用 130 ℃预热轧制(样品在轧制前于普通的马弗炉中预热大约 5 min),然后在高温 700 ℃退火获得了立方织构的 Ag 带。但由于无法知道这批原材料的历史,实验结果不能被重复。本章只给出了样品在高温下的再结晶织构结果,并比较了冷轧后与预热轧制后都在 700 ℃退火条件下退火处理的 Ag 带的结果。

表 6-1-1　商业 Ag 的纯度水平(重量百分比)

| Sb/(%) | Fe/(%) | Pt/(%) | Au/(%) | Pb/(%) | Ni/(%) | Bi/(%) | Pd/(%) | Cu/(%) |
|--------|--------|--------|--------|--------|--------|--------|--------|--------|
| 0.0020 | 0.0064 | 0.0037 | 0.0015 | 0.0015 | 0.0015 | 0.0015 | 0.0010 | 0.0037 |

### 6.1.1.3　Ag 基带冷轧织构与低温退火后的再结晶织构

通过比较不同冷轧压下量的 Ag 带的 X 射线衍射和 ODF 取向分布函数发现,随着冷轧形变量的增大(从 47% 到 93%),冷轧 Ag 带的形变晶体取向基本聚集于 α 取向线,织构分布从 $\{011\}<100>$,$\{011\}<112\}$ 直到 $\{011\}<322>$。当形变量为 93% 时,其主要的织构聚集在 B 型轧制织构 $\{011\}<112>$($\varphi_1 = 35°$,$\Phi = 45°$,$\varphi_2 = 0°$)。图 6-1-1(a) 为 93% 轧制量的 Ag 片的 ODF 截面图,图中 B 型轧制织构的最大的 ODF 值等于 8.14,说明形成了强的轧制织构。对形变量为 93% 的样品分别在 100 ℃,150 ℃,170 ℃,200 ℃,250 ℃,300 ℃,400 ℃,500 ℃,700 ℃短时间退火(10 min),然后使用 X 射线衍射和 ODF 取向分布函数分析了样品织构随着退火温度的变化。结果表明随着退火温度的增高,Ag 带的织构呈现不断变化的趋势。从图中可知,当温度较低时(100 ℃、170 ℃),织构类型仍以 $\{110\}$ 型的轧制织构为主,并存在较弱的 $\{236\}<385>$B 型再结晶织构。此时样品内很大一部分形变组织在再结晶退火时只发生了回复或原位再结晶。随着退火温度的进一步升高(200~500 ℃),样品在再结晶过程中,$\{236\}<385>$织构有所增强,同时出现了较弱的织构组分 $\{012\}<021>$ 和 $\{023\}<032>$ 取向及少量弱的 $\{012\}<142>$ 织构;并且与黄铜材料退火后的再结晶织构相比,Ag 退火后其 $\{012\}$ 和 $\{023\}$ 面平行于轧面的取向增强(黄铜材料退火后有更强的 $\{236\}<385>$型再结晶织构)。

图 6-1-2(a),(b)分别为冷轧型织构和再结晶织构的 ODF 值随着温度变化的曲线。从图 6-1-1 的 ODF 截面和 6-1-2 的曲线对比分析可知,当退火温度为 100 ℃时,相比原来冷轧后样品的 ODF 值,冷轧织构含量 $\{110\}<uvw>$ 的 ODF 值有显著增长(图 6-1-2(a))。这个现象说明在非常低的温度下,在原来的冷轧型织构和形变孪晶的基础上,由于孪晶的形成产生了退火的 $\{110\}<uvw>$ 型织构。随着退火温度进一步地升高,在大约 150~200 ℃(图 6-1-2(a) 与 (b)),冷轧型织构的 ODF 值陡然降低,而再结晶织构快速地出现并增长。而当退火温度进一步升高,冷轧型织构基本消失,而再结晶织构如 $\{236\}<385>$,$\{012\}<021>$ 及 $\{023\}<032>$ 成为并存的主要退火织构。下面将重点阐述这些织构的形成与转变并提出了它们的转变模型。

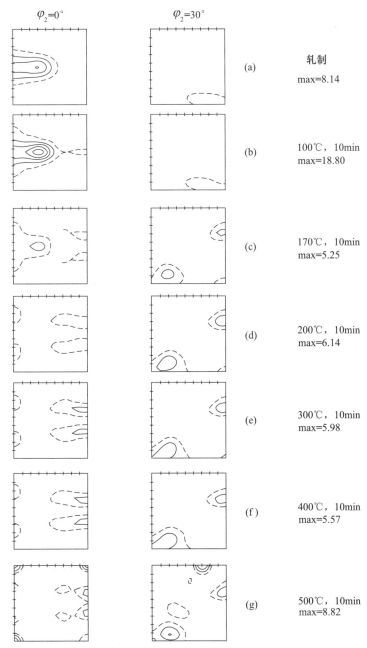

图 6-1-1　不同退火温度下的 ODF($\varphi_2 = 0°$, $\varphi_2 = 30°$) 截面图

（密度水平分别为 2,4,6,8,10,12）[1]

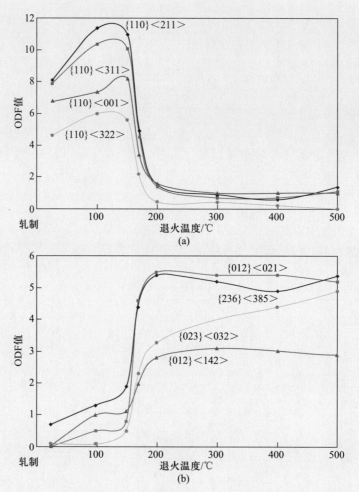

图 6-1-2　(a)冷轧型织构和(b)再结晶织构的 ODF 值随着温度变化的曲线[1]

#### 6.1.1.4　低温再结晶织构模型讨论

Bunge 和 Plege[2]提出了黄铜材料(具有低的层错能)的再结晶织构形成模型,在这个模型中,取向的改变被归功于 $n$ 级孪晶(多次孪晶),并且最终获得的取向是快速增长的取向。根据这个理论模型,可以清楚地解释现在研究的结果。

首先,当退火温度为 100 ℃时,由于孪晶的影响,冷轧织构的 ODF 值沿着{011}面($\Phi=45°,\varphi_2=0°$)有轻微的增长。此结果已被实验观察所证实[110],即{011}<112>含量的孪晶取向是它本身(将在 6.1.2.3 部分中描述),而其他的冷轧织构,比如{011}<100>,其孪晶织构为{011}<122>。因此在最初的退火过程中,其轧制织构的 ODF 值有轻微的增长,这充分说明了在图 6-1-1 所示的 100 ℃退火后的 ODF 截面($\varphi_2 = 0°$)中,其取向主要沿着 $\varPhi = 45°$ 扩展,从 {011}<100>,{011}<112>,{011}<122>直到{011}<011>。因此,在非常低温度下的退火阶段,取向的改变是由一级孪晶的形成所引起。当退火温度高于 170 ℃时,再结晶织构出现了。在这个温度阶段,在回复的基础上,发生了形核和部分核的长大,其再结晶织构被称为快速增长取向。首先被检测到的取向是 B 型织构{236}<385>,因为它是在初次再结晶时快速增长的取向,因此它的形成应该与冷轧取向、由轧制产生的缺陷及初次再结晶中的扩散有关。

图 6-1-3 为一个{011}标准投影图,其中心极点为(011),在这个标准投影图上,我们定义<100>为轧制方向,因此这个投影图可代表轧制织构{011}<100>(如图所示)。在这个取向中,其最活跃的滑移系为{111}<101>及它的等价系统。轧制中产生的缺陷,比如位错堆积等应该集中在这个滑移面上,其滑移面的轨迹如图 6-1-3 投影图中的椭圆形虚线所示。在这个投影图上,其{236}和<385>极点的位置分别用 DEP 和 DED 代表(如图中标示),它合起来则代表取向{236}<385>。根据孪晶旋转理论,假如{011}<100>取向绕着它的<111>轴旋转 180°,则可得到取

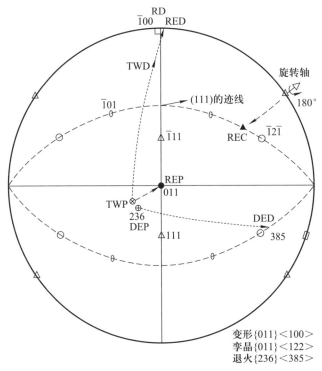

图 6-1-3　{011}标准投影图,其中心极点为(011) [1]

向｛011｝<122>，这就是取向｛011｝<100>的孪晶取向。按照这种旋转，此时｛236｝<385>极点在孪晶旋转后的投影图上分别用 TWP 和 TWD 表示。而当在孪晶位置的｛236｝极点（用 TWP 表示）被旋转进中心极点｛011｝位置时（此时用 REP 表示），其<385>方向正好与轧制方向的极点<100>相重合（用 RED 表示），这就代表再结晶织构｛236｝<385>。在这种情况下，即当｛236｝为中心极点，<385>为轧制方向时，此时它的（111）极点正好落在冷轧取向的（111）滑移面的轨迹上，如图 REC 点所示。这个事实充分地指出了｛236｝<385>织构是孪晶发生后的快速增长取向。

由于不均匀分布的缺陷，冷轧晶体在再结晶过程中表现出了原子的各向异性扩散，其最强的扩散方向为在滑移面上并垂直于滑移方向，因此在密排面上（对于FCC 金属其密排面为（111）），并且垂直于滑移方向的核更易于快速增长并成为主要的织构。而根据上述分析，｛236｝<385>取向正好满足这个条件。这可被理解为，在一次孪晶发生后，它的｛111｝密排面垂直于冷轧织构｛011｝<100>的滑移面。正如上面所提到的，对于集中在滑移面上的轧制缺陷，其原子扩散是各向异性的，沿着滑移面且垂直于滑移方向的那些原子的扩散比其他方向更容易。而另一方面，晶界的迁移都是由表面能决定，一般具有低能量面的晶粒容易增长。由于在FCC 金属中，｛111｝密排面具有低的表面能（$E(111) = 1087\ erg/cm^2$，$1\ J = 10^7\ erg$)[4,5]，因此那些低能面垂直于高能面（或平行于高能方向）的取向总是所谓的快速增长取向。分析另一种再结晶织构｛012｝<021>可知，其具有与上述分析相类似的情形。图 6-1-4 所示仍然为一个｛011｝的标准投影图，其中心极点仍然为（011），而此时定义轧向与<211>平行，因此这个投影图代表｛011｝<211>冷轧含量。在此投影图上，｛012｝和<021>极点的位置分别用 DEP 和 DED 表示（如图所示），它合起来则代表取向｛012｝<021>。当｛011｝<211>取向绕着它的<111>轴旋转 180°时，｛012｝和<021>也相应地旋转到它的孪晶位置，在图中分别用 TWP 和 TWD 表示。而当在孪晶位置 TWP 的｛012｝面被旋转到中心极点｛011｝位置时，此时在孪晶位置的<021>方向正好与轧制方向<211>的极点相重合，则代表再结晶织构｛012｝<021>。此时在这个投影图上，其｛111｝密排面的其中一个极点又正好落在冷轧含量｛011｝<211>的滑移面的轨迹上（如图所示，用 REC 表示，接近极点<121>）。这就意味着取向｛012｝<021>的低能量面（｛111｝密排面）垂直于冷轧织构中的易扩散方向，因此取向｛012｝<021>也是孪晶发生后的一个快速增长取向。

用上述同样的方法并定义｛011｝为中心极点，<322>方向为轧向。通过同样的分析后可得出，｛023｝<032>织构的低能密排面｛111｝的其中一个极点（111）也正好位于冷轧含量｛011｝<322>的滑移面的轨道上，因此也说明了｛023｝<032>织构是｛011｝<322>织构孪晶发生后的快速增长取向。

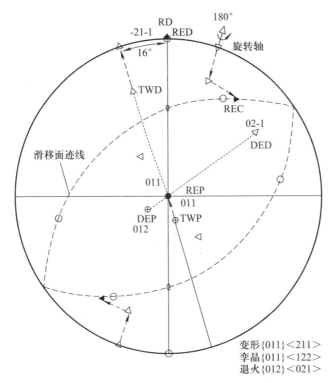

图 6-1-4　{011}标准投影图,其中心极点为(011),在此投影图上,{012}和<021>
极点的位置分别用 DEP 和 DED 表示,它合起来则代表取向{012}<021>[1]

因此,总结以上分析可得出,冷轧织构向再结晶织构的转变是通过孪晶和轻微的旋转而成。因为初次孪晶发生在非常低的温度(低于 170 ℃),并且具有很快的速度,它也可以由应力的释放而引起,因此也可被认为是产生在回复过程中。而当退火温度高于 170 ℃时,原子主要以扩散为主。在冷轧织构中,轧制缺陷主要沿着轧制面分布,其扩散应该是定向和优先的,最强的原子扩散方向是平行于滑移面而垂直于滑移方向。而另一方面,取向增长总是趋向于系统能量降低的方向,在 FCC 金属中,由于密排面{111}具有最低的能量,因此最强的原子扩散方向应平行于密排面的<111>方向,即垂直于具有低能量的密排面,以上这两个因素能够决定再结晶过程中织构的变化。

### 6.1.1.5　样品在高温下的再结晶织构特征(立方织构的出现)

#### 6.1.1.5.1　X 射线衍射和 ODF 分析

值得注意的是,在图 6-1-1(g)中,当退火温度为 500 ℃时,其主要的再结晶织构除了{123}<032>,{236}<385>取向外,还有较强的立方织构含量。其最大 ODF

值为 8.82,说明了整体织构还比较弱,其分布比较漫散。当温度进一步升高到 700 ℃时,立方织构含量的密度大大增加,图 6-1-5 所示为 700 ℃不同时间(60 s, 600 s,1800 s)退火的 ODF($\varphi_2 = 0°$)截面图,从图中可知,700 ℃退火时,其主要的织构类型为立方织构{001}<100>和旋转立织构{001}<012>,同时还包括少量的织构含量{023}<032>。图 6-1-6 为样品在 700 ℃,60 min 的 ODF 截面图,图中清楚地展示了立方织构{001}<100>和旋转立织构{001}<012>两种织构含量,最大的 ODF 值为 25,表明了较强的织构度。

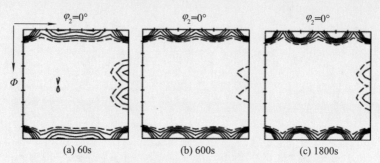

图 6-1-5　样品在 700 ℃不同时间退火的 ODF($\varphi_2 = 0°$)截面图
($M$ 度水平分别为 2,4,6,8,10,12)[1]

当仍然采用这批原材料,使用 130 ℃预热轧制(样品在轧制前于普通的马弗炉中预热大约 5 min),然后在高温 700 ℃退火后获得了强的立方织构。图 6-1-7 为样品的 ODF 图,图中最大 ODF 值等于 48,这表明了较强的立方织构。同时,ODF 图中也包括一些的旋转立方织构,但与图 6-1-6 中冷轧后退火的样品相比,这种旋转立方织构大大减弱。下面我们将用 EBSD 取向成像技术更好地分析样品中立方织构的排列及分布。

6.1.1.5.2　用 EBSD 技术分析样品中的取向排列状况

X 射线衍射和 ODF 分析可以准确并定量地给出了样品中择优取向分布的状况,为了更好地获悉样品的直观取向形貌信息,我们用 EBSD 技术详细分析了具有立方织构的样品的取向分布。

图 6-1-8(a)给出了预热轧制并退火后的样品的 EBSD 取向分析形貌图,图(b)为根据这个 EBSD 结果对应获得的[001]方向的极图,其中扫描步进大小为4 μm。图 6-1-8(a)中的色彩刻度展示了[001]轴相对应于样品法线方向(ND)的微取向角,从深蓝色到深红色为 54.28°。根据这个色彩刻度,可获得样品中具有不同颜色的晶粒的微取向角,同时可以清楚且直观地得出整个样品的取向分布状况。图中蓝色晶粒具有(100)取向,它的[001]轴几乎与被扫描样品的法线平行。这些晶粒主要是对应于(100)[001]织构及(100)[$uvw$]旋转立方织构,但从图 6-1-8(b)中

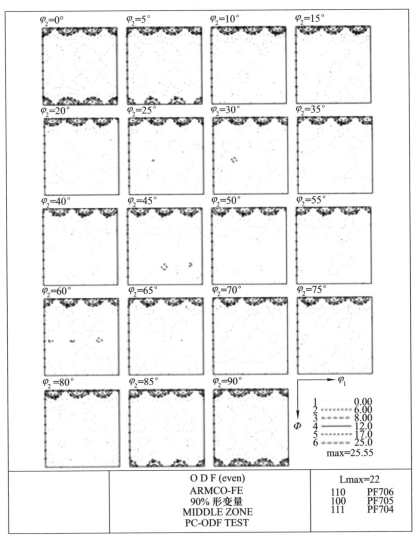

图 6-1-6　冷轧样品在 700 ℃,60 min 退火后的 ODF 图[1]

可知,这种旋转立方织构所占的比例很少。图 6-1-9(a),(b)分别为样品的[001]
轴相对应于轧向(RD)和横向(TD)的 EBSD 图。图中所示的晶粒 C 和 D 在图 6-1-
8(a)中是蓝色,而在图 6-1-9(a)和(b)中变成了其他的颜色(黄色),而其他大部分
在图 6-1-8(a)中具有蓝颜色的晶粒在图 6-1-9(a)和(b)中却没有变化,这说明晶
粒 C 和 D 具有(100)面,平行于轧面的晶面取向,但其[001]方向并不平行于轧向
和横向,与轧向具有大约 35°的微取向角(看图 6-1-9(a)中的颜色标尺)。事实上

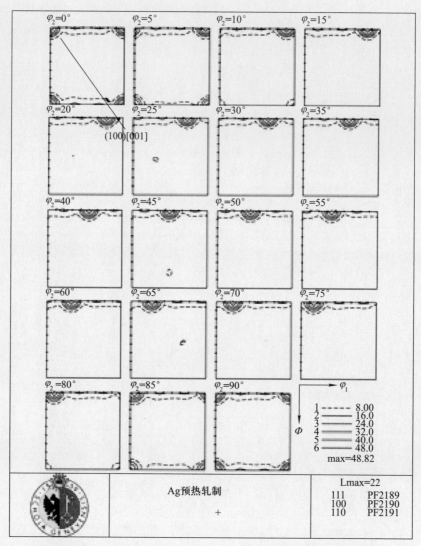

图 6-1-7　130 ℃预热轧制并在 700 ℃,60 min 退火后的样品的 ODF 图[1]

它代表取向(100)[012],是一种旋转立方织构。我们也能在 ODF 图(图6-1-7)中看到它的存在。在图 6-1-8(a)中,除了具有(100)取向的蓝色晶粒外,与蓝色晶粒相对于样品法线方向具有 50°微取向差的红色晶粒为织构(212)[122],它实际上是立方织构(100)[001]的孪晶取向,我们将在 6.1.1.5.3 部分中描述。除此之外,图 6-1-8(a)中用 E,F 标注的绿色晶粒为其他取向,如(012)[001]织构,这也可从ODF 分析中获得,它们具有极低的 ODF 值并且在图 6-1-8(a)中占有极少的量。最后,比较从图 6-1-8(a)中的 EBSD 图所获得的样品的(111)完全极图(图 6-1-10(a))和用 X 射线衍射测得的极图(图 6-1-10(b))可知,织构结果基本吻合,它们都指出了主要的织构为强的立方织构和位于极图中心部位的(212)[122]孪晶织构(分析见 6.1.1.5.3 部分)。

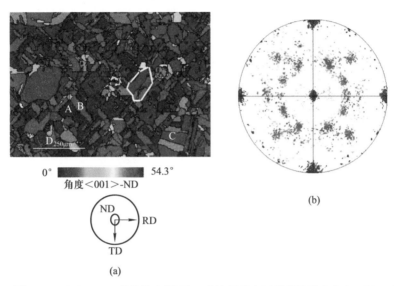

图 6-1-8 (a) EBSD 晶体取向图([001]轴相对应于样品法线方向(ND));
(b) 从图(a)中获得的样品的[001]方向的极图[1]

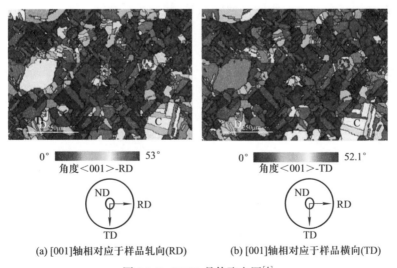

图 6-1-9 EBSD 晶体取向图[1]

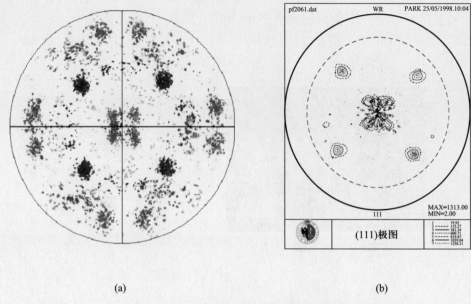

(a)　　　　　　　　　　　　　　　　(b)

图 6-1-10 （a）从图 6-1-8(a)中 EBSD 图所获得的样品的(111)完全极图；

（b）用 X 射线衍射测得的样品的不完全极图[1]

由以上分析可知,用这种 EBSD 技术,我们不但能够清楚地获知样品中的晶粒取向排列状况,而且能够确定各晶粒间的微取向关系,并给出准确的微取向角。对于晶面平行于轧面,且具有不同晶向的晶粒,根据选择不同方式的色彩定义,很容易由 EBSD 取向图确定晶粒间的微取向关系。

### 6.1.1.5.3　用 EBSD 晶体技术分析样品中取向间的孪晶关系

关于{001}<100>立方织构与{212}<122>织构的孪晶关系我们也可用 EBSD技术,从中得到个别晶粒的极图,然后分析它们彼此间的取向关系。图 6-1-11(a)为在图 6-1-8(a)中用字母 A(蓝色晶粒)和 B(红色晶粒)标注的两个晶粒在(111)极图中的密度位置。在这个极图中,用数字 1,3,4,7 标注的密度(极图中也用蓝色显示)来自于 A 晶粒。而用 1,2,5,6 标注的密度(极图中用红色表示)来自于 B 晶粒。可以看出在标注 1 处,它表示 A 和 B 晶粒具有相同的取向,图中中心上方的弧线对应于标记 1 处沿着[111]方向旋转 180°(111)面的轨迹。通过这个方法我们可直接得出晶粒 A 和 B 是具有孪晶关系的两个晶粒。又在图 6-1-11(a)中,每个[111]处的密度呈分散的云彩集中状的小点,这种弥散分布表明了晶粒中有子晶粒的存在,在图 6-1-8(b)的(001)极图和图 6-1-10(a)的(111)极图中也能观察到这种弥散的分布现象。另外在图 6-1-8(a)中的 EBSD 图中,如果分别看蓝色和红色晶粒,似乎各自呈长方形状,并且它们彼此间近乎平行排列；但如果将蓝色晶粒和

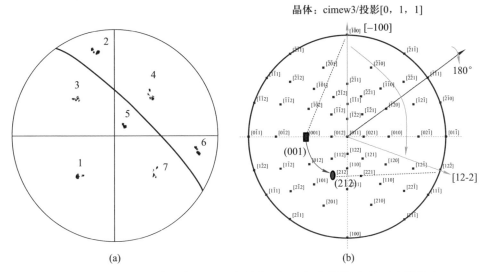

图 6-1-11　(a) 图 6-1-8(a)中用字母 A(蓝色晶粒)和 B(红色晶粒)标注两个晶粒在(111)
极图中的密度位置;(b)(001)[100]立方织构和(212)[122]织构的孪晶旋转关系[1]

红色晶粒合起来看,则类似于一个等轴状的晶粒,见图 6-1-8(a)中使用实线圈起来的晶粒。这个现象充分说明了红色晶粒是蓝色晶粒中的孪晶子晶粒,并且整个样品几乎由彼此孪晶的晶粒交合而组成。

为了更清楚地表示{001}<100>立方织构和{212}<122>织构的孪晶关系,图 6-1-11(b)所示为一个标准的(011)投影图,图中的(001)[100]织构的位置用蓝色表示。当它绕着图中所示的[111]轴旋转 180°时,(001)位置则移到(212)位置(如图中用红色"·"表示),[100]方向也移到[122]方向。这证明了{212}<122>织构是{001}<100>立方织构的孪晶织构。关于孪晶旋转规则如 6.1.3.7 部分所描述,它是原始取向通过沿(111)面绕[111]轴旋转 180°得到。

结合 6.1.1.4 部分所述,上述分析表明在这批材料预热轧制并退火后有退火孪晶的存在,在高温下立方织构的形成也可被理解为一级孪晶后的快速增长及后续的退火孪晶起作用。但遗憾的是,由于这批原材料已被耗光,无法知道这批原材料的历史状态,使用其他材料不能得到重复的实验结果,因此无法细究这种在金属 Ag 中非正常再结晶织构(立方织构)形成的成因,只能对实验现象和结果进行分析和讨论。由于多种影响因素和在 Ag 中获得立方织构的难度,我们将从研究原始材料状态入手,系统并深入地研究在 Ag 中立方织构制备方法,形成规律和转变机制。系统的实验和细节的描述将出现在 6.1.3 小节,这里将不再赘述。

### 6.1.2 ｛100｝<001>立方织构 Ag 带的制备

#### 6.1.2.1 概论

众所周知,立方织构是 FCC 金属中最简单及最强的一种再结晶织构,它通常在高层错能的面心立方金属(如 Al,Cu,Ni,Fe-Ni 合金)中出现。但不幸的是,Ag 有非常低的层错能,其位错非常易于移动,因此在形变和退火中非常易于形成孪晶,而导致退火后形成 B 型再结晶织构。到目前为止,不同的学者报道了在轧制和退火后 Ag 中的不同的再结晶织构类型,但从未报道在 Ag 中得到重复的立方织构结果。早期的一些关于在高纯 Ag 中织构转变的机理研究表明:假如选择合适的工艺条件在 Ag 中得到强的立方织构是可能的。[3]6.1.2 小节将集中、系统地研究获得立方织构的工艺条件及形成它的影响因素,并试图更好地理解立方织构的转变机制,它的制备是本节研究和讨论的重点及核心之一。这部分工作主要在日内瓦大学完成,即从自己制备原材料开始,系统地研究了形成这种织构的工艺条件、影响因素及织构转变机理。

#### 6.1.2.2 ｛100｝<001>立方织构 Ag 带的制备方法

##### 6.1.2.2.1 Ag 初始材料的制备

在 6.1.1 小节中我们描述了商业的纯 Ag 板块在经过冷轧(或预热轧制)和退火后,能得到我们所需的较纯的立方织构。但是我们不清楚这种材料的历史状态(如加工历史、纯度水平、织构状态、晶粒及硬度大小,等等),一旦原材料被耗光,所购买的第二批材料重复同样工艺后却不能重复同样的结果。因此考虑到 Ag 中得到立方织构的难度及造成这种情况的影响因素的复杂性,必须对包括入手的材料状态等每一个环节进行仔细地控制,因此我们必须自己制备原材料。

（1）用熔炼方法制备原材料

用做熔炼的 Ag 是纯度 99.95% 的瑞士银行的银锭,其熔炼设备为在真空和温度控制下的高频感应炉。首先将银锭切成小块放入碳坩埚中,再将碳坩埚置于电磁感应线圈内的支架上,然后关上炉门,用真空泵,不断地抽掉炉内空气,再导入氩气,这样反复操作几次,使最终炉内被氩气所充填,其压力为 1 bar。然后,通电加热到温度接近 Ag 的熔点,从窗口观察 Ag 的熔化状态,这时需仔细地控制温度,等到 Ag 全部熔化后,停止加热,控制其冷却的速率,可以得到最终具有不同尺寸的 Ag 坯料。如图 6-1-12 所示,图(a)为 Ag 单晶的制备,图(b)示意了停止加热,使其自然冷却后可获得晶粒尺寸大约为 5~7 mm 的 Ag 坯料。而为了得到更小尺寸的坯料,如图(c)所示,有一个中空的通水的矩形冷却模型,停止加热后,将熔态的 Ag 自动倒入这个模型中,使其快速冷却并凝固,即可得到晶粒尺寸约为 1~2 mm 的初始 Ag 坯料。用以上方法最终得到了 3 种尺寸的 Ag 坯料,它们分别为单晶材料、

7 mm 及 2 mm 晶粒尺寸的 Ag 坯料。所有这些材料都按轧制要求用线切割切成尺寸为 32 mm×8 mm×5.5 mm 的 Ag 条,通过检验后它的织构状态为无择优的取向分布。

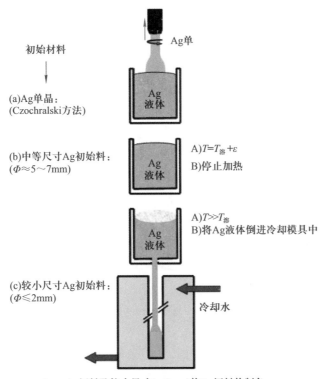

图 6-1-12　用熔炼方法制备原材料的示意图[1]

（2）用粉末冶金方法制备原材料

我们用粉末冶金方法制备更小晶粒尺寸的 Ag 初始材料。纯度为 99.95% ,最大粉末粒度为 50 μm 的商业 Ag 粉被充填到矩形模具中,然后在机械油压机上用 4 kPa 的压力冷压成压坯。坯料要经过烧结才能成型。为了获得高密度且具有较小晶粒尺寸的坯料,我们系统地研究了烧结温度对烧结体密度及晶粒尺寸的影响。

图 6-1-13 所示为烧结温度和所对应的烧结体密度及晶粒尺寸的关系曲线。烧结体密度的测量使用体积排水法,即先使用电子天平秤出物体在空气中的重量,然后再用排水法测出其体积大小,最后可得出物体的密度大小。从图 6-1-13 曲线可知随着烧结温度的增长,烧结体密度和晶粒尺寸都相应增大。为了得到足够高的烧结体密度,同时保持较小的晶粒尺寸,最终选择的最佳烧结工艺为在 750 ℃下

置于空气中烧结 4h,如图 6-1-13(a),(b)中用虚线所示。用此工艺所得初始材料的晶粒尺寸大约为 15 μm,烧结体密度为 95%,然后再使用线切割获得几何尺寸为 20 mm×15 mm×5.5 mm 的 Ag 初始坯料。

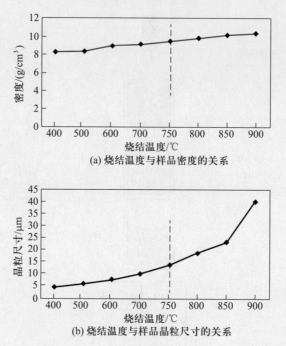

(a) 烧结温度与样品密度的关系

(b) 烧结温度与样品晶粒尺寸的关系

图 6-1-13　烧结温度和所对应的烧结体密度及晶粒尺寸的关系曲线[1]

### 6.1.2.2.2　形变工艺和再结晶条件

形变方式选用预热轧制和热轧。预热轧制就是在标准的平二辊冷轧之前,先将 Ag 块放入低温炉中进行短时间预热,其预热温度分别为液 N₂ 温度 77K(实际是预冷),室温,70 ℃,90 ℃,95 ℃,100 ℃,110 ℃,130 ℃。而热轧则是在轧制的双辊内装入加热线圈并与温度测量装置相连接,整个轧机系统通入水冷却,然后将辊加热到选定温度,对材料进行热辊轧制。其热轧温度选择分别为 50 ℃,130 ℃,400 ℃。所有的初始材料其总形变都大于 99.5%,总共轧制 22 道且每个道次压下量为 20%,轧辊速度控制在 2.5 m/min,每道次预热时间为 5～10 min(依赖于样品的厚度)。最终的带材厚度为 0.08 mm。Ag 带最后被进行退火以优化获得立方织构的工艺条件。为了更清楚地描绘优化后的轧制与退火的工艺,图 6-1-14 列出了详细的工艺流程图,粗线箭头所指方向为其优化的形变与再结晶工艺,在 6.1.2.3 部分中我们将主要围绕着其优化的最佳工艺的这条主线来阐述织构的转变及立方织构的形成。

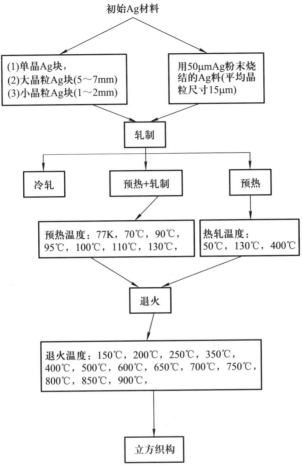

图 6-1-14 形变与退火工艺流程图[1]

另外,这里特别需要指出的是,在研究和比较了具有不同晶粒尺寸的初始材料后发现,在具有精细晶粒尺寸的、用粉末冶金法制备的初始坯料中获得了强的立方织构。为了制备长的带材,粗略计算后认为,制备 1 km 长度的轧制带需要使用 6 kg 的 Ag 粉压制成长约 20 m 的 Ag 初始坯料。

### 6.1.2.3 再结晶织构形成和发展的影响因素

6.1.2.3.1 最初 Ag 材料的晶粒尺寸及材料来源对 {100}<001> 织构的影响

由于 Ag 的低层错能,在冷形变的过程中孪晶倾向的大小会与实际形变材料的状况有很大的关系。通常认为晶粒粗大的多晶体形变时应变分布不如细晶粒形变均匀,因而易于造成应力集中现象。应力集中是诱发孪晶形变的一个很重要的因素,实验也证明了上述的分析,即用熔炼方法所获得的、具有不同尺寸的 Ag 初始材料,采用冷轧和预热轧制后其主要的形变织构都为{110}<112>B 型织构,而退火后的主要再结晶织构包括{023}<032>、{236}<385>、{012}<112>和一些非常弱的{100}<011>旋转立方,以及{100}<001>立方织构。实验中当采取相同的形变与退火工艺,具有不同晶粒尺寸的 3 种熔炼材料(单晶、5~7 mm 大晶粒、1~2 mm 小晶粒材料)再结晶后的织构没有明显的区别,都为 Ag 中常见的各种 B 型再结晶织构的混合。这个结果充分说明了粗大晶粒的初始材料在形变中易于产生应力集中,从而使得孪晶形变机制在形变中承担了较多的形变量,因此其形变后轧制织构具有明显的 B 型特征,并在退火后由于退火孪晶的存在使再结晶织构也具有 B 型特征(见 6.2 节描述)。由此看来,在这种大晶粒的初始材料中很难得到立方织构,也充分表明了初始材料晶粒尺寸对形成{100}<001>立方织构的影响。而我们用粉末冶金的方法获得了具有较高密度和非常精细的晶粒尺寸的初始材料,下面就针对这种材料形变与退火优化展开研究。

#### 6.1.2.3.2 形变织构的影响因素

(1)预热轧制

用粉末冶金的方法制备的初始 Ag 材料先放入液 $N_2$(77 K)预冷,然后冷轧,其形变织构为非常强的 B 型{110}<112>轧制织构。通过比较我们发现,77K 预冷+冷轧制后,B 型{110}<112>轧制织构的 ODF 值高于室温轧制后的结果。这是由于更低的温度使其在塑性形变过程中位错的滑移受到阻碍,更易于产生剪切带及机械孪晶,因此形变晶体内发生孪晶形变的可能性增大,这种变化在形变织构上则反映为强的 B 型{110}<112>轧制织构。随着预热轧制温度从 70 ℃升到 130 ℃,形变织构包括沿着欧拉空间从 G 型织构{110}<001>,{110}<113>,到 B 型织构{110}<112>的一个取向管。

图 6-1-15 为不同预热轧制温度下的形变织构的 ODF 截面图($\varphi_2=0$,$\varphi_2=30°$及 $\varphi_2=45°$),从图中可知当预热温度从 70 ℃升到 90 ℃时,其主要的织构从{110}<112>B 型织构变为{110}<001>,{110}<113>,{110}<112>织构的混合,并且最大的 ODF 值降低,织构分散度增大,这意味着增加预热温度在一定程度上减小了形变孪晶的产生,使形变织构的 B 型特征减弱;随着预热温度的升高,上述特征进一步突出,同时在 100 ℃预热轧制下,还出现了 C 含量{112}<111>和 S 含量{123}<634>,这两种织构统称 C 型织构,一般情况下它们易于出现在高层错能的形变金属中。

为了进一步地清晰描述形变织构随着预热轧制温度的变化,图 6-1-16 给出了形变织构的 ODF 值与预热轧制的关系曲线。图中横坐标是形变织构含量,纵坐标代表 ODF 值,每条曲线则对应不同的预热轧制温度(从 70 ℃到 130 ℃)。从图中

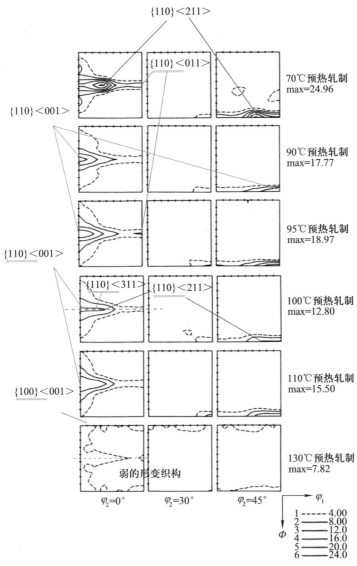

图 6-1-15　不同预热轧制温度下的形变织构的 ODF 截面($\varphi_2=0°$，$\varphi_2=30°$ 及 $\varphi_2=45°$)[1]

可以看出，当形变温度为 70 ℃时，形变织构为非常强的{110}<112>B 型织构。随着预热轧制温度的进一步升高，形变织构的 ODF 值整体呈下降趋势，织构分散度增加。尤其值得注意的一个现象是，当在 100 ℃预热轧制时，C 型织构 C 含量及 S 含量的 ODF 值明显地升高，这个行为与具有高层错能的金属形变后有些相似。有研究表明在高层错能的金属中，高的 C 型织构含量的存在有利于再结晶后形成立方织构。那么此处的差异是否足以影响后续退火中再结晶织构的形成呢？的确，在 100 ℃ 预热轧制的 Ag 带中，使用优化的退火工艺后我们获得了强的立方织构，此结果应归功于图 6-1-16 中所示的在 100 ℃ 预热轧制的 Ag 带中存在具有相对高的 ODF 值的 C 型织构含量。我们将在 6.1.2.3.3 部分详细地描述不同预热轧制的 Ag 带中再结晶织构的转变。

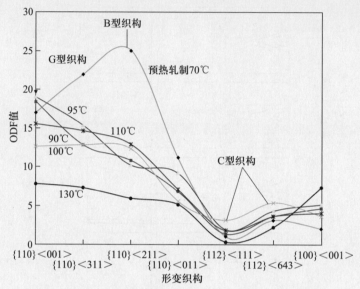

图 6-1-16　形变织构的 ODF 值与预热轧制温度的关系曲线[1]

那么是否预热轧制温度越高，就会有更多的 C 型织构含量存在呢？回答是否定的。如图 6-1-16 所示，当预热轧制温度进一步升高到 130 ℃，其形变织构的最大的 ODF 值大幅度下降，这表明了样品逐渐趋于无择优的取向分布状态，并且注意到此时具有再结晶特征的立方织构含量有着相对较高的 ODF 值，这表明在形变过程中已发生了动态再结晶。

另外如 6.1 节中所述，晶体取向总是趋于移向某一目的取向线，因此可将形变过程中晶粒取向分布的变化简化成几条取向线分析，这样则更能抓住织构随预热温度转变的主要特征。对 FCC 金属来说，采用 $\alpha$, $\beta$ 及 $\tau$ 取向线分析即可将晶体取向的聚集过程表达出来。图 6-1-17(a)，(b)，(c) 分别是不同温度预热轧制的 Ag 带样品中相应的 $\alpha$, $\beta$ 及 $\tau$ 取向线分析，它们更好地描绘了图 6-1-16 所述的内容，是它的分解。图中更清楚地反映了不同预热温度下的轧制织构的走向及其聚集过程。在 $\alpha$ 取向线上（图 6-1-17(a)），随着预热轧制温度的升高，轧制织构在 B 取向

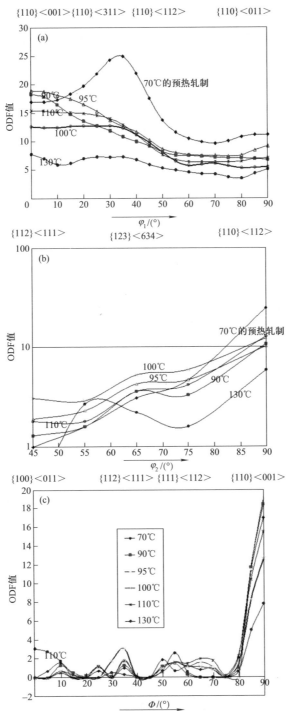

图 6-1-17  (a),(b),(c)分别是预热轧制的 Ag 带样品中相应的 $\alpha, \beta$ 及 $\tau$ 取向分析线[1]

（B 型织构，$\varphi_1 = 35°$，$\Phi = 45°$，$\varphi_2 = 0°$）处的聚集下降，而趋于移动到 G 取向（G 型织构，$\varphi_1 = 0°$，$\Phi = 45°$，$\varphi_2 = 0°$）。而同时值得注意的是在 $\beta$ 取向线上（图 6-1-17（b）），当比较各种预热轧制带的形变织构时，在 100 ℃预热轧制的带中有较多含量的 C取向｛112｝<111>与 S 取向｛123｝<634>的聚集。在 $\tau$ 取向线上（图 6-1-17（c）），在100 ℃预热轧制时，由于合适的预热形变条件使形变孪晶现象尚不是很多，因此也清楚地展示了晶粒取向在 C 取向｛112｝<111>处的聚集。当预热温度为 130 ℃时，由于在形变过程中，形变与再结晶同时发生，这样使两种类型的织构都不能得到很好的发展，因此从整体看织构很弱，且轧制后的织构有较高的立织构含量（图 6-1-16），即绕板法向的旋转立方织构和｛111｝型织构（图 6-1-17（c））。

　　通过以上系统的分析可知，为了在轧制后获得一定量的 C 型织构含量，必须仔细地控制形变工艺。预热轧制温度的选择既要保证减小 B 型轧制织构的强度，尽可能地获得高的 C 型织构的含量，同时也要避免形变过程中动态再结晶的发生。在这个实验条件下其合适的预热轧制温度为 100 ℃。

　　（2）热轧

　　实验中也研究了热轧制方式对形变织构的影响，其结果类似于 130 ℃预热轧制的结果，即无论采用多高的热轧温度（这里指轧辊温度为 50 ℃，130 ℃或400 ℃），在轧制过程中都发生了动态再结晶。图 6-1-18 为不同热轧制温度下轧制带的 ODF 截面图，从图中可知，随着温度的升高，形变织构沿 $\tau$ 取向线的分布减到零。

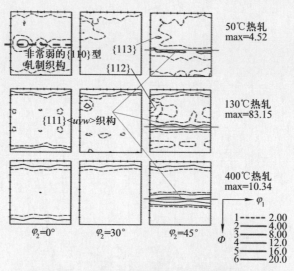

图 6-1-18　不同热轧制温度下的 ODF 截面图[1]

　　图 6-1-19 展示了不同热轧温度下的 τ 取向分析线,从图中可明显得知,3 种不同热轧形变的 Ag 带中都存在较强的具有再结晶特点的立方织构和旋转立方织构。另一个重要的特点是 3 种热轧形变的带中都存在强的且具有再结晶特征的{111}<112>织构,并且随着轧辊温度的升高(从 50 ℃到 400 ℃),在{111}<112>织构处的聚集增强。因此从上述结果可知,无论选择低或者高的轧辊温度,热轧方式都不利于轧制织构的形成和良好发展。分析认为热的辊和冷的 Ag 带的直接接触导致了带材表面及芯部像三明治夹层一样的温度差异,从而产生了动态再结晶,使轧制织构很弱。动态再结晶发生在形变的过程中,其结果导致了后续的热处理中得不到很好发展的再结晶织构(见 6.1.2.3.3(1)描述)。

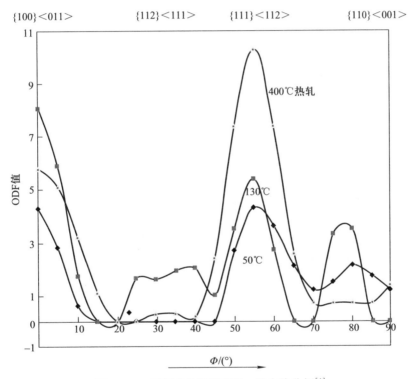

图 6-1-19　不同热轧温度下的 τ 取向线分析[1]

#### 6.1.2.3.3　再结晶织构的影响因素

（1）热轧方式对再结晶织构的影响

　　上述 6.1.2.3.2(2)部分中描述的 3 种不同温度下的热轧形变的 Ag 带来用优化退火工艺(700 ℃,30 min)退火后,结果未得到主要的再结晶立方织构。

　　图 6-1-20 为不同温度热轧带退火后的 ODF 截面图,可见当热轧温度为 50 ℃

时,其再结晶织构为较弱的$\{023\}<032>$,$\{236\}<385>$及$\{241\}<854>$等 B 型再结晶织构。而热轧温度为 130 ℃时,其主要的再结晶织构是高指数的$\{233\}<133>$型,但其低的 ODF 值指出了整体为非常弱的织构分布。当热轧温度为 400 ℃时,主要的织构分布聚集于$\varphi_2=45°$ODF 截面的$\{111\}$织构含量线上,这可从图 6-1-21 的 $\tau$ 取向线分布曲线清楚地看出。比较图 6-1-19 和图 6-1-21 可知,不同温度热轧后的 Ag 带,其再结晶织构分布结果类似于退火前的形变织构分布。总体织构较弱,且织构类型为各种织构含量的混合。由此看来,热轧+退火不能得到我们期望获得的立方织构含量。此结果也指出了形变方式对轧制织构和再结晶织构的重要影响,下面将重点描述预热轧制对再结晶织构的影响及优化退火后的织构结果。

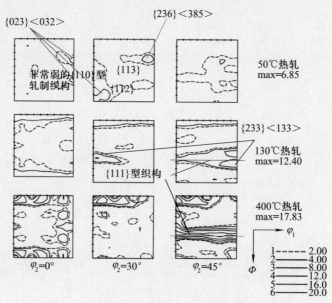

图 6-1-20 不同温度热轧带退火后的 ODF 截面图[1]

（2）预热轧制温度对形成再结晶织构的影响

将上文中描述的 6 种不同预热轧制的 Ag 带置于石英管式炉中进行退火,炉温及工艺参数用计算机单片机精确地控制。采用商业的初始 Ag 材料系统地摸索了退火温度对再结晶织构的影响,并得出立方织构的形成温度大约在 700 ℃左右。所以上述不同预热轧制的 Ag 带在 700 ℃下保温 1 min 退火,所采用气氛为空气。实验的主要目的是比较不同预热轧制的 Ag 带在相同的退火工艺下再结晶织构的结果。

图 6-1-22 为不同预热轧制的 Ag 带在这种工艺条件下其再结晶织构的 ODF 截面图（$\varphi_2=0°,30°,45°$）。从图中可看出,当预热轧制温度为 70 ℃时,退火后主要的

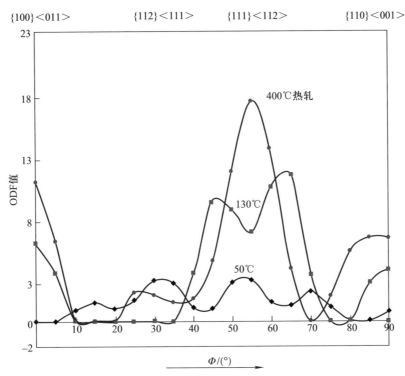

图 6-1-21 同温度热轧带退火后的 τ 取向线分析曲线[1]

取向含量包括{012}<001>，{236}<385>，{241}<854>。当预热轧制温度升到 90 ℃时，在 $\varphi_2 = 0°$ 的 ODF 截面图上，退火织构沿 $\Phi$ 线(此时 $\varphi_1 = 0°$)从 70 ℃预热轧制后的退火织构{012}<001>位置移到了{013}<001>取向位置。随着预热轧制温度进一步地增至 95 ℃，其取向继续沿 $\Phi$ 线从{013}<001>位置移至{015}<001>取向位置，同时在 90 ℃ 及 95 ℃ 预热轧制的带中，退火后都存在相当强的{236}<385>及{241}<854>取向。而当预热轧制温度为 100 ℃时，退火后的主要再结晶织构是立方织构{100}<001>，从图 6-1-22 中的 ODF 截面图可以看出，100 ℃预热轧制后所获得的立方织构是从 95 ℃预热轧制并退火后的主要的{015}<001>织构沿 $\Phi$ 线继续上移了大约 7°左右所获得。这些特点说明了随着预热轧制温度的逐渐升高，退火后的再结晶织构是由形变后的 G{110}<001>逐渐沿 $\Phi$ 线上移，直到在 100 ℃预热轧制的带中得到了主要的立方织构。除此之外，在 100 ℃预热轧制的带中退火后还存在相当弱的{023}<032>及{012}<121>织构，这可归因于未优化的退火工艺及预热轧制后 B 型轧制织构仍然存在。当预热轧制温度继续升到 110 ℃时，旋转立方织构{100}<011>与{013}<001>取向的 ODF 值增长，而立方取向的

ODF 值相对减弱,同时还存在其他较弱的 B 型再结晶织构含量,如{236}<385>,{012}<001>,{123}<032>,{241}<854>等织构。而当预热温度升至 130 ℃时,其再结晶织构完全不同于上面描述的几种温度预热轧制的 Ag 带。此时在退火后,立方织构完全消失,{012}<001>及{013}<001>等织构也几乎不能被检测到,主要的织构类型为弱的{023}<032>,{236}<385>及{241}<854>,等等。

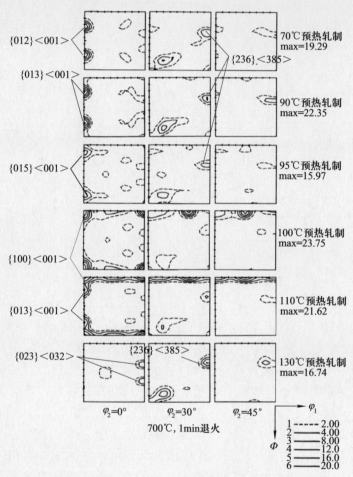

图 6-1-22　不同预热轧制的 Ag 带在 700 ℃退火条件下其再结晶织构的 ODF
截面图($\varphi_2 = 0°$,30°,45°)[1]

图 6-1-23 给出了再结晶织构的 ODF 值和预热轧制温度的关系曲线图,以便更清楚地理解预热轧制温度对再结晶织构转变的影响。图中清楚地描述了随着预热轧制温度的改变,3 种不同类型的再结晶转变行为。如图所示,首先当预热轧制温

度低于 95 ℃时,Ag 带在退火后主要的织构类型呈现 B 型,它们是{012}<001>,
{013}<001>,{015}<001>,{236}<385>及{241}<854>,此阶段可被称为正常 B 型
再结晶阶段。而当预热轧制温度为 100 ℃时,Ag 带在退火后出现主要的立方织
构,此时其他织构含量的 ODF 值相对急剧减弱,这意味着 100 ℃预热轧制时,在合
适的形变条件下(道次压下、形变速度等),预热与形变产生的热共同作用使滑移形
变能力超过了形变孪晶。此时所产生的缺陷正好适合立方织构的形核与长大,但
又不至于发生动态再结晶,此阶段称作反常 B 型再结晶(即在 Ag 中得到了理论上
很难得到的、强的立方织构)。当预热轧制温度升至 130 ℃时,由于过量的形变能
导致了在形变过程中发生了动态再结晶现象,使形变织构未得到很好发展,同时形
变后样品已具有再结晶织构特点。在进一步的退火后,退火织构仍具有 B 型织构
特点,此阶段可被称作动态再结晶阶段。

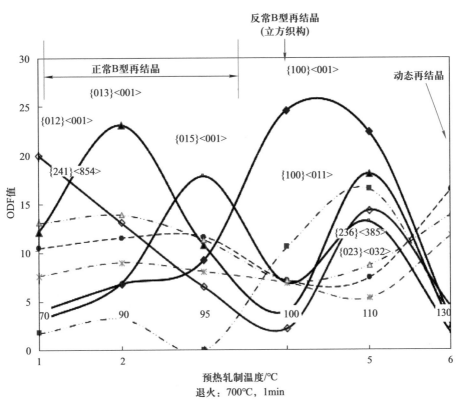

图 6-1-23　再结晶织构的 ODF 值和预热轧制温度的关系曲线图[1]

(3) 退火温度及时间对再结晶织构的影响

由于 100 ℃预热轧制的 Ag 带在 700 ℃下保温 1 min 退火后获得了较强的立方

织构含量,所以我们选择这种温度轧制的 Ag 带做进一步的优化退火工艺研究。首先选择从低温(150 ℃)到高温(800 ℃)不同的温度下退火样品,样品被保温 10 min,然后水淬。图 6-1-24 所示为不同再结晶织构的 ODF 值与退火温度之间的关系曲线。由图分析可知,当退火温度在 150 ℃到 250 ℃之间时,具有形变特征的 {110}<001>G 型织构含量仍然存在,同时有相当量的再结晶织构,如{013}<001>,{236}<385>,{023}<032>等,已经形成。在退火温度在 350~500 ℃时,其再结晶织构的主要特点是:具有 B 型特征的再结晶织构{023}<032>和{236}<385>含量的 ODF 值有所上升,同时形变织构{110}<001>含量的 ODF 值随着退火温度的升高而降低。当退火温度在 500 ℃以上时,立方织构含量的 ODF 值不断增强,并在退火温度为 700 ℃时达到最大,继而又随着温度的进一步增长(800 ℃)略有下降。与立方织构正好相反,随着退火温度从 500 ℃增至 700 ℃,其他织构含量的 ODF 值减弱,这与 6.1.1 小节所阐述的再结晶织构变化的结果相一致;而当温度升到 800 ℃时又有所增强,特别是{110}轧制型织构含量的 ODF 值在退火温度为 800 ℃时显著增加,这个结果与我们将要在 6.1.3 小节中所描述的{110}织构的工艺结果吻合得非常好。

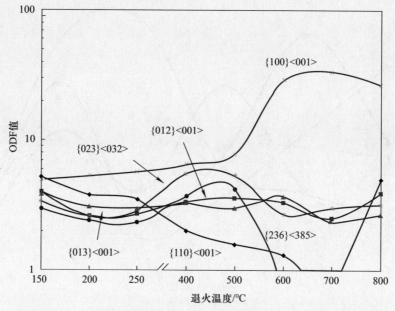

图 6-1-24　不同再结晶织构的 ODF 值与退火温度之间的关系曲线[1]

　　以上结果说明 700 ℃退火是形成立方织构的最佳温度条件,并且根据图 6-1-24 中所示的不同温度下再结晶织构转变分析可推测,如果采用在低温的分级加热保温,然后快速越过中间温度阶段(250~500 ℃)并直接升到高温(700 ℃)的退火方式,可使形变金属内的位错密度在再结晶之前的回复过程中有所降低,因此再结晶过程缓慢,织构组分单一,这样既可以避免在 250~500 ℃ 阶段易于产生的 B 型再结晶织构的形成,同时又能得到强的立方织构含量。因此根据上述分析路线,我们制订了一个优化的分级加热工艺,即样品在 150 ℃ 和 250 ℃ 下分别保温10 min,然后快速(100 ℃/min)加热到 700 ℃ 并保温了 30 min。在低温阶段,初次再结晶发生,然后快速升温到二次再结晶温度,这个过程较强地发挥了立方形核与生长的优势,其实验结果很好地验证了上述的分析。用此优化的工艺,最终得到了非常强且纯的立方织构,其织构的质量将在下文中描述。

(4) 立方织构的质量

图 6-1-25 为采用优化的退火工艺所获得的立方织构 Ag 带的 3 个不完全极图,它们分别为(111)极图、(200)极图、(220)极图。从 3 个极图中可知它们都展示了非常强的几乎纯的立方织构峰,且(111)和(200)极图上最大峰的半高宽都小于10°,这表明了非常强的立方织构,这也是迄今为止所报道的最小的微取向角。另外对极图分析还可知存在一些非常弱的其他织构含量,如{100}<011>,{012}<112>及{212}<122>等。图 6-1-26 为根据 3 个不完全极图数据所计算的 ODF 结果,从ODF 图中分析,立方织构的 ODF 最大值为68.49,其他含量的 ODF 值大约为立方织构含量 ODF 值的十分之一,这些都表明了非常强的立方织构度。图 6-1-27 为本

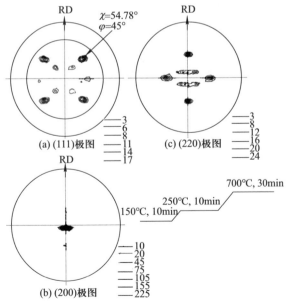

图 6-1-25　采用优化的退火工艺所获得的立方织构 Ag 带的 3 个不完全极图[1]

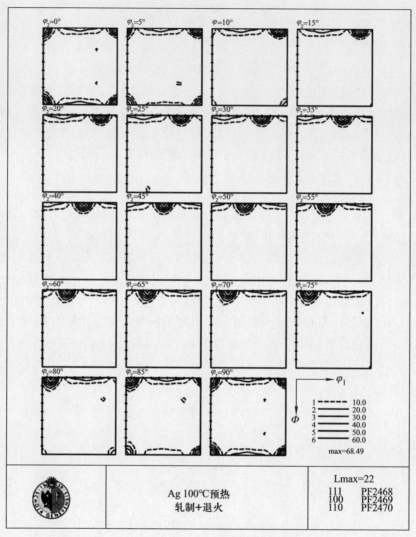

图 6-1-26　根据 3 个不完全极图数据所计算的 ODF 图[1]

样品的 SEM 照片,从图中可看出,晶粒具有等轴状的形状,且平均尺寸为 60 μm。另外在 6.1.1 小节所描述的立方织构的孪晶织构{212}<122>含量在用粉末冶金法制备的样品中数据很弱。值得注意的是与 6.1.1 小节所描述的这种织构结果完全不同的是,图中显示了很少的孪晶织构及孪晶迹象(很少有彼此平行的且在晶粒内部呈亚晶状态的孪晶粒)。以上结果很好地说明了用粉末冶金方法制备的这种初始材料,在经过仔细地控制形变和优化退火之后可得到强的立方织构,并且在某种意义上它减小了孪晶的产生,这对能否将这种基带用于实际的高温超导涂层带具有重要的意义。

图 6-1-27　本样品的 SEM 扫描照片[1]

（5）立方织构的稳定性

对于作为高温超导涂层带的基板,其任何厚膜的涂层技术都总是包含一个高温退火阶段以形成致密的超导相。考虑到在实际的应用中立方织构在高温状态下的稳定性这一关键的因素,我们检测了这种立方织构带在高温状态下的稳定性。图 6-1-28 为各种温度退火条件下 $\varphi_2 = 0°$ 的 ODF 截面图,其退火温度从 650 ℃ 直至 900 ℃。图 6-1-29 为对应的立方织构的 ODF 值与退火温度的关系曲线,由图可知,与前面描述的相一致,即立方织构的 ODF 值在 700 ℃ 达到最大值,然后随着退火温度的升高而逐渐下降。但直到退火温度为 900 ℃ 时,其 ODF 值未有显著的陡降。我们选择 700 ℃,在不同的保温时间下退火,研究立方织构的 ODF 值随着退火时间的变化。图 6-1-30 为不同时间退火的样品的 ODF 截面图( $\varphi_2 = 0°$ ),图 6-1-31 为其 ODF 值与退火保温时间的关系曲线,从中可看出相似的结果,即在 700 ℃ 下保温 30 min 时,立方织构的 ODF 值最大,随后随着保温时间的延长,ODF 值逐渐下降,但没有明显的突降。另外,为了模拟实际应用中的 Ag 带的状况,将已经具有立方织构的 Ag 带再次在高温下退火,获得了类似的结果,即立方织构的 ODF 值有所下降,但没有观察到明显的突降。以上现象及结果很好地证明了立方织构的 Ag 带可用于在高温下制备高温超导( high temperature superconducting,HTS)超导膜。

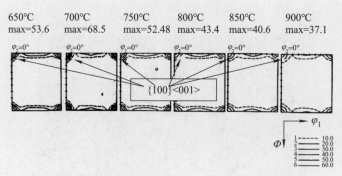

图 6-1-28　各种温度退火条件下 $\varphi_2 = 0°$ 的 ODF 截面图[1]

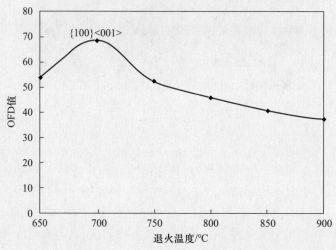

图 6-1-29　100 ℃预热轧制 Ag 中立方织构的 ODF 值与退火温度的关系曲线[1]

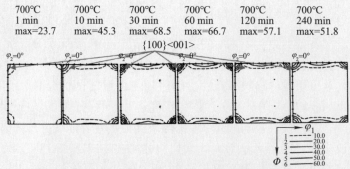

图 6-1-30　不同时间下 700 ℃退火的样品的 ODF 截面图($\varphi_2 = 0°$)[1]

**6.1.2.3.4 形变织构与再结晶织构的关系(一个关于形成立方织构的尝试性理论解释)**

正如我们以上所描述的,在 100 ℃预热轧制的 Ag 带中,其形变织构不同于其他温度预热轧制的 Ag 带及热轧的 Ag 带。较多含量的 C 型轧制织构(C 含量和 S 含量)的存在似乎相当于在这种预热轧制的条件下轻微地增加了其层错能。而当预热轧制温度更高时,动态再结晶发生。合适的形变条件的选择必须使其不仅能够获得一些 C 型织构的形变含量,同时还要避免在形变过程中发生动态再结晶。而 6.1.2 小节的研究结果在某种意义上与上述分析不谋而合。

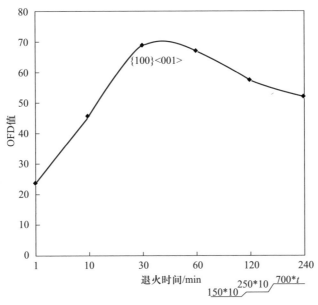

图 6-1-31 100 ℃预热轧制 Ag 中立方织构的 ODF 值与退火时间的关系曲线[1]

其次,除了在 100 ℃预热轧制的 Ag 带中,形变织构有所不同外,正如在以上各节所大量描述过的,在这种 Ag 带中,选择合适的退火工艺获得了强的立方织构。这个事实清楚并充分地指出立方织构的形成与相当含量的 C 型织构的存在有着更加密切的关系。而根据取向增长理论,它的基本思路和原理为:再结晶过程中可以生成各种取向的再结晶晶核,但当晶核与基体的取向关系越接近某一有利的取向关系时,其晶界迁移率越高,越能够迅速长大,并最终决定再结晶织构。而统计实验和理论计算证明在 FCC 金属中,这种取向关系是大约 30°~40°<111>。图 6-1-32 所示的最大的晶体生长率为绕<111>轴旋转大约 40°。公式(6-1-1)表示了晶界能与晶粒微取向角之间的关系

$$E^{GB} = K\Theta(A - \ln \Theta),$$
(6-1-1)

式中 $E^{GB}$ 为晶界能, $\Theta$ 为晶粒间的微取向角, $K$ 是一个常数, $A$ 是一个与材料特性相关的常数。从图 6-1-32 中可知, 两晶体取向差为绕<111>轴旋转大约 40° 的关系时, 代表着最高的晶界迁移率与增长率。

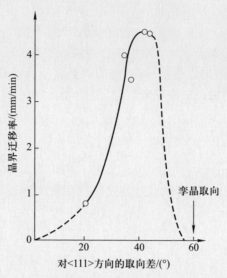

图 6-1-32 最大的晶体生长率为绕<111>轴旋转大约 40°[1]

S 取向与立方织构之间的取向关系可正好被描述为<111>晶体轴旋转大约 40° 的关系, 特别是立方取向与所有对称位置上的 S 取向都有 40°<111>的关系。如图 6-1-33 所示在(111)极图上绘制了 S 取向和立方取向的 40°<111>关系, 并绘出了从 S 取向至立方取向的过渡线(图(b)中虚线, 即立方-S 线)。从以上分析可知在 100 ℃ 预热轧制的 Ag 带中其形变织构具有相当量的 S 织构组分, 而这种带子在进一步优化退火后获得了强的立方织构, 这在一定程度上说明了在现在的研究中, 立方织构的形成满足选择生长理论, 即立方织构的形成由取向依赖的增长率所控制。

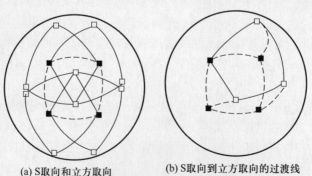

(a) S 取向和立方取向　　　　(b) S 取向到立方取向的过渡线

图 6-1-33 在(111)极图上绘制 S 取向和立方取向的 40°<111>关系[1]

但由于 Ag 中的低的层错能,即使采用合适的轧制手段,在形变后也不会像 Al,Ni 等高层错能的金属那样得到大量的 S 织构与 C 织构含量(统称 C 型织构含量),因此单用选择生长理论来解释立方织构在低层错能的金属 Ag 中的形成是远远不够的。考虑到其各种影响因素的复杂性,为了进一步研究这种 Ag 带中立方织构的形成因素,形变样品(100 ℃预热轧制)在室温放置了两个月后,重新进行了 X 射线极图测量与 ODF 分析,其结果显示了非常有兴趣的现象,即形变样品在室温放置一段时间后形成了具有再结晶特点的立方织构,图 6-1-34 为刚刚轧制后的 Ag 带的 ODF 截面图($\varphi_2 = 0°$)与放置两个月后的样品的 ODF 截面图,而图 6-1-35 是 ODF 值与各个织构含量的变化曲线。从这两个图中可知,刚刚形变的带子,其主要的织构特点是形变织构位于从<001>到<112>方向的{110}面织构取向线上,而放置两个月后,样品发生了室温回复与再结晶,图中高的立方织构含量的存在表明了样品已在室温发生了再结晶。值得注意的是样品放置两个月后,其形变织构在 {110}<112>位置的集中有一点点反弹,其 ODF 值有轻微的增长,这个观察与 6.1.1 小节中的观察完全相似(图 6-1-2 中曲线所示),即在最初的再结晶阶段,有{110} <112>的孪晶织构的形成,因此{110}<112>织构的 ODF 值呈轻微上升的趋势。从刚刚形变后及放置了两个月的样品的 ODF 截面可知,从 B 型织构位置{110} <112>到 G 型织构位置{110}<001>,再到立方织构位置{100}<001>,有一个高的取向密度集中,并形成一个取向过渡带。在这个过渡带内有高的取向梯度,这一过渡带内的少量亚晶易于变成再结晶晶核(立方核)。由于该晶核周围有较大的取向梯度,因此当它略有长大时马上接触到与之取向差较大的晶粒,形成易动的大角晶界,使这些晶核容易长大并最终决定性地影响再结晶织构。以上的分析正是 FCC 金属中关于立方织构形成的定向形核理论解释。这个理论早在 1931 年就被提出[4],它的原理是,在形变金属的某些部分有可能在回复过程中变成了优先存在的立方再结晶核,并在随后的再结晶过程中以比具有其他取向的再结晶晶核快的速度在形变母体的基础上长大,并最终决定其再结晶织构。图 6-1-36 为取向形核理论的示意图,图中展示了轧制形变过程中晶粒取向的移动和分裂。从图中可知,在立方金属中具有立方取向的晶粒,轧制形变时会绕轧向转至 G 取向,由于 G 取向处于不稳定区,因而会继续分裂,沿 α 取向线同时向 B 取向的两个对称位置移动(如图 6-1-36 中扩展的 $\varphi_2 = 0°$ 的 ODF 截面所示)。图中立方、G 及两个对称的 B 位置之间的取向构成取向过渡带,一晶粒分裂转到两个稳定的 B 取向位置后,具有过渡带取向的少量亚晶还连接着已大量转入两个 B 取向的晶粒。而过渡带内的少量晶体易于在再结晶时作为再结晶晶核长大,进而决定再结晶织构。这一理论可恰当地解释本实验中在预热轧制的 Ag 带中通过优化的退火后所形成的立方织构,即在冷轧后立方取向上原来就不高的取向密度降低了(图 6-1-35),立方取向与 G 取向之间的晶粒也都随着轧制转到了 α 取向线上,但在随后的回复与再结晶过程中,立方与 G 取向之间的取向密度又有了明显上升(图 6-1-35),继而使具有 B 取向的晶粒由于大角晶界的移动而逐渐被"吃"掉,最终取向流于立方取向。

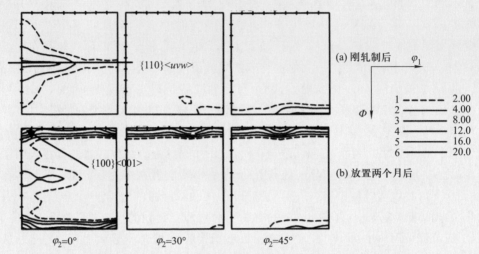

图 6-1-34　刚轧制后的 Ag 带的 ODF 截面图与放置两个月后样品的 ODF 截面图[1]

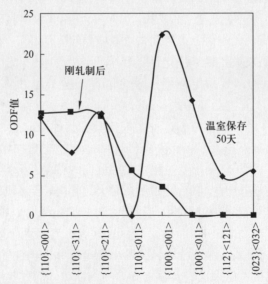

图 6-1-35　刚轧制后的 Ag 带与放置 50 天后样品的 ODF 值与各个织构含量的变化曲线[1]

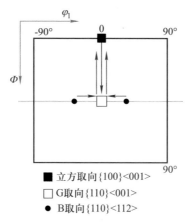

图 6-1-36　扩展的 $\varphi_2 = 0$ 的 ODF 截面表示取向形核理论[1]

　　由此看来,在 100 ℃预热轧制的 Ag 带中,退火后其立方织构的形成可归功于定向形核理论与选择生长现象共同作用的结果。回顾一下 6.1.2.3.3 部分的图 6-1-24 及解释说明可知,当样品在低温退火时,取向密度主要集中在沿着 $\varphi_2 = 0°$ 的 ODF 截面中的 $\Phi$ 线分布,从 {110} <001>G 织构到立方织构的区域形成一个较大的取向梯度分布。由于低的温度,其立方织构的取向密度此时很低,且分散度也很大,在这个阶段,其形成机理可被理解为定向形核理论占主导地位。当温度为 700 ℃时其主要的织构为 {100} <001>立方织构,而当温度从低温到 700 ℃的中间温度时,G 取向逐渐消失,B 型再结晶织构的 ODF 值有一个快速的增长趋势,这些织构可被认为是在再结晶过程中立方织构与形变织构之间的中间取向,因此在这个阶段采用了优化的快速升温工艺以使立方核在形变母体基础上形成并比这些 B 型再结晶织构晶核快的速度长大,成为最终的主要织构。这充分表明选择增长理论在这个阶段起了主要的作用。另外,这些结果与 6.2 节中的研究结果相一致。

　　综上所述,在形变母体中,立方取向的核的存在满足定向形核理论,同时在后继的退火中优先长大并成为主要的织构,从而满足选择生长理论。由此可以推论在本节所重点讨论的 100 ℃预热轧制的 Ag 带退火后,立方织构的形成可归结为定向形核理论和选择生长理论共同作用的结果。但在整个过程中,哪种理论占优,由于影响因素比较复杂,这里就不再深入研究了。

### 6.1.3　制备 {110} <uvw>织构的 Ag 带

#### 6.1.3.1　概论

　　研究证明双轴取向的 HTS 膜只有在 {110} 取向的 Ag 单晶或织构带上获得,因此得到单一并强的 {110} <uvw>织构的 Ag 带变得异常重要并成为织构研究的重点。

{110}织构是一种形变织构,它通常在退火和热处理后消失,但这种织构经常在体心立方(body centred cube,BCC)金属中(如 SiFe 合金)再结晶后产生并被用于工业应用,科学家们为此研究了几十年。正如人们所知,其形成原理是选择晶粒生长,也叫作二次再结晶。但是由于 Ag 的低的层错能,在形变后的退火过程中往往易于形成孪晶,因此这种{110}织构也从未在 Ag 中报道过。

二次再结晶的原理是:具有{110}织构的二次再结晶晶核产生于一般的初次再结晶母体中,并由于晶界迁移的各向异性而优先和快速地增长,最终吞并那些一般的初次再结晶晶粒而优先长大。这里将遵从上述二次再结晶的原理,通过优化形变及热处理工艺,探索在 Ag 中获得{110}织构的可能性,并从孪晶转变的角度分析在 Ag 中所获得的{110}<112>织构的转变机理。

### 6.1.3.2　{110}<uvw>织构的 Ag 带制备方法(形变工艺与再结晶条件)

实验采用纯度为 99.95% 的商业 Ag 块做初始材料,开始轧制尺寸为 50 mm×15 mm×6 mm。轧制实验通过标准的平辊冷轧方法完成,总形变量超过 95%。为了比较总形变量对形成{110}<112>织构的影响,道次压下量分别控制为 10%,20%,35% 及 50%,最终的带厚度为 0.10 mm。所有样品随后在真空或空气条件下退火,其温度选择分别为从 50 ℃,100 ℃,200 ℃,300 ℃,400 ℃,500 ℃,600 ℃,700 ℃,800 ℃直到 900 ℃,样品最后被随炉冷却。

### 6.1.3.3　最初 Ag 材料对形成{110}<uvw>织构的影响

如前所述,与立方织构的研究结果一样,对于{110}织构的研究也发现初始材料的原始状态,晶粒尺寸是影响织构转变的主要因素。本研究采用规格完全相同的两批商业原材料,一般情况下,在 800 ℃,真空条件下退火时,在第一批商业原材料中总能重复得到主要的{110}织构(即主要的取向位于{110}取向线),其织构分布比较漫散,且 ODF 值不是很高。图 6-1-37(a)所示是一个典型的{110}织构 ODF($\varphi_2=0$)截面图,图中展示了取向的聚集主要位于{110}取向线,但其方向不同。其主要织构类型包括{110}<001>,{110}<112>及{110}<011>。当用第二批的商业 Ag 原材料,重复上述完全相同的形变和退火工艺,却不能得到重复的{110}织构结果。而其退火后的主要织构为 B 型再结晶织构,如图 6-1-37(b)所示。这两种材料形变后织构的区别将在 6.1.3.4.1 部分描述。至此,我们已检验了两批商业原材料之间的差异,其结果是非常不同的。

图 6-1-38 为这两种原材料的微观结构光学照片。从图中可知,第一批材料具有类似于等轴的晶粒形状,尺寸大约 120 μm,经过检测后,它的平均显微硬度值大约为 45 kg/mm$^2$。而第二批原材料具有类似于线状结构的组织,其平均显微硬度值大约为 95 kg/mm$^2$。由此看来第二批原材料是轧制后的材料,具有高的硬度值和轧制所导致的应力集中。而第一批材料可能在轧制后被回火处理或在一定温度

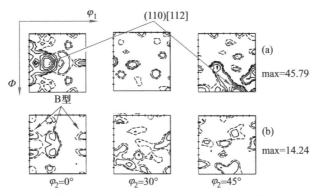

图 6-1-37 （a）第一批商业 Ag 料轧制和退火后的 ODF 截面图（主要织构为 110 型）；(b)第二批商业 Ag 料轧制和退火后的 ODF 截面图[1]

下形变使其发生了动态再结晶。因此其晶粒形状具有等轴状且具有低的硬度值。由以上结果可知即使是同一规格的原材料，其加工历史及货物状态也有所不同，因此导致在后续的工艺中，即使采用完全一致的加工及处理工艺，也不能得到完全重复的结果。本实验中对第二批原材料进行了轧制前的预回火处理，使其硬度等性能指标达到或接近第一批材料，然后可以得到基本重复的结果。

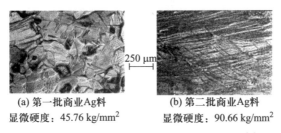

(a) 第一批商业 Ag 料　　　　　(b) 第二批商业 Ag 料
显微硬度：45.76 kg/mm²　　　　显微硬度：90.66 kg/mm²

图 6-1-38 两种原材料的微观结构光学照片[1]

以上分析可知，初始原材料的加工历史及能量状态对后续处理工艺及获得所需织构有很大的影响。为了统一实验条件，下述所用来描述细节的优化工艺是采用第一批的商业 Ag 原材料被轧制后的 Ag 带。

### 6.1.3.4 轧制和退火条件对形成{110}<uvw>织构的影响（形变条件和退火工艺的影响）

#### 6.1.3.4.1 形变织构

在形变中，为了比较道次压下量对形成{110}织构的影响，分别采用了 10%，20%，35%，50%的不同道次压下量。图 6-1-39 显示了采用不同道次压下量所获得的形变织构。从图中可以看出，在低道次形变下的样品中，形变织构为正常的一般

在低层错能的 Ag 中所获得的 {110} <112>B 型及 {110} <001>G 型织构。随着道次
压下量的增加,其形变织构含量的 ODF 值降低,形变样品似乎趋于无织构分布。
这是由于大的形变量下导致了不均匀形变的产生和局部的应力集中。过多的形变
热使得形变过程中发生了动态再结晶,因此,其形变织构含量具有低的 ODF 值。
上述四种形变的样品在 800 ℃真空退火下都能产生具有低的 ODF 值的主要的
{110} 退火织构,但在 20% ,35% ,50%形变的样品中,采用 6.1.3.5 部分描述的优化
退火工艺不能得到强的单一取向的 {110} <112>织构( 见 6.1.3.5 部分)。

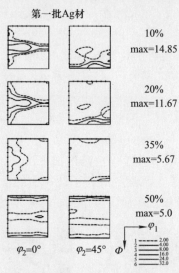

图 6-1-39 采用不同道次压下量所获得的形变织构的 ODF 截面图[1]

因此下面将要描述的退火工艺和优化的织构结果主要采用 10% 形变的 Ag
带。这里顺便指出,在第二批的商业 Ag 材料中,如果轧制前不进行预回火处理,无论
采用哪种道次压下的形变,其轧制后的形变织构都为 B 型的再结晶织构(图 6-1-40)。
这表明由于这批材料高的硬度值和应力集中,使样品在形变中发生了动态再结晶。
此形变织构结果进一步证明了 6.1.3.3 部分的分析结果,即第二批原材料是经过加
工轧制后的材料。

### 6.1.3.4.2　再结晶织构

正如前面所描述的,我们采用第一批的商业原材料,使用 10% 道次压下量冷
轧形变后的 Ag 带做进一步的退火及优化工艺研究,系统地研究了退火温度时间及
气氛条件对形成 {110} 织构的影响。图 6-1-41 是不同退火温度(400~900 ℃)下的
Ag 带的再结晶织构 ODF 截面图($\varphi_2 = 0$),其中图( a)是在真空退火条件下的结果,
而(b)为空气退火下的结果。其退火条件是在各个温度下保温 10 min,然后快速水

第二批Ag材

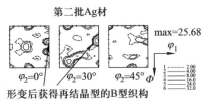

形变后获得再结晶型的B型织构

图 6-1-40  采用不同道次压下量所获得的再结晶织构的 ODF 截面图[1]

淬。比较图 6-1-41(a)和(b)可以看出,无论是在低温还是在高温退火,在真空退火条件下,主要的织构含量集中在{110}取向线,而空气退火条件下,其再结晶织构是各种织构含量的混合。

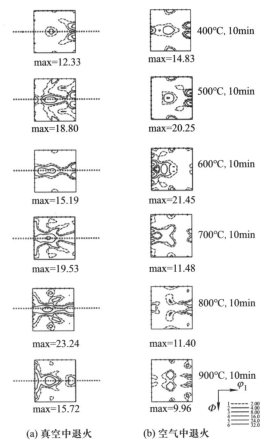

(a) 真空中退火  (b) 空气中退火

图 6-1-41  不同退火温度(400~900 ℃)下的 Ag 带的再结晶织构 ODF 截面图($\varphi_2 = 0°$)[1]

　　图 6-1-42 更加定量地比较了其织构的转变,其中图(a)是在真空退火条件下再结晶织构的 ODF 值和退火温度的曲线图,而图(b)为空气退火条件下的曲线图。

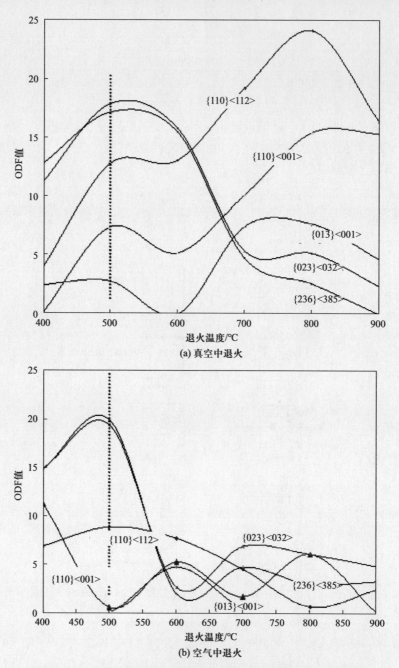

(a) 真空中退火

(b) 空气中退火

图 6-1-42　Ag 带的再结晶织构的 ODF 值与退火温度的关系曲线[1]

图中每一条曲线对应不同的再结晶含量。当退火温度在 500 ℃以上,在真空退火条件下(如图(a)所示),{110}<uvw>织构的 ODF 值随着退火温度的逐渐升高而增加,同时其他织构含量的 ODF 值却下降。而在空气退火条件下(如图(b)所示),其{110}<uvw>织构的 ODF 值随着退火温度的逐渐升高呈下降趋势。以上结果很好并定性地指出了在真空退火条件下,其{110}<uvw>织构的结果总是比空气退火条件下好。关于其形成原因,将在 6.1.3.6 部分阐述。同时从图(a)可以看出,当退火温度为 800 ℃时,{110}<uvw>织构的 ODF 值最大。因此我们得到 800 ℃真空退火是形成{110}织构的最好条件。因此我们分别在真空和空气条件下,选择 800 ℃,在不同的保温时间下来研究优化的退火时间及检验真空退火是否是形成{110}织构的必要条件。

图 6-1-43 是 800 ℃不同时间退火下的再结晶织构的 ODF 截面图($\varphi_2 = 0°$),其

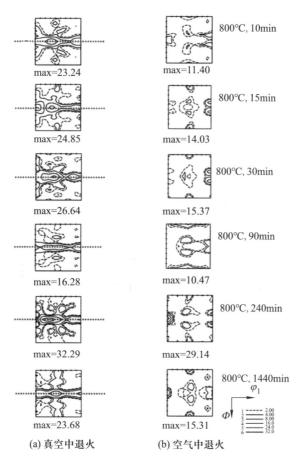

图 6-1-43  不同退火时间下的 Ag 带的再结晶织构 ODF 截面图($\varphi_2 = 0°$)[1]

中图(a)仍为真空退火结果,而图(b)为空气退火结果。分析所有这些样品的 ODF 截面图可得出与图 6-1-42 相似的结果,即真空退火条件下,$\{110\}$ <$uvw$>织构的结果总是好于空气退火条件下的结果,且 800 ℃,240 min 退火条件下,$\{110\}$ <$uvw$>织构的 ODF 值最大。因此,我们可以得到初步优化的退火工艺为 800 ℃,240 min 及以上真空退火。

　　图 6-1-44 是采用上述描述的退火条件得到的一个典型的具有$\{110\}$ <$uvw$>织构的 Ag 带的 EBSD 图,其中图(a)为颜色标尺,是根据(110)极图上的色彩所定义的,中心点代表 0,随着颜色变化直到边缘为 90°。为了更清楚地比较,用不同的颜色代表不同取向间的微取向角,将图(a)的中心部分放大即可得到图(b)标尺。根据这两个标尺,在图 6-1-44 的 EBSD 图中,红色代表$\{110\}$取向,棕色和黄色为其他的织构类型,它们与$\{110\}$取向的微取向角大约为 15°。图 6-1-45 为这个样品 $\varphi_2 =$ 0°的 ODF 截面的三维图,从图中可知,主要的织构集中在$\{110\}$取向线,但其方向不同,根据分析,其织构类型分别为$\{110\}$ <001>,$\{110\}$ <112>及$\{110\}$ <011>。图 6-1-46 是整个样品的光学微观结构,其放大倍数为 6 倍,从这个照片可看出,微观组织包括一些大晶粒及其周边的一些小晶粒,大晶粒可能具有$\{110\}$取向,而小晶粒则具有其他的取向,由此可得出,大晶粒的获得及生长很可能来源于二次晶粒的选择增长。为了进一步地证实上述推断,我们仍选择此 Ag 带在已获得的优良工艺基础上试图进一步地优化退火条件以期得到更大的晶粒尺寸及获得单一组分的$\{110\}$ <$uvw$>织构。

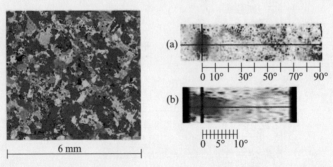

图 6-1-44　一个典型的具有$\{110\}$ <$uvw$>织构的 Ag 带的 EBSD 图[1]

### 6.1.3.5　优化的$\{110\}$ <112>结果及织构质量

6.1.3.5.1　优化的退火工艺及$\{110\}$ <112>结果

　　为了获得更进一步地优化退火工艺,我们研究了微观硬度与显微组织随着退火温度的变化。图 6-1-47 是在真空退火样品的微观硬度值与温度的关系曲线图。分析此图可得出,随着退火温度的升高,其样品的显微硬度值大幅度下降,这是正

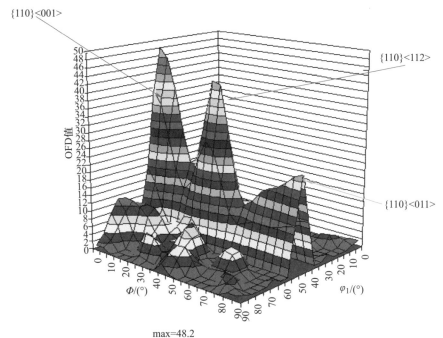

max=48.2

主要的织构位于{110}<*uvw*>取向线

图 6-1-45　样品 $\varphi_2 = 0$ 的 ODF 截面的三维图[1]

|← 15 mm →|

图 6-1-46　整个样品的光学微观结构[1]

常的现象。但是在大约 $120 \sim 250$ ℃之间,显微硬度值基本保持不变,这个现象说明了在这个温度段有一个能量上持续不变的阶段。

　　一般从原理上讲,我们用

$$T_i \approx (0.35 \sim 0.4)(T_m + 273) - 273 \tag{6-1-2}$$

来估算金属中的初始再结晶温度,式中 $T_i$ 代表初始再结晶温度(单位:℃),$T_m$ 代表金属的熔点(单位:℃)。根据此公式可计算得出理论上 Ag 的初始再结晶温度 $T_i$ 应该在 158 ℃到 220 ℃之间,当然也取决于实际情况中的材料状态及形变工艺条件。一般实际中的初始再结晶温度比计算值要低,但这个估算的结果基本上与上面描述的显微硬度及 DTA 的观察结果相一致。也就是说,可以推测形变后,最初的再结晶核可能在 120 ℃左右形成,随着温度的逐渐升高,线状组织逐渐消失,大约在 400~500 ℃左右,完全消失且完全再结晶发生。因此,根据上述分析,我们可定义形变组织在加热过程中的 3 个变化阶段,如图 6-1-47 中的虚线分隔所示:Ⅰ回复阶段,其特点是具有较高的硬度值;Ⅱ再结晶阶段,包括最初的再结晶阶段(大约在 120~250 ℃之间)及完全再结晶阶段(大约在 250~500 ℃),此阶段具有逐渐降低的硬度值;Ⅲ晶粒长大阶段,当退火温度在大约 500 ℃以上时,晶粒逐渐长大,此时轧制结构已完全从形变母体中消失,此时硬度值降到最低。

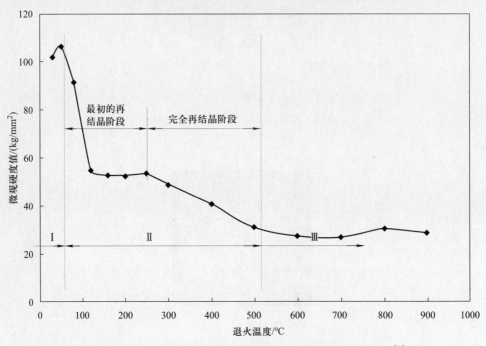

图 6-1-47 真空退火下样品的微观硬度值与温度的关系曲线图[1]

为了确认以上的分析,我们观察了在加热过程中样品微观结构的改变,如图 6-1-48 所示。当退火温度为 300 ℃时,其微观组织包括大量产生于形变母体上的精细晶粒,同时还保持一些形变结构的线状痕迹(图(a))。当退火温度分别为 400 ℃和 500 ℃(图(b),(c))时,微观组织大部分为精细晶粒及少量的大晶粒,并且线状痕迹已完全消失,这表明样品已发生完全再结晶。当退火温度高于 500 ℃时,大晶粒和小晶粒同时长大,如图(d),(e),(f)所示。根据以上观察和分析,我们设计了一个包括两个阶段的分级加热退火工艺。第一个阶段为初始再结晶阶段,以 100 ℃/min 的速度快速加热到 500 ℃,保温几分钟,其目的是形成大量的精细晶粒和少量的大晶粒。第二个阶段是二次再结晶阶段,以 2 ℃/min 的非常慢的速度加热到 800 ℃保温 4 h,其工艺目的是使用慢的加热速度抑制了精细晶粒的快速长大,同时大晶粒以更快的速度吞并精细晶粒而优先长大。最终得到了优化的退火工艺如图 6-1-49 所示。使用此优化的工艺退火 Ag 带得到了具有 ⎰110⎱ <112>单一织构含量的巨大晶粒,其尺寸大约为 15 mm。这个结果与我们前面提到的选择晶粒长大现象相类似,其织构质量将在下文分析。

(a) 300℃　　　(b) 400℃　　　(c) 500℃

(d) 600℃　　　(e) 700℃　　　(f) 800℃

⊢ 1 mm ⊣

图 6-1-48　加热过程中样品微观结构随温度的改变[1]

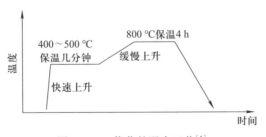

图 6-1-49　优化的退火工艺[1]

#### 6.1.3.5.2　织构质量与稳定性分析

利用 X 射线衍射、ODF、SEM 及 EBSD 等技术分析和研究织构质量。图 6-1-50 是具有大晶粒的整个样品的光学显微形貌图,图(a)表明具有 15 mm 晶粒尺寸的大晶粒几乎占据了整个样品尺寸,并横穿整个样品厚度,只在样品的边角处仍保留一些小晶粒(图(b))。这个结果同时也预示着样品的尺寸限制了大晶粒的进一步增长,因此表明了试样的外观几何尺寸对形成这种织构的影响,我们将在下文讨论这个问题。

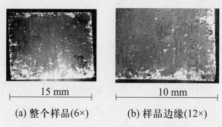

(a) 整个样品(6×)　　　　　(b) 样品边缘(12×)

图 6-1-50　具有大晶粒的整个样品的光学显微形貌图[1]

　　根据图 6-1-51 所示的三维极图结果可知,非常强和纯的峰表明了高质量的{110}<112>织构。图 6-1-52 为计算的 ODF 结果,图中分析并进一步确认了织构类型为{110}<112>,并有极其少量的{110}<011>及{013}<001>织构。最大的ODF 值等于 96.19,这已接近同等测量和计算条件下的单晶{110}<112>Ag 样品的ODF 最大值,此结果充分地表明了高质量的{110}<112>织构。图 6-1-53(a)是所测的 EBSD 图,分析结果同样确认了上述的织构特点,在 1 cm² 的测量区域,大晶粒占据了整个样品,其取向为{110},用红色表示,只在样品边缘存在一些其他织构的小晶粒,如图中的其他颜色。为了更清楚地展示织构质量及微观取向,图 6-1-53(b)为选择另外一种刻度及颜色定义所得到的 EBSD 图,其标尺从深蓝色到深红色共为 6°取向差。根据这个标尺,图 6-1-53(b)中所显示的从浅蓝色到浅红色之间的微取向差只有 4°,这个结果表明了非常高质量的{110}<112>织构。

　　另外,作为实际应用中的高温超导涂层带的基带,我们对这种织构在高温状态下的稳定性进行研究。实验是将已经具有{110}<112>织构的 Ag 样品重新加热到900 ℃退火并保温一段时间,然后冷却。图 6-1-54 为所测得的 ODF 结果,其主要织构仍为{110}<112>,且最大的 ODF 值有所下降,但没有严重的降低。由此看来,这种{110}<112>织构的 Ag 带在高温再次退火处理下仍然很稳定,并可被用做制备 HTS 超导膜的基带。

### 6.1.3.5.3　发展长尺寸的{110}<112>织构的 Ag 带及工业化问题

　　对于超导应用,最终目的是制备具有合适织构的千米级长度的带子。由于现有实验中炉子尺寸的限制,用上文描述的优化工艺只获得了具有强的{110}<112>织构的短样品带。实验中也研究制取了长度为 3 cm 的带,其带的微观结构显示了晶粒尺寸的极其不均匀性。样品中包括一些主要的大晶粒和一些极小的小晶粒(图 6-1-55)。根据前述的 EBSD 分析,小晶粒一般都具有其他的各种不同的取向。

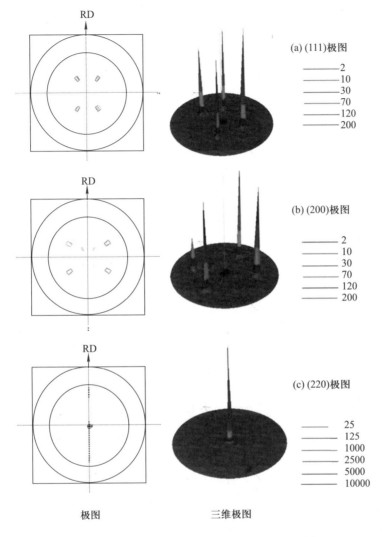

极图　　　　　　　　三维极图

图 6-1-51　样品的(111),(200),(220)极图[1]

而在整个带长情况下其炉温的不均匀性可能是导致产生这个结果的主要原因。另外正如前面所提到的,带的尺寸(厚度和宽度)也可能是影响和限制晶粒长大的另外一个因素,因此我们研究了带的尺寸对形成具有大晶粒{110}<112>织构的影响。

初始原材料仍然使用10%道次压下量轧制,但最终的带子厚度分别被控制为0.4 mm,0.3 mm,0.2 mm,0.12 mm,然后使用优化的工艺在同一条件下对这4种带

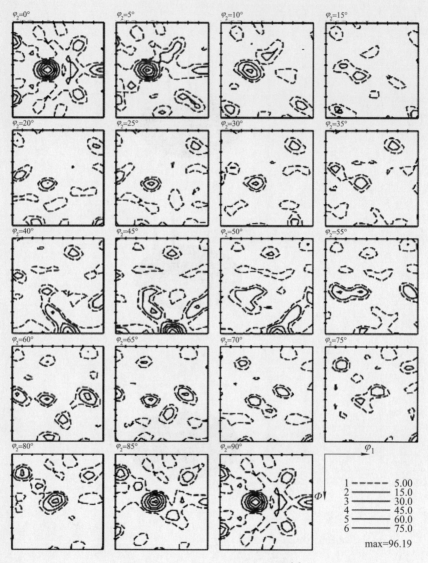

图 6-1-52　计算的样品的 ODF 图[1]

进行退火。结果发现 0.3 mm 厚的 Ag 长带退火后可以得到均匀的大晶粒。长度为 10 cm 的 Ag 带在退火后的微观组织照片如图 6-1-56 所示,图中显示了非常均匀的大晶粒,几乎没有小晶粒的集中区。图 6-1-57 为长度 1 m 的这种织构带的照片。X 射线和 ODF 分析结果表明了主要的织构为 $\{110\}<112>$。此结果很好地表明了带的厚度对制备具有均匀晶粒尺寸的长带有重要的影响。

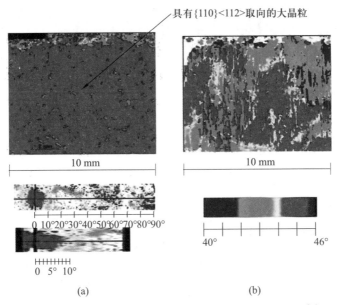

图 6-1-53 样品的 EBSD 图,(a)和(b)为不同的颜色标尺[1]

最后,值得指出的是,以上描述的{110}<uvw>织构的 Ag 带的制备工艺为传统的冷轧及 800 ℃退火,所用初始材料为商业的纯 Ag 块料,其{110}<112>织构大晶粒的形成采用优化的普通真空状态下的分级退火。所有这一切工艺操作都易于控制且有利用大规模工业化生产千米级长度的带材。

### 6.1.3.6　形成{110}<112>织构的理论分析

分析可知,具有{110}<112>织构的大晶粒的形成来源于二次再结晶,这里将从孪晶转变的角度入手来解释它的形成机理。

因为 Ag 有低的层错能,在晶粒长大的过程中,为了保持各方向的生长速度相近,即保持晶粒的等轴增长,常常易于产生孪晶。图 6-1-58 用示意图描述了一个形变的晶粒在退火长大过程中的取向变化。如图所示,形变后的晶粒用{011}表示,它的{011}面平行于轧制面,<211>方向平行于轧制方向,其相邻的{111}面和{100}面所对应的方向也如图(a)所示。在面心立方的 Ag 中,{111}面的能量总是低于{100}面,{111}面能量的理论计算值为 1087 erg/cm$^2$,而{100}面的能量为 1271 erg/cm$^2$。由于在加热退火过程中,晶界的迁移都会朝着系统自由能降低的方向,因此<111>方向的增长比<100>方向快,这就得到图(b)的情形,此时{011}面仍然平行于表面。但<111>方向比<100>方向增长速度快,这样使晶粒形状不是等轴状。而由于晶粒的增长一般都会趋于等轴状(系统能量最低),如绕着<111>轴旋转 180°,则得到图(c)的情形,此时两个<111>方向仍比<100>方向增长速度快,

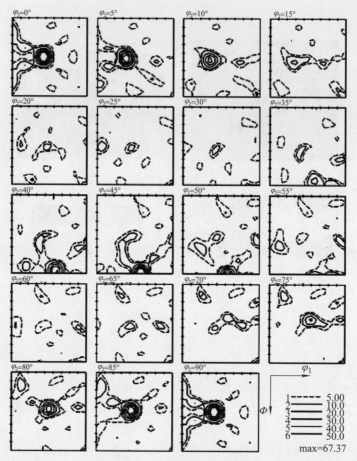

图 6-1-54 图 6-1-52 中具有 {110}<112>织构的样品再次在高温退火后的 ODF 图[1]

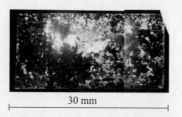

30 mm

图 6-1-55 0.12 mm 厚的 Ag 带采用优化的退火工艺制备的长带的光学照片[1]

而最终会使晶粒趋于呈等轴状(如图(d)所示)。这个增长过程由于旋转产生了孪晶,如图(d)中所示的孪晶线。以上分析了孪晶的产生过程,并可知它是绕<111>轴旋转 180°所得。

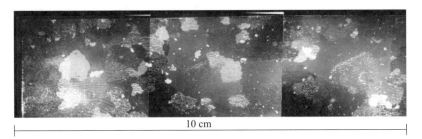

10 cm

图 6-1-56　0.30 mm 厚的 Ag 带采用优化的退火工艺制备的具有均匀大晶粒长带的光学照片[1]

图 6-1-57　长度 1 m 的 {110}<112>织构带的照片[1]

李晶分析法有图解法和解析法,下面我们根据李晶旋转用图解法来分析 {110} <112>织构的李晶(如图 6-1-59 所示)。图中虚线所示为一个原始的 FCC {110} 面结构,用下标"O"表示,而实线所示为它的李晶旋转后的平面,用下标"T"表示,下标"⊥"表示垂直。具体地讲,纸面为 O 的 $(110)_O$ 面,它的两个垂直轴为 $<001>_O$ 和 $<110>_O$,它代表织构 $(110)<112>$。当原始的 $(110)_O$ 面沿它的 $(111)_O$ 面绕 $<111>_O$ 轴旋转 180°时可获得李晶旋转后的织构 $(110)<112>$。如图中重在虚线上的实线平面所示,旋转后可得:$(110)_O$ 面仍然平行于纸面,但此时它变为 $(110)_O$ 的李晶

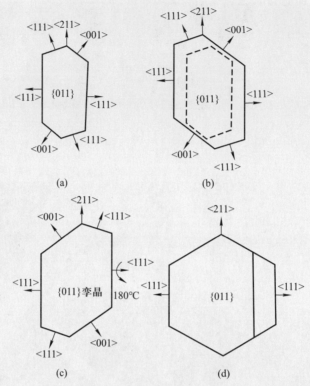

图 6-1-58　一个形变的晶粒在退火长大过程中的孪晶取向变化的示意图

面,用$(110)_T$代表,同时它与原始的$(110)_0$面具有共同的<112>轴,其方向不变,这就说明(110)<112>的孪晶是它本身。

　　根据以上分析,{110}<112>织构的孪晶仍然是{110}<112>,而实验所获得的{110}<112>织构结果正好与它的孪晶有关。图 6-1-60(a)为具有{110}<112>织构的单晶 Ag 的(111)极图,当与图 6-1-51 中 Ag 带的相应的(111)极图比较可知,Ag 带的(111)极图中有 4 个对称的峰,这是因为在 Ag 带的极图上反映了{110}<112>的孪晶取向,具体的分析如图 6-1-60 所示。上面已提到,图中(a)为{110}<112>单晶 Ag 的(111)极图,其方向为<211>,因为只能在{011}面上测到两个(111)面的衍射,所以只有两个衍射峰。图(b),(c)为分解的本实验中的多晶 Ag带的极图,其中(b)为原始的取向,(c)为孪晶取向。因为形成孪晶时,在{110}面上,原始取向与孪晶取向有一个<112>轴重合。如果用两张标准的{110}投影图,使其中一张的<211>轴与另一张的<211>重合,则可得合成后的极图,如图(d)所示,该极图上的所有极点(111),(200),(220)都可以被找到,因此毫无疑问 Ag 带材极图反映了孪晶取向。这也是为什么我们实验获得了两组峰的结果。其中一组

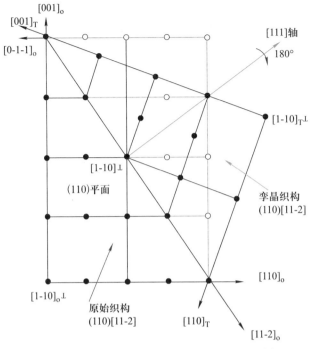

图 6-1-59　{110}<112>织构形成的孪晶图解[1]

衍射峰来自原始的{110}<112>晶粒,而另外一组衍射峰来自它的孪晶{110}<112>的晶粒,其中两个<112>在{110}面上相差 70.3°。分析图 6-1-51 中的(200)与(220)极图可得到类似的结果。

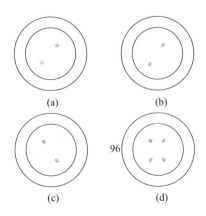

图 6-1-60　(a){110}<112>单晶的(111)极图;(b) 分解后的{110}<112>多晶带的(111)极图;(c) {110}<112>多晶带的孪晶产生的峰;(d) 图(b)和(c)和起来的111)极图[1]

　　EBSD 分析结果同样证明了上述的结论,如图 6-1-53 所示颜色定义在 6°之内所获得的样品的 EBSD 图,图中展示了在大晶粒内有很多彼此平行的孪晶线。这充分表明了大晶粒内存在彼此孪晶的{110}<112>晶粒,并说明了{110}<112>织构的形成机制是伴随着其孪晶的形成与转变。具体到实际的 Ag 带中它的晶粒排列状况为两个{110}<112>晶粒以孪晶方式共存,它们都具有{110}面平行于轧面,<112>方向平行于轧向。

　　以上分析很好地解释了为什么在低层错能的 Ag 中可以通过优化的退火而得到{110}<112>织构,其内在机理被认为是孪晶转变及二次再结晶长大,但这只是内在因素,而外在因素被认为是优化的工艺参数及真空退火导致了{110}<112>晶粒的选择生长。尤其是在高温真空下,Ag 原子非常易于蒸发,因此可推测最表面的几层原子在最初的 500 ℃短时间真空退火下被蒸发掉而导致了表面原子的重构,同时产生少量的大晶粒。在随后的慢速加热及高温保温状态下,原子被继续蒸发,具有{110}<112>取向的少量的大晶粒会在原有尺寸基础上慢慢吞并具有其他取向的小晶粒而长大,并成为最终的主要取向。关于 Ag 的蒸发问题,本书没有进行进一步的研究,但由于 Ag 织构的复杂性和易变性,这应该是在表面科学中的一个有趣并有意义的研究课题。

　　综上所述,在 Ag 中获得纯的{110}<112>织构的条件已经成熟,并且结果的重复性相当好,但暴露出来的问题是这种织构的带材是否利于成膜,即出现孪晶是否影响外延生长? 从理论分析上讲,由于孪晶是完全对称,在{110}面上原子分布完全相同,因此可视为与原始取向等价。另外 HTS 薄膜的外延生长机理目前也不是很明朗,因此一切只能由实践来检验。

### 6.1.3.7　各种织构 Ag 带的机械性能测量结果

　　正如我们所知,高温超导带是具有脆性特征的超导材料与具有柔韧性的金属基带的结合,它的机械性能依赖于系统的几何形状、结合特征及彼此的机械行为。由于具有陶瓷特征的超导材料具有差的延展性,当它经受高于其弹性限度的应变时将会骤然脆断,相反地金属材料则会随着载荷的增加在弹性范围之外,塑性形变区内继续形变伸长。这两种截然不同的机械行为使彼此结合后的化合物的机械特征从宏观上看是两者体积分数的函数,而实际上化合物的强度随金属母体的强度的增长而增强。因此所选择的金属母体的强度对超导带的强度有重要且直接的影响。由于金属材料的强度随温度增高而降低,而超导材料是在液氮下使用,这个特征将对超导带的机械性能是个有利因素。

　　另外,在退火过程中所经历的热扩散也对超导带的机械性能有重要的影响。由于超导金属与 Ag 不同的热扩散系数,当从高温退火的温度冷却到室温,再从室温冷却到液氮温度时,这种冷却过程将使超导带材中存在一些预应力,此时金属

Ag 处于拉应力状态,而超导化合物则处于压应力状态。这个提前预置的应力将和由于带材被加工、操作等产生的机械应力应变相重叠。由此将会导致临界电流在拉伸形变状况下更低。当然这个影响也依赖于超导带材中陶瓷超导材料与金属基体各占比多少,但正如前面所述金属基体的应力应变行为对整个超导带的机械性能有着很重要的影响。由于金属 Ag 的屈服应力较低,因此用纯 Ag 作为基体材料必须考虑它本身的机械性能。因此,我们在液氮温度和拉伸条件下对几种 Ag 带样品的机械性能做了测量和比较。

如表 6-1-2 所示,样品 1 是冷轧后未退火的 Ag 带,它具有沿着轧向的线状晶粒分布,其织构是一般的 Ag 型轧制织构。样品 2 是 700 ℃ 退火后的 {100} <001>织构 Ag 带,其平均晶粒尺寸约为 60~70 μm。样品 3 是冷轧后 800 ℃ 真空退火的 Ag 带,主要织构为 {110} <uvw>取向,其中<uvw> = <001>,<112> 和<011>,晶粒状态包括大晶粒(尺寸大约 2 mm)与小晶粒(尺寸大约 200 μm)的混合。样品 4 为采用优化的退火工艺获得的 {110} <112>大晶粒织构带,样品具有几乎均匀的大晶粒分布,平均晶粒尺寸大约为 6 mm。所有的样品被制备成 50 mm 长,15 mm 宽的标准样。测量在液氮状态下的拉伸实验装备上进行,其测量结果如图 6-1-61 所示。图中横坐标为应变百分数,纵坐标为屈服应力(单位:MPa)。从图可知,随着样品号的增加,屈服应力和应变值明显地降低,相比之下,冷轧的样品(样品 1)具有最高的应力和应变值,它的最大屈服应力为 245MPa,所对应的应变值为 0.245%。这是很正常的,因为在形变过程中,由于加工硬化所产生的大量的位错堆积等缺陷需要更大的外部载荷使其进一步地交互滑移,从而达到拉伸形变的目的,因此其屈服应力和应变值相对退火样品较高。表 6-1-3 列出了 4 种样品拉伸形变后的应力、应变值及杨氏模量。可以看出,退火样品的应力和应变值很低,这是由于退火使位错密度降低,晶粒趋于等轴态长大,系统自由能也降到最低,材料变软,强度降低,因此拉伸过程中具有低的屈服应力及应变值。值得注意的是由于大的晶粒尺寸和少的晶界数量,样品 4 具有最低的屈服应力和应变值,它们分别为 25 MPa 和 0.08%,这个屈服应力值只相当于冷轧样品的十分之一,而应变值相当于三分之一。另外正如表 6-1-3 所列,各种不同状态样品的屈服应力值差别较大,而从曲线和表中数据可知,每个样品的屈服点所对应的应变值没有太大的差异。另外,随着样品号的增强,其杨氏模量值不断降低,但考虑到实际应用中所局限的形变,这种降低不会对实际应用造成很大影响。

表 6-1-2　机械性能测量所用的 4 种样品的状态

| 名称 | 退火及处理工艺条件 | 主要的织构类型 | 晶粒尺寸 |
|---|---|---|---|
| 样品 1 | 轧制带 | | 线状晶粒 |
| 样品 2 | 700 ℃优化工艺退火(见 6.1.3.7 部分) | {100} <001> | 60~70 μm |
| 样品 3 | 800 ℃真空退火 | {110} <uvw>和其他织构 | 0.2~2 mm |
| 样品 4 | 800 ℃优化工艺退火(见 6.1.3.5.1 部分) | {110} <112> | 平均 6 mm |

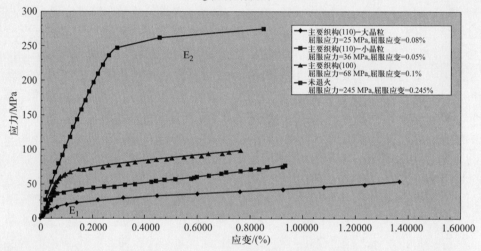

图 6-1-61　表 6-1-2 所列 4 种样品的拉伸曲线[1]

表 6-1-3　4 种样品拉伸形变后的应力应变值以及杨氏模量

| 样品名称 | 屈服应变/(%) | 屈服应力/(MPa) | 杨氏模量/(GPa) |
|---|---|---|---|
| 样品 1 | 0.245 | 245 | 117 |
| 样品 2 | 0.1 | 68 | 91 |
| 样品 3 | 0.05 | 36 | 80 |
| 样品 4 | 0.08 | 25 | 32 |

　　无论如何,实验结果表明,使用纯 Ag 作为基板,必须解决屈服应力低,机械强度差的问题,因此进一步的研究工作应该是探索加入化学元素或选择某种 Ag 合金,一方面加强其机械性能,另一方面探索其织构成因。

## 6.2　Cu-Ni 织构基带的研究

### 6.2.1　Cu-Ni 合金冷轧织构的形成

金属经大形变量的塑性形变后会形成形变织构,形变织构的类型除了与材料本身的属性有关外,还受塑性形变工艺的影响。一般具有中高层错能的 FCC 金属,经大应变量轧制后往往形成 C 型轧制织构,即主要包括 S,C 和 B 取向。我们在对 Ni5W 的研究过程中,详细研究了道次形变量、总形变量等对轧制织构及再结晶立方织构的影响[13],并且在 Ni5W 合金基带的制备过程中,常采用初始厚度为 10 mm 的坯锭,冷轧过程中道次形变量约为 5 %,总形变量大于 99 %。另外值得注意的是,经过详细计算后发现上述经验轧制工艺中存在非平面应变的现象。本节以 Cu45Ni(Cu-45at.% Ni)合金为例,对比研究非平面应变和平面应变对轧制织构形成的影响。

#### 6.2.1.1　非平面应变对轧制织构的影响

一般在轧制过程中,如果满足 $0.5<I/H<5$(其中 $I$ 为样品与轧辊的接触长度; $H=(h_0+h)/2$,为轧制前、后样品厚度的平均值),即认为轧制过程保持平面应变; $I/H>5$ 一般发生在当轧辊半径很大而轧制样品厚度很薄时,摩擦力作用在表面,形成很强的表面轧制剪切;而 $I/H<0.5$ 时,会在材料内部距离表面约 1/4 的地方形成剪切组织[14],其示意图如图 6-2-1 所示。因此,理论上当轧制过程中出现非平面应变时,其轧制织构会受到影响,形成位于样品表面或者样品内部的剪切织构。

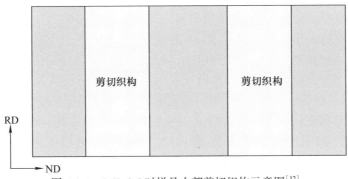

图 6-2-1　$I/H<0.5$ 时样品内部剪切织构示意图[12]

对于涂层导体用合金基带的轧制,经验轧制工艺(轧制工艺-1)是将初始厚度为 10 mm 的坯锭,以道次形变量约为 5 %,冷轧至总形变量大于 99 %[6,7]。采用轧制工艺-1 对 Cu45Ni 合金进行冷轧的部分轧制记录见表 6-2-1,并对其 $I/H$ 的值进行计算。虽然实际轧制过程中不可能精确控制其道次形变,但可以保证其道次形变量约为 5 %。

表 6-2-1　轧制工艺-1

| 道次 | 辊径/(mm) | 厚度/(mm) | $I/H$ | 道次形变量/(%) |
|---|---|---|---|---|
| 1 | 37 | 10.025 | 0.437234 | 4.927681 |
| 2 | 37 | 9.531 | 0.449095 | 4.941769 |
| 3 | 37 | 9.06 | 0.461850 | 4.966887 |
| 4 | 37 | 8.61 | 0.472804 | 4.947735 |
| 5 | 37 | 8.184 | 0.481215 | 4.875367 |
| 6 | 37 | 7.785 | 0.500485 | 5.009634 |
| 7 | 37 | 7.395 | 0.50952 | 4.935767 |
| 8 | 37 | 7.03 | 0.524173 | 4.964438 |
| 9 | 37 | 6.681 | 0.531979 | 4.864541 |
| 10 | 37 | 6.356 | 0.54985 | 4.940214 |
| 11 | 37 | 6.042 | 0.570391 | 5.047997 |
| 12 | 37 | 5.737 | 0.58365 | 5.020045 |

由表 6-2-1 可看出在轧制过程中,$I/H$ 值随着轧制的进行而逐渐增加。但是,值得注意的是轧制初始的前 5 道次,虽然轧制过程中其道次形变量约为 5%,但是 $I/H<0.5$,为非平面应变轧制,会使得材料内部形成剪切织构。由于材料内部的剪切织构组分在材料内部距离表面约 1/4 的地方,用 X 射线四环衍射不能检测到材料内部距离表面较远的区域的织构信息,因此用 EBSD 研究样品 RD-ND 截面是有效的手段。另外,轧制工艺-1 的轧制过程中,只有轧制起始的若干道次属于非平面应变,此时总形变量小于 25 %,而一般轧制织构的形成需要形变量大于 70 %。[8,9] 本节的目的是研究轧制工艺-1 中非平面应变对大形变量下轧制织构的影响,因此选择形变量为 90 % 的轧制样品,对其 RD-ND 截面上距离表面约 1/4 处及其 1/2 处进行研究。图 6-2-2 为采用轧制工艺-1 得到的形变量为 90% 的 Cu45Ni 合金其 RD-ND 截面上距离表面约 1/4 处和 1/2 处的 EBSD 图。图中主要的轧制织构,如 S 取向、C 取向和 B 取向分别用蓝色、绿色和橘红色表示;黄色和红色分别表示 G 取向和立方取向;剪切取向{001}<110>用紫红色表示;白色表示其他随机取向。由 EBSD 图可以看出在 RD-ND 截面上距离表面约 1/2 处的轧制织构要高于 1/4 处,

并且含有相对较少的剪切织构和随机取向。

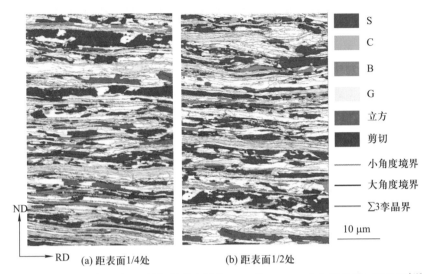

图 6-2-2　采用轧制工艺-1 制备的形变量为 90% 的 Cu45Ni 合金样品的 EBSD 图[12]

经计算得样品不同区域内各织构组分的含量,见表 6-2-2。在样品的 1/4 处其轧制织构的组分含量只有~34 %,剪切组分为~21 %。而在样品的 1/2 处其轧制织构的组分含量为~50 %,剪切组分为 9.2 %。通过不同区域的织构含量的对比表明,在距离表面 1/4 处含有很强的剪切织构组分。而轧制过程中只有初始若干道次的非平面应变($I/H<0.5$)会在材料内部约 1/4 处形成剪切织构组分,这说明因初始若干道次的非平面应变而产生的剪切织构组分,在大应变量下仍然存在。虽然不同区域内含有的轧制织构组分和剪切织构的含量不同,但是无论哪个区域均含有~ 30 %的随机取向;并且没有因剪切组分的存在导致不同区域内的微观组织不均匀,其沿 ND 的平均晶界间距($d_{ND}$)为 348 nm,大角度晶界的含量($f_{HAB}$)为 18.8 %。

表 6-2-2　采用轧制工艺-1 制备的形变量为 **90%** 的 **Cu45Ni** 合金
样品 RD-ND 截面距表面约 1/4 处和 1/2 处的织构含量

| | 轧制织构/(%) | 剪切/(%) | 立方/(%) | G/(%) | $d_{ND}$/(nm) | $f_{HAB}$/(%) |
|---|---|---|---|---|---|---|
| 1/4 处 | 33.6 | 21.3 | 3.36 | 9.83 | | |
| 1/2 处 | 50.4 | 9.2 | 2.83 | 7.51 | 348 | 18.8 |
| 平均 | 40.6 | 17.5 | 3.05 | 8.35 | | |

一般具有中高层错能的 FCC 金属在轧制形变量达到 80% 以后,能形成 C 型轧

制织构。但是,Cu45Ni 合金采用轧制工艺–1 至形变量为 90% 时,RD-ND 截面的轧制织构不是 C 型轧制织构,其中只含有约 40% 的轧制织构组分,剪切组分的含量为 17.5 %,以及约 30 % 的随机取向。因此,它是含有大量剪切织构及随机取向的混合织构。对其整个 RD-ND 截面进行 EBSD 测试后的 $\{111\}$ 和 $\{200\}$ 极图如图 6-2-3 所示。这说明采用轧制工艺–1 时,在轧制初期由于非平面应变($I/H<0.5$)使材料内部形成了剪切织构组分,而这对轧制织构的形成有一定的影响。

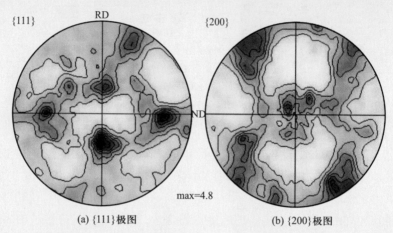

(a) $\{111\}$ 极图　　　　　　　(b) $\{200\}$ 极图

图 6-2-3　采用轧制工艺–1 制备的形变量为 90% 的 Cu45Ni 合金 RD-ND 界面的极图

### 6.2.1.2　平面轧制应变对轧制织构的影响

初始坯锭的厚度为 10 mm,轧辊的半径为 37 mm,要保证轧制初始阶段亦满足平面应变,即 $0.5<I/H<5$,必须使得轧制开始的前几道次的道次形变量大于 6.3 %。虽然适当增大道次形变量有利于满足平面应变的要求,但是考虑到轧制过程中道次形变量对轧制织构形成的影响,在满足 $0.5<I/H<5$ 的前提下,仍采用每道次 ~5% 的道次形变量。表 6-2-3 为改进的轧制工艺–2,满足了平面应变的要求。此时,轧制的前几道次的道次形变量增至 ~6.5 %。

表 6-2-3　轧制工艺–2

| 道次 | 辊径/(mm) | 厚度/(mm) | $I/H$ | 道次形变量/(%) |
|---|---|---|---|---|
| 1 | 37 | 10.02 | 0.507909 | 6.536926 |
| 2 | 37 | 9.365 | 0.522072 | 6.460224 |
| 3 | 37 | 8.76 | 0.540859 | 6.484018 |
| 4 | 37 | 8.192 | 0.52231 | 5.700684 |

| 道次 | 辊径/(mm) | 厚度/(mm) | $I/H$ | 道次形变量/(%) |
|---|---|---|---|---|
| 5 | 37 | 7.725 | 0.511239 | 5.177994 |
| 6 | 37 | 7.325 | 0.529163 | 5.255973 |
| 7 | 37 | 6.94 | 0.531146 | 5.028818 |
| 8 | 37 | 6.591 | 0.549809 | 5.113033 |
| 9 | 37 | 6.254 | 0.559049 | 5.020787 |
| 10 | 37 | 5.94 | 0.576425 | 5.06734 |

　　改进的轧制工艺-2 主要是增加了前几道次的形变量,之后的道次形变量仍然保持在 5 % 左右,但是它使其轧制过程满足了平面应变的要求,即不会由于 $I/H<0.5$ 而使得材料内部形成剪切织构组分。图 6-2-4 为采用轧制工艺-2 得到的形变量为 90% 的 Cu45Ni 合金的 RD-ND 面的 EBSD 图。图中主要的轧制织构、G 取向、立方取向及剪切取向的颜色与图 6-2-2 相同。同样地,分别对 RD-ND 截面上距离表面 1/4 处和 1/2 处的微观组织和织构进行测试。

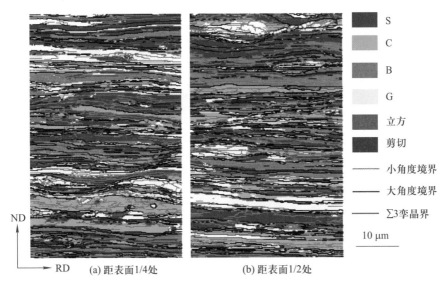

S
C
B
G
立方
剪切
―――― 小角度境界
―――― 大角度境界
―――― Σ3孪晶界

10 μm

ND

RD　　(a) 距表面1/4处　　　　　　(b) 距表面1/2处

图 6-2-4　采用轧制工艺-2 制备的形变量为 90% 的 Cu45Ni 合金样品的 EBSD 图[12]

　　样品不同区域内各织构组分的含量见表 6-2-4。采用轧制工艺-2 得到的形变量为 90% 的 Cu45Ni 合金的轧制织构相对增强,截面上距离表面 1/4 处和 1/2 处形成的轧制织构均匀,其含量均为 ~ 76%;没有明显的剪切织构组分,并且随机取向的含量为~18%。另外,其微观组织亦非常均匀,沿 ND 的平均晶界间距为 186 nm,大角度晶界的含量为 35%。

表 6-2-4　采用轧制工艺-2 制备的形变量为 **90%** 的 **Cu45Ni** 合金
样品 RD-ND 截面约 **1/4** 处和 **1/2** 处的织构含量

| | 轧制织构/(%) | 剪切/(%) | 立方/(%) | G/(%) | $d_{ND}$/(nm) | $f_{HAB}$/(%) |
|---|---|---|---|---|---|---|
| 1/4 处 | 75.4 | 0.8 | 1.86 | 5.36 | | |
| 1/2 处 | 76.5 | — | 1.03 | 4.07 | 186 | 35 |
| 平均 | 75.8 | — | 1.32 | 4.51 | | |

Cu45Ni 合金采用轧制工艺-2 至形变量为 90% 时 RD-ND 截面的轧制织构主要以 S 取向、C 取向和 B 取向含量为主的 C 型轧制织构。对其整个 RD-ND 截面进行 EBSD 扫描后得{111}和{200}极图如图 6-2-5 所示,表明其轧制织构为典型的 C 型轧制织构。

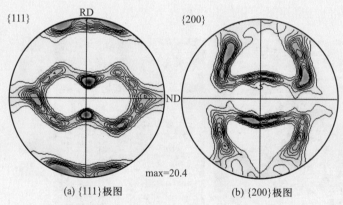

(a) {111}极图　　　　　　　(b) {200}极图

图 6-2-5　采用轧制工艺-2 制备的形变量为 90% 的 Cu45Ni 合金 RD-ND 截面的极图[12]

对比轧制工艺-1 和轧制工艺-2 制备的形变样品的织构可得,在轧制初期由于非平面应变($I/H<0.5$)所导致的材料内部的剪切织构组分在高应变量下仍然存在,将不利于轧制织构的形成。另外,剪切织构组分的存在不仅影响了轧制织构的含量,而且影响了其轧制过程中微观组织的细化。采用改进的轧制工艺-2,轧制过程满足平面应变,并且样品内部微观组织及织构均证明,满足平面应变轧制后,轧制织构均匀且含量提高,有利于形成强轧制织构。

### 6.2.1.3　Cu45Ni 合金轧制织构的形成

采用轧制工艺-2 对 Cu45Ni 合金进行轧制,并用 X 射线四环衍射对其轧制织

构的形成进行研究。图 6-2-6 为 Cu45Ni 合金轧制形变量分别为 80%，90%，95%
的基带表面的{111}极图。可以得出，Cu45Ni 合金经冷轧后形成以 S 取向、C 取向
和 B 取向为主的 C 型轧制织构，同时包括少量的 G 取向和微弱的立方取向。由
{111}极图可得，随着轧制形变量的增加，其轧制织构的强度亦逐渐增加。

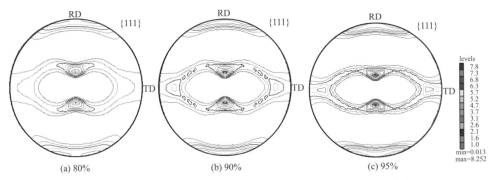

图 6-2-6　Cu45Ni 合金轧制过程中不同形变量时的{111}极图[12]

　　Cu45Ni 合金轧制过程中各轧制织构的具体含量如图 6-2-7 所示（各轧制织构
的取向差小于 15°）。冷轧织构中主要包括 S、C 和 B 取向，并且随着形变量的增加
而增加，其中 S 取向的含量约为 C 取向含量的两倍。除了主要的冷轧织构外，还存
在少量的 G 取向和立方取向，这主要是由于 G 取向是亚稳取向，随着应变量的增

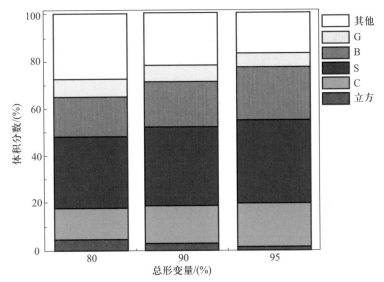

图 6-2-7　Cu45Ni 合金轧制过程中随形变的增加各轧制织构的含量[12]

加 G 取向会逐渐转变为 B 取向;而立方取向在轧制过程中也是不稳定的,它们均随着形变量的增加而逐渐减少。

### 6.2.2　轧制表面剪切对立方织构形成的影响

加工硬化是冷轧过程中常见的现象,即金属材料在再结晶温度以下塑性形变时,强度和硬度升高,而塑性和韧性降低的现象,又称作冷硬化。这主要是由于金属在塑性形变时,晶粒发生滑移,出现位错的缠结,使晶粒拉长、破碎和纤维化,金属内部产生了残余应力,等等。加工硬化给金属件的进一步加工带来困难。同样在 Ni-W 合金及 Cu-Ni 合金的冷轧过程中也会出现因加工硬化而导致的愈轧愈硬的现象。再加上轧辊表面与薄带表面不是理想的光滑表面,这将导致轧辊表面与薄带表面产生摩擦,形成严重的表面轧制剪切组织,进而影响立方织构的形成。这里重点研究 Cu45Ni 合金坯锭采用一般轧制工艺得到的表面有严重剪切的薄带-1 与改进轧制工艺后得到的表面只有很微弱剪切的薄带-2 的立方织构的形成。

#### 6.2.2.1　大形变量冷轧薄带-1

在轧制过程中,一般当 $0.5 < l/H < 5$ 时,满足平面应变的条件。Cu45Ni 合金坯锭的初始厚度为 10 mm,先用轧辊半径为 37 mm 的二辊轧机,以约为 5 % 的道次形变量(初始若干道次的道次形变量 ～ 6.5 %),将其轧制到 800 μm(形变量为 92%),再用轧辊半径为 10 mm 的四辊轧机对其进行轧制。

实验中发现,Cu45Ni 在轧制过程中,随着应变量的增加,会出现实际道次形变量远小于操作过程施加的道次形变量。图 6-2-8 为大形变量冷轧薄带-1 在轧制过程中的实际道次形变量、$l/H$ 与总形变量的关系。由图(a)得,对于冷轧薄带-1,当总形变量小于98%时,轧制过程中基本能保证道次形变量约为 5%。继续增大形

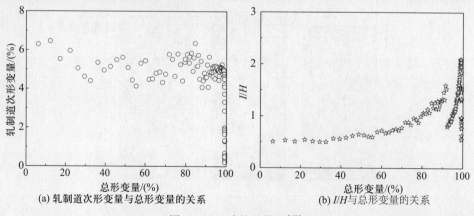

(a) 轧制道次形变量与总形变量的关系　　　　(b) $l/H$ 与总形变量的关系

图 6-2-8　冷轧基带-1[12]

变量时,虽然在轧制过程中施加的道次形变量为 5% ,但其实际道次形变量在迅速降低,到最后若干道次时甚至不足 0.5% 。另外,整个轧制过程需要 110 多道次的往复轧制,其中大约一半的轧制道次是在形变量大于 95% 之后,并且大约 1/3 的轧制道次是在形变量大于 98% 之后。在总形变量从 98% 轧制到 99% 的过程中,需要如此多轧制道次的主要原因是轧制过程中实际道次形变量远小于操作过程施加的道次形变量。

图(b)为冷轧薄带-1 轧制过程中每道次轧制时的 $I/H$ 值,整个轧制过程均满足平面应变($0.5<I/H<5$)。总形变量<92% 时,$I/H$ 值随着形变量的增加而逐渐增加。在轧制到形变量约 92% 时 $I/H$ 的突然减小是由于更换轧机所导致的。总形变量在 92% ~98% 范围内时,$I/H$ 值随着形变量的增加而逐渐增加。总形变量>98%时,由于实际道次形变量在迅速降低使得 $I/H$ 值随着形变量的增加而迅速减小,最后 $I/H$ 值接近 0.5。

### 6.2.2.2　大形变量冷轧薄带-2

对大形变量冷轧薄带-2 的轧制工艺进行改进,形变量小于 98% 阶段轧制工艺相同,但是当形变量大于 98% 以后通过增加轧辊转速和增大施加的道次形变量等方式,基本保证其道次形变量为 5% 。图 6-2-9 为大形变量冷轧薄带-2 在轧制过程中的实际道次形变量、$I/H$ 与总形变量的关系。由图(a)得知,对于冷轧薄带-2,整个轧制过程均能保证其道次形变量约为 5% 。整个轧制过程需要 95 道次左右的往复轧制,与冷轧薄带-1 相比,总变量均为 99.3% 的薄带,冷轧薄带-2 在轧制过程中少了 18 道次,而轧制道次的减少均是发生在形变量大于 98% 之后的轧制过程中。图(b)为冷轧薄带-2 轧制过程中每道次轧制时的 $I/H$ 值,整个轧制过程均满足平面应变($0.5<I/H<5$)。同样在轧制到总形变量约 92% 时 $I/H$ 的突然减小是由

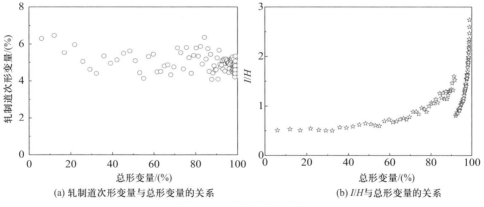

(a) 轧制道次形变量与总形变量的关系　　　　(b) $I/H$ 与总形变量的关系

图 6-2-9　冷轧基带-2[12]

于更换轧机所致。

### 6.2.2.3 冷轧织构及低温热处理织构

图 6-2-10 为大形变量冷轧薄带-1 和-2 热处理过程中的硬度曲线,由图可知,热处理温度低于 500 ℃时,两种薄带的硬度变化曲线基本类似,并且均处于回复阶段。热处理温度大于 500 ℃时,两种薄带均发生再结晶,并且大形变量冷轧薄带-2 的硬度降低得较快,这表明,此薄带的再结晶发展的速度要快于大形变量冷轧薄带-1。

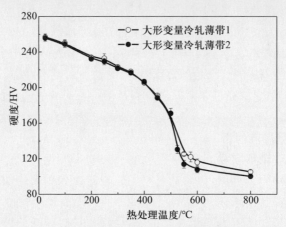

图 6-2-10　表面有强和弱轧制剪切的薄带的硬度曲线[12]

冷轧薄带-1 和-2 的样品记为 Tape-1-CR 和 Tape-2-CR;500℃热处理 1h 的样品记为 Tape-1-500 和 Tape-2-500。图 6-2-11 为采用 X 射线四环衍射得到的冷轧样品与 500℃热处理样品的 ODF 图,其中截取了 $\varphi_2$ 分别为 0°,45°和 65°时的 ODF 图,分别能表示出轧制织构中 B 取向、G 取向、S 取向和 C 取向,再结晶织构中的立方取向,以及表面剪切取向。图(a)为 Tape-1-CR 的 ODF 图,表示了薄带-1 的冷轧织构为 C 型轧制织构和剪切取向的混合织构;图(b)表明冷轧薄带-1 经 500 ℃热处理后其织构仍然为轧制织构与剪切取向的混合织构。图(c)为 Tape-2-CR 的 ODF 图,表示其冷轧织构为 C 型轧制织构;由图(d)可知冷轧薄带-2 经 500 ℃热处理后其织构演变为轧制织构与立方织构的混合织构,并且含有 RD-旋转立方。

由 X 射线四环衍射测得的冷轧和 500℃热处理的样品中各取向的含量记录于表 6-2-5,其中各取向偏离标准取向的偏差在 15°以内。冷轧薄带-1,在冷轧后薄带中含有约 75%的轧制织构(S+C+B),以及大约 3 %的剪切取向,且经 500℃热处理后剪切织构的含量略有降低。对于冷轧薄带-2,冷轧后薄带含有约 85%的轧制织构(S+C+B),无明显的剪切取向。对比两种薄带冷轧及热处理后的织构说明,虽然两种冷轧薄带均含有 C 型轧制织构,但是冷轧薄带-1 含有剪切织构,并且冷轧薄带-1 的轧制织构含量比冷轧薄带-2 的低约 10%。

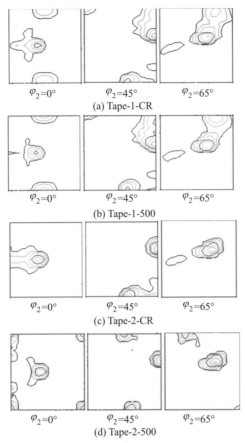

$\varphi_2=0°$　　$\varphi_2=45°$　　$\varphi_2=65°$
(a) Tape-1-CR

$\varphi_2=0°$　　$\varphi_2=45°$　　$\varphi_2=65°$
(b) Tape-1-500

$\varphi_2=0°$　　$\varphi_2=45°$　　$\varphi_2=65°$
(c) Tape-2-CR

$\varphi_2=0°$　　$\varphi_2=45°$　　$\varphi_2=65°$
(d) Tape-2-500

图 6-2-11　采用 XRD 测得的冷轧样品与 500℃热处理样品的 ODF 图[12]

表 6-2-5　由 XRD 和 EBSD 测得的冷轧样品与 500 ℃热处理样品的立方取向、
轧制织构及剪切取向的含量

| 样品 | XRD | | | EBSD | | |
|---|---|---|---|---|---|---|
| | 立方/(%) | 剪切/(%) | 轧制/(%) | 立方/(%) | 剪切/(%) | 轧制/(%) |
| Tape-1-CR | 1.67 | 3.96 | 74.99 | 2.45 | 68.4 | 16.96 |
| Tape-1-500 | 2.97 | 3.32 | 78.3 | 4.28 | 35.13 | 54.59 |
| Tape-2-CR | 0.82 | — | 84.97 | 2.01 | 2.1 | 88.1 |
| Tape-2-500 | 4.61 | | 86.61 | 4.96 | — | 91.16 |

由冷轧薄带-1 的轧制工艺可以看出,在大形变量轧制后期,其实际道次形变量远小于施加的道次形变量,这使得冷轧薄带表面与轧辊之间相互摩擦,容易在冷轧薄带-1 表面形成很强的表面轧制剪切。虽然由 X 射线四环衍射技术已测得冷轧薄带-1 约有 4% 的剪切取向,但不能确定这些剪切取向是分布在样品表面还是样品内部,而 EBSD 技术可以检测样品表面的织构信息。因此,我们用 EBSD 技术分析冷轧薄带-1 和-2 的 RD-TD 轧面的冷轧织构及经 500 ℃,1 h 热处理后的织构成分(样品分别记为 Tape-1-CR、Tape-2-CR、Tape-1-500 和 Tape-2-500)。为了准确得到样品表面的织构成分,样品表面并没有经过机械抛光或电解抛光等处理。图 6-2-12 为

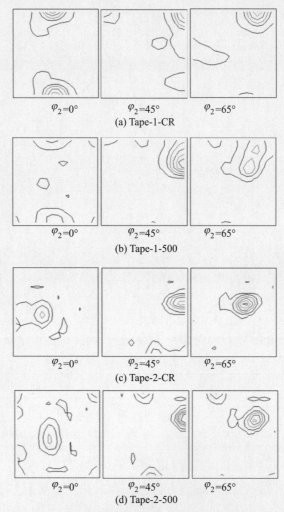

$\varphi_2=0°$　　　　$\varphi_2=45°$　　　　$\varphi_2=65°$
(a) Tape-1-CR

$\varphi_2=0°$　　　　$\varphi_2=45°$　　　　$\varphi_2=65°$
(b) Tape-1-500

$\varphi_2=0°$　　　　$\varphi_2=45°$　　　　$\varphi_2=65°$
(c) Tape-2-CR

$\varphi_2=0°$　　　　$\varphi_2=45°$　　　　$\varphi_2=65°$
(d) Tape-2-500

图 6-2-12　采用 EBSD 技术得到的冷轧样品与 500℃热处理样品的 ODF 图[12]

采用 EBSD 技术得到的冷轧薄带-1 和-2 的冷轧样品与 500℃热处理样品的 ODF 图。图(a)为 Tape-1-CR 的 ODF 图,表明了冷轧薄带-1 的表面为很强的剪切织构;由图(b)可看出冷轧薄带-1 经 500 ℃热处理后其剪切织构有所减弱,并含有少量的轧制织构和立方织构。图(c)为 Tape-2-CR 的 ODF 图,表示其冷轧织构为 C 型轧制织构;而图(d)表明冷轧薄带-2 经 500 ℃热处理后其织构演变为轧制织构与立方织构的混合织构,并且含有 RD-旋转立方。

经 EBSD 技术分析得到的冷轧薄带和 500℃热处理的样品表面的各取向的含量也见表 6-2-5,其中各取向偏离标准取向的偏差在 15°以内。冷轧薄带-1 在冷轧后,其 RD-TD 轧面的轧制织构只有约 17%,剪切取向的含量高达 68.4%;此冷轧样品经过 500℃热处理后,剪切取向的含量降低到约 35%,且其轧制织构的含量增加到约 55%。冷轧薄带-2 中在冷轧后含有约 88%的轧制织构(S+C+B),立方取向含量约 2%,此冷轧样品经过 500℃热处理后,立方织构的含量增加到约 5%,且其轧制织构的含量增加到约 91%。

通过采用 X 射线四环衍射技术和 EBSD 技术分别对以上两种冷轧基带及其 500℃热处理后样品的整体织构和表面织构的研究表明,冷轧薄带-1 表面有很强的剪切织构组分,表面剪切织构的存在影响了轧制织构在表面的形成。虽然热处理后表面剪切织构组分的含量会大大降低,轧制织构的含量有所增加,但是整体上讲,表面剪切织构组分的存在不仅影响了冷轧基带表面冷轧织构的形成,而且影响热处理后立方织构的形成。

#### 6.2.2.4　表面轧制剪切对强立方织构形成的影响

图 6-2-13 为冷轧薄带-1 和-2 分别经 600 ℃,800 ℃和 1000 ℃热处理 1h 后的 EBSD 图。图中灰色线代表小角度晶界(<10°),黑色线表示大角度晶界(>10°),红色线为 Σ3 孪晶界(Δθ=3°)。图中用由蓝到红渐变的颜色来表示晶粒取向与标准立方({001}<100>)的取向差从 0°到 60°的变化,一般在涂层导体用织构合金基带的研究中,常采用与标准立方的取向差小于 10°的晶粒表示有效的立方织构[13]。因此,图中蓝色表示具有立方织构的晶粒,其他颜色表示取向差大于 10°的晶粒。由于红色表示与标准立方取向偏离 60°,因此,图中红色的细长条状晶粒可被认为是孪晶。从 EBSD 图中可以看出,表面有强轧制剪切的冷轧薄带-1 在热处理过程中其再结晶立方织构发展较慢,冷轧薄带-2 在同样的热处理温度下,能形成更强的立方织构,小角度晶界的含量较高,且 Σ3 孪晶界的含量较少。

与 EBSD 图对应的两种基带的立方织构、晶界含量与温度的关系如图 6-2-14 所示。两种基带均随着退火温度的增加,立方取向的含量增加,并伴随小角度晶界含量的增加和 Σ3 孪晶界含量的减少。通过对比两种薄带的立方织构的发展,表面有强轧制剪切的冷轧薄带-1 在再结晶过程中立方织构的发展相对较慢。这说明

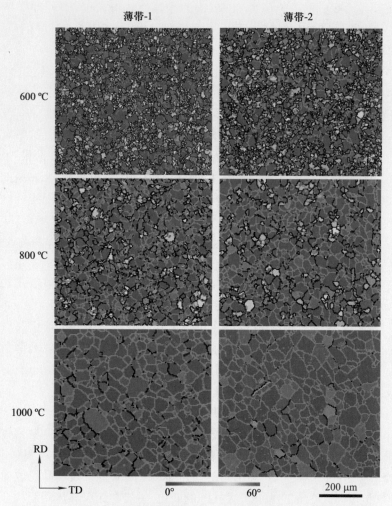

图 6-2-13　强表面轧制剪切和弱表面轧制剪切的样品经 600 ℃ , 800 ℃ 和
1000 ℃ 热处理 1 h 后的 EBSD 图[12]

　　表面轧制剪切的存在阻碍了立方织构的发展,低温时两者立方织构的发展有很大的差异,随着温度的升高,立方织构含量的差距逐渐减小,虽然 1000℃ 高温下保温 1h 后两者立方织构的含量分别为 98.6% 和 95.4% ,只相差约 3% ,但是小角度晶界的含量却相差约 15% ,且 Σ3 孪晶界的含量相差了 13% 。因此通过改进轧制工艺来降低甚至消除表面轧制剪切,对立方织构的形成及发展有重要的意义。

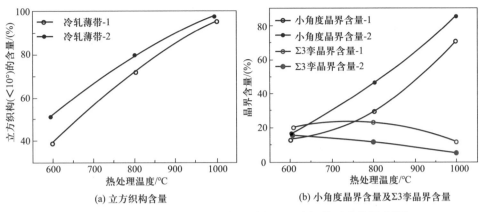

(a) 立方织构含量　　　　　(b) 小角度晶界含量及 Σ3孪晶界含量

图 6-2-14　热处理过程中表面轧制剪切对立方织构形成的影响[12]

### 6.2.3　Cu-Ni 合金薄带的冷轧织构和组织

上文以 Cu45Ni 合金为例,研究了表面轧制剪切对立方织构形成的影响,并通过改进大形变量轧制过程中的轧制工艺,获得了样品表面亦为典型轧制织构的薄带。本小节中采用了改进的轧制工艺,研究 3 种成分的 Cu-Ni 合金(Cu23Ni(Cu-23at.% Ni),Cu33Ni(Cu-33at.% Ni)和 Cu45Ni)在总形变量为 99.3%情况下的轧制织构及冷轧组织。

Cu-Ni 合金经大形量冷轧至总形变量为 99.3%后,形成以 S 和 C 取向含量为主的 C 型轧制织构,通过 X 射线四环衍射技术对形变量为 99.3%的 3 种 Cu-Ni 合金冷轧基带的织构进行表征,其(111)极图如图 6-2-15 所示。由(111)极图得出,不同成分的 Cu-Ni 合金轧制织构的强弱不同,Cu 含量较高的 Cu-Ni 合金(Cu23Ni)的轧制织构的强度较高。

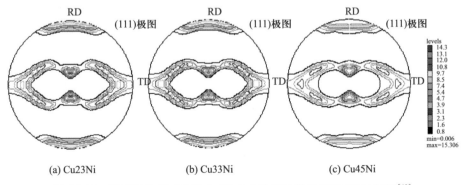

(a) Cu23Ni　　　　　(b) Cu33Ni　　　　　(c) Cu45Ni

图 6-2-15　形变量为 99.3%的 Cu-Ni 合金冷轧基带的 XRD(111)极图[12]

大形变量轧制的 Cu-Ni 合金中各轧制取向及立方取向(<15°)的含量见图 6-2-16。经大形变量轧制后 Cu-Ni 合金中均含有很强的 C 型轧制织构。Cu-Ni 合金中 Cu 含量越高,轧制织构中 S 和 C 取向含量越高,且 S 取向含量约为 C 取向含量的两倍。另外在 3 种 Cu-Ni 合金的冷轧织构中均含有约 17%的 B 取向和 3 %的 G 取向,以及少量的立方取向(<2% )。

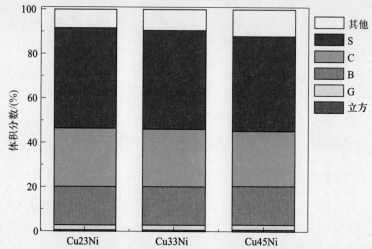

图 6-2-16　形变量为 99.3%的 3 种 Cu-Ni 合金冷轧基带中各轧制取向的含量[12]

由 FCC 金属轧制过程中微观组织的形成可知,经大形变量轧制后在 RD-ND 截面上其微观组织为典型的小角度晶界组织,并且小角度晶界组织基本平行于RD。[9,10,11]另外,应变量越大,小角度晶界组织 ND 的平均晶界间距越小。Cu-Ni 合金经总形变量为 99.3%的冷轧后,其微观组织如图 6-2-17 所示,呈现出平行于 RD的小角度晶界组织,并且含有大量的大角度晶界。采用 EBSD 分析技术可获得形变量为 99.3%的 Cu-Ni 合金的冷轧织构组分,微观结构中沿 ND 的平均晶界间距和大角度晶界含量等,见表 6-2-6。3 种 Cu-Ni 合金经大形变量冷轧后,其轧制

表 6-2-6　形变量为 99.3%的 Cu-Ni 合金的冷轧织构组分,微观结构
中沿 ND 的平均晶界间距和大角度晶界含量

| 样品 | 形变织构 | | | | 微观结构 | |
|---|---|---|---|---|---|---|
| | S/(%) | C/(%) | B/(%) | 轧制/(%) | $d_{ND}$/(nm) | $f_{HAB}$/(%) |
| Cu23Ni | 56.4 | 22.3 | 13.6 | 92.3 | 77 | 70 |
| Cu33Ni | 56 | 22 | 13.5 | 91.5 | 75 | 71 |
| Cu45Ni | 55.7 | 21.6 | 13.8 | 91 | 67 | 71 |

织构(S+C+B)的含量均大于 97%。对于 Cu23Ni,Cu33Ni 和 Cu45Ni 3 种合金,其大角
度晶界的含量均大于 70%,并且沿 ND 的平均晶界间距逐渐减小(分别为 77 nm,
75 nm 和 67 nm)。总形变量相同的 3 种合金,其形变后的平均晶界间距的不同,可能
与 Cu-Ni 合金坯锭中的初始晶粒尺寸有关(表 6-2-6 和图 6-2-17)。

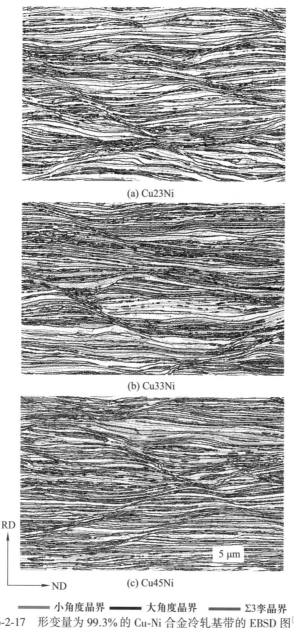

(a) Cu23Ni

(b) Cu33Ni

(c) Cu45Ni

RD

ND

5 μm

—— 小角度晶界 —— 大角度晶界 —— Σ3孪晶界

图 6-2-17  形变量为 99.3% 的 Cu-Ni 合金冷轧基带的 EBSD 图[12]

### 6.2.4　Cu-Ni 合金薄带立方织构的形成

#### 6.2.4.1　EBSD 织构和组织表征

　　图 6-2-18 为大形变量冷轧 Cu-Ni 合金经不同温度高温再结晶热处理之后的 EBSD 图,其中灰色线代表小角度晶界(<10°),黑色线表示大角度晶界(>10°),红色线为 Σ3 孪晶界($\Delta\theta=3°$)。对于 Cu23Ni,Cu33Ni 和 Cu45Ni 3 种合金基带,其立方织构均随温度的升高而增强,在立方晶粒长大的同时伴随着小角度晶界(< 10°)含量的增加和 Σ3 孪晶界含量的减少。在相同温度热处理时,Cu23atNi,Cu33Ni 和 Cu45Ni,这 3 种合金中随着 Ni 含量的增加,其立方织构的含量逐渐减弱,小角度晶界(<10°)的含量减少,Σ3 孪晶界的含量增加。

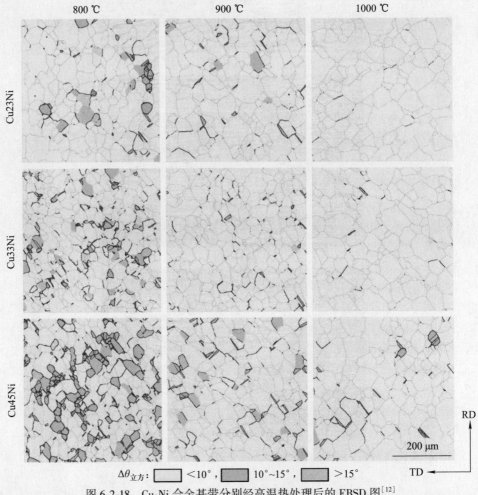

图 6-2-18　Cu-Ni 合金基带分别经高温热处理后的 EBSD 图[12]

图 6-2-18 中各样品的立方织构的含量、小角度晶界和 Σ3 孪晶界的含量见图 6-2-19。Cu23Ni,Cu33Ni 和 Cu45Ni 3 种合金基带,分别经 800 ℃,900 ℃和 1000 ℃ 热处理 1 h。热处理温度为 800 ℃时,Cu45Ni 合金基带的立方织构(< 10°) 含量只有约 75% ,而 Cu33Ni 和 Cu23Ni 合金基带的立方织构(< 10°)的含量则高达 95% ,且在相同热处理温度下 Cu23Ni 和 Cu33Ni 合金基带的立方织构(< 10°)的含量类似。随着热处理温度的升高,3 种合金基带的立方织构(< 10°)含量的差别在逐渐降低。当热处理温度为 1000 ℃时,Cu23Ni,Cu33Ni 和 Cu45Ni 3 种合金基带的立方织构(< 10°)含量分别为 99.8% ,99.2% 和 98% 。

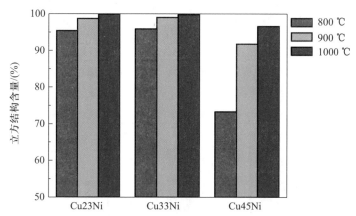

图 6-2-19　不同温度高温热处理后 Cu-Ni 合金基带的立方织构(< 10°)含量[12]

随着热处理温度的升高,伴随强立方织构形成的同时,3 种 Cu-Ni 合金基带的大角度晶界(< 10°)的含量均在逐渐降低,并且在相同热处理温度下 Cu23Ni 具有相对较低的大角度晶界(< 10°)含量。经 1000℃热处理 1h 后,Cu23Ni,Cu33Ni 和 Cu45Ni 3 种合金基带中大角度晶界(> 10°)的含量分别为 2% ,2.8% 和 21.4% (图 6-2-20)。对于涂层导体用织构合金基带来说,大角度晶界的含量越少对 YBCO 超导体晶间电流的传导越有利[13]。

另外,强立方织构的形成过程实际是初始再结晶完成后立方晶粒长大的过程。由 EBSD 图亦可看出,随着热处理温度的升高,Cu23Ni,Cu33Ni 和 Cu45Ni 3 种合金基带对应的平均晶粒尺寸均随热处理温度的升高逐渐增大。高温热处理后 Cu-Ni 合金基带的平均晶粒尺寸如图 6-2-21 所示。在相同热处理温度下,Cu23Ni 合金基带具有相对较大的平均晶粒尺寸。当热处理温度为 1000℃时,Cu23Ni,Cu33Ni 和 Cu45Ni 3 种合金基带的平均晶粒尺寸分别为 37.4 μm,33.9 μm 和 31 μm。

#### 6.2.4.2　面内和面外织构表征

Cu-Ni 合金基带经 1000 ℃热处理 1 h 后的面内、面外织构可以用 Φ 扫描和摇

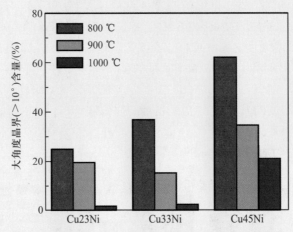

图 6-2-20　不同温度高温热处理后 Cu-Ni 合金基带的大角度晶界(>10°)含量[12]

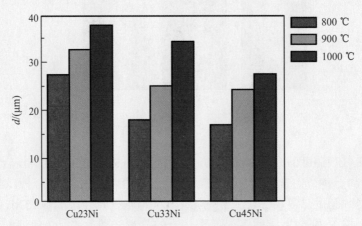

图 6-2-21　不同温度高温热处理后 Cu-Ni 合金基带的平均晶粒尺寸[12]

摆曲线的半高宽来表示。图 6-2-22 为 Cu45Ni 合金基带经 1000 ℃热处理 1h 后的 XRD-Φ 扫描,并且分别测量了样品沿 RD 和 TD 的摇摆曲线。3 种 Cu-Ni 合金基带分别经 1000℃热处理 1h 后,其面内、面外织构的半高宽见表 6-2-7。Cu23Ni, Cu33Ni 和 Cu45Ni 3 种织构合金基带的面内织构的半高宽分别为 6.13°,7.31° 和 7.37°;沿 TD 的摇摆曲线的半高宽分别为 5.49°,6.42° 和 6.38°;沿 RD 的摇摆曲线的半高宽分别为 5.11°,5.48° 和 6.21°。面内、外织构的半高宽亦表明,3 种合金基带经相同温度热处理后,其面内、面外立方织构的强度随着合金中 Ni 含量的增加而降低。

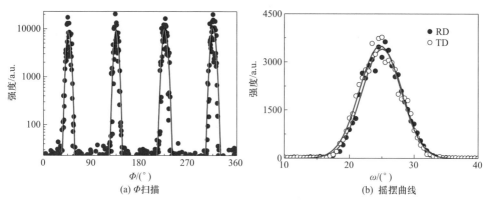

图 6-2-22　Cu45Ni 合金基带经 1000 ℃热处理 1 h 后的 $\Phi$ 扫描和摇摆曲线[12]

**表 6-2-7　3 种 Cu-Ni 合金基带分别经 1000 ℃热处理 1 h 后,其面内、面外织构的半高宽**

| Cu-Ni | $FWHM_\Phi$ | $FWHM_\omega$(RD) | $FWHM_\omega$(TD) |
| --- | --- | --- | --- |
| Cu23Ni | 6.13° | 5.11° | 5.49° |
| Cu33Ni | 7.31° | 5.48° | 6.42° |
| Cu45Ni | 7.37° | 6.21° | 6.38° |

　　经上述 EBSD 及 XRD 对 3 种 Cu-Ni 合金面内、面外织构的测量分析得知:在 Cu23Ni,Cu33Ni 和 Cu45Ni 3 种合金基带中,Cu 含量越高,热处理后越容易形成较强的立方织构。通常,立方织构的形成与轧制织构有一定的关系。图 6-2-15 和图 6-2-17 分别为采用 X 射线四环衍射技术和 EBSD 技术对总形变量均为 99.3% 3 种 Cu-Ni 合金的冷轧织构进行的分析。结果表明,Cu23Ni,Cu33Ni 和 Cu45Ni 3 种合金基带的冷轧织构均为典型的 C 型轧制织构。采用 X 射线四环衍射技术通过 ODF 计算得到 3 种合金基带的冷轧织构(S+C+B)的含量分别为 89%,87.5% 和 85%,而 EBSD 的结果则显示 3 种 Cu-Ni 合金的冷轧织构的含量均大于 90%。虽然 Cu23Ni 的冷轧织构的含量略高,但不足以用此轧制织构的含量区别来解释 Cu23Ni 合金基带在热处理过程中容易形成强立方织构。

　　既然这几种 Cu-Ni 合金基带中立方织构的不同受轧制织构的影响较小,那么必然与 Cu-Ni 合金的成分有一定的联系。显然 Cu23Ni,Cu33Ni 和 Cu45Ni 3 种合金由于 Cu 含量不同,合金的熔点亦会随着 Cu 含量的增加而有所降低,且合金的再结晶温度也会不同(再结晶温度大约为合金熔点的 1/3)。一般来讲,我们可以通过热处理过程中硬度的变化,研究金属合材料的再结晶行为。

　　图 6-2-23 分别为总形变量为 99.3 % 的 3 种 Cu-Ni 合金的硬度曲线,样品在不

同的温度等温热处理 1 h 后,每个样品的硬度值是 10 个硬度点的平均值。通常硬度曲线反映了样品在热处理过程的回复、再结晶及晶粒长大等 3 个主要的阶段。从图 6-2-23 中可以看出,这 3 种 Cu-Ni 合金均有一个较为明显的回复,然后硬度迅速降低的过程为再结晶,最后随着温度的升高其硬度值的降低已不明显,说明此时属于晶粒长大的阶段。

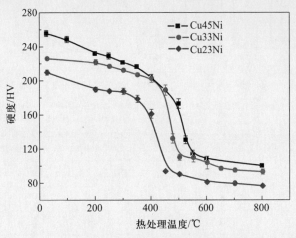

图 6-2-23　Cu-Ni 合金的硬度曲线[12]

　　在硬度曲线中一般将热处理前后硬度降低大约 50% 的温度点认为是这个样品的再结晶温度。因此从硬度曲线中可得,Cu23Ni,Cu33Ni 和 Cu45Ni 3 种合金的再结晶温度分别为 400 ℃,450 ℃和 500 ℃;完成初始再结晶的温度分别为 500 ℃,550 ℃和 600 ℃。无论是再结晶温度还是初始再结晶完成温度均随合金基带中 Cu 含量的增加而减小。3 种 Cu-Ni 合金的再结晶温度不同对最后立方织构的含量应该起最主要的影响作用。因此初始再结晶完成后,相同温度下进行热处理时,立方织构的含量随合金基带中 Cu 含量的增加而增加。

　　图 6-2-18 的 EBSD 图研究了高温下 Cu-Ni 合金基带立方织构的形成,从 EBSD 图和硬度曲线均可以判断经 800℃热处理 1 h 后不同成分的 Cu-Ni 合金均已完成初始再结晶。为了进一步证明 Cu-Ni 合金立方织构的差别是受到不同的再结晶温度的影响,我们对比其 800℃等温热处理后的硬度曲线,如图 6-2-24 所示。800 ℃热处理 120 s 时,从硬度曲线上初步判断:Cu23Ni 合金的硬度已降低了大约一半,而 Cu45Ni 的硬度才降低约 1/4。这就意味着 Cu23Ni 合金和 Cu45Ni 合金的再结晶进度不同。

　　硬度的降低,表示热处理过程中其微观组织发生了变化。800 ℃热处理 120 s 时,Cu23Ni 和 Cu45Ni 硬度降低的差异表示它们处在热处理的不同阶段。图 6-2-25

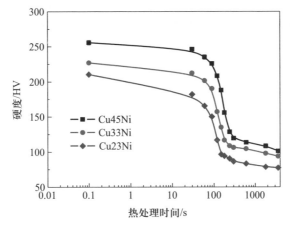

图 6-2-24　Cu-Ni 合金 800℃等温热处理时的硬度曲线[12]

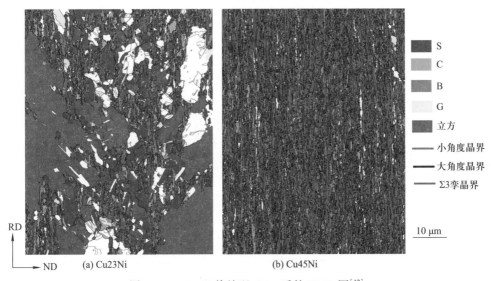

图 6-2-25　800℃热处理 120 s 后的 EBSD 图[12]

为 800 ℃热处理 120 s 时,Cu23Ni 和 Cu45Ni 的 EBSD 图,说明 800 ℃热处理 120 s 后 Cu23Ni 合金已处于部分再结晶阶段,而 Cu45Ni 合金的再结晶才刚开始。这就意味着相同温度下热处理相同时间后,Cu23Ni 合金立方织构的发展要快于 Cu45Ni,即经 800 ℃热处理 1 h 后 Cu23Ni 合金基带的立方织构的含量比 Cu45Ni 合金要高。

　　通过进一步地分析表 6-2-8 得知:Cu23Ni 已为部分再结晶的状态,立方织构已经形成(含量为~37%),轧制织构的含量降低为46.4%;而Cu45Ni还处在回复后期或者再结晶形核初期,没有明显的立方取向晶粒,立方取向的含量只有1.86%,其织构仍为轧制状态的织构(轧制织构含量为93.6%,但与冷轧态的织构相比,其轧制织构的含量有微弱的增强)。由于Cu23Ni合金已发生部分再结晶,使其平均晶界间距增大至1028 nm,且再结晶过程中孪晶的生成使得Σ3孪晶界的含量迅速增加,大角度晶界的含量约为50.3%。与Cu23Ni合金相比,Cu45Ni合金的晶界间距只有121 nm,Σ3孪晶界的含量也只有1.57%。

**表 6-2-8   800 ℃热处理 120 s 后,Cu23Ni 和 Cu45Ni 合金的织构含量及微观组织参数**

| 样品 | 轧制织构/(%) | 立方/(%) | $d_{\text{ND}}$/(nm) | $f_{\text{HAB}}$/(%) | $f_{\Sigma 3}$/(%) |
|------|------------|---------|---------------------|---------------------|-------------------|
| Cu23Ni | 46.4 | 37.03 | 1028 | 50.3 | 12.4 |
| Cu45Ni | 93.6 | 1.86 | 121 | 48 | 1.57 |

### 6.2.5   Cu-Ni 合金基带的磁性能和力学性能

#### 6.2.5.1   磁性能测试与分析

在交流应用中,磁性金属基带会造成超导材料的磁滞损耗。因此,对Cu-Ni合金基带的研究主要是基于它在超导材料应用温度范围内的无铁磁性。一般用测定样品的居里温度和饱和磁化强度来表示样品的磁性能。居里温度 $T_{\text{C}}$ 是通过公式 $M \propto (T_{\text{C}} - T)^{\beta}$ 得到的,其中 $\beta = 1/3$[13],$M$ 为磁化强度,$T$ 为温度,即图 6-2-26 为 $M^3$ 与 $T$ 的关系曲线,对这条曲线做切线并延长,当 $M^3 = 0$ 时的 $T$ 值即为 $T_{\text{C}}$。由图可得 Cu33Ni 的 $T_{\text{C}}$ 约为 0 K,Cu45Ni 的 $T_{\text{C}}$ 约为 10 K,而 Cu23Ni 合金中 Cu 含量更高,

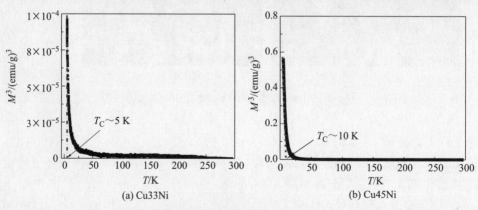

图 6-2-26   Cu-Ni 合金基带 $M^3$ 与 $T$ 的关系曲线[12]

考虑到 Cu33Ni 的 $T_C$ 趋近于 5 K,那么 Cu23Ni 合金无疑也是无铁磁性的。织构 Ni 和 Ni5W 合金基带的 $T_C$ 分别为 627 K 和 335 K[14],Cu-Ni 合金足以作为无铁磁性材料用于 YBCO 涂层导体用强织构合金基带的研究,甚至应用。

图 6-2-27(a) 为 40 K 下,Cu-Ni 合金基带在 0~3 T 外加磁场中,$M$ 与 $H$ 的关系曲线,并且 $M$ 与 $H$ 成线性关系。这表明 Cu-Ni 合金基带在 40 K 是呈顺磁性,可以作为无铁磁性强立方织构 Cu-Ni 合金基带用于 YBCO 涂层导体的应用。Ni5W 合金基带的 $M$ 与 $H$ 的关系曲线见图 6-2-27(b),在 77 K 下,Ni5W 合金基带的饱和磁化强度为 25.5 emu/g。

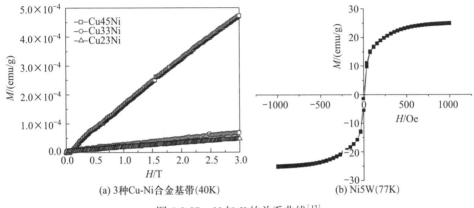

(a) 3种Cu-Ni合金基带(40K)　　　　(b) Ni5W(77K)

图 6-2-27　$M$ 与 $H$ 的关系曲线[12]

### 6.2.5.2　力学性能测试与分析

在涂层导体的实际应用过程中,除了要求合金基带具有强的立方织构、无磁性以外,也需要基带具有一定的机械强度,能够承受一定的拉应力,以满足涂层导体长带制备过程中连续沉积过渡层和超导层的工艺需要。

为了对 Cu-Ni 合金基带的机械性能进行表征,本实验通过应力-应变测试及显微硬度测试,用屈服强度和硬度值来表征此强立方织构 Cu-Ni 合金基带的机械性能。经研究表明,涂层导体的超导层在拉应变大于 0.2 %、压应变大于 0.5 %的条件下,其超导电性将会迅速下降。因此目前国际上,对超导线带材力学性能的考察标准之一为拉应变 0.2 %,由于金属基带是承载外界应力的主要部分之一,因此金属基带的屈服强度用拉应变为 0.2 %时的应力来表示。

图 6-2-28 为经 1000℃热处理后的 Cu45Ni,Cu33Ni 和 Cu23Ni 3 种强立方织构合金基带的应力-应变曲线。此时这 3 种 Cu-Ni 合金基带的屈服强度值分别为 95.3 MPa,80.6 MPa 和 70.9 MPa。另外,由表 6-2-9 可知,其对应的显微硬度值分别为 76.5,67.7 和 56.4,与纯 Cu 的硬度值(~37 HV)相比,Cu-Ni 合金基带的硬度

值提高了 1.5~2 倍。

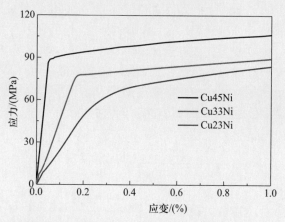

图 6-2-28　3 种 Cu-Ni 合金基带的应力-应变曲线[12]

表 6-2-9　3 种 Cu-Ni 合金基带的硬度及屈服强度值

| Cu-Ni | 硬度/($HV_{0.2}$) | 屈服强度/(MPa) |
|---|---|---|
| Cu45Ni | 76.5 | 95.3 |
| Cu33Ni | 67.7 | 80.6 |
| Cu23Ni | 56.4 | 70.9 |

## 6.3　Ni-V 织构基带的研究

### 6.3.1　Ni12V 合金基带的制备

采用粉末冶金路线制备 Ni12V 合金坯锭。将 Alfa 公司纯度为 99.99% 的 Ni 粉和纯度为 99.9% 的 V 粉作为初始粉末,按照化学名义成分 Ni∶V 为 88∶12 (at.%)配制 Ni-V 混合粉末。经过球磨后,将混合粉末用冷等静压技术进行压制成型。综合考虑坯锭的塑性加工性能和溶质扩散的影响,优化后的坯块合金化烧结温度为 1300 ℃,烧结时间为 15 h。采用传统的冷轧工艺对 Ni12V 合金坯锭进行冷轧,冷轧后基带厚度为 120 um,总形变量为 98.6%,每道次冷轧形变量小于 5%。

图 6-3-1(a)为坯锭在 1300 ℃烧结 15 h 后制备的 Ni12V 冷轧基带表面的背散

射电子形貌图。由于原子序数上的差异,在背散射电子衍射中会形成衬度上的差异,从图中可以看出,V 元素在基带中的分布并不均匀,呈现出"条带状"分布。从图 6-3-1(b)中能谱的分析结果可知,图(a)中较亮区域为 V 元素含量较高的区域(在能谱的结果中,V 元素为绿色区域,Ni 元素为灰色区域),即富 V 区域。在本实验所制备的 Ni12V 合金基带中,V 原子是呈"条带"状不均匀分布。因此,在再结晶过程中,V 含量较低的区域较易形成再结晶立方织构(或先形成立方织构),而在 V 含量较高的区域不易形成立方织构(或后形成立方织构),这样利用 V 原子浓度上的差异,使基带中部分区域优先形成大量的立方晶粒,在随后的高温热处理过程中,立方晶粒具有长大优势,会逐渐长大并吞并周围的非立方晶粒。同时,由于原子浓度上的差异,在再结晶热处理过程中也会发生元素的扩散,最终获得 V 原子均匀分布的基带。

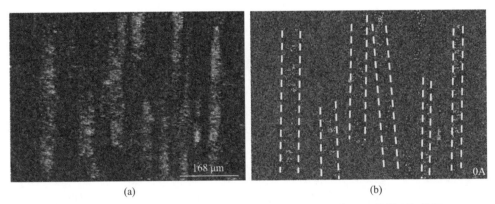

图 6-3-1　冷轧 Ni12V 合金基带表面的(a)背散射电子形貌;(b)能谱面扫描图

## 6.3.2　Ni12V 合金基带轧制工艺的研究

由定向形核理论[15]可知,再结晶晶粒的取向来源于形变织构的取向,因此增加初始坯锭或轧制过程中立方取向的含量,可能会提高基带中再结晶立方织构的形核率,因此冷轧前坯锭中立方取向的提高也将有利于 Ni12V 合金基带退火后形成强的再结晶立方织构。研究表明,<001>取向组织与<111>取向组织相连,由于<001>织构的回复速率较高,因此在再结晶初期阶段<001>取向亚晶会优先回复和长大[16]。<001>取向的亚晶相对于<111>取向亚晶更具有尺寸优势,因此<001>取向的亚晶在再结晶过程中能够通过<001>取向结构和<111>取向结构之间的大角度晶界的迁移而形成再结晶晶核并长大。本实验中,采用冷轧前热轧处理,研究热轧对织构形成的影响。

图 6-3-2 为 Ni12V 合金轧制工艺的流程图。铸锭经 1200 ℃锻造后,机械切割成两部分,其中一部分先经过形变量为 33% 的热轧处理,然后均匀切割成尺寸为 20 mm×13 mm×10 mm 的初始坯锭,另一部分直接均匀切割成相同尺寸大小的初始坯锭。对初始坯锭进行冷轧,道次形变量小于 5%,总形变量大于 98%,最终获得冷轧至 80 μm 的冷轧基带。

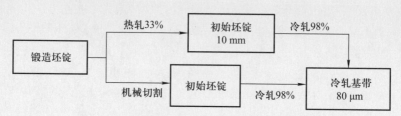

图 6-3-2　Ni12V 合金坯锭的轧制工艺流程图

### 6.3.2.1　热轧工艺对 Ni12V 合金坯锭织构的影响

研究表明,<001>织构有利于再结晶<001>织构的形核,因此在 Ni12V 初始坯锭中获得较多的<001>织构将有利于再结晶后获得高立方织构。图 6-3-3 所示为未经过热轧处理和经过热轧处理获得的 Ni12V 初始坯锭的(111)极图。从等高线的强度可以比较出,经过热轧处理后的样品织构强度较高,同时织构更加集中且有向 C 型织构转变的趋势。图 6-3-4 所示为初始坯锭未经过热轧和经过热轧处理的 RD 取向线强度分布曲线。从图中可以看出,热轧后{001}<100>立方取向和{013}<001>取向的强度均比未经过热轧处理的取向线强度高,立方取向的强度从 0.83 提高到了 1.09。同时也可以看到,在热轧后坯锭中{011}<100>G 取向有所降低。这说明经过热轧处理后,提升了坯锭中部分<001>织构的强度。

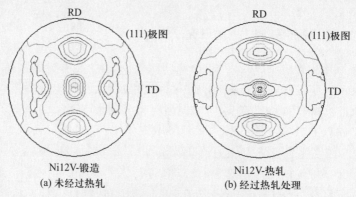

图 6-3-3　Ni12V 合金初始坯锭的(111)极图

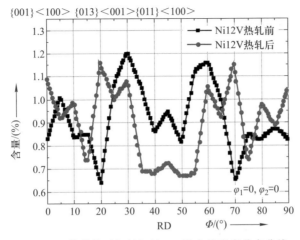

图 6-3-4　热轧前后初始坯锭 RD 取向线强度分布曲线

根据以上分析可知,通过增加热轧处理提高了初始坯锭中的<001>织构和立方织构的强度,优化了冷轧前坯锭的初始织构。研究表明,高层错能的面心立方金属经大形变量轧制后,可获得 C{112}<111>、S{123}<634>、B{011}<211>和 G{011}<100>4 种取向。在具有较高和中等层错能的面心立方金属和合金中,形变织构中 C 取向和 S 取向在再结晶过程中易发展成为立方织构。由于再结晶立方取向的晶粒与形变基体 S 取向之间具有 40°⟨111⟩方向的关系,有利于立方取向晶粒的长大。为进一步探究热轧处理对基带产生的影响,将两种坯锭经过 98% 以上形变量的冷轧,获得厚度约为 80 μm 的 Ni12V 合金冷轧基带。图 6-3-5 比较了经过热轧处理和未经过热轧处理所制备的最终 Ni12V 冷轧基带的 β 取向线强度曲线。从曲线图中可以看出,经过热轧处理获得的基带 C 取向强度无明显变化,而 S 取向强度有较大幅度提高的同时 B 取向强度有所降低。因此,可以推断经过热轧处理的 Ni12V 合金基带表面形变织构优于未经过热轧处理的基带,再次表明热轧将有利于 Ni12V 合金基带退火后形成强的再结晶立方织构。

### 6.3.2.2　热轧工艺对 Ni12V 合金基带再结晶立方织构的影响

通过上述分析,冷轧前经过热轧处理能够提高初始坯锭中<001>丝织构和立方织构的含量。在再结晶过程中,<001>取向结构能够迅速回复形成新的形核点,因此,经热轧处理后的初始坯锭中较多<001>织构将有利于再结晶热处理后立方织构的形成及发展。

图 6-3-6 为两种 Ni12V 基带采用两步退火热处理工艺,在相同再结晶热处理条件下退火后基带中晶界微取向分布曲线。由图可知,在经过热轧处理的基带中,再

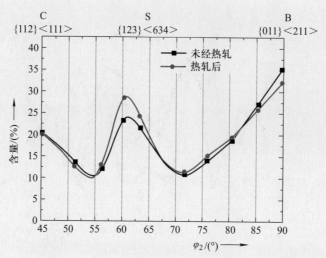

图 6-3-5　经热轧处理和未经热轧处理的两种基带 $\beta$ 取向强度曲线

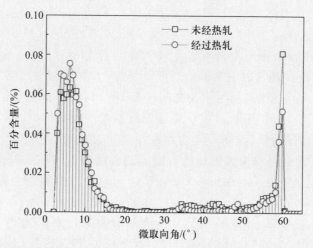

图 6-3-6　经过热轧处理和未经过热轧处理的 Ni12V 基带再结晶后的晶界微取向分布曲线

结晶热处理后小角度晶界( <10° )的含量比普通冷轧获得的基带中高 4.3%,同时孪晶界( $\Sigma3$ )的含量下降了 2.8% 。因此,轧制前热轧处理不仅可以强化 Ni12V 基带的再结晶立方织构,同时还可以优化基带的晶界质量,增加小角度晶界的含量。图 6-3-7 为两种 Ni12V 合金坯锭的显微组织照片。分析可知,普通坯锭的平均晶粒尺寸比经过热轧处理的坯锭大,热轧明显细化了初始坯锭中晶粒的尺寸。从获得的两种基带在相同再结晶退火处理后的晶粒尺寸来看,未经过热轧处理基带再结

晶后的平均晶粒尺寸为 35 μm;而经过热轧处理基带中再结晶晶粒明显比未经过热轧处理基带中再结晶晶粒小,再结晶晶粒的平均尺寸仅为 22 μm,并且基带中大尺寸晶粒较少。

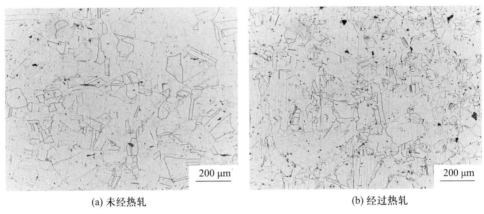

(a) 未经热轧　　　　　　　　　　　(b) 经过热轧

图 6-3-7　Ni12V 初始坯锭的显微组织照片

### 6.3.3　Ni12V 合金基带热处理工艺研究

将 Ni12V 基带采用两步热处理工艺在不同高温热处理温度下进行再结晶热处理,研究再结晶晶粒的取向随热处理温度的变化。图 6-3-8(a) 为 Ni12V 合金基带分别在 1000 ℃、1100 ℃、1200 ℃、1300 ℃和 1400 ℃保温 60 min 后的 X 射线衍射图,从图中可以看到,在 $2\theta$ 为 50.7°处出现了很强的(200)衍射峰,表明基带中形成了较强的面外取向,并且(200)峰的强度随热处理温度的升高而增强。但同时在 $2\theta$ 为 44.4°处可观察到较弱的(111)衍射峰,尤其是在低温热处理基带中(111)峰的强度相对较高,这说明在低温热处理时再结晶晶粒中有较多的非立方取向生成。同时,为了表征基带中 $c$ 轴取向的质量,采用 $R=I_{(111)}/I_{(111)+(200)}$ 来衡量再结晶晶粒的面外取向质量,$I$ 为强度。图 6-3-8(b) 为图 6-3-8(a) 中各热处理温度下获得的衍射曲线中(111)衍射峰的强度 $I_{(111)}$ 与衍射峰总强度 $I_{(111)+(200)}$ 的比值。从图 6-3-8(b)中可以看到,随热处理温度的升高,(111)衍射峰所占总衍射强度的比值 $R$ 大幅降低,在 1300 ℃热处理时,$R$ 值为最低,当热处理温度升至 1400 ℃以后,$R$ 值略有升高,但仍然低于其他热处理温度下获得基带中的 $R$ 值,因此可以得出,在高温热处理时,Ni12V 基带中再结晶晶粒的 $c$ 轴取向较好。同时,造成 $R$ 值在 1300 ℃以后不再降低的原因可能是在 1300 ℃热处理以后,基带中立方织构的增加主要是由于立方晶粒吞并了其他非立方晶粒,而退火孪晶则因与立方取向具有一定的取向关系,不易被立方晶粒所吞并,因此(111)衍射峰的强度小幅增加。

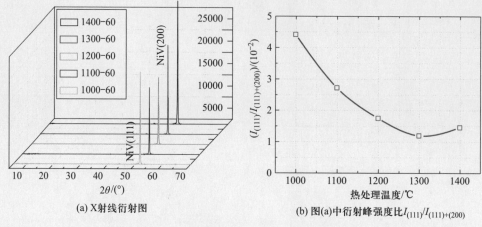

(a) X射线衍射图　　　　　　　　(b) 图(a)中衍射峰强度比$I_{(111)}/I_{(111)+(200)}$

图 6-3-8　不同热处理温度下制备 Ni12V 基带[17]

在涂层导体用织构金属合金基带中,退火孪晶和非立方取向的存在会严重影响超导中临界电流密度[18,19],因此为了在涂层导体中获得较高的临界电流密度,首先应该尽量消除基带中的非立方晶粒和退火孪晶,并相应提高基带中立方织构的含量。表 6-3-1 为在 1400 ℃保温 60 min、120 min 和 180 min 后 Ni12V 合金基带中各再结晶织构含量和平均晶粒尺寸。从表中可以看出,随着保温时间的延长,基带中立方织构的含量逐渐增加,当在 1400 ℃保温 180 min 后,立方织构(<10°)含量高达99.5%,同时可以发现,非立方取向(RD-旋转立方和立方孪晶)的含量随热处理时间的延长而减少。但由于退火孪晶在热处理过程中较稳定,这种非立方取向极其不易被立方晶粒所吞并,因此即便在 1400 ℃保温 180 min 后,在 Ni12V 合金基带中仍然可以观察到微量的立方孪晶的存在(0.1%)。

表 6-3-1　热处理温度为 1400 ℃保温不同时间获得的 Ni12V 基带中再结晶
织构含量和平均晶粒尺寸

| | 立方(<10°)/(%) | 立方(<15°)/(%) | RD-旋转立方/(%) | 立方孪晶/(%) | 直径/(μm) |
|---|---|---|---|---|---|
| 1400 ℃,60 min | 93.6 | 96.3 | 3.2 | 0.64 | 24.7 |
| 1400 ℃,120 min | 97.7 | 98.6 | 0.16 | 0.69 | 28 |
| 1400 ℃,180 min | 99.5 | 99.7 | 0.56 | 0.1 | 41.9 |

图 6-3-9 为 Ni12V 合金基带在高温热处理过程中不同热处理条件下的反极图。图中红色区域为立方取向区域,蓝色和绿色区域为非立方区域。从图中可以看出,

当热处理温度较低时,基带中可以观察到大量"条带"状分布的非立方取向带,而在非立方取向带间则为立方取向晶粒。从图中的结果可以看出,随热处理温度的升高,非立方取向带之间的宽度逐渐变宽,这表明随着热处理的进行,基带中V含量较高的区域中V原子逐渐向低V区域扩散,同时非立方取向逐渐转变为立方取向。当在1400 ℃保温180 min后,基带中V原子分布区域均匀,在反极图中表现为带状非立方取向消失,基带中完全为立方取向晶粒。因此可以得出,在高温热处理过程中,带状分布的V原子逐渐扩散均匀,并且基带保持了很好的立方取向。

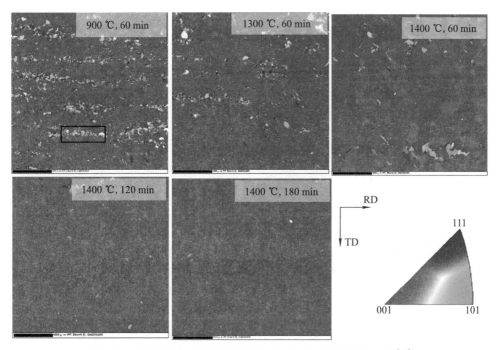

图 6-3-9  不同热处理条件下获得的 Ni12V 合金基带的取向图[17]

同时,Ni12V合金基带的再结晶晶粒的尺寸随热处理时间的延长而增大,在1400 ℃保温60 min后,再结晶晶粒的平均尺寸为24.7 μm,而随着保温时间增加至120 min和180 min后,晶粒平均尺寸分别为28 μm和41.9 μm。由立方织构和晶界的分析结果可知,延长保温时间有利于提高立方织构的含量和质量,同时增加晶界中小角度晶界的含量并降低孪晶界的含量,但热处理时间的延长也会使晶粒的粗化现象明显,甚至发生异常长大,从而破坏立方织构。从晶粒尺寸的分析结果可知,热处理时间从120 min延长至180 min后,晶粒的平均尺寸显著增加,这说明在热处理过程中,再结晶晶粒发生了一定程度的粗化现象。

　　图 6-3-10(a)为 Ni12V 合金基带在 1400 ℃保温 180 min 后表面晶粒取向分布图。从图中可以看到,基带中再结晶晶粒经过较长的热处理时间后仍然均匀分布,没有出现个别晶粒异常长大现象。同时从图(b)中可以看到,大部分晶粒的直径均在 50 μm 以下,但其中也有部分晶粒具有较大的尺寸(~150 μm)。从图(a)中可知,部分具有较大尺寸的晶粒其取向仍为立方取向。因此,综合以上立方织构、小角度晶界和晶粒尺寸的结果可以得出,在 1400 ℃保温 180 min 后在 Ni12V 基带中可以获得高质量的立方织构和高含量的小角度晶界,能够满足后续外延生长过渡层和超导层对基带织构和晶界质量的要求。

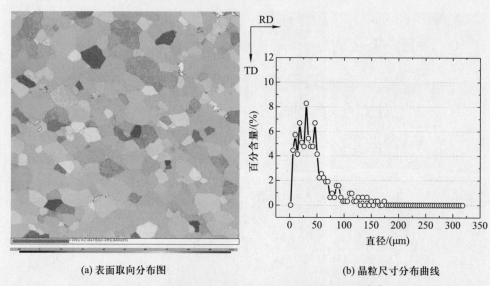

(a) 表面取向分布图　　　　　　　　　　　　(b) 晶粒尺寸分布曲线

图 6-3-10　1400 ℃保温 180 min 后 Ni12V 合金基带[17]

　　为了进一步表征 Ni12V 基带中立方织构的质量,采用 X 射线衍射对 1400 ℃保温 180 min 后的基带进行宏观织构分析。图 6-3-11(a)和(b)分别为 Ni12V 基带的 Φ 扫描和摇摆曲线,经过计算可知,Ni12V 基带的 Φ 扫描和摇摆曲线的半高宽值分别为 7.77°和 7.37°,表明在所制备的 Ni12V 基带中获得了锐利的立方织构,这一结果达到了商业化 Ni5W 合金基带的水平。

　　图 6-3-12(a)和(b)分别为 X 射线衍射测得的 1400 ℃保温 180 min 后 Ni12V 基带的(111)和(200)三维极图。极图测量过程中 χ 值的范围为 0~88°。从(111)极图和(200)极图中可以看出,除了在相应衍射点出现了典型的衍射峰外,并没有观察到其他的干扰衍射峰。因此,通过对微观织构和宏观织构的分析结果可以得知,经过 1400 ℃保温 180 min 的热处理后,在粉末冶金制备的 Ni12V 合金基带中获得了锐利的立方织构。

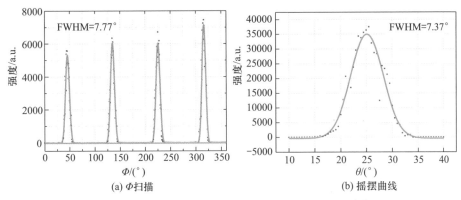

(a) Φ扫描　　　　　　　　　(b) 摇摆曲线

图 6-3-11　1400 ℃保温 180 min 后 Ni12V 合金基带[17]

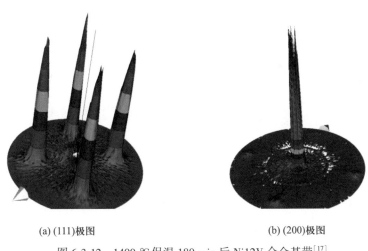

(a) (111)极图　　　　　　　　　(b) (200)极图

图 6-3-12　1400 ℃保温 180 min 后 Ni12V 合金基带[17]

### 6.3.4　Ni12V 合金基带力学性能和磁性能研究

涂层导体在实际应用过程中,除了要求金属基带具有锐利的立方取向,对基带的力学性能也提出了一定的要求。在连续沉积过渡层和超导层的工艺过程中,需要金属基带能够承受一定的拉应力,以满足生产涂层导体长带的要求。

为了对 Ni-V 合金基带的力学性能进行表征,本实验中通过显微硬度的变化研究不同 Ni-V 合金成分基带力学性能上的差异。图 6-3-13 为纯 Ni、Ni4V、Ni6V、Ni8V、Ni10V、Ni12V 及 Ni5W 合金基带再结晶后表面的显微硬度。不同种类的 Ni 合金基带均在相同的热处理工艺下进行再结晶热处理,热处理温度为 900 ℃,时间为 60 min,整个热处理过程在 $N_2$-5% $H_2$ 气氛中进行。从图中可以看出,完全再结晶后,纯 Ni 基带表面的显微硬度只有 74,而随着 Ni 合金中 V 含量的增加,基带表面的显微硬度逐渐增加,当合金成为 Ni12V 时,再结晶热处理后,基带表面的显微硬度为 204,这比纯 Ni 基带的显微硬度提高了将近 3 倍。同时,从图中可以看到,Ni12V 合金基带的显微硬度略高于商业化 Ni5W 合金基带的显微硬度(187),因此可以得出,所制备的具有高质量立方织构的 Ni12V 合金基带的力学性能略高于 Ni5W 合金基带的力学性能。因此,Ni12V 合金基带能够满足外延生长过渡层和超导层对金属基带力学性能的要求。

对涂层导体用织构金属基带,要求在实际应用中(77K)没有交流损耗,即金属基带的居里转变温度应在 77K 以下,也是高性能涂层导体用金属基带的要求之一。

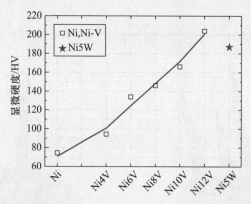

图 6-3-13　不同成分 Ni-V 合金基带及 Ni5W 合金基带的显微硬度[17]

图 6-3-14(a)和(b)分别为 Ni12V 合金基带和 Ni5W 合金基带的居里转变温度曲线,研究表明,材料的居里温度可由 $M^3$ 曲线低温线性部分与温度轴的交点确定[20]。从图 6-3-14(a)中可知,Ni12V 合金基带的居里转变温度约为 28.4 K,这远远低于涂层导体的工作温度(77 K),因此在实际应用中 Ni12V 合金基带没有交流损耗,为无磁性织构金属基带。同时,从图 6-3-14(b)中还可以看到,Ni5W 合金基带的居里转变温度约为 326 K,这一结果与文献中报道的 Ni5W 合金基带的居里转变温度为 337 K 相接近。因此可以得出,与 Ni5W 合金基带相比,Ni12V 合金基带的铁磁性更低,更有利于后续超导带材的工程应用。

图 6-3-15 所示为 Ni12V 合金基带和 Ni5W 合金基带在 77 K 下的磁滞回线。从图中可以看出,Ni5W 合金基带在 77 K 下仍然具有磁滞损耗,其饱和磁化强度为 24.8emu/g。与 Ni5W 合金基带相比,Ni12V 合金基带在 77 K 下则没有磁滞损耗。可见,Ni12V 合金基带不仅具有优于 Ni5W 合金基带的力学性能,而且消除了基带在 77 K 下的交流损耗。因此,本书中所制备的 Ni12V 合金基带是一种可以满足涂

层导体应用要求的无磁性、高性能合金基带。

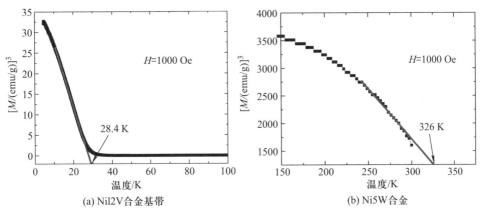

(a) Ni12V合金基带　　　　　　　(b) Ni5W合金

图 6-3-14　居里转变温度曲线[17]

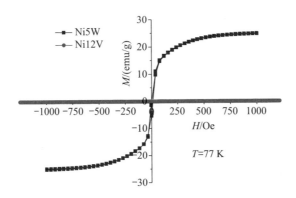

图 6-3-15　Ni12V 合金基带和 Ni5W 合金基带的磁滞回线[17]

# 参 考 文 献

[1]　索红莉. 第二代高温超导线带材 Ag 基板织构研究及在单晶 Ag,多晶 Ag 和织构的 Ag 带上
外延生长双轴取向的 REBCO-123( RE＝Y,Gd,Nd)薄膜 [ D]. 北京工业大学,1999.

[2]　Bunge H J. Theoretical methods of texture analysis [ M]. WILEY-VCH Verlag GmbH & Co.
KGaA,Weinheim,1987.

[3]　Hu H,Cline R S,Goodman S R. Texture transition in high-purity silver and its correlation with

stacking fault frequency[J]. Journal of Applied Physics,1961,32(7): 1392-1399.

[4] Petrisor T,Boffa V,Celentano G,et al. Epitaxial oxidation of Ni-V biaxially textured tapes[J]. Physica C Superconductivity & Its Applications,2002,377(1-2): 135-145.

[5] Celentano G,Boffa V,Ciontea L,et al. High Jc YBCO coated conductors on non-magnetic metallic substrate using YSZ-based buffer layer architecture[J]. Physica C Superconductivity,2002.

[6] 王延恺,熊旭明,寇秀蓉,等. 高温超导长带缓冲层的缺陷分析[J]. 低温与超导,2016,44(10): 33-36+66.

[7] 王建宏,索红莉,高忙忙,等. 冷轧工艺对 Ni5W 合金基带织构的影响研究[J]. 稀有金属,2010,(004).

[8] Verlinden B,Driver J,Samajdar I,et al. Thermo-mechanical processing of metallic materials[M]. Elsevier,2007.

[9] 田辉. 涂层导体用铜镍合金基带立方织构的形成机理研究[D]. 北京工业大学,2013.

[10] Donadille C,Valle R,Dervin P,et al. Development of texture and microstructure during cold-rolling and annealing of FCC alloys: Example of an austenitic stainless steel[J]. Acta Metall.,1989,37(6): 1547-1571.

[11] Hughes D,Hansen N. Microstructural evolution in nickel during rolling from intermediate to large strains[J]. Metallurgical and Materials Transactions A,1993,24(9): 2022-2037.

[12] Yu T,Hansen N,Huang X. Recovery by triple junction motion in aluminium deformed to ultra-high strains[J]. Proceedings of the Royal Society A: Mathematical,Physical and Engineering Science,2011,467(2135): 3039-3065.

[13] Dehlinger U. Solid State Physics, Advances in Research and Applications[J]. Zeitschrift für Physikalische Chemie, 2011, 40(3-4): 340-340.

[14] Subramanya Sarma V,Eickemeyer J,Schultz L,et al. Recrystallisation texture and magnetisation behaviour of some FCC Ni-W alloys[J]. Scripta Materialia,2004,50(7): 953-957.

[15] Eickemeyer J,Huehne R,Gueth A,et al. Textured Ni-7.5 at.% W substrate tapes for YBCO-coated conductors[J]. Supercon. Sci. Tech.,2008,21(10).

[16] Zhou Y X,Ghalsasi S V,Hanna M,et al. Fabrication of cube-textured Ni-9% atW substrate for YBCO superconducting wires using powder metallurgy[J]. IEEE Trans. Appl. Supercon.,2007,17(2): 3428-3431.

[17] 高忙忙. 涂层导体用织构镍合金基带的研究[D]. 北京工业大学,2011.

[18] Burgers W G. über den Zusammenhang zwischen Deformationsvorgang und Rekristallisationstextur bei Aluminium[J]. Zeitschrift für Physik,1931,67(9): 605-678.

[19] Lijima Y,Tanabe N,Kohno O,et al. Inplane Aligned YBa$_2$Cu$_3$O$_{7-x}$ thin-films deposited on polycrystalline metallic substrates[J]. Appl. Phys. Lett.,1992,60(6): 769-771.

[20] Clickner C C,Ekin J W,Cheggour N,et al. Mechanical properties of pure Ni and Ni-alloy substrate materials for Y-Ba-Cu-O coated superconductors[J]. CRYOGENICS -LONDON-,2006.

# 第7章　哈氏基带研究简介

## 7.1　前言

REBCO 带材在电力传输、发电机、磁悬浮列车、超导故障电流限制器等领域有着巨大的应用潜力。[1-4]更重要的是，REBCO 被认为是极高磁场超导磁体(超过25T)的最佳候选材料。在 2020 年，布鲁克(Bruker)展示了世界首台 1.2 GHz(28.2 T)核磁共振系统[5]，中国科学院电工研究所实现了中心场为 32.35 T 的全超导磁体世界纪录[6]，而美国国家高磁场实验室则实现了混合磁体中 45.5 T 的世界最高稳定磁场数值[7]。所有这些极高磁场磁体全都使用了 REBCO 作为插入磁体，如此高磁场环境则要求 REBCO 带材具有极高的应力(超过 500 MPa)承受能力。

商用 REBCO 带材采用了涂层导体形式，由超导层、缓冲层、金属基带、银层和铜稳定层构成，而金属基带对 REBCO 带材的机械性能(如屈服强度、杨氏模量和临界电流降解应力)起着重要的影响。目前制备 REBCO 带材所用的合金基带主要有 RABiTS、IBAD 两大主流路线，RABiTS 所用的 Ni-W 合金基底，通常需要进行复杂的轧制和烧结过程才能实现强立方织构，目前业内研究人员对这项工艺已经进行了较多的研究[8-17]。相比之下，大多数制造商广泛使用的 IBAD 工艺则使用没有织构的哈氏合金(Hastelloy)C-276 基带。哈氏合金 C-276 本身具有优异的机械性能，其屈服强度也显著高于 RABITS 工艺中所使用的 Ni-W 合金基底。[18]由于哈氏合金 C-276 在 REBCO 带发明之前就已经商业化，因此大家对商用 REBCO 带材中哈氏合金 C-276 基带的科学研究相对较少。

哈氏合金 C-276 是一种 Ni-Cr-Mo 锻造合金，对乙酸、氯化亚铁、盐酸、硝酸和硫酸等物质表现出优异的耐腐蚀性。[19-22]它还具有很强的抗氧化性和出色的加工能力，被广泛应用于航空航天、石化、海洋设备和核能行业。[23-26]由于其具有优异的机械性能、非磁性、热膨胀系数(接近 YBCO 超导层，在 $100 \sim 300$ ℃ 范围内约为 $14 \times 10^{-6}/K$)及低成本等优点，哈氏合金 C-276 已经成为各个超导带制造商的首选材料[27-28]。

据了解，除了 AMSC(美国超导公司)外，大多数 REBCO 制造商在规格数据表中都声称他们的 REBCO 带材使用哈氏合金 C-276 作为基底。然而根据我们的测量结果,即使相同厚度的哈氏合金 C-276 基底,不同制造商生产的 REBCO 带材在屈服强度和杨氏模量方面也存在很大差异。[29]更重要的是,我们发现 REBCO 带的临界电流降解应力与屈服强度呈直接正相关。[30]因此,探究不同制造商生产的REBCO 带具有不同的机械性能的原因,将有助于各个制造商改善其 REBCO 带材的机械性能。

在本章中,我们将对来自 8 个不同制造商 REBCO 带材中的哈氏合金 C-276 基带进行拉伸测试,以测量它们的力学性能,还将采用 EBSD 技术来研究这些金属基带在表面和截面上的晶粒形貌、晶粒尺寸、取向、位错密度及内部晶粒应力。

## 7.2　哈氏合金基带实验过程

在这项研究中,我们调查了来自 8 家不同制造商(上海超导技术有限公司、苏州新材料研究院有限公司、SuperOX、Fujikura、THEVA、Superpower、上创超导技术有限公司、SuNAM)的 8 种商用 REBCO 带材,基本信息展示在表 7-2-1 中。所有带材均是在 2020 年获得的,由于制造商工艺参数的调整,其哈氏合金 C-276 基带的力学性能和微观结构在 2020 年和本书发表日期之间可能会发生变化。值得一提的是,我们样品中的 SuNAM 带材不像其他带材一样使用哈氏合金 C-276 基底,而是使用了非磁性不锈钢,由于 SuNAM 的 REBCO 带材也会用于我们的 32.35 T 磁体中,因此我们将其也纳入了本次实验研究中。

表 7-2-1　各个制造商 REBCO 带材的基本信息

| 制造商 | 产品序数 | 在文中的显示编号 | 带材宽度/(mm) | 带材厚度/(μm) | 合金基带种类及厚度/(μm) | 77 K 下的 $I_c$/A |
|---|---|---|---|---|---|---|
| 上海超导 | ST-4-E | SC | 4 | 92 | 哈氏合金,50 | 200 |
| 苏州新材料 | C1-746-CU | SZ | 4 | 76 | 哈氏合金,60 | ≥100 |
| SuperOX | #776(535−514)B | SOX | 4 | 104−106 | 哈氏合金,60 | >120 |
| Fujikura | FESC-SCH04 | FUJI | 4.04 | 110 | 哈氏合金,50 | ≥85 |
| THEVA | TPL4121 | TV | 12 | 85 | 哈氏合金,45−48 | 610 |
| Superpower | SCS4050AP | SP | 4.04 | 100 | 哈氏合金,50 | >150 |
| 上创超导 | SCSC-4Cu-1# | SCS | 4.0 | 80 | 哈氏合金,60−62 | 150.6−185.8 |
| SuNAM | SCNO4150 | SN | 4.1 | 140 | 非磁性不锈钢,100 | >150 |

完整的 REBCO 带材通常包含哈氏合金 C-276 基底、缓冲层、超导层、银层和铜稳定层。为了取得各个制造商的金属基底,首先从 8 家不同制造商那里各取 10 cm 的超导带材,通过将带材在 50% 氯化铁溶液中浸泡 20 min 去除超导带外部的铜层。随后,将 REBCO 带材放入过氧化氢和氨水 1∶2 的混合溶液中,10 s 后银层完全去除。随后将 REBCO 带材在 20% 盐酸溶液中浸泡 3 min 以去除剩余的超导层和过渡层。在上述处理过程中,为了确保这一过程不会损伤哈氏合金 C-276 基底从而影响后续的性能测试,我们在处理了 8 个 REBCO 带材样品的同时,取一个纯哈氏合金 C-276 样品并使用与上述相同的处理方法进行处理。在实验前后使用电子天平测量了哈氏合金 C-276 样品的质量,发现质量没有变化。因此,可以表明上述过程并没有对哈氏合金 C-276 基底造成腐蚀。

对于截面样品的制备,通过使用离子束斜切机(LEICA EM TIC 3X)对来自 8 家制造商的样品进行切割,以获得平整且去应力的横截面样品。

对于表面样品,在完成上述清洗过程中,我们成功去除了铜层、银层和超导层。然而,由于无法完全去除 $Al_2O_3$ 层,因此我们随后测试的是不含超导层和缓冲层的一侧。我们首先进行了机械抛光,然后使用 GATAN 693 进行离子抛光,以获得平整且去应力的表面样品。

使用配备 EBSD(EDAX)设备的扫描电子显微镜(FEI Quanta 450)观察微观结构和晶体学信息。EBSD 扫描的加速电压为 20 kV,工作距离约为 14 mm。对于截面样品,由于不同制造商的哈氏合金 C-276 基底厚度存在差异,我们将测试区域的长度设定为 65 μm,并根据实际样品厚度选择测试宽度。对于表面样品,我们统一使用 250 μm×250 μm 的测试范围来测试所有 8 家制造商的样品。随后,使用 OIM 分析软件分析获得的 EBSD 数据,并提取样品的晶粒尺寸分布、核平均错配度(KAM)映射和晶粒取向展宽(GOS)映射等晶体学信息。为了有效且准确地比较不同制造商样品的实验数据,我们测试过程中对 8 家制造商的样品采取了相同的测试参数及处理方法。

我们采用 X 射线荧光光谱法(ZSX Primus II)对来自 8 家生产商的样品进行检测,以探究 8 家厂家 REBCO 带材所用的哈氏合金 C-276 基底的元素组成和元素含量是否有差异。对于拉伸实验,则是在室温和液氮(77K)中分别进行,取每个制造商的两段 15 cm 哈氏合金 C-276 基带材样品使用上述溶液去除其他层。随后,使用传统的拉伸机来测量应力、应变。

## 7.3 哈氏合金基带实验结果

### 7.3.1 拉伸测试结果

图 7-3-1 显示了不同厂家的 REBCO 商用带材在 77K 和室温下的拉伸曲线。几何信息、杨氏模量和屈服强度汇总在表 7-3-1 中。在表中最后这一列中，百分比的计算，如下：

$$变化值 = \frac{C_{77\,K} - C_{室温}}{C_{77\,K}} \times 100\%,\qquad(7\text{-}3\text{-}1)$$

其中 $C_{室温}$ 为室温时的参数值，$C_{77\,K}$ 为 77 K 时的参数值

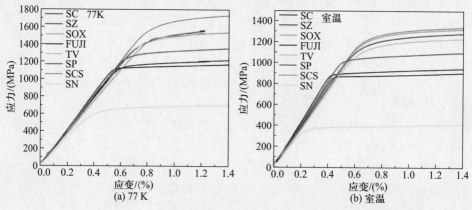

图 7-3-1　不同厂家 REBCO 商用带材的拉伸曲线

在表 7-3-1 最后一列中，正值意味着 77 K 时的值高于室温时的值，负值意味着低于室温时的值。值得再次提到的是，SuNAM 的带材使用的是不锈钢基带，不能直接与其他厂家使用的哈氏合金 C-276 基板进行比较。从表 7-3-1 中可以看出，几乎所有带材在 77 K 时的屈服强度比室温时增加了约 20%。然而，样品 SOX 仅增加了 15%。对于杨氏模量则没有出现像屈服强度这样明显规律，77 K 时的杨氏模量与室温时相比，杨氏模量的值可能会增加，也可能减少或保持不变。有相关论文中不同厂家的商用 REBCO 带材的拉伸试验中也发现了类似的现象。[29] 我们认为这种现象可能是由于拟合误差造成的。弹性阶段的拉伸曲线并不完全线性，特别是在屈服附近的区域，所以如何获得准确的 REBCO 带材的杨氏模量还需要进一步研究。

**表 7-3-1　不同厂家 REBCO 商用带材在 77K 和室温下的力学性能信息**

| 样品 | 几何信息 | | 77 K | | 室温 | | 变化值 | |
|---|---|---|---|---|---|---|---|---|
| | 宽度/<br>(mm) | 厚度/<br>(μm) | 杨氏模<br>量/(GPa) | 屈服强<br>度/(MPa) | 杨氏模<br>量/(GPa) | 屈服强<br>度/(MPa) | 杨氏模<br>量/(%) | 屈服强<br>度/(%) |
| SC | 4.00 | 48.33 | 196.00 | 1166.13 | 213.32 | 900.20 | −8.83 | 22.80 |
| SZ | 4.02 | 64.00 | 196.06 | 1496.80 | 184.09 | 1219.07 | 6.10 | 18.55 |
| SOX | 4.02 | 69.33 | 187.33 | 1495.55 | 188.29 | 1266.56 | −0.51 | 15.31 |
| FUJI | 4.02 | 53.00 | 209.03 | 1131.42 | 194.87 | 867.53 | 6.77 | 23.32 |
| TV | 3.97 | 54.33 | 206.18 | 1461.60 | 179.17 | 1175.05 | 13.10 | 19.60 |
| SP | 4.03 | 50.33 | 196.36 | 1301.11 | 206.04 | 1043.97 | −4.92 | 19.76 |
| SCS | 4.03 | 64.00 | 205.83 | 1662.92 | 191.33 | 1282.43 | 7.044 | 22.88 |
| SN | 3.98 | 108.00 | 162.03 | 657.43 | 162.13 | 378.28 | −0.06 | 42.46 |

### 7.3.2　截面 EBSD 测试结果

图 7-3-2 显示了来自不同厂家的商用 REBCO 带材横截面的 EBSD 晶粒形貌、晶粒尺寸分布和 IPF。我们发现不同厂家的商用 REBCO 带材之间晶粒形态和晶粒尺寸存在明显差异。可以概括为两种晶粒,一种是尺寸超过 15 μm 的大晶粒,另一种是尺寸为几微米的小晶粒。对于像 SC、TV 和 SCS 这些带材,大晶粒基本上主导了微观结构。而对于 SZ、SOX、FUJI 和 SP 这些带材,既存在小晶粒也存在大晶粒。样品 SC 最为特殊,只有大晶粒。这意味着在厚度方向(约 50 μm 处),可能只会有 3~4 个晶粒。而使用不锈钢的样品 SN 显示出了非常均匀的晶粒尺寸。IPF 显示所有样品在(111)方向具有高分布,小部分为(001)方向。表 7-3-2 总结了各个测试样品的平均晶粒尺寸和晶界信息。大多数带材(除 FUJI、SP、SN 之外)都具有较多的小角度晶界(2°~10°),大角度(>10°)晶界则相对较少。另外,FUJI、SP、SN 这 3 个样品还具有比其他样品更多的孪晶界。

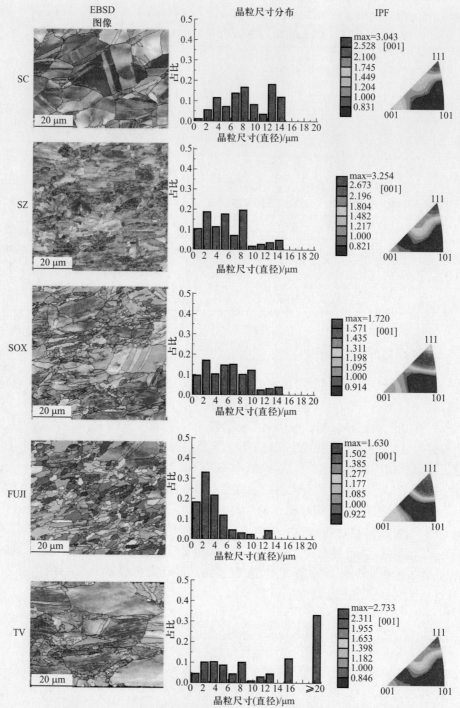

图 7-3-2　不同厂家商用 REBCO 带材截面样品的 EBSD 晶粒形貌图、晶粒尺寸分布和 IPF

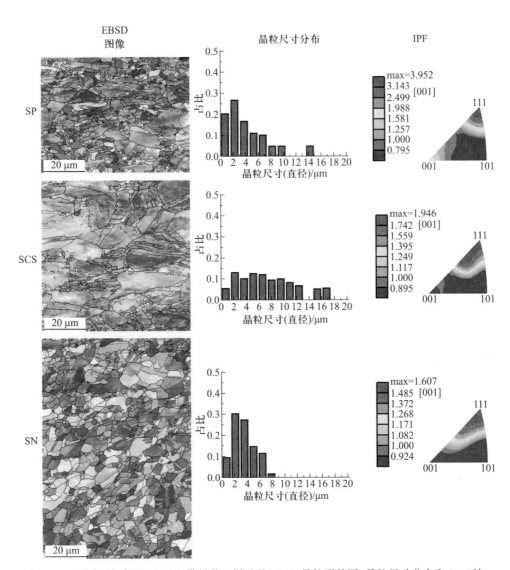

图 7-3-2　不同厂家商用 REBCO 带材截面样品的 EBSD 晶粒形貌图、晶粒尺寸分布和 IPF(续)

**表 7-3-2　不同厂家商用 REBCO 带材截面样品的平均晶粒尺寸和晶界信息**

| 样品 | 平均晶粒尺寸/(μm) | 晶界分数/(%) | | |
|---|---|---|---|---|
| | | 小角度晶界(2°~10°) | 大角度晶界(>10°) | Σ3 孪晶界 |
| SC | 3.52±3.14 | 58.9 | 41.1 | 10.1 |
| SZ | 1.97±1.68 | 66.1 | 33.9 | 6.3 |
| SOX | 2.03±1.79 | 63.8 | 36.2 | 5.9 |
| FUJI | 1.61±1.09 | 22.6 | 77.4 | 22.3 |
| TV | 2.45±2.08 | 71.1 | 28.9 | 7.4 |
| SP | 1.53±1.14 | 49.4 | 50.6 | 13.7 |
| SCS | 2.38±2.25 | 73.9 | 26.1 | 5.8 |
| SN | 1.93±1.23 | 17.1 | 82.9 | 32.2 |

　　除晶粒形态外,EBSD 数据还可通过 KAM 和晶粒取向分布(grain orientation spread,GOS)来反映样品的位错密度和晶粒内部应力[31]。我们的结果(图 7-3-3)发现 SC、FUJI、SP 和 SN 这几个样品含有明显较低的 KAM 值,这可以表明这些带材样品具有较少的位错。值得注意的是,相对于样品中的大晶粒,这些样品中的小晶粒的 KAM 值和 GOS 值都比较低。另外,SN 带材与其他样品相比,其 KAM 与 GOS 在厚度方向呈现出了梯度分布。

　　从金属学的角度来看,SC、FUJI、SP 和 SN 带材中高孪晶界和大角度晶界分数、低 KAM 值及低 GOS 值意味着这些带材经历了再结晶过程。再结晶晶粒通常在内部具有非常低的 KAM 值和 GOS 值,并且主要被大角度晶界包围。相比之下,SZ、SOX、TV 和 SCS 似乎没有明显的再结晶现象。然而,TV 带材中晶粒尺寸和形态的差异及其具有的巨大晶粒,则无法用再结晶的晶粒长大来解释。

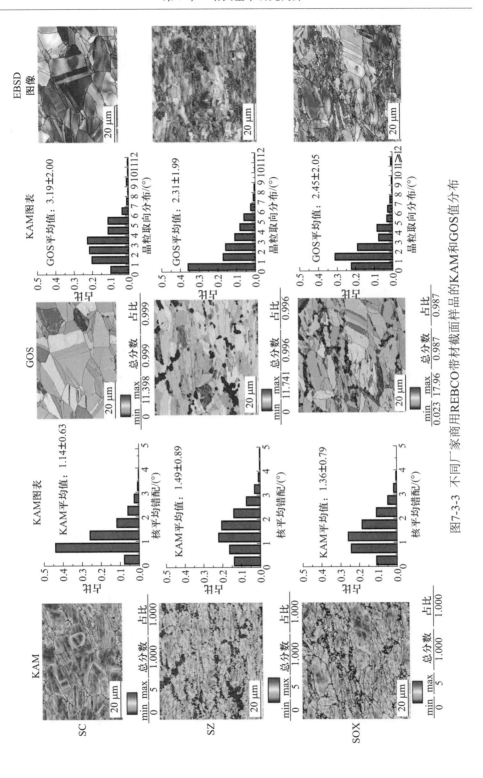

图7-3-3　不同厂家商用REBCO带材截面样品的KAM和GOS值分布

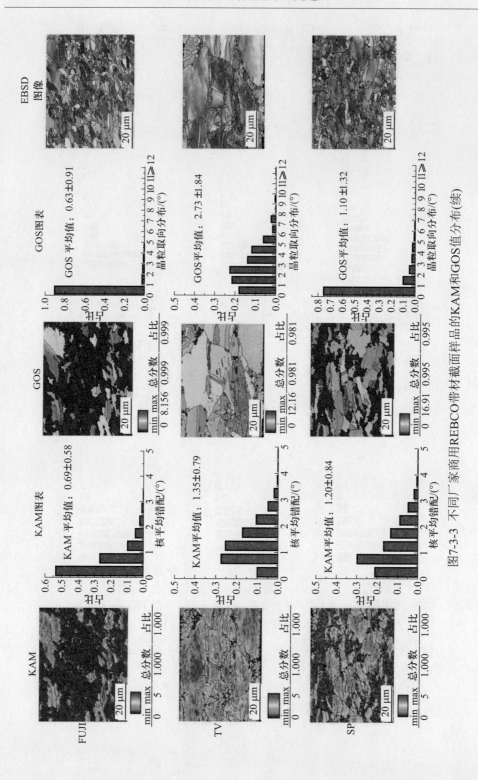

图7-3-3 不同厂家商用REBCO带材截面样品的KAM和GOS值分布(续)

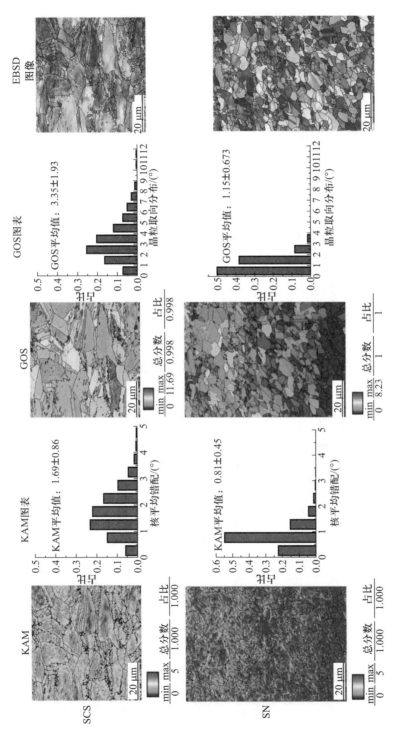

图7-3-3　不同厂家商用REBCO带材截面样品的KAM和GOS值分布（续）

### 7.3.3　表面 EBSD 测试结果

图 7-3-4 展示了不同制造商的 REBCO 带材中合金基带样品表面的 EBSD 晶粒

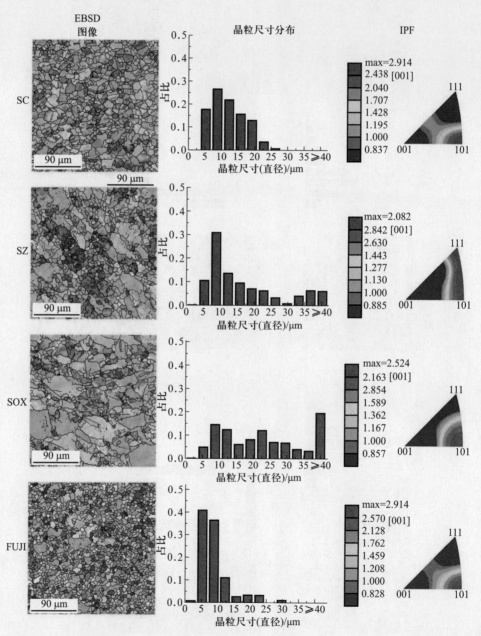

图 7-3-4　不同厂家商用 REBCO 带材表面样品的 EBSD 晶粒形貌图、晶粒尺寸分布和 IPF

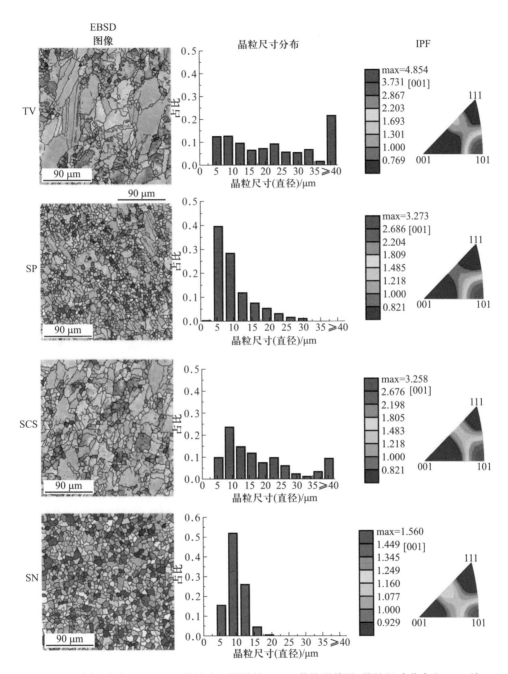

图 7-3-4　不同厂家商用 REBCO 带材表面样品的 EBSD 晶粒形貌图、晶粒尺寸分布和 IPF(续)

形貌、晶粒尺寸分布和 IPF。同时,表 7-3-3 列出了来自不同制造商表面样品的平均晶粒尺寸和晶界信息。值得注意的是,表面样品和上面的截面样品测试的范围大小是不一样的,截面样品的测试范围是 48 μm×64 μm,而表面样品的测试范围是 250 μm×250 μm。我们发现对于 SC 样品,表面的晶粒尺寸仅是截面晶粒的 2 倍多,而其他样品表面晶粒尺寸是截面晶粒尺寸的 4 倍左右,这表明 SC 样品中的晶粒几乎是等轴的。相反,其他带材在表面上的晶粒尺寸要比截面上大得多,表明晶粒比等轴晶更具有片状形状。对于晶界信息,表面样品具有与截面样品相似的规律,其中 FUJI、SP 和 SN 带材具有更高的大角度晶界和孪晶界分数。

表 7-3-3　不同厂家商用 REBCO 带材表面样品的平均晶粒尺寸和晶界信息

| 样品 | 晶粒尺寸 /(μm) | 晶粒大小之比(表面样品/截面样品) | 晶界分数/(%) | | |
| --- | --- | --- | --- | --- | --- |
| | | | 小角度晶界 | 大角度晶界 | Σ3 孪晶界 |
| SC | 8.54±3.67 | 2.42 | 61.3 | 32.1 | 6.6 |
| SZ | 9.18±4.91 | 4.65 | 63.9 | 31.6 | 4.5 |
| SOX | 9.39±6.98 | 4.62 | 70.5 | 25.7 | 3.8 |
| FUJI | 6.83±2.43 | 4.24 | 24.9 | 68.9 | 6.2 |
| TV | 9.42±7.11 | 3.84 | 69.5 | 23.5 | 7 |
| SP | 7.02±2.80 | 4.58 | 44.7 | 50.8 | 4.5 |
| SCS | 9.80±5.42 | 4.11 | 67.7 | 29.7 | 2.6 |
| SN | 8.31±2.20 | 4.30 | 2.4 | 83.9 | 13.7 |

　　总体来说,表面样品与截面样品的晶粒形态和晶界信息基本相似,但 KAM 和 GOS 值有出一些差异,如图 7-3-5 所示。FUJI、SP 和 SN 的表面和截面的 KAM 和 GOS 值都很低。相比之下,SC 带材表面样品的 KAM 值却明显高于截面样品。另外不管在截面样品还是在表面样品中,小晶粒的 KAM 和 GOS 值大都比较低,大部分大晶粒的 KAM 和 GOS 值都比较高。

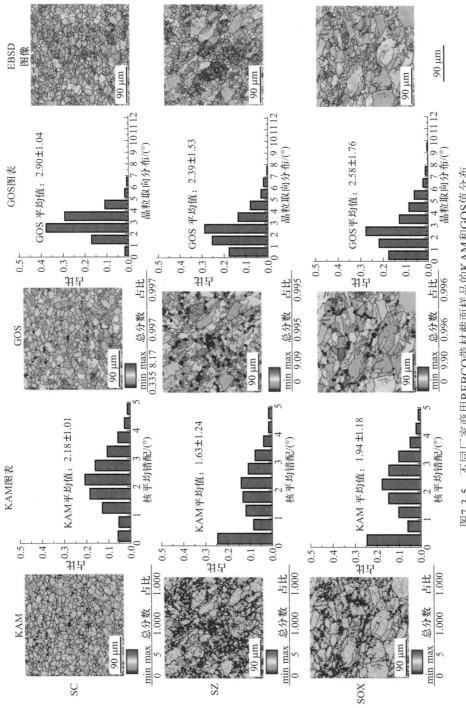

图7-3-5　不同厂家商用REBCO带材截面样品的KAM和GOS值分布

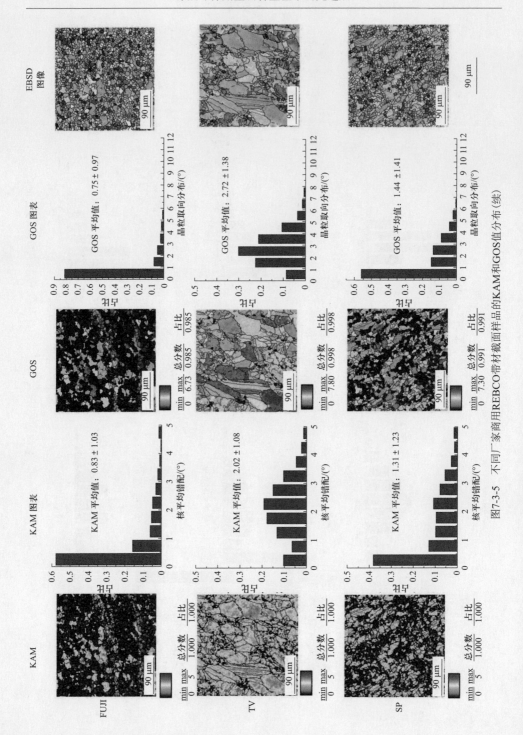

图7-3-5 不同厂家商用REBCO带材截面样品的KAM和GOS值分布（续）

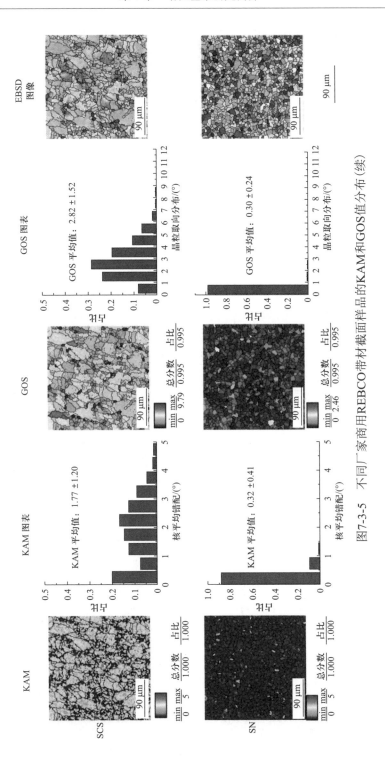

图7-3-5　不同厂家商用REBCO带材截面样品的KAM和GOS值分布（续）

## 7.4 哈氏合金基带实验结果讨论

在上文中,我们系统地调查了 8 个样品的力学性能和晶粒形貌。在这一节中,我们将进一步讨论 3 个主题:首先,探讨影响商业 REBCO 带中哈氏合金基带屈服强度的主导因素;其次,讨论增强哈氏合金基板屈服强度的方法;第三,讨论杨氏模量与晶粒形貌之间的关系。

### 7.4.1 影响屈服强度的主要因素

影响屈服强度 $\sigma_{0.2}$ 的主要因素可以总结

$$\sigma_{0.2} = \sigma_0 + \Delta\sigma_{ss} + \Delta\sigma_d + \Delta\sigma_{gb} + \Delta\sigma_p, \tag{7-2}$$

其中 $\sigma_0$ 为本征屈服强度或所谓的晶格摩擦强度,$\Delta\sigma_{ss}$、$\Delta\sigma_d$、$\Delta\sigma_{gb}$ 和 $\Delta\sigma_p$ 分别为固溶体、位错、晶界和析出相的强化贡献[32]。公式中的晶界强化主要反映在晶粒尺寸即霍尔–佩奇(Hall-Petch)效应。除了公式所包含的影响因素外,我们认为孪晶界也可能是重要的影响因素之一,因为孪晶诱导塑性在不同合金中被广泛报道。由于除了 SN,所有样品都是哈氏合金基底,这意味着 $\sigma_0$ 是相同的。根据 EBSD 测试的结果,我们没有发现任何沉淀相,这表明 $\Delta\sigma_p$ 可以忽略不计。表 7-4-1 是来自不同制造商基带的 X 射线荧光光谱(X-ray-fluorescence,XRF)测试结果。虽然元素组成略有一些差异,但总体上是一致的,这意味着也消除了固溶体项 $\Delta\sigma_{ss}$。因此,最后只剩下了位错、晶界(晶粒尺寸)和孪晶界的影响。

表 7-4-1 不同厂家商用 REBCO 中金属基带的 XRF 数据

| 元素 | SC | SZ | SOX | FUJI | TV | SP | SCS | SN |
|------|------|------|------|------|------|------|------|------|
| Ni | 55.99% | 55.32% | 59.31% | 51.22% | 52.79% | 57.68% | 55.21% | 18.84% |
| Cr | 16.88% | 17.75% | 16.39% | 23.25% | 19.16% | 16.54% | 20.33% | 27.10% |
| Mo | 15.15% | 16.51% | 14.39% | 12.40% | 17.37% | 14.70% | 13.35% | |
| Fe | 5.88% | 6.66% | 4.87% | 6.22% | 6.93% | 5.29% | 6.68% | 53.67% |
| W | 3.35% | 2.19% | 3.59% | 2.93% | 2.78% | 2.88% | 2.78% | |
| Mn | 0.68% | 0.56% | 0.38% | 0.73% | 0.45% | 0.52% | 0.77% | 0.39% |
| Co | 1.44% | 0.18% | 0.80% | 0.64% | 0.14% | 1.48% | 0.13% | |
| Al | 0.46% | 0.28% | 0.27% | 1.96% | 0.10% | 0.45% | 0.35% | |

续表

| 元素 | SC | SZ | SOX | FUJI | TV | SP | SCS | SN |
|---|---|---|---|---|---|---|---|---|
| Na | | | | | 0.28% | 0.32% | 0.40% | |
| V | 0.17% | 0.15% | | | | | | |
| Ag | | 0.27% | | | | | | |
| Ba | | | | 0.65% | | | | |
| Pd | | | | | | 0.14% | | |

表 7-4-2 显示了来自不同厂家的商用 REBCO 带材在 77K 时的屈服强度和微观晶粒信息的排序,我们想利用这个表格把屈服强度与样品的微观信息对应起来,首先 8 个制造商的样品我们分别用 8 种颜色去表示,表格第一列的屈服强度数值按照由高到低进行排列,根据霍尔-佩奇效应,晶粒尺寸越小,屈服强度越高。因

**表 7-4-2　不同厂家商用 REBCO 带材的屈服强度和晶粒信息排序,不同厂家的样品用不同的颜色表示**

| 屈服强度/(Mpa) | 截面 | | | | 表面 | | | |
|---|---|---|---|---|---|---|---|---|
| | 晶粒尺寸/(μm) | KAM | GOS | Σ3 孪晶界/(%) | 晶粒尺寸/(μm) | KAM | GOS | Σ3 孪晶界/(%) |
| SCS 1662.92 | SP 1.53±1.14 | SCS 1.69±0.86 | SCS 3.35±1.93 | FUJI 22.3 | FUJI 6.83±2.43 | SC 2.18±1.01 | SC 2.90±1.04 | TV 7.0 |
| SZ 1496.80 | FUJI 1.61±1.09 | SZ 1.49±0.89 | SC 3.19±2.00 | SP 13.7 | SP 7.02±2.80 | TV 2.02±1.08 | SCS 2.82±1.52 | SC 6.6 |
| SOX 1495.55 | SZ 1.97±1.68 | SOX 1.36±0.79 | TV 2.73±1.84 | SC 10.1 | SC 8.54±3.67 | SOX 1.94±1.18 | TV 2.72±1.38 | FUJI 6.2 |
| TV 1461.60 | SOX 2.03±1.79 | TV 1.35±0.79 | SOX 2.45±2.05 | TV 7.4 | SZ 9.18±4.91 | SCS 1.77±1.20 | SOX 2.58±1.76 | SZ 4.5 |
| SP 1301.11 | SCS 2.38±2.25 | SP 1.20±0.84 | SZ 2.31±1.99 | SZ 6.3 | SOX 9.39±6.98 | SS 1.63±1.24 | SZ 2.39±1.53 | SP 4.5 |
| SC 1166.13 | TV 2.45±2.08 | SC 1.14±0.63 | SP 1.10±1.32 | SOX 5.9 | TV 9.42±7.11 | SP 1.31±1.23 | SP 1.44±1.41 | SOX 3.8 |
| FUJI 1131.42 | SC 3.52±3.14 | FUJI 0.69±0.58 | FUJI 0.63±0.91 | SCS 5.8 | SCS 9.80±5.42 | FUJI 0.83±1.03 | FUJI 0.75±0.97 | SCS 2.6 |

此,晶粒尺寸这一栏中从上往下,晶粒尺寸由小到大。同样,位错密度越高(KAM和GOS值越高),孪晶界分数越高,屈服强度越高。因此,KAM、GOS和孪晶界这几列中我们按降序排列。

在样品截面数据中,从表中直接观察可以明显看出,KAM与屈服强度这两列的颜色分布完全相吻合。此外,GOS也显示出非常相似的排列。KAM和GOS都反映了样品的位错及其他晶体缺陷,这表明项 $\Delta\sigma_d$ 可能是影响屈服强度的主要因素之一。而孪晶界 $\Sigma3$ 分数与屈服强度的排列则没有这样的规律。FUJI、SC和SP样品的孪晶界分数最高,按理来说孪晶界是晶粒形变的障碍,理论上可以提高屈服强度,但这几个样品测试出来的屈服强度却是比较低的,这种矛盾很值得进一步地探究。在我们的研究中,FUJI、SC和SP样品显示出较低的KAM值和高孪晶界分数,从而可以推断出3种试样均经历了部分再结晶过程。再结晶过程理论上也会使位错大大减少,这也同时将显著降低屈服强度。因此,我们可以认为由再结晶引起的高孪晶界的强度效应不能补偿位错的减少而造成的屈服强度降低。在晶粒尺寸方面,SZ、SOX和SC在屈服强度和晶粒尺寸上的排列位置相似,但SP、FUJI和SCS在晶粒尺寸上的位置与它们在屈服强度上的位置相差较大。一方面,$\Delta\sigma_{gb}$ 这可能是由于晶粒尺寸的巨大标准偏差,平均粒度值很难反映样品的真实粒度分布。另一方面,与晶粒尺寸的平方根成反比。由于所有样品中晶粒尺寸的最大差异在2倍左右,平方根后小于1.5倍。因此,晶粒尺寸即霍尔–佩奇效应,可能对哈氏合金基底的屈服强度的影响并没有位错的影响显著。

在我们的实验中截面样品的晶粒信息与屈服强度之间展现强有力且合理的关系,对于表面样品则不同,我们没有找到表面晶粒信息与屈服强度之间如此合理的关系。即使SC样品显示出较高的KAM和GOS数值,但其屈服强度却是倒数第二。这表明,尽管表面样品信息比截面信息更容易获得,但对于评估哈氏合金的屈服强度来说,可能截面样品更有意义。

### 7.4.2　增强屈服强度的方法

根据前面的分析,我们可以推断出位错密度可能是影响屈服强度的主要因素。在本小节中,我们简要讨论一下提高哈氏合金屈服强度的方法。需要注意的是,我们没有从任何哈氏合金制造商那里获得具体信息;所有的制造过程都是基于金相学原理和我们团队在 Ni-W 基底上的经验推断出来的。因此,我们的推论可能存在一些固有的局限性。

对于薄而细长的金属带,如 50 μm 的哈氏合金 C-276 基带,通常是通过轧制进行制备的。然而,由于像哈氏合金 C-276 这样的合金具有很高的硬度,直接轧制到 50 μm 的厚度其实不是一件很容易的事,可能需要中间退火。我们在与 REBCO 制造商的私下交流里发现,它们只规定所需基带的厚度和表面粗糙度而没做其他的要求,这表明不同的哈氏合金 C-276 制造商虽然可能会提供相同厚度为 50 μm 的哈氏合金基带,但由于轧制过程中会发生不同的中间退火过程,那么不同制造商基带的晶粒形态和力学性能可能也会有显著的差异。

此外,几乎所有的 REBCO 带材制造商都采用的是 IBAD 工艺,而超导层的沉积有多种方法,如脉冲激光沉积(pulsed laser deposition,PLD)、有机金属化学气相沉积(metal-organic-chemical vapor deposition,MOCVD)等,由于镀层时会处于一个高温的状态,在商用 REBCO 带材的逐层制备过程中,可能会在哈氏合金基带引入不同的退火温度和时间。这可能会使哈氏合金 C-276 基带进入不同的回复阶段甚至是再结晶阶段。这样一来,不同制造商所用的哈氏合金基带初始微观晶粒状态可能本身就有差别,再加上制造过程中不同的热输入过程,最终可能导致不同制造商的 REBCO 产品中哈氏合金的晶粒形态明显不同,从而具有不同的屈服强度。

因此,如果要增强哈氏合金 C-276 基底的屈服强度,关键在于一开始就对哈氏合金基带制造商进行多方面要求和把控,而不仅仅只是规定厚度和表面粗糙度。想要提高基带屈服强度可以在整个轧制过程中尽早安排最终轧制的中间退火,尽可能引入更多位错。另一方面,在不显著影响超导性能的情况下,可以适当减少镀层沉积后所进行的补氧退火的温度或时间,从而尽可能保留更多位错,且尽量避免过多地进入回复和初始再结晶阶段。需要注意的是,上述方法只是理想化的,对于现实中的大规模生产,必须考虑其他多种因素,并在屈服强度、表面粗糙度、成本、产量和其他方面之间取得平衡。

### 7.4.3　杨氏模量

理论上,弹性模量应随温度升高而降低,样品在 77 K 下的杨氏模量值应该要比常温下高,而表 7-3-1 中我们的测试结果并不完全符合这一预期,有的样品在 77 K 下的杨氏模量是比常温下低的,也有的样品在 77 K 下的杨氏模量比常温下高。在本节中,我们旨在讨论弹性模量和屈服强度对超导磁体的相对重要性。通常情况下,大家认为 0.4% 的应变代表了 REBCO 带的临界电流阈值。因此,更高的弹性模量将使 REBCO 带能够在达到这一阈值时承受更大的应力。然而,0.4% 的这一应变阈值只是大量实验所得到的一个经验数值,还没有明确的物理意义解释,问题的关键在于理解是什么导致了 REBCO 带的临界电流下降。目前的共识集中在 REBCO 带内裂纹的生成上,而裂纹的产生可能有两个来源。第一个来源是 REBCO 层与其他层之间的层间应力。当对 REBCO 带施加应力时,由于它们各层的弹性模量不同,不同的层会有不一样的应变,这将导致产生一些晶格紊乱和界面应力。当应力超过 REBCO 层的断裂极限,将形成裂纹。第二个来源是由金属基底开始,滑动系统突然受到大的应力。这个应力一旦超过 REBCO 带的屈服强度,金属结构内的滑动系统启动,导致晶界的运动。这种运动导致金属基底和缓冲层之间突然出现大量的晶格紊乱从而产生裂纹。这一假设在我们之前的报告中得到了部分验证[30],如图 7-4-1 所示。第一种是以连续和平稳的应力为特征,主要取决于弹性模量,而第二种是突然和离散的应力,主要取决于 REBCO 带的屈服强度。确定裂纹起源的关键在于确定初始裂纹形成的位置。如果初始裂纹在具有最大杨氏模量差异的层间界面处生成,第一个假设可能成立。相反,如果初始裂纹起源于最靠近基底的缓冲层,那么第二个假设可能是正确的。我们的研究小组已经采用原位拉伸透射电子显微镜(TEM)来研究这一现象,期待在不久的将来续写我们的研究成果。

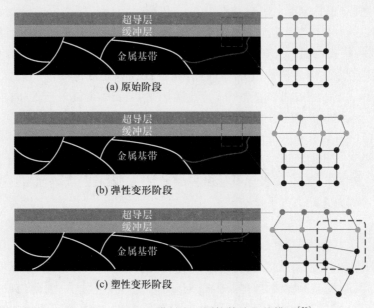

图 7-4-1　REBCO 带材在不同拉伸阶段的模型[30]

## 7.5　结　　论

在本章中,我们系统地研究了来自不同厂家的商用 REBCO 带材的金属基带,观察到它们在 77K 下的屈服强度有着显著的差异,且最大差距超过了 500 MPa;然后对所有金属基带的截面和表面进行了 EBSD 测试,并分析其晶粒尺寸、孪晶界、KAM 和 GOS 值等微观信息。经过仔细的比较与分析,我们发现位错密度是影响屈服强度的主要因素,并且截面样品上的 **KAM** 值是最能反映这一影响因素的指标。基于这一发现,我们还讨论了可能会增强屈服强度的方法。

# 参 考 文 献

［1］　Chen X Y,Zhang M S,Chen Y,et al. Superconducting fault current limiter(SFCL) for fail-safe DC-DC conversion:From power electronic device to micro grid protection［J］. Superconductivity,2022,1:100003.

［2］　Zong X H,Han W Y,Huang C Q. Introduction of 35-kV kilometer-scale high-temperature superconducting cable demonstration project in Shanghai［J］. Superconductivity,2022,2:100008.

［3］　Kambo P,Yamanouchi Y,Caunes A A,et al. Concept design of an HTS linear power generator for wave energy conversion［J］. Superconductivity,2023,6:100043.

［4］　Liu S X,Wang L,Chen Y,et al. R&D of on-board metal-insulation REBCO superconducting magnet for electrodynamic suspension system［J］. Supercon. Sci. Tech.,2023,36:064002.

［5］　Wikus P,Frantz W,Kümmerle R,et al. Commercial gigahertz-class NMR magnets［J］. Supercon. Sci. Tech.,2022,35:033001.

［6］　Liu J H,Wang Q L,Qin L,et al . World record 32.35 tesla direct-current magnetic field generated with an all-superconducting magnet［J］. Supercon. Sci. Tech.,2020,33:03LT01.

［7］　Hahn S Y,Kim K,Kim K,et al. 45.5-tesla direct-current magnetic field generated with a high-temperature superconducting magnet［J］. Nature,2019,570:496-499.

［8］　Sarma V S,Eickemeyer J,Mickel C,et al. On the cold rolling textures in some fcc Ni-W alloys ［J］. Materials Science and Engineering A,2004,380:30-33.

［9］　Eickemeyer J,Hühne R,Güth A,et al . Textured Ni-9.0 at.% W substrate tapes for YBCO-coated conductors［J］. Supercon. Sci. Tech.,2010,23:085012.

［10］　Gaitzsch U,Hänisch J,Hühne R,et al. Highly alloyed Ni-W substrates for low AC loss applications［J］. Superconductor Science and Technology,2015,26:085024.

［11］　Gaitzsch U,Rodig C,Damm C,et al. Elongated grains in Ni5W(Ag) RABiTS tapes［J］. Journal of Alloys and Compounds,2015 ,623:132-135.

［12］　Eickemeyer J,Selbmann D,Opitz R,et al . Highly cube textured Ni-W-RABiTS tapes for YBCO coated conductors［J］.Physica C Superconductivity,2002,372:814-817.

［13］　Sarma V S,Eickemeyer J,Singh A,et al. Development of high strength and strongly cube textured Ni-4.5% W/Ni-15% Cr composite substrate for coated conductor application［J］. Acta Materialia,2003,51: 4919-4927.

［14］　Bhattacharjee P P,Ray R K,Tsuji N. Cold rolling and recrystallization textures of a Ni-5 at.% W alloy［J］. Acta Materialia,2009,5:2166-2179.

［15］　Ji Y,Suo H,Zhang Z L,et al. Strong cube texture formation in heavily cold-rolled Ni8W/

Ni12W/Ni8W composite alloy substrates used in YBCO coated conductors[J]. Metals and Materials International. 2021 ,27: 1337-1345.

[16] Ji Y,Suo H,Zhang Z L,et al. Strong cube texture of super-high tungsten Ni-W alloy substrates used in REBCO coated conductors[J]. Journal of Alloys and Compounds,2020,820: 153430.

[17] Ji Y,Suo H,Liu J,et al . Effect of stress-relief annealing on rolled texture of nickel-based alloys [J]. Journal of Alloys and Compounds,2022,903:163970.

[18] Clickner C C,Ekin J W,Cheggour N,et al .Mechanical properties of pure Ni and Ni-alloy substrate materials for Y-Ba-Cu-O coated superconductors[J]. Cryogenics,2006,46: 423-438.

[19] Ma Z J,Xu D H,Guo S W,et al . Corrosion properties and mechanisms of Austenitic stainless steels and Ni-base alloys in supercritical water containing phosphate,sulfate,chloride and oxygen[J]. Oxid. Met.,2018,90:599-616.

[20] Hou X C,Xiao L S,Gao C J,et al. Kinetics of leaching selenium from Ni-Mo oresmelter dustusing sodium chlorate in a mixture of hydrochloric and sulfuric acids[J]. Hydrometallurgy,2010, 104:76-80.

[21] Zocco A,Perrone A,Vignolo M F,et al. High quality Hastelloy films deposited by XeCl pulsed laser ablation[J]. Applied Surface Science,2003,208-209: 669-675.

[22] Mishra A. Performance of corrosion-resistant alloys in concentrated acids[J]. Acta Metall., 2017,30: 306-318.

[23] Zhu Z,Zhang L W,Wu Q K,et al. An experimental investigation of thermal contact conductance of Hastelloy C-276 based on steady-state heat flux method[J]. International Communications in Heat and Mass Transfer. ,2013,41:63-67.

[24] agchi A,Saravanan S,Shanthos Kumar G,et al. Numerical simulation and optimization in pulsed Nd: YAG laser welding of Hastelloy C-276 through Taguchi method and artificial neural network[J]. Optik,2017,146: 80-89.

[25] Lin Y C,Wu F,Wang Q W,Chen D D,Singh S K 2018 Microstructural evolution of a Ni-Fe-Cr-base superalloy during non-isothermal two-stage hot deformation[J].Vacuum,151 283-293.

[26] Sugano M,Osamura K,Prusseit W,et al. Improvement of strain tolerance in RE-123 coated conductors by controlling the yielding behavior of Hastelloy C-276 substrates[J]. IEEE Transactions on Applied Superconductivity,2007,17:3040-3043.

[27] XU Y X,Xiong J,Xia Y D,et al. Effect of substrate temperature and dislocationdensity on the epitaxial growth of YBCO thin films on textured metal tap[J]. Journal of Inorganic Materials, 2013,28:491-496.

[28] Goyal A,Ren S X,Specht E D,et al. Texture formation and grain boundary networks in rolling assisted biaxially textured substrates and in epitaxial YBCO films on such substrates[J]. Micron,1999,30:463-478.

[29] Zhang H M,Suo H L,Wang L,et al. Database of the effect of stabilizer on the resistivity and thermal conductivity of 20 different commercial REBCO tapes[J]. Supercon. Sci. Tech.,2022, 35:045016.

［30］ Zhang Z L,Chen S K,Wang L,et al. Novel two-step procedure for measuring Ic vs. tensile stress of commercial REBCO tape［J］. Supercon. Sci. Tech.,2023,36:115006.

［31］ Wright S I,Nowell M M,Field D P. A review of strain analysis using electron backscatter diffraction［J］. Microsc. Microanal.,2011,17:316-329.

［32］ Fang J Y C,Liu WH,Luan J H,et al. Dual effects of pre-strain on continuous and discontinuous precipitation of L12-strengthened high-entropy alloys［J］. Journal of Alloys and Compounds,2022,925:166730.